FRANKFURTER GEOWISSENSCHAFTLICHE ARBEITEN

Serie D · Physische Geographie

Band 15

Quantitative Untersuchungen zu aktuellen fluvial-morphodynamischen Prozessen in bewaldeten Kleineinzugsgebieten von Odenwald und Taunus

von

Klaus-Martin Moldenhauer

Herausgegeben vom Fachbereich Geowissenschaften
der Johann Wolfgang Goethe-Universität Frankfurt
Frankfurt am Main 1993

Frankfurter geowiss. Arb.	Serie D	Bd. 15	307 S.	108 Abb.	66 Tab.	Frankfurt a.M. 1993

ISSN 0173-1807
ISBN 3-922540-45-7

Schriftleitung:

Dr. Werner-F. Bär
Institut für Physische Geographie der Johann Wolfgang Goethe-Universität,
Postfach 11 19 32, D-60054 Frankfurt am Main

Die vorliegende Arbeit wurde vom Fachbereich Geowissenschaften der
Johann Wolfgang Goethe-Universität als Dissertation angenommen.

Die Deutsche Bibliothek - CIP Einheitsaufnahme

Moldenhauer, Klaus Martin:

Quantitative Untersuchungen zu aktuellen fluvial-
morphodynamischen Prozessen in bewaldeten Kleineinzugsgebieten
von Odenwald und Taunus / von Klaus-Martin Moldenhauer.
Hrsg. vom Fachbereich Geowissenschaften der Johann-
Wolfgang-Goethe-Universität Frankfurt. - Frankfurt am Main :
Inst. für Physische Geographie, 1993

(Frankfurter geowissenschaftliche Arbeiten : Ser. D, Physische
Geographie ; Bd. 15)
Zugl.: Frankfurt (Main), Univ., Diss., 1991
ISBN 3-922540-45-7

NE: Frankfurter geowissenschaftliche Arbeiten / D

Alle Rechte vorbehalten

ISSN 0173-1807

ISBN 3-922540-45-7

Anschrift des Verfassers:

Dr. K.-M. Moldenhauer
Gutenbergstr. 43, D-64289 Darmstadt

Bestellungen:

Institut für Physische Geographie der Johann Wolfgang Goethe-Universität,
Postfach 11 19 32, D-60054 Frankfurt am Main

Druck:

F. M.-Druck, D-61184 Karben

Kurzfassung

Zwischen 1985 und 1989 wurden in den bewaldeten Mittelgebirgsregionen von Odenwald und Taunus Untersuchungen zur aktuellen fluvialen Morphodynamik durchgeführt. Hangrunsen mit perennierenden und episodischen Abflußverhältnissen dienten hierbei als experimentelle Einzugsgebiete, die mit einer den speziellen Erfordernissen angepaßten hydro-meteorologischen Instrumentierung ausgestattet wurden.

Mittels einer hydrologisch-morphologischen input-output-Analyse wird die natürliche Erosionsleistung kleiner Vorfluter unter den stabilen Vegetationsverhältnissen eines Kulturforstes bestimmt und mehrjährige Meßreihen zum Wasserhaushalt kleiner Einzugsgebiete aufgestellt. Auf Basis dieser quantitativen Ergebnisse lassen sich nicht nur Fragen zum aktuellen abiotischen Stoffumsatz im Ökosystem Fließgewässer-Wald beantworten, sondern auch Hinweise zur holozänen Reliefgenese und Entwicklung der Runsensysteme ableiten.

Die Meßdaten zeigen, daß der aktuelle Stoffaustrag im wesentlichen durch besonders erosive Niederschlags-Abfluß-Ereignisse gesteuert wird, deren Intensität vor allem in den Sommermonaten zunimmt, also zu einer Zeit, in der die erosionsmindernde Schutzwirkung des Waldbestandes am größten sein müßte. Der Vergleich der quantitativen Ergebnisse mit morphogenetischen Untersuchungen macht deutlich, daß der Sedimentaustrag in historischer Zeit zwar sehr viel größer war, aber durch die extrem hohe positive Rückkopplungsbereitschaft der Einzugsgebiete in den Runsen auch gegenwärtig eine Tendenz zu weiterer Einschneidung besteht. Dadurch äußert sich der Einfluß forstwirtschaftlicher Maßnahmen in einer Verstärkung des morphodynamnischen Prozeßgeschehens, wodurch die ökologischen Bedingungen dieser Standorte negativ beeinflußt werden.

Abstract

Between 1985 and 1989 investigations on the problem of recent fluvial morphodynamics were carried out in small wooded watersheds in the Odenwald and the Taunus mountains, which are parts of the Central German Uplands. Gully-systems with permanent and periodical runoff conditions served in this case as experimental watersheds, which were equipped with specially designed gauging-stations.

By means of a hydrologic-morphologic input-output analysis, the research work should help to clarify questions on actual erosion and denudation rates and their environmental control under the protective effect of a forest canopy, as well as providing information on the water budget of wooded watersheds. A further focus was to find out wether these processes allow conclusions about the genesis of gullies in former times, and wether these processes continue to occur in forest ecosystems.

The data show, that the actual sediment-yield is essentially triggered by erosive precipitation-discharge events, the intensity of which mainly increases during the summer months, i. e. during periods when the protective efficiency of the forest canopy should be in a maximum condition. Comparing the measurement results with morphogenetic investigations it turns out, that although the sediment yield in former times was much higher than today. However, due to the very fast hydrological response of the watersheds there still exists a tendency to further incision. Out of this, the influence of forestry work or urban construction will promote the morphodynamic processes, thus affecting ecological conditions in a negativ manner.

Vorwort

Die vorliegende Arbeit wurde von Herrn Prof. Dr. G. Nagel betreut. Für seine Hilfe in praktischen wie in theoretischen Fragen und seine tatkräftige Unterstützung bei den umfangreichen Geländearbeiten bedanke ich mich ganz besonders herzlich.

Mein Dank gilt auch der Deutschen Forschungsgemeinschaft für die Aufnahme dieser Untersuchungen in das Schwerpunktprogramm und die gewährte Finanzierung.

Bedanken möchte ich mich bei Herrn Kiehne und seinen Mitarbeitern von der feinmechanischen Werkstatt des Fachbereichs Geowissenschaften, die für jedes technische Problem ein offenes Ohr und eine Lösung parat hatten; bei den Angestellten des Institutslabors, die mir bei der Bearbeitung der vielen Proben ihre Hilfe angedeihen ließen und bei meinem Kollegen Arnd Bauer für die Zusammenarbeit. Ebenso bei Frau Olbrich, die meine vielen Graphiken für die Veröffentlichung sachkundig bearbeitete.

Außerdem danke ich dem Fachbereich Geowissenschaften der Johann Wolfgang Goethe-Universität für die Aufnahme dieser Arbeit in die Reihe "Frankfurter geowissenschaftliche Arbeiten", und hier besonders dem Schriftführer Herrn Dr. W.-F. Bär.

Ein spezielles Dankeschön geht an Carlo, Fladi, Hartmut, Jörgi, Joey, Jürgen, Marlies, Martha, Tina, Tiger und Wolfgang, die immer Zeit fanden, mir beim Ausräumen der großen und kleinen Hindernisse zu helfen, die mit dieser Arbeit verbunden waren.

Darmstadt, im April 1991   Klaus-Martin Moldenhauer

Inhaltsverzeichnis

Seite

1 EINLEITUNG — 19

2 PROBLEMSTELLUNG — 21
2.1 Zur Problematik quantitativer Prozeßforschung — 21
2.2 Forschungsgegenstand — 22
2.3 Methodische Konzeption — 23
    2.3.1 Theoretische Vorüberlegungen — 23
    2.3.2 Arbeitsansatz — 25

3 DIE ARBEITSGEBIETE — 31
3.1 Lage der Arbeitsgebiete — 31
3.2 Geofaktoren im Arbeitsgebiet Odenwald — 32
    3.2.1 Abgrenzung des Einzugsgebietes — 32
    3.2.2 Geologie — 32
    3.2.3 Relief und Böden — 35
    3.2.4 Hydrologie und Hydrographie — 38
    3.2.5 Klima — 41
    3.2.6 Vegetation und Nutzung — 41
3.3 Geofaktoren im Arbeitsgebiet Taunus — 42
    3.3.1 Abgrenzung der Einzugsgebiete — 42
    3.3.2 Geologie — 44
    3.3.3 Relief und Böden — 46
    3.3.4 Hydrologie und Hydrographie — 48
    3.3.5 Klima — 52
    3.3.6 Vegetation und Nutzung — 53
3.4 Vergleich der Arbeitsgebiete — 53

4 ARBEITSMETHODIK — 57
4.1 Geländearbeit — 57
4.2 Ermittlung der morphodynamischen Prozeßgrößen — 58
    4.2.1 Konzeption der Meßstellen und Meßprogramm — 58
    4.2.2 Quantifizierung der Inputgrößen — 60
        4.2.2.1 Niederschlagsmessung — 60
        4.2.2.1.1 Messung des Freilandniederschlags — 60
        4.2.2.1.2 Messung des Bestandsniederschlags — 60
        4.2.2.1.2.1 Bestandsniederschlagsmessung im Odenwald — 63

Seite

4.2.2.1.2.2	Bestandsniederschlagsmessung im Taunus	63
4.2.2.1.3	Genauigkeit der Niederschlagsmessung	64
4.2.2.2	Messung des festen Niederschlags	66
4.2.2.2.1	Fehlerquellen	67
4.2.3	Erfassung ausgewählter systeminterner Prozesse und Faktoren	67
4.2.3.1	Testparzellen zur Bestimmung des Oberflächenabflusses	68
4.2.3.1.1	Oberflächenabflußparzelle im Arbeitsgebiet Odenwald	68
4.2.3.1.2	Oberflächenabflußparzellen im Arbeitsgebiet Taunus	68
4.2.3.2	Versuche zur gravitativen Materialbewegung	71
4.2.3.3	Bestimmung der Bodenfeuchte	72
4.2.3.3.1	Direkte Entnahme von Bodenproben	73
4.2.3.3.2	Bodenfeuchtebestimmung mittels Tensiometer	73
4.2.3.3.2.1	Bearbeitung der Meßergebnisse	74
4.2.3.3.2.2	Ermittlung der realen Bodenfeuchte	75
4.2.3.3.2.3	Fehlerquellen bei der Tensiometermessung	77
4.2.4	Quantifizierung der Outputgrößen	78
4.2.4.1	Abflußmessung	78
4.2.4.1.1	Abflußmeßkanäle	79
4.2.4.1.1.1	Meßkanal der Meßstelle Odenwald	79
4.2.4.1.1.2	Meßkanal der Meßstellen Taunus "A" und "B"	81
4.2.4.1.1.3	Meßkanal zur Erfassung episodischer Abflüsse (Taunus "C")	81
4.2.4.1.2	Eichung der Meßwehre	83
4.2.4.1.2.1	Eichung des VENTURI-Wehrs	87
4.2.4.1.2.2	Eichung der THOMPSON-Wehre	87
4.2.4.1.2.3	Eichung der Meßstelle Taunus "C"	89
4.2.4.1.3	Meßgenauigkeit und Fehlerbetrachtung	91
4.2.4.1.3.1	VENTURI-Kanal	91
4.2.4.1.3.2	THOMPSON-Wehre	92
4.2.4.1.3.3	Meßkanal zur Erfassung episodischer Abflüsse (Taunus "C")	92
4.2.4.2	Erfassung des Sedimentaustrags	93
4.2.4.2.1	Geschiebefracht	94
4.2.4.2.1.1	Fehlerabschätzung	97
4.2.4.2.2	Schwebstoff- und Lösungsfracht	98
4.2.4.2.2.1	Abfüllanlage	98
4.2.4.2.2.2	Automatischer Probennehmer	99

Seite

4.2.4.2.2.3 Fehlerabschätzung	102
4.3 Laborarbeiten	103
4.3.1 Sedimentanalyse	103
4.3.2 Bestimmung des Schwebstoffgehalts	106
4.3.3 Bestimmung des Lösungsgehalts	106
4.3.4 Analyse der Bodenproben	106
4.4 Die zeitliche Bilanzierungsbasis	107

5 ERGEBNISSE DER INPUT-OUTPUT-UNTERSUCHUNG   108
  5.1 Niederschlag   108
      5.1.1 Freilandniederschlag   108
          5.1.1.1 Freilandniederschlag im Arbeitsgebiet Odenwald   108
          5.1.1.2 Freilandniederschlag im Arbeitsgebiet Taunus   109
      5.1.2 Bestandsniederschlag und Interzeptionsverlust   109
          5.1.2.1 Bestandsniederschlag im Odenwald   111
          5.1.2.2 Bestandsniederschlag im Taunus   112
          5.1.2.3 Der winterliche Bestandsniederschlag im Odenwald und Taunus   115
      5.1.3 Niederschlagsinput und Niederschlagsverteilung beider Arbeitsgebiete im Vergleich   120
      5.1.4 Niederschlagsstruktur   122
          5.1.4.1 Die jahreszeitliche Verteilung intensiver Niederschlagsereignisse am Beispiel Odenwald   123
          5.1.4.2 Modifizierung der Niederschlagsstruktur durch den Bestand am Beispiel Taunus   125
  5.2 Abfluß   129
      5.2.1 Abfluß in den perennierenden Gerinnen   129
          5.2.1.1 Abflußgang   132
          5.2.1.1.1 Abflußgang im Arbeitsgebiet Odenwald in den Jahren 1985-1989   132
          5.2.1.1.2 Abflußgang im Arbeitsgebiet Taunus in den Jahren 1987-1989   137
          5.2.1.2 Vergleich des Abflußverhaltens der Einzugsgebiete   140
          5.2.1.3 Abflußregime und Retentionsvermögen   144
      5.2.2 Episodischer Abfluß   147
  5.3 Wasserhaushalt   150
  5.4 Sedimentaustrag   154

Seite

5.4.1	Sedimentaustrag durch die perennierenden Gerinne	155
5.4.1.1	Lösungsfracht	155
5.4.1.1.1	Lösungsbelastung des Gerinnes im Arbeitsgebiet Odenwald	155
5.4.1.1.2	Lösungsbelastung der Gerinne im Arbeitsgebiet Taunus	159
5.4.1.1.3	Vergleich der Arbeitsgebiete	161
5.4.1.2	Schwebstofffracht	164
5.4.1.2.1	Schwebstofführung im Arbeitsgebiet Odenwald	164
5.4.1.2.2	Schwebstofführung im Arbeitsgebiet Taunus	168
5.4.1.2.3	Vergleich der Arbeitsgebiete	172
5.4.1.3	Geschiebefracht	173
5.4.1.3.1	Steuernde Faktoren des Geschiebetransports im Odenwald und Taunus	175
5.4.1.3.2	Die Korngrößenverteilung als ein Indikator für wechselnde Abfluß- und Transportbedingungen	177
5.4.1.3.2.1	Charakterisierung des Sohlenmaterials	177
5.4.1.3.2.2	Die Korngrößenverteilung der Geschiebefracht	179
5.4.1.3.2.2.1	Geschiebefrachtproben der Meßstelle Odenwald	179
5.4.1.3.2.2.2	Geschiebefrachtproben der Meßstellen im Taunus	182
5.4.1.3.2.2.3	Vergleich der Ergebnisse aus beiden Arbeitsgebieten	187
5.4.1.4	Bilanz des Sedimentaustrags	189
5.4.1.4.1	Austragsbilanz für das Arbeitsgebiet Odenwald	189
5.4.1.4.2	Austragsbilanz für das Arbeitsgebiet Taunus	191
5.4.1.4.3	Vergleich des Austrags und der Abtragsraten	192
5.4.1.5	Saisonale und ereignisabhängige Dynamik des Sedimentaustrags	194
5.4.2	Sedimentaustrag durch episodischen Abfluß	198
6 UNTERSUCHUNG DER SYSTEMINTERNEN PROZESSE		200
6.1 Hangfluviale Prozesse		201
6.1.1 Oberflächenabfluß		201
6.1.1.1	Steuernde Faktoren	204
6.1.1.1.1	Einfluß der Bodenfeuchte	204
6.1.1.1.1.1	Gang der Bodenfeuchte im Arbeitsgebiet Odenwald	205
6.1.1.1.1.2	Gang der Bodenfeuchte im Arbeitsgebiet Taunus	207
6.1.1.1.1.3	Vergleich der Bodenfeuchtewerte mit der Häufigkeit und Menge der Oberflächenabflüsse	209

Seite

6.1.1.1.2 Einfluß der Niederschlagstruktur	211
6.1.1.1.3 Stoffbelastung des Oberfächenabflusses	216
6.1.2 Interflow	221
6.2 Gravitative Prozesse	224
6.2.1 Indikatoren gravitativer Denudationsprozesse in den Arbeitsgebieten	224
6.2.2 Ergebnisse der Tracer-Versuche	227
6.3 Stellenwert hangfluvialer und gravitativer Prozesse im Gesamtsystem	232
7 GENESE UND ENTWICKLUNGSTENDENZ DER GERINNESYSTEME	235
7.1 Runsengenese	235
7.2 Vergleich der aktuellen Meßergebnisse mit den historischen Daten	240
7.3 Auswirkungen auf den Landschaftshaushalt	243
8 ZUSAMMENFASSUNG	246
9 LITERATURVERZEICHNIS	249
10 KARTENVERZEICHNIS	263
11 ANHANG	265

Abbildungsverzeichnis

Seite

Abb. 1	Konzeptmodell des Sedimentaustrags	28
Abb. 2	Übersichtskarte zur Lage der Arbeitsgebiete	31
Abb. 3	Karte des Arbeitsgebietes Odenwald	33
Abb. 4	Geologisch-pedologisches Querprofil des Einzugsgebietes Odenwald	37
Abb. 5	Gerinnelängsprofile im Arbeitsgebiet Odenwald	39
Abb. 6	Karte des engeren Runsenbereichs im Odenwald	40
Abb. 7	Karte des Arbeitsgebietes Taunus	43
Abb. 8	Geologisch-pedologisches Querprofil im Arbeitsgebiet Taunus	45
Abb. 9	Gerinnelängsprofile im Arbeitsgebiet Taunus	50
Abb. 10	Karte des engeren Runsenbereichs im Taunus	51
Abb. 11	Langjähriges Monatsmittel des Niederschlags für die Arbeitsgebiete Odenwald und Taunus	54
Abb. 12	Übersichtsplan der Meßstelle im Odenwald	61
Abb. 13	Übersichtsplan der Meßstelle Taunus "A"	62
Abb. 14	Vorrichtung zur Messung des Kronendurchlasses im Taunus	65
Abb. 15	Meßparzellen zur Erfassung des Oberflächenabflusses im Taunus	69
Abb. 16	Aufbau der Oberflächenabflußauffangrinnen	70
Abb. 17	Zusammenhang von Bodenfeuchte und Saugspannungswerten im Odenwald	76
Abb. 18	Aufbau des Abflußmeßkanals im Odenwald	80
Abb. 19	Aufbau des Abflußmeßkanals im Taunus (Meßstelle "A")	82
Abb. 20	Aufbau des Meßkanals zur Erfassung episodischer Abflüsse (Taunus "C")	84
Abb. 21	Ansichten der Meßstellen im Taunus	85
Abb. 22	Vorrichtung zur Kalibrierung der Abflußmeßkanäle	86
Abb. 23	Abflußkurve für den VENTURI-Kanal	88
Abb. 24	Abflußkurve für die THOMPSON-Wehre an den Meßstellen Taunus "A" und "B"	89
Abb. 25	Abflußkurve für den Meßüberfall an Meßstelle Taunus "C"	90
Abb 26	Aufbau der Sedimentfallen	94
Abb. 27	Ansichten der Sedimentfallen	95
Abb. 28	Ansichten des automatischen Probennehmers	100
Abb. 29	Funktionsprinzip des automatischen Probennehmers	101
Abb. 30	Schema zur Korngrößenanalyse der Geschiebefracht	104
Abb. 31	Betriebszeiten der einzelnen Meßstellen	107
Abb. 32	Monatssummen des Freilandniederschlags und der Kronendurchlaßhöhe für 1985/86 und 1986/87 (Meßstelle Odenwald)	113

Seite

Abb. 33 Monatssummen des Freilandniederschlags und der Kronendurchlaßhöhe für 1987/88 und 1988/89 (Meßstelle Odenwald) 114

Abb. 34 Monatssummen des Freilandniederschlags und der Kronendurchlaßhöhe für 1987/88 und 1988/89 (Meßstellen Taunus) 116

Abb. 35 Schneedeckenparameter für die Wintermonate der Jahre 1985/86 und 1987/88 (Meßstelle Odenwald) 118

Abb. 36 Schneedeckenparameter für die Wintermonate der Jahre 1987/88 und 1988/89 (Meßstellen Taunus) 119

Abb. 37 Monatliche Häufigkeitsverteilung intensiver Freilandniederschläge im Arbeitsgebiet Odenwald in den Jahren 1985-1989 124

Abb. 38 Zeitliche Verzögerung des Niederschlagsbeginns im Bestand in Abhängigkeit von der Freilandniederschlagsintensität (Meßstellen Taunus) 125

Abb. 39 Reduktion der Bestandsniederschlagsintensität in Abhängigkeit von der Freilandniederschlagsintensität (Meßstellen Taunus) 127

Abb. 40 Abflußdauerlinie für die Meßstelle Odenwald 129

Abb. 41 Abflußdauerlinie für die Meßstelle Taunus "A" 130

Abb. 42 Abflußdauerlinie für die Meßstelle Taunus "B" 131

Abb. 43 Tägliche Niederschlags- und Abflußhöhen 1985/86 (Meßstelle Odenwald) 132

Abb. 44 Tägliche Niederschlags- und Abflußhöhen 1986/87 (Meßstelle Odenwald) 133

Abb. 45 Tägliche Niederschlags- und Abflußhöhen 1987/88 (Meßstelle Odenwald) 134

Abb. 46 Tägliche Niederschlags- und Abflußhöhen 1988/89 (Meßstelle Odenwald) 135

Abb. 47 Vierjähriges Monatsmittel der Niederschlags- und Abflußhöhen (Meßstelle Odenwald) 136

Abb. 48 Tägliche Niederschlags- und Abflußhöhen 1987/88 (Meßstelle Taunus "A") 138

Abb. 49 Tägliche Niederschlags- und Abflußhöhen 1988/89 (Meßstellen Taunus) 139

Abb. 50 Niederschlags-Abfluß-Ereignis vom 18.07.1986 (Meßstelle Odenwald) 141

Abb. 51 Niederschlags-Abfluß-Ereignis vom 04.12.1988 (Meßstellen Taunus) 142

Abb. 52 Niederschlags-Abfluß-Ereignis vom 22.04.1989 (Meßstellen Taunus) 143

Abb. 53 Trockenwetterfallinie (Meßstelle Odenwald) 146

Abb. 54 Trockenwetterfallinien (Meßstellen Taunus "A" und "B") 147

Seite

Abb. 55 Tägliche Niederschlags- und Abflußhöhen von April bis Oktober 1989 (Meßstelle Taunus "C") 149

Abb. 56 Monatswerte der Unterschiedshöhe für die Jahre 1985/86-1988/89 (Meßstelle Odenwald) 151

Abb. 57 Gang der Lösungskonzentration bei anlaufender Hochwasserwelle von sechs verschiedenen Spitzenabflüssen (Meßstelle Odenwald) 157

Abb. 58 Gegenüberstellung der mittleren Lösungskonzentration ausgewählter Kationen und des ADR bei verschiedenen Abflußhöhen (Odenwald) 158

Abb. 59 Gegenüberstellung der mittleren Lösungskonzentration ausgewählter Kationen und des ADR bei verschiedenen Abflußhöhen (Taunus) 160

Abb. 60 Vergleich der mittleren Lösungskonzentration ausgewählter Kationen und des ADR bei Trockenwetterabfluß (Odenwald und Taunus) 162

Abb. 61 Lösungskonzentrationsänderung bei Spitzenabflüssen im Vergleich zum Trockenwetterabfluß (Odenwald und Taunus) 163

Abb. 62 Gang der Schwebstoffkonzentration bei anlaufender Hochwasserwelle von sechs verschiedenen Spitzenabflüssen (Meßstelle Odenwald) 165

Abb. 63 Zusammenhang zwischen der Schwebstoffkonzentration bei anlaufender Hochwasserwelle und der Höhe des Scheitelabflusses für Ereignisse im Sommerhalbjahr (Meßstelle Odenwald) 167

Abb. 64 Zusammenhang zwischen der Schwebstoffkonzentration bei anlaufender Hochwasserwelle und der Höhe des Scheitelabflusses für Ereignisse im Winterhalbjahr (Meßstelle Odenwald) 168

Abb. 65 Beziehung zwischen Schwebstoffkonzentration und Abflußmenge während eines Abflußereignisses am 22.12.1989 (Meßstelle Taunus "A") 170

Abb. 66 Beziehung zwischen Schwebstoffkonzentration und Abflußmenge während eines Abflußereignisses am 14.02.1990 (Meßstelle Taunus "A") 171

Abb. 67 Schema zur Genese von Transportkörpern im Sohlensediment (nach einer Beobachtung am Gerinne im Odenwald) 176

Abb. 68 Schotteranalyse des Sohlensediments der Taunusgerinne 178

Abb. 69 Geschiebemischungsband für Sohlensedimente, die mit Spitzenabflüssen von durchschnittlich 1,8 $l \cdot s^{-1}$ transportiert wurden (Odenwald) 180

Abb. 70 Geschiebemischungsband für Sohlensedimente, die mit Spitzenabflüssen von durchschnittlich 2,3 $l \cdot s^{-1}$ transportiert wurden (Odenwald) 180

Abb. 71 Geschiebemischungsband für Sohlensedimente, die mit Spitzenabflüssen von durchschnittlich 2,6 $l \cdot s^{-1}$ transportiert wurden (Odenwald) 181

Abb. 72 Geschiebemischungsband für Sohlensedimente, die mit Spitzenabflüssen von durchschnittlich 4,9 $l \cdot s^{-1}$ transportiert wurden (Odenwald) 181

Seite

Abb. 73 Geschiebemischungsband für Sohlensedimente, die mit Spitzenabflüssen von durchschnittlich 0,9 $l \cdot s^{-1}$ transportiert wurden (Meßstelle Taunus "A", Sommerhalbjahr) 183

Abb. 74 Geschiebemischungsband für Sohlensedimente, die mit Spitzenabflüssen von durchschnittlich 4,6 $l \cdot s^{-1}$ transportiert wurden (Meßstelle Taunus "A", Winterhalbjahr) 183

Abb. 75 Geschiebemischungsband für Sohlensedimente, die mit Spitzenabflüssen von durchschnittlich 10,8 $l \cdot s^{-1}$ transportiert wurden (Meßstelle Taunus "A", Winterhalbjahr) 184

Abb. 76 Geschiebemischungsband für Sohlensedimente, die mit Spitzenabflüssen von durchschnittlich 13,1 $l \cdot s^{-1}$ transportiert wurden (Meßstelle Taunus "B", Winterhalbjahr) 184

Abb. 77 Reduktion der d50- und d90-Werte in fünf aufeinanderfolgenden Geschiebefrachtproben mit unterschiedlichen Scheitelabflüssen (Taunus "A") 185

Abb. 78 Kornsummenkurven zweier Geschiebefrachtproben (Meßstelle Taunus "B") 186

Abb. 79 Mischungsbänder für im Meßbecken abgelagerte Sedimente (Meßstellen Taunus "A" und "B") 186

Abb. 80 Zusammenhang der d90-Werte der Geschiebefracht mit der Höhe der Scheitelabflüsse (Meßstelle Odenwald und Taunus "A") 188

Abb. 81 Jährlicher Sedimentaustrag aus dem Einzugsgebiet im Odenwald 190

Abb. 82 Jährlicher Sedimentaustrag aus Einzugsgebiet Taunus "A" 192

Abb. 83 Sedimentkonzentration bei verschiedenen Abflußhöhen (Taunus "A") 194

Abb. 84 Monatlicher Geschiebeaustrag von Odenwald und Taunus im Vergleich 195

Abb. 85 Vergleich der durch Spitzenabflüsse ausgetragenen Geschiebemengen von Einzugsgebiet Taunus "A" und "B" 196

Abb. 86 Vierjährige monatliche Mittelwerte von Niederschlag, Abfluß und Geschiebeaustrag im Arbeitsgebiet Odenwald 197

Abb. 87 Kornsummenkurven der Geschiebefracht an Meßstelle Taunus "C" 199

Abb. 88 Zusammenhang von Oberflächenabflußmenge und Kronendurchlaßhöhe 1985-1990 (Meßstelle Odenwald) 204

Abb. 89 Bodenfeuchtegang und tägliche Niederschlagshöhen (1985-1986, Odenwald) 206

Abb. 90 Bodenfeuchtegang vom 21.04.1988-30.03.1990 (Meßstelle Odenwald) 207

Abb. 91 Saugspannungsgang und tägliche Niederschlagshöhen (1988-1990, Taunus) 208

Seite

Abb. 92 Oberflächenabfluß und Bodenfeuchte in 20 cm Tiefe (01.12.1985-30.11.1986, Meßstelle Odenwald) 210
Abb. 93 Oberflächenabfluß und Bodenfeuchte in 20 cm Tiefe (21.04.1988-30.03.1990, Meßstelle Odenwald) 211
Abb. 94 Kumulierte monatliche Häufigkeit und mittlere monatliche Menge des Oberflächenabflusses (1985-1989, Meßstelle Odenwald) 212
Abb. 95 Monatliche Mittel- und Höchstwerte des Oberflächenabflusses im Vergleich zur Starkregenhäufigkeit (Meßstelle Odenwald) 213
Abb. 96 Zusammenhang von Niederschlagshöhe und -intensität bei Niederschlagsereignissen mit und ohne Oberflächenabfluß (Meßstelle Odenwald) 214
Abb. 97 Ionenkonzentration im Oberflächenabfluß (Odenwald und Taunus) 217
Abb. 98 Mittlere Konzentration von Gesamtlösungs- und Feststoffinhalt im Vergleich zur mittleren Oberflächenabflußmenge (Odenwald und Taunus) 218
Abb. 99 Durchschnittliche Abtragsmengen durch Oberflächenabfluß 219
Abb. 100 Kornsummenkurven des Feststoffinhalts zweier Oberflächenabflußproben 220
Abb. 101 Niederschlags-Abfluß-Ereignis vom 21./22.04.1989 (Meßstelle Odenwald) 221
Abb. 102 Unmittelbarer Sedimenteintrag in das Gerinne im Odenwald infolge gravitativer Prozesse 226
Abb. 103 Bewegung des Scheelit-Tracers an der Meßparzelle im Odenwald 228
Abb. 104 Bewegung des Scheelit-Tracers an der Meßparzelle Taunus TA2 229
Abb. 105 Vergleich der Verlagerungsbeträge des Tracers aus drei Meßkampagnen 230
Abb. 106 Geologisch-pedologische Querprofile durch den Akkumulationsbereich der Runse im Arbeitsgebiet Odenwald 237
Abb. 107 Ansicht der episodisch durchflossenen Runse an Meßstelle Taunus "C" 239
Abb. 108 Schematische Darstellung der in den Runsen wirksamen morphodynamischen Prozeßbereiche (n. DUYSINGS 1986; verändert) 241

Tabellenverzeichnis

Seite

Tab. 1	Geochemische Analyse der Granodiorite des Neutscher Komplexes (Odenwaldkristallin)	34
Tab. 2	Morphometrische Kenngrößen der Teileinzugsgebiete mit perennierendem Abfluß	55
Tab. 3	Jahressummen der Niederschlagshöhe für das Arbeitsgebiet Odenwald	108
Tab. 4	Jahressummen der Niederschlagshöhe für das Arbeitsgebiet Taunus	109
Tab. 5	Jahressummen der Kronendurchlaß- und Bestandsniederschlagshöhe im Arbeitsgebiet Odenwald	111
Tab. 6	Jahressummen der Kronendurchlaß- und Bestandsniederschlagshöhe im Arbeitsgebiet Taunus	115
Tab. 7	Schneedeckenparameter in beiden Arbeitsgebieten für die Schneedeckenperioden 1985/86 bis 1988/89	117
Tab. 8	Jährliche Niederschlagshöhen für Odenwald und Taunus	121
Tab. 9	Abflußhauptzahlen der Einzugsgebiete	130
Tab. 10	Unterschiedshöhen und Abflußverhältniszahlen für das Einzugsgebiet Odenwald	152
Tab. 11	Unterschiedshöhen und Abflußverhältniszahlen für das Einzugsgebiet Taunus "A"	153
Tab. 12	Vergleich der Abflußverhältniszahlen (A/N_B)	153
Tab. 13	Gewässeranalyse des Gerinnes im Odenwald	156
Tab. 14	Gewässeranalyse des Gerinnes Taunus "A"	159
Tab. 15	Sedimentaustrag im Arbeitsgebiet Odenwald 1985/86-1988/89	190
Tab. 16	Sedimentaustrag im Arbeitsgebiet Taunus 1987/88-1988/89	191
Tab. 17	Vergleich des jährlichen Sedimentaustrags aus den Arbeitsgebieten Odenwald und Taunus	193
Tab. 18	Größte und kleinste gemessene Oberflächenabflußmengen auf den Meßparzellen im Odenwald und Taunus	202
Tab. 19	Jahresmengen des Feststoff- und Lösungsabtrags durch Oberflächenabfluß	233
Tab. 20 - 66		ab 265

1 Einleitung

Die dieser Arbeit zugrunde liegenden Untersuchungen beschäftigen sich im Rahmen des DFG-Schwerpunktprogramms "Fluviale Morphodynamik im jüngeren Quartär" mit der Frage nach Art und Ausmaß aktueller morphodynamischer Prozesse im Bereich von Quellgerinnen.

Am Beispiel zweier bewaldeter hydrologisch-experimenteller Kleineinzugsgebiete im Kristallinen Odenwald und Taunus soll ein Beitrag zur natürlichen Erosionsleistung kleiner Vorfluter unter den stabilen Vegetationsverhältnissen eines Kulturforstes und zum Wasserhaushalt kleiner Einzugsgebiete im bewaldeten Mittelgebirge erbracht werden. Ergänzend zu den ebenfalls in das Schwerpunktprogramm eingebundenen, aber auf die Beobachtung an größeren Fließgewässern ausgerichteten Forschungsprojekten anderer Hochschulinstitute (vgl. PÖRTGE & HAGEDORN 1989:7), wird hiermit die sich ergebende Skala der räumlichen Dimensionen nach unten hin abgerundet.

Die Analyse des aktuellen morphodynamischen Prozeßgefüges ist dabei in zweierlei Hinsicht von praktischem Interesse.

Bei der Beurteilung der Belastbarkeit eines Naturraumes ermöglicht die Kenntnis über den Prozeßablauf und die umgesetzten Stoff- und Energiebeträge eine differenziertere Aussage über die Qualität und Quantität der Veränderungen, die durch eine anthropogene Einflußnahme im Landschaftshaushalt hervorgerufen werden.

Überdies geben Untersuchungen zu Problemen der aktuellen Morphodynamik wertvolle Hinweise zu Fragen der Reliefgenese. Da hier Prozesse und steuernde Faktoren direkt zu beobachten und zu messen sind, läßt die Kenntnis des aktuellen morphodynamischen Prozeßgeschehens unter Anwendung des aktualistischen Prinzips Rückschlüsse auf die Formungsvorgänge in der Vergangenheit zu (vgl. LESER & PANZER 1981; BARSCH 1982; BREMER 1989).

Insbesondere letztgenanntem Punkt ist in diesem Zusammenhang größere Bedeutung zuzumessen, denn am Institut für Physische Geographie der Universität Frankfurt wurden in diesem Schwerpunktprogramm unter Leitung von Prof. Dr. Dr. h. c. A. SEMMEL von A. BAUER im Bereich von Hangrunsen historisch-genetische Untersuchungen zur "Bodenerosion in den Waldgebieten des östlichen Taunus in historischer und heutiger Zeit" durchgeführt.

Da die ausgewählten hydrologischen Einzugsgebiete in vorliegender Arbeit gleichzeitig auch die Einzugsgebiete von Runsen umfassen und das Arbeitsgebiet im Taunus zusätzlich von der Arbeitsgruppe SEMMEL/BAUER untersucht wurde, bietet der Vergleich der Ergebnisse beider Arbeiten, die Möglichkeit, weiterreichende Schlüsse über die Initiierung und den Ablauf der linearen Bodenerosion und die Genese der dadurch entstandenen Kleinformen zu ziehen.

Zudem gestattet eine Gegenüberstellung der geomorphogenetisch erarbeiteten Daten und der Meßwerte aus der quantitativen Prozeßforschung eine wechselseitige Überprüfung der Ergebnisse und bietet damit für den untersuchten Themenkomplex eine gute Validitätskontrolle.

2 Problemstellung

2.1 Zur Problematik quantitativer Prozeßforschung

Der Einsatz quantitativer Methoden scheint immer dort angebracht, wo allein mit Hilfe geomorphographischer oder geomorphogenetischer Untersuchungen eine Klärung geomorphologischer Vorgänge und eine Bilanzierung der dabei umgesetzten Massen nicht geleistet werden kann (vgl. BARSCH 1982:3). Zuvor müssen allerdings die grundlegenden qualitativen Zusammenhänge der zu erfassenden Prozesse und der steuernden Faktoren bekannt sein (AHNERT 1981:5).

Exogene morphodynamische Prozesse sind in erster Linie durch die Verlagerung mineralischer Substanz charakterisiert. Unabhängig von der Menge der bewegten Materie und der Prozeßgeschwindigkeit handelt es sich hierbei immer um einen gerichteten Prozeß, dessen Ablauf mechanischen Gesetzmäßigkeiten unterliegt.

Voraussetzung für den Prozeßablauf ist dabei die Mobilisierung geologischen Materials durch physikalische und chemische Verwitterungsvorgänge. Dabei werden die chemischen Bindungskräfte im betroffenen Materiekomplex aufgehoben und ein allein von Gravitations- und Kohäsionskräften abhängiger stabiler oder indifferenter Gleichgewichtszustand herbeigeführt. Bei einer Bewegung wird der gravitativ oder kohäsiv bedingte Reibungskoeffizient sowohl zwischen den zu bewegenden mineralischen Partikeln als auch zwischen unterlagerndem Festgestein oder aggregiertem Bodenmaterial aufgehoben, der stabile Gleichgewichtszustand also in ein labiles Gleichgewicht überführt, wodurch die mineralische Substanz eine kinematische Translation erfährt. Steuernde Faktoren sind hierbei ein ausreichendes Gefälle, ein reibungsverminderndes Agens (Wasser in flüssiger und fester Form) oder aber die oberflächlich einwirkenden Schubspannungskräfte eines bewegten Mediums (Wasser oder Wind) (vgl. ZANKE 1982).

Bestehen diese für Umlagerung und Transport maßgeblichen Bedingungen nicht mehr, kommt die Sediment- oder Massenbewegung zum Erliegen. Bei der anschließenden Sedimentation wird erneut ein stabiler Gleichgewichtszustand erreicht (vgl. GOTTSCHALK 1964:17-6f.).

Die natürlichen Faktoren, die die Rate der flächenhaften und linienhaften Erosion, den Transport des erodierten Materials und dessen Ablagerung beeinflussen, sind sehr komplex und gebietsspezifisch (vgl. BÜDEL 1981:52). Die ursächlichen Zusammenhänge sind aber unabhängig vom Betrachtungsmaßstab die gleichen. Gestützt auf spezifische geowissenschaftliche Beobachtungen und Messungen im Gelände, können mittels des quantitativen Forschungsansatzes Ablauf und Wirkungsweise geomorphodynamischer Prozesse analysiert und Stoffumsätze bilanziert werden (LESER & PANZER 1981; BARNER 1983; KLUG & LANG 1983).

Durch die zahlreichen quantitativen Arbeiten zum Problem der Bodenerosion wurde die Gültigkeit dieses Ansatzes bestätigt. Dieser morphodynamische Prozeßbereich, der sich in der quasinatürlichen Oberflächenformung i. S. v. MORTENSEN (1954/55) äußert, konnte so als einer der intensivsten rezenten Formungsprozesse im Bereich des gemäßigten Klimas erkannt werden (RICHTER 1976; RATHJENS 1979; DONGUS 1980). Dabei zeigte sich, daß die anthropogene Nutzung beschleunigend, der Faktor Vegetation hingegen hemmend auf das Prozeßgeschehen wirken und so den bedeutendsten Einfluß bei sonst gleicher naturräumlicher Ausstattung besitzen.

Eine Quantifizierung geomorphologischer Systemvariablen ist aber nur dann sinnvoll, wenn daraus qualitative Schlußfolgerungen gezogen werden, denn sie ermöglichen erst einen Vergleich und eine weiterreichende Interpretation (AHNERT 1981). Dazu ist es nötig, die Ergebnisse in Form eines übertragbaren numerischen Ausdrucks zu formulieren, was im allgemeinen mittels Bilanz- und Abtragsberechnungen geschieht (bspw. $mm \cdot a^{-1}$ oder $t \cdot ha^{-1} \cdot a$). Eine vergleichende Wertung solcher Angaben ist aber nur statthaft, wenn von einer möglichst großen räumlichen, zeitlichen und methodischen Kontinuität der jeweiligen Untersuchungen ausgegangen werden kann (vgl. VORNDRAN 1979; BREMER 1982; LANG 1989).

2.2 Forschungsgegenstand

Zum Nachweis aktueller fluvialer Prozeßdynamik unter stabilen Vegetationsverhältnissen wurden die bewaldeten Einzugsgebiete von Runsen ausgewählt, die ganzjährig von einem Quellgerinne entwässert werden.

Wie durch eine Vielzahl vor allem neuerer Untersuchungen nachgewiesen werden konnte, handelt es sich bei diesen kerbtalähnlichen Hohlformen, die im internationalen Sprachgebrauch als "Gullys" bezeichnet werden, vor allem in Mitteleuropa überwiegend um durch Wiederaufforstung konservierte, lineare Erosionsschäden, die durch eine mittelalterliche oder früh-neuzeitliche agrarische Nutzung heutiger Waldgebiete verursacht wurden (vgl. HEMPEL 1954; JAKOBY 1959; LINKE 1963; RICHTER 1965, 1976; RICHTER & SPERLING 1967; BORK 1983, 1989; THIEMEYER 1988; SCHRAMM 1989; BAUER 1993).

Zwar sind die meisten der heute unter Wald vorhandenen Formen als fossil zu bezeichnen, d. h., eine rezente Weiterbildung findet innerhalb dieser Formen, wenn überhaupt, dann nur in sehr begrenztem Umfang statt, aber wie eine beispielhafte Auswertung der Topographischen Karten 1:25 000, Bl. 6118 (Darmstadt-Ost) und Bl. 6218 (Neunkirchen) ergab, weisen rund 4 % aller dort dargestellten Runsen einen perennierenden Abfluß auf und stellen somit junge Leitformen der aktuellen fluvialen Prozeßdynamik dar. Das räumliche Verbreitungsmuster dieser Kleinformen wird dabei offensichtlich stark von der Beschaffenheit des oberflächennahen Untergrundes bestimmt, da sie bevorzugt in pleistozäne Lockersedimente (bspw. Löß und lößlehmhaltige Schuttdecken) eingeschnitten sind, was weltweit für das Auftreten aktueller linienhafter Abtragungsformen gelten kann (z. B. BERGQUIST 1986; ENDLICHER 1986; BECHT 1988; SEMMEL 1989).

Die quantitativen Untersuchungen konzentrieren sich auf die Messung des Sedimentaustrags durch die Quellgerinne, wobei Menge und Varianz des Stoffaustrags als wesentliche Indikatoren für den Ablauf aktueller Prozesse im Einzugsgebiet herangezogen werden. Der Einfluß, den bestimmte Geofaktoren, wie Ausgangsgestein, Deckschichten, Boden und Waldbestand, auf Wasserhaushalt und Abtrag haben, soll aus dem Vergleich zweier Arbeitsgebiete abgeleitet werden, um so zu allgemeingültigen Aussagen über die aktuelle Morphodynamik im Bereich kleiner Fließgewässer zu gelangen.

2.3 Methodische Konzeption

2.3.1 Theoretische Vorüberlegungen

Im folgenden seien die allgemeingültigen Beziehungen zwischen Sedimentaustrag und naturräumlichen Faktoren kurz umrissen, da ihre Kenntnis die Voraussetzung zur Wahl der Arbeitsgebiete, der Untersuchungsschwerpunkte und des fachgerechten Einsatzes der Meßmethodik bildet.

Die gesamte Menge des erodierten Materials in einem Einzugsgebiet, die sich von der "Sedimentquelle" zu einem flußabwärts gelegenen Meßpunkt bewegt, wird als "Sedimentaustrag" bezeichnet (GOTTSCHALK 1964:17-11). Die Menge des durch ein Fließgewässer ausgetragenen Sediments ist eng mit dem Abflußprozeß und seinen steuernden Faktoren verknüpft. Daher ist sie in dreierlei Weise begrenzt. Zum einen durch die Erosionsanfälligkeit des oberflächennahen Untergrundes im Einzugsgebiet und der Gewässersohle, zum anderen durch die Transportleistung des strömenden Wassers und letztlich durch die Menge des dem Vorfluter zugeführten Materials (vgl. HERRMANN 1977:101).

Dieses Material kann, wenn nicht unmittelbar durch gravitative oder solifluidale Prozesse in Ufernähe verlagert, dem Fließgewässer auch durch Oberflächenabflüsse zugeführt werden (LOUIS 1975; SCHMIDT 1984). Die komplexen Bedingungen, die für das Entstehen von Oberflächenabfluß verantwortlich sind, spielen dabei ebenso eine Rolle wie die Faktoren, die das Transportvermögen der oberflächlich abfließenden Wassermassen steuern. Neben der Niederschlagsmenge sind dies vor allem die Infiltrationskapazität des Bodens, die Rauhigkeit der Oberfläche, die Kohäsion, der Verwitterungsgrad, die Löslichkeit und das Korngrößenspektrum des transportierten Mediums, Hanglänge und Hangneigung und die Form und Dichte der Vegetation (GOSSMANN 1970:19ff.; ROHDENBURG 1971:2).

In stark zerschnittenen Einzugsgebieten mit einem ausgeprägten Tiefenliniennetz ist daher der "Sedimenteintrag" sehr viel größer als für Gebiete mit geringer Hangneigung und wenigen Tiefenlinien. Aber auch die Größe des Einzugsgebiets ist entscheidend, denn mit zunehmender Entfernung zum Vorfluter steigt die Wahrscheinlichkeit, daß Sedimentpartikel festgelegt werden (GOTTSCHALK 1964:17-13). Findet in einem Einzugsgebiet ein Materialeintrag durch Oberflächenabfluß auf den Hängen statt, müssen diese Hänge fluvialer Prozeßdynamik unterliegen und abgetragen werden. Je nachdem, ob hierbei der Neigungswinkel der Hänge vergrößert oder verkleinert wird, können gravitative Prozesse in ihrer Dynamik zunehmen oder zum Erliegen kommen. In Relation zur Fläche gesehen, ist somit in kleinen Einzugsgebieten auch mit einem höheren Sedimentaustrag zu rechnen.

Die Menge des Sedimentaustrags wird aber auch durch die Beschaffenheit des oberflächennahen Untergrundes bestimmt. Hierzu gehören alle Materialzustände der Erdoberfläche, also neben dem anstehenden Festgestein auch Verwitterungsdecken und Böden (LESER & PANZER 1981:57f.). Für die Menge potentiell verlagerbaren Sediments ist zunächst die Mächtigkeit einer durch Verwitterung aus dem Gesteinsverband gelösten Materialauflage maßgeblich, gleichgültig ob es sich dabei um eine Schuttdecke oder eine Bodenbildung im engeren Sinne handelt. Ihre Erodierbarkeit (erodibility) wird bestimmt durch die Kohäsion, die Größe, Form und Dichte der enthaltenen Gesteinsbruchstücke oder Aggregate, die Aggregatstabilität, die Permeabilität und den Gehalt an organischer Substanz (vgl. HARTGE 1978; RAUDKIVI 1981; SEILER 1982; BAUER 1985; STOCKER 1985; DIKAU 1986).

Erosionshemmend wirkt hingegen die Vegetation, denn je nach Höhe, Dichte und

Entwicklungszustand der natürlichen Pflanzendecke werden die verschiedenen Prozesse und Faktoren beeinflußt. Zudem wird der Boden mit organischen Stoffen versorgt, durch das Wurzelwerk stabilisiert und ihm durch die Transpiration Wasser entzogen. Dadurch wird die Bodenfeuchte reduziert, was sich positiv auf die Infiltrationskapazität auswirkt. Durch ein dichtes und gut abgestuftes Blätterdach wird die kinetische Energie der auftreffenden Regentropfen, ihre Erosivität, vermindert, wobei sich durch den Interzeptionsverlust auch noch die eingetragene Niederschlagsmenge gegenüber unbewachsenen Flächen verringert (vgl. RATHJENS 1979; BARNER 1983; BAUER 1985).

Die Transportleistung eines Fließgewässers wird von der abfließenden Wassermenge, der Fließgeschwindigkeit und der Menge des mitgeführten Materials bestimmt. Die Abflußmenge hängt wiederum von klimatischen und geologischen Parametern ab, denn Niederschlag und Verdunstung steuern den Abflußprozeß ebenso wie die hydrologischen Eigenschaften des Untergrundes im Einzugsgebiet (HERRMANN 1977). Die Fließgeschwindigkeit ist neben den Einflüssen der Gerinnebettrauhigkeit vor allem eine Funktion des Gefälles. Mit zunehmender Fließgeschwindigkeit und Abflußmenge steigt auch die hydraulische Transportkapazität eines Fließgewässers. Aber da das kinetische Energiepotential des strömenden Wassers mit steigender Sedimentbelastung aufgezehrt wird, beeinflußt die mitgeführte Fracht ihrerseits die Transportleistung. Dies führt zu einer Wechselwirkung zwischen Strömung und Gewässersohle. Liegt die Sedimentführung unter der hydraulisch möglichen, wird die Gewässersohle erodiert und das Gerinne erfährt eine Eintiefung. Übersteigt andererseits die Sedimentfracht die Transportkapazität, bspw. durch Stoffeintrag, erfolgt Sedimentation (HERRMANN 1977:102; ZANKE 1982:17).

Außer den hydraulischen Randbedingungen sind bei diesen Vorgängen auch wieder die charakteristischen Eigenschaften des Sediments wie Dichte, maßgebende Korngröße und Kornform von Bedeutung. Daher muß in einem Fließgewässer nicht notwendigerweise immer Eintiefung herrschen, denn die Gewässersohle kann auf zweierlei Weise eine stabile Lage besitzen. Wird kein Sediment bewegt, ist sie statisch stabil, und wenn der Sedimenteintrag in einem definierten Gerinneabschnitt dem Sedimentaustrag entspricht, ist sie dynamisch stabil (ZANKE 1982:334).

2.3.2 Arbeitsansatz

Ausgehend von den theoretischen Vorüberlegungen bilden die folgenden Arbeitshypothesen die Grundlage für einen quantitativen Arbeitsansatz zur Erfassung der aktuellen Prozeßdynamik in einem Einzugsgebiet:

1. Der Sedimentaustrag durch das Quellgerinne ist ein Indikator für morphodynamische Prozesse im Einzugsgebiet (vgl. LANG 1989:279).

2. Er resultiert aus der Summe aller im Einzugsgebiet wirkenden Prozesse.

3. Bezieht man die Menge des Sedimentaustrags auf einen bestimmten Zeitraum und auf die Fläche des Einzugsgebiets, erhält man ein Maß für die Intensität der Prozesse.

4. Sofern unterschiedliche Geofaktorenkonstellationen einen Einfluß auf Wasserhaushalt und Stoffaustrag haben, muß sich dies in den jeweiligen Bilanzen niederschlagen.

Für die Summe des Sedimentaustrags ist jedoch eine Vielzahl räumlich und zeitlich getrennter Einzelprozesse verantwortlich, die wiederum von verschiedenen steuernden Faktoren abhängen. Diese Prozesse laufen diskontinuierlich, also mit unterschiedlicher Intensität und Geschwindigkeit ab (BREMER 1989:114), wodurch sich ihre Leistung für den gesamten Abtragsprozeß nur schwer abschätzen läßt.

Ist eine quantitative Erfassung aller wirksamen Einzelprozesse und Faktoren auf ausgewählten Testflächen noch möglich, so ist dies für ein größeres Gebiet unter kontinuierlichen räumlichen und zeitlichen Bedingungen mit vertretbarem Aufwand nicht zu leisten. Nach BOSSEL (1987:24) läßt sich eine Reduktion der Komplexität des morphodynamischen Wirkungsgefüges jedoch erreichen, indem die Einzelkomponenten anhand empirisch begründeter Zusammenhänge aggregiert und ein betrachteter Reliefausschnitt als System definiert wird (Systemanalytisch-geomorphologischer Ansatz n. LESER & PANZER 1981, vgl. auch KLUG & LANG 1983:49).

Mit Hilfe einer räumlichen Abgrenzung lassen sich für ein solches "geomorphodynamisches System" In- und Outputvariablen formulieren, die über funktionale Beziehungen miteinander verknüpft sind. Ausdruck dieser Beziehungen sind die ablaufenden Prozesse; sie werden durch systeminterne und -einwirkende Faktoren oder Variablen gesteuert. Jeder dieser Prozesse ist durch Materie und Energieumsätze gekennzeichnet, die mittels geeigneter Methoden meßtechnisch erfaßt werden können. So kann über die Intensität der Prozesse das Systemverhalten beurteilt werden, wenngleich auch die daraus abgeleiteten Aussagen immer nur in bezug auf das Gesamtsystem gelten.

Bei diesem als "Black-Box" bekannten Systemmodell werden nur die Eingabegrößen und die daraus resultierenden Ausgabegrößen beobachtet, ohne daß dabei auf die interne Struktur näher eingegangen wird. Werden bestimmte Faktoren und Variablen oder Subsysteme mit in die Input-Output-Betrachtung einbezogen, ist es möglich, die strukturellen Eigenheiten eines Geosystems, seine interne Struktur näher aufzuschlüsseln (Grey-Box) (KLUG & LANG 1983:41).

Für eine quantitative Erfassung der Prozesse im Gelände bedeutet dies:

- daß die "Verhaltensanalyse" die Beobachtung über einen längeren Zeitraum erfordert,

- daß kontinuierliche Beobachtungen der Prozesse durchgeführt werden (automatische Registrierung)

- und diese durch diskontinuierliche Beobachtungen ergänzt werden (durch periodische Messungen und Probennahmen).

- Für chorische Raumeinheiten muß gewährleistet sein, daß die lateralen Prozesse integral für das gesamte Geosystem an einer Stelle gemessen werden können und sonstige horizontale Stoffbewegungen ausgeschlossen sind.

- Um Zufallswerte auszuschließen, müssen an weiteren Stellen der Chore oder des Tops Kontroll- und Parallelmessungen durchgeführt werden.

- Bei periodischer Beprobung und Messung muß die Wahl der Zeitintervalle so getroffen werden, daß keine für die Interpretation wesentliche Zustandsänderung des Systems zwischenzeitlich stattfindet.

- Anthropogene Maßnahmen sollten soweit wie möglich ausgeschlossen sein,

- und die Arbeitsgebiete müssen eine gewisse Homogenität hinsichtlich der Geofaktorenkonstellation aufweisen (vgl. hierzu auch KLUG & LANG 1983; SCHMIDT 1978).

Da es sich bei den Untersuchungsgebieten um hydrologische Einzugsgebiete handelt, kann die räumliche Abgrenzung über die oberirdischen Wasserscheiden vorgenommen werden. Die Messung der Basisdaten des Outputs (Abfluß und Sediment) erfolgt, gemäß dem in Abbildung 1 dargestellten vereinfachten Konzeptmodell, am tiefsten Punkt der Gebiete, der lokalen Erosionsbasis. Als Inputgröße fungiert bei dieser Black-Box allein der Niederschlag (FLÜGEL 1979:2).

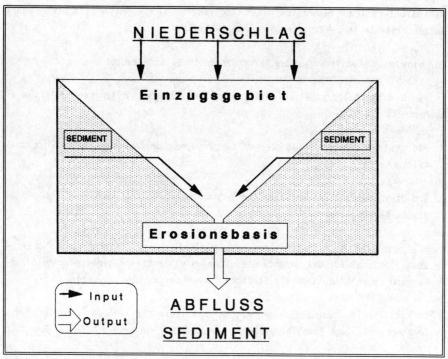

Abb. 1 Konzeptmodell des Sedimentaustrags

Für das Modell gelten jedoch einige Einschränkungen. Denn die Formvariablen wie Hangneigung und Gefälle müssen als Konstanten definiert werden, was sie über längere geologische Zeiträume natürlich nicht sind. Weil aber die aktualistische Betrachtung in einem kleinen Zeitmaßstab erfolgt, ist dies durchaus zulässig. Um aber auszuschließen, daß der gemessene Sedimentoutput, der ja, wie oben ausgeführt, im Einzugsgebiet auf vielfältige Weise freigesetzt werden kann, nicht nur aus der Wirkung hydrodynamischer Prozesse im Gerinne selbst resultiert, werden in einem zweiten Integrationsschritt systeminterne Teilprozesse (i. S. v. EINSELE 1986:80) und ihre steuernden Faktoren in Form von Subsystemen untersucht. Durch diese Modellerweiterung soll es zudem möglich werden, die Ursachen der jahreszeitlichen Dynamik von Abflußgenerierung und Sedimentaustrag besser beurteilen zu können. Aufgrund der zunehmenden Komplexität der Systemrelationen kann eine exakte Messung der Teilprozesse nur mit entsprechend großem apparativen und personellen Aufwand erreicht werden. Deshalb muß die Erfassung der Teilprozesse, soweit sich ausreichende Erkenntnisse nicht aus der Interpretation der Basisdaten ableiten lassen, gestützt auf Beobachtungen weitgehend qualitativ erfolgen.

Die Forderung nach Homogenität bedeutet gemäß der Themenstellung vor allem eine möglichst flächendeckende Bewaldung der Arbeitsgebiete.

Kontinuierliche Meßreihen werden durch Errichten stationärer Meßstellen mit entsprechender apparativer Ausstattung am Talausgang der Einzugsgebiete und durch das Vorhandensein eines ganzjährigen Abflusses ermöglicht.

Die Meß- und Arbeitsmethodik ist dabei den spezifischen Anforderungen so anzupassen, daß reproduzierbare Ergebnisse gewonnen werden. Die Messungen und die Datenauswertung haben also nach standardisierten Verfahren und anerkannten Richtlinien zu erfolgen.

Da quantitatives Arbeiten im Gelände zeitaufwendig und kostenintensiv ist, ergeben sich in Verbindung mit der Arbeitsmethodik noch einige praktische Kriterien, die bei der Wahl der Arbeitsgebiete zu berücksichtigen waren:

- Die Gebiete müssen relativ gut zugänglich sein, da zur Errichtung der Meßstellen Material und Geräte antransportiert und die Geräte regelmäßig gewartet werden müssen. Für den reibungslosen Ablauf ereignisorientierter Beprobungen gilt diese Voraussetzung ebenso.

- Auch im Hinblick auf die zu prüfenden Hypothesen sollten die gewählten Standorte ein gewisses Maß an Ergebnissen erwarten lassen.

Unter diesen Gesichtspunkten wurde 1985 im Rahmen des Vorlaufprojektes zum Schwerpunktprogramm das hydrologisch-experimentelle Einzugsgebiet im Kristallinen Odenwald errichtet, und über die auf einem einjährigen Beobachtungszeitraum basierenden Ergebnisse in Form einer Diplomarbeit berichtet (MOLDENHAUER 1987). Zu Referenzuntersuchungen wurde das Arbeitsprogramm 1987 auf ein Einzugsgebiet mit weitgehend ähnlicher Geofaktorenkonstellation im Taunus ausgeweitet und dort 1988 zusätzlich ein zweites, anthropogen beeinflußtes Nachbargebiet instrumentiert. Anhand der zusätzlich gewonnenen Daten sollen sich die Auswirkungen geordneter forstwirtschaftlicher Nutzung besser beurteilen lassen. Wie sich aus den mehrjährigen Beobachtungen ergab, ist in diesem Zusammenhang auch die Wirkung episodischen Abflusses nicht zu unterschätzen, so daß im Taunus 1989 noch eine kleine Meßstelle in einer meist abflußlosen Seitenrunse eingerichtet wurde.

3 Die Arbeitsgebiete

3.1 Lage der Arbeitsgebiete

Die Meßstelle im Kristallinen Odenwald befindet sich in etwa 280 m Höhe westlich der Gemeinde Ernsthofen im oberen Tal der Modau (TK 25, Blatt 6218 Neunkirchen, R 3480420/H 5515030). Das Untersuchungsgebiet im Taunus liegt knapp nördlich des Taunushauptkamms in ca. 350 m ü. NN zwischen den Ortschaften Ruppertshain und Schloßborn im Einzugsgebiet des Silberbachs (TK 25, Blatt 5816 Königstein, R 3456880/H 5560900).

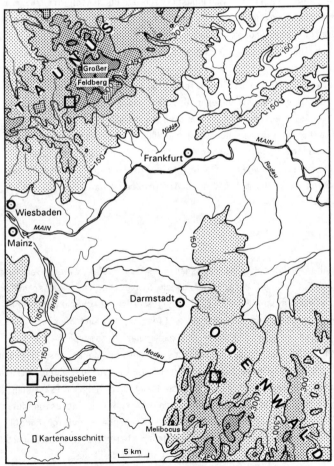

Abb. 2 Übersichtskarte zur Lage der Arbeitsgebiete

3.2 Geofaktoren im Arbeitsgebiet Odenwald

3.2.1 Abgrenzung des Einzugsgebietes

Die in Abbildung 3 dargestellte Karte im Maßstab 1:2 800 entstand unter Zugrundelegung der vorhandenen Luftbildkarte Blatt 2-8014 L "Ernsthofen" (1:5 000) über eine fototechnische Ausschnittsvergrößerung. Durch planimetrische Integration der oberirdischen Wasserscheiden wurde die Größe des Einzugsgebietes auf 76 000 m^2 bestimmt.

Den tiefsten Punkt stellt der Mündungsbereich am Buchteich mit 265 m ü. NN dar, der höchste Punkt liegt mit ca. 325 m ü. NN auf der Einsattelung des Höhenzuges zwischen Rämster Berg und Meisenberg westlich von Ernsthofen. Der Rücken des Meisenberges bildet die südöstliche Wasserscheide mit Hangneigungen > 14°. Die nördliche Wasserscheide folgt einem breiten Zwischenrücken, die Hangneigung beträgt hier etwa 12°. Diese Differenzierung wirkt sich auch noch in der eigentlichen Runse aus, die etwa im unteren Drittel des Einzugsgebiets bis zu 5 m tief eingeschnitten ist. Weisen die Runsenflanken im Oberlauf beidseitig meist über 32° Neigung auf, so ist der Nordhang im Mündungsbereich des Gerinnes nur mehr 22° geneigt und leitet als flacher Riedel zum Nachbargerinne über. Das gesamte Einzugsgebiet zeigt, bezogen auf die Tiefenlinie, eine leichte Asymmetrie; der steilere Südhang erreicht mit 140 m so die größten Längen.

3.2.2 Geologie

Die geologische Situation des Einzugsgebietes ist, neben einer pleistozänen Lößlehmauflage, im tieferen Untergrund durch Syntexite des "Neutscher Komplexes" bestimmt. Sie werden von NICKEL (1979:XIV) wie folgt charakterisiert: Granodiorite, die gegen Nordosten zu immer streifiger werden und hier als Syntexitgneise (Mischgesteine mit großen Anteilen parageneer Metamorphite) entwickelt sind (G_2 n. KLEMM 1918). Der unterschiedliche Vergneisungsgrad des Odenwaldkristallins, wie ihn die Gesteinsverbände in Aufschlüssen häufig zeigen, wird auf einen syntektonischen Magmenaufstieg im Zusammenhang mit der variskischen Orogenese zurückgeführt, bei dem die Schmelzen schon während der Intrusion durch orogene Bewegungen tektonisch beansprucht wurden (Synorogen-Sandwich-Modell) (NICKEL 1979; HENNINGSEN 1981). Der so entstandene kleinräumige Gesteinswechsel erschwert allerdings häufig die Gesteinsansprache im Gelände.

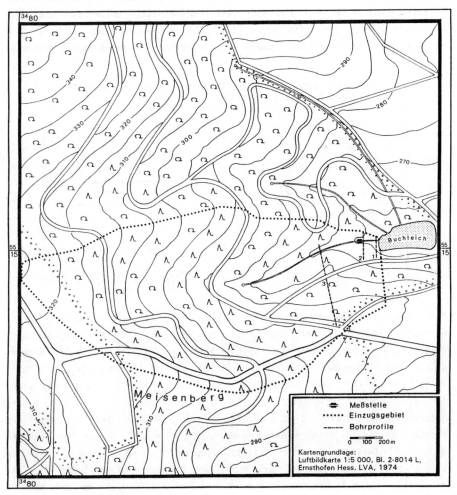

Abb. 3 Karte des Arbeitsgebietes Odenwald

Die kristallinen Gesteine unterlagen nach Abtragung des mesozoischen Deckgebirges im Tertiär intensiver tropoider Verwitterung (KUBINIOK 1988:134), was zu einer örtlich bis zu 30 m tief greifenden Vergrusung des Gesteins führte. Eine Verlagerung des Materials fand hierbei offensichtlich nicht statt, so daß die ursprünglichen Gesteinsstrukturen weitgehend erhalten blieben. Allerdings ist der in Aufschlüssen sichtbare Stand der Grobverwitterung im wesentlichen abgeschlossen und wird in bezug auf das jetzige Klima als fossil betrachtet (NICKEL 1979:13). Nach einer bei TABORSZKY (1968) mitgeteilten Gesteinsanalyse einer Probe vom Südhang des Meisenberges (R 3480140; H 5514250) setzt sich der Granodiorit im Bereich des Arbeitsgebiets wie nachstehend aufgeschlüsselt zusammen:

Tab. 1 Geochemische Analyse der Granodiorite des Neutscher Komplexes (Odenwaldkristallin)

MINERALANTEIL [Vol-%]		KORNGRÖSSE [mm]
Plagioklas	50	1,0 - 2,0
Mikroklin	22	0,2 - 1,0
Quarz	24	0,2 - 1,0
Hornblende	/	/ /
Biotit	3	0,002-0,005
Akzessorien	0,7	/ /

(Quelle: TABORSZKY 1968:200, Tab. 1)

Außer den zahlreichen schmalen Aplitgängen (KLEMM 1918) durchsetzen als lamprophyrische Ganggefolge Malchitgänge das Hauptgestein (vgl. MAGGETTI & NICKEL 1976:153). Ein solcher Gang steht offensichtlich in der Tiefenlinie des Gerinnes an. Da die Gerinnesohle jedoch fast überall von Lockersedimentakkumulationen verhüllt ist, tritt das Gestein infolge starker Tiefenerosion nur an einer Stelle im Oberlauf zutage (vgl. Abb. 4). Auch im Sedimentationsbereich am Unterlauf wurde dieser Gang, hier aber als schluffig-sandiger, sehr glimmerreicher Zersatz bei den niedergebrachten Bohrungen in 3,50 m Tiefe angetroffen, während dort im Hangbereich in dieser Tiefe Granodioritgrus erbohrt wurde. Vergleichsproben konnten durch die günstigen Aufschlußverhältnisse an der Trasse der Erdgaspipeline MEGAL II gewonnen werden, die im Sommer 1986 dicht am Arbeitsgebiet vorbei geführt wurde. Auch hier zeigten die saiger stehenden Gesteinsgänge Zonen, die bis in Tiefen über 3 m intensiv in situ zersetzt waren, neben völlig intakten Gesteinspartien.

Eine von Herrn THIEMEYER (Institut für Physische Geographie, Universität Frankfurt) freundlicherweise vorgenommene Schwermineralanalyse ergab, daß der Schwermineralanteil der Probe aus dem Arbeitsgebiet zu 100 % aus grüner Hornblende besteht. Dies deckt sich gut mit der Analyse der Vergleichsproben, die neben einem hohen Hornblendeanteil auch noch Granat und Zirkon enthalten. Dagegen sind die Granodiorite nach oben stehender Tabelle praktisch hornblendefrei.

Der durch vorherrschende Westwinde während der pleistozänen Kaltzeiten aus den Sanden der Oberrheinebene ausgewehte Fluglöß, der vor allem im oberen Modautal in großer Mächtigkeit abgelagert wurde (KLEMM 1918:69; NICKEL 1979:163), liegt im Arbeitsgebiet aufgrund solifluidaler und fluviatiler Umlagerungsprozesse als Lößlehm vor. Die Kuppen sind jedoch lößfrei; hier steht kristalliner Verwitterungsgrus an. Die jüngsten Ablagerungen bilden die Auensedimente des Gerinnes.

3.2.3 Relief und Böden

Auf den mit Löß bedeckten Flächen des Kristallinen Odenwaldes sind auch noch in Hanglagen als Klimaböden Parabraunerden entwickelt (RICHTER 1965:452). Ein vollständig erhaltenes Bodenprofil konnte im Arbeitsgebiet jedoch nicht gefunden werden. Für eine ehemals wohl weiträumige Verbreitung dieses Bodentyps spricht das flächenhafte Auftreten eines B_t-Horizontes unter einer 60-80 cm mächtigen kolluvialen Überdeckung. Es wird davon ausgegangen, daß es sich hierbei um ein erosiv verkürztes Profil des Holozänbodens und nicht um eine Bodenbildung aus einem wärmeren Abschnitt des Pleistozäns handelt. Zur Erhaltung einer solchen Bodenbildung sind die Lößakkumulationen im Arbeitsgebiet zu geringmächtig, wie die Arbeiten von JAKOBY (1959), SEMMEL (1968) und die Ergebnisse der bodenkundlichen Aufnahme des nördlich anschließenden Nachbarblattes (6118 Darmstadt-Ost) von FICKEL (1984) annehmen lassen.

Offenbar unterlagen die Böden des Arbeitsgebietes zeitweise starken Umlagerungsprozessen. Da Bodenerosion in diesem Ausmaß unter Waldvegetation ausgeschlossen wird, muß für das Arbeitsgebiet eine spätmittelalterliche oder früh-neuzeitliche agrarische Nutzung angenommen werden, wie sie RICHTER & SPERLING (1967) für einige, heute ebenfalls wieder bewaldete Nachbargebiete nachweisen konnten. In diese Zeit ist vermutlich auch die intensive Zerschluchtung des Dellenhanges zu datieren, den das heutige Quellgerinne entwässert.

Neben der Umgestaltung des Reliefs führte die Dynamik dieser Prozesse auch zu großflächigen Verlagerungen des oberflächennahen Untergrundes. Da aber an keiner Stelle der sichere Nachweis des jungtundrenzeitlichen Deckschutts oder des Decksediments i. S. v. SEMMEL (1968:124) gelang - was auch mit der Schwierigkeit zusammenhängen mag, die die Ansprache granitischen Verwitterungsmaterials im schmalen Bohrprofil bereitet - ergaben sich auch keinerlei deutliche Hinweise auf Reliefbereiche, die seit Beginn des Holozäns morphodynamisch stabil sind, auf denen also Formungsruhe herrschte. Ein ehemaliges Vorhandensein des Deckschutts ist aber wahrscheinlich, denn auf den steilen Hängen liefen während der pleistozänen Kaltzeiten zweifellos solifluidale Prozesse ab. In Verbindung mit den fehlenden pedogenetischen Merkmalen läßt sich das Verbreitungsmuster der periglazialen Deckschichten nur ansatzweise rekonstruieren.

Hingegen müssen noch in jüngerer Zeit Materialbewegungen von den Hängen in die Tiefenlinie stattgefunden haben. Häufig weisen nämlich die Bodenprofile in schwächer geneigten, tiefer gelegenen Reliefpositionen im Oberboden einen höheren Grusanteil auf als das darunterliegende Kolluvium aus Lößlehm. Dies zeigt, daß die Bodenerosion in den Hanglagen schrittweise auf den kristallinen Untergrund übergegriffen hat.

Das Verbreitungsmuster der rezenten Böden gibt etwas schematisiert Abbildung 4 wieder. Auf den lößfreien Kuppen und Oberhängen sind flachgründige Ranker aus tonig bis grusig verwittertem kristallinen Gesteinszersatz entwickelt. In den schwächer geneigten Mittel- und Unterhangbereichen überlagert zunehmend ein steinhaltiges Kolluvium Lößlehm und Granitgrus, wobei die Mächtigkeit des an der Basis des Kolluviums erhaltenen B_t-Horizontes im Mittelhangbereich am größten ist. Das untere Drittel des Dellentiefsten bildet, bedingt durch die kolluviale Auflage, eine nach Osten geneigte, relativ ebene Fläche, in die sich das Gerinne eingetieft hat. Diese Fläche wird am Oberlauf von einigen Seitenrunsen, die auf die Gerrinetiefenlinie eingestellt sind, in einzelne schmale Riedel zerlegt (s. Abb. 6). Auch hier finden sich stark erodierte und kolluvial überdeckte Parabraunerden, die schwach pseudovergleyt sind. Die Mächtigkeit des B_t-Horizonts schwankt hier nur noch zwischen 20 und 30 cm. Seine ursprüngliche Entwicklungstiefe ist durch das Fehlen eines nicht erodierten Vergleichsprofils allerdings nicht bestimmbar. Entlang des Quellgerinnes sind an den Unterhängen der Runse im umgelagerten Lößlehm und Granodioritzersatz Hanggleye entwickelt. An stark vernäßten Stellen am Hangfuß und im Sedimentationsbereich des Gerinnes in Teichnähe haben sich infolge des ganzjährig hohen Grundwasserstandes Anmoorgleye gebildet.

Die Bestimmung der durchschnittlichen Lagerungsdichte des Granodioritgruses und des Lößlehms gemäß DIN 19683 ergab für den anstehenden Grus 1,62 g·cm^{-3} und für den Lößlehm 1,24 g·cm^{-3}. Wegen der starken Verlagerungsprozesse in den Lockermaterialdecken und der damit einhergehenden Durchmischung des Materials kann

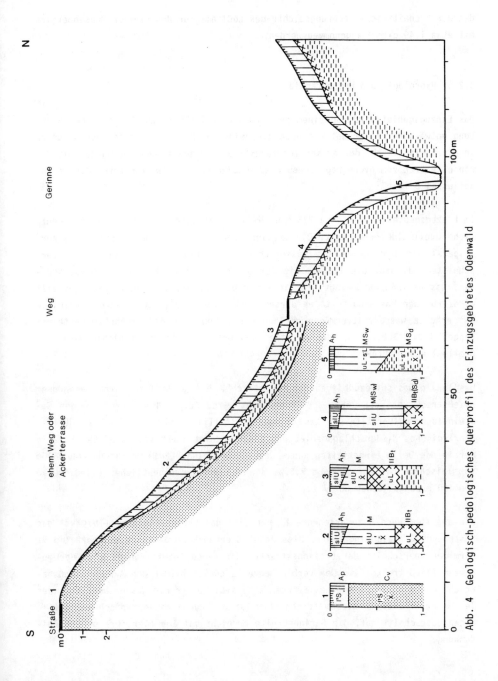

Abb. 4 Geologisch-pedologisches Querprofil des Einzugsgebietes Odenwald

die durchschnittliche Lagerungsdichte des Lößlehms für den steilen Runsenbereich mit etwa 1,49 g·cm^{-3} angenommen werden.

3.2.4 Hydrologie und Hydrographie

Das Einzugsgebiet wird von einem perennierenden Quellgerinne in östlicher Richtung entwässert. Es mündet wie auch die beiden nördlich gelegenen Nachbarrunsen in einen Fischteich, der am Konfluenzpunkt der Gerinne aufgestaut wurde. Die Gerinne gehören zum hydrographischen Netz der Modau, die den Vorfluter des Teichabflusses bildet.

Im Einzugsgebiet ist in etwa 273 m ü. NN im stark vergrusten Gestein eine deutliche Quellmulde entwickelt. Die steilen Flanken des Runsenschlusses sind zentripedal von nur episodisch wasserführenden, wenig eingetieften Rinnen zerschnitten, die auf die Tiefenlinie der oberhalb anschließenden Delle übergreifen. Das Gerinne entspringt hier in einer Quelle, die von Kluftwasser gespeist wird. Für den Wasseraustritt an dieser Stelle verantwortlich ist wahrscheinlich das erhöhte Wasserleitvermögen entlang der Trennklüfte des erwähnten Gesteinsganges (vgl. 3.2.2), in dessen etwa West-Ost gerichtetem Streichen auch die Quelle liegen müßte.

Das lokale Basisniveau bildet der "Buchteich", der nach 210 m leicht gewundener Fließstrecke bei ca. 265 m ü. NN erreicht wird. Aufgrund der großräumigen Gesteinslagerungsverhältnisse des Odenwaldkristallins (vgl. NICKEL 1979) dürften oberirdisches Niederschlagsgebiet und Einzugsgebiet identisch sein. Das Gefälle der in die Delle eingetieften Runse beträgt bei einer Länge von insgesamt 260 m vom Talschluß bis zur Mündung 7,5 %, die Neigung der eigentlichen Fließstrecke von 160 m Länge jedoch nur 7 %.

Wie aus Abbildung 5 zu ersehen ist, hat sich das Gerinne teilweise bis auf das anstehende Gestein eingetieft. Dies zeigt sich auch am deutlich ausgeprägten V-förmigen Querschnitt der Erosionsstrecke, die einen Anteil von 63 % an der gesamten Fließstrecke hat. Der verbleibende Abschnitt bildet den Akkumulationsbereich, der sich in Form eines Schwemmfächers bis unter die Wasseroberfläche des Teichs erstreckt. In diesem Abschnitt weist die Runse einen typisch kastenförmigen Querschnitt auf, die Gerinnebreite erreicht mit 1 m hier ihre größte Ausdehnung.

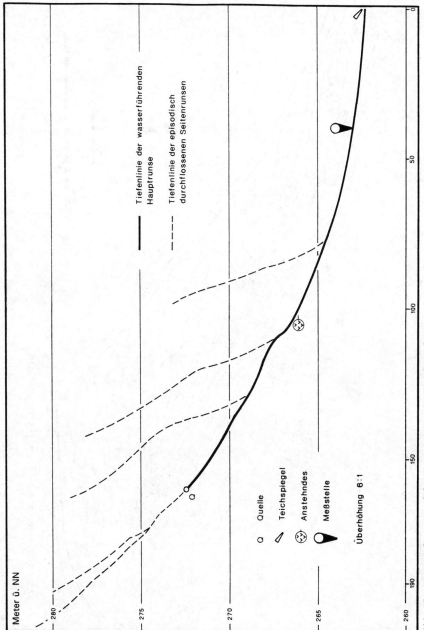

Abb. 5 Gerinnelängsprofile im Arbeitsgebiet Odenwald

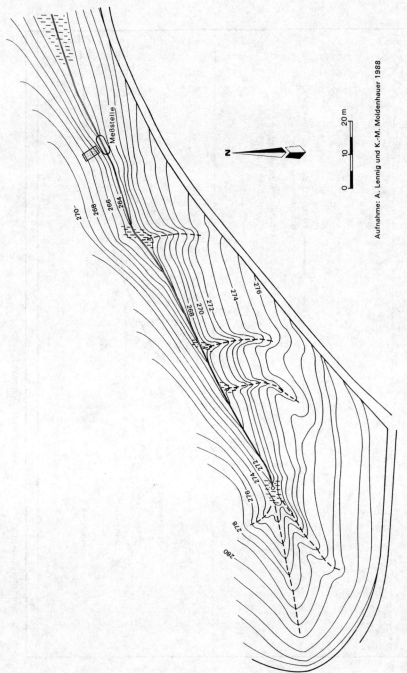

Abb. 6 Karte des engeren Runsenbereichs im Odenwald

Die im Oberlauf einmündenden Seitenrunsen sind im allgemeinen trocken, bei rascher Schneedeckenablation und lang anhaltenden Niederschlägen läßt sich in den mit Laub verfüllten Tiefenlinien jedoch ein schwaches Rinnsal beobachten. Stete Wasserzufuhr erhält das Gerinne aber aus einigen am Fuß der Runsenflanken entwickelten Naßgallen. Hier sickert - wenn auch in geringen Mengen - ganzjährig Wasser aus (s. Abb. 6). Höchstwahrscheinlich ist dies, wie bei der Hauptquelle, auf geologisch-tektonische Ursachen zurückzuführen, da sich auffälligerweise jeweils zwei Wasseraustritte am Gerinne gegenüberliegen.

3.2.5 Klima

Das Arbeitsgebiet ist Bestandteil des Klimabezirks Vorderer Odenwald. Die mittlere Lufttemperatur beträgt nach KELLER (1978) im Jahresdurchschnitt 7,5-8° C, im Sommerhalbjahr von Mai bis Oktober 14-15° C. Die tiefsten Jahrestemperaturen werden mit 0-1° C im Januar, die durchschnittlichen Höchstwerte im Juli mit 17-18° C erreicht.

Das Jahresmittel der Niederschläge gibt MAQSUD (1981) für die Ortschaft Ernsthofen mit 810 mm an. Das Minimum liegt laut KALB & VENT-SCHMIDT (1981:29f.) bei 600-700 mm und kann in extrem niederschlagsreichen Jahren 1 200 mm erreichen. Während der Vegetationsperiode wurden die mittleren Niederschlagshöhen für den Zeitraum 1951-1980 zu 600-650 mm bestimmt. Die mittlere Anzahl der Tage mit einer Schneedecke von mindestens 10 cm Höhe beträgt für diesen Raum 15-20 Tage (KALB & VENT-SCHMIDT 1981:93).

3.2.6 Vegetation und Nutzung

In den mittleren Höhenlagen des Vorderen Odenwaldes bildet ein auf tiefgründige und nährstoffreiche Böden angewiesener Perlgras-Buchenwald mit Übergang zum Hainsimsen-Buchenwald die potentielle natürliche Vegetation (KLAUSING & WEISS 1986).

Als derzeitiger Bestand stockt im Arbeitsgebiet nach Auskunft der Revierförsterei ein etwa 80-jähriger Kulturforst aus Buchen und einzelnen Fichten. Im engeren Bereich der Runse ist er mit ca. 40-jährigen Buchen- und Fichtennachpflanzungen durchsetzt. Eine solche Fichtendickung zieht sich auf dem Nordhang der Runse bis an den Teich herab. Der Bestand am Südhang ist hingegen älter. Insgesamt ist das Einzugsgebiet zu rund 94 % bewaldet, nur die flache Einsattelung, auf der die Westgrenze der Wasserscheide verläuft, liegt noch im Bereich eines Feldes. Auffällig ist auf weiten Flächen das Fehlen eines Unterwuchses; einigermaßen geschlossen tritt er nur auf einem schon wieder zugewachsenen ehemahligen Windwurfareal im Westteil des Gebietes auf.

Während der Wintermonate 1987/88 wurden im Rahmen von Durchforstungsmaßnahmen vereinzelte Einschläge vorgenommen, die aber keine bedeutenden Auswirkungen auf die Überschirmungsdichte hatten, da sie sich auf den Jungwuchs beschränkten. Auch sonst waren hiermit keine stärkeren Eingriffe verbunden, denn das geschlagene Holz verblieb im Bestand und wurde nicht ausgerückt. Das Einzugsgebiet ist durch mehrere hangparallel angelegte Forstwege erschlossen. Auf der nördlichen Wasserscheide verläuft zudem noch eine schmale asphaltierte Nebenstraße.

3.3 Geofaktoren im Arbeitsgebiet Taunus

3.3.1 Abgrenzung der Einzugsgebiete

Das Arbeitsgebiet umfaßt ein fiederförmiges Runsensystem, welches nördlich des Taunushauptkamms eine weit gespannte, denudativ geformte Quellmulde zwischen Schieferberg und einem Ausläufer des Eichkopfs in ca. 350 m ü. NN entwässert. Die Runsen sind auffallend scharf in die mit etwa 8° nach Nordwesten abdachende Hangfläche eingeschnitten.

Drei Teileinzugsgebiete mit unterschiedlichen hydrologischen Konditionen wurden hier für die quantitativen Untersuchungen ausgewählt (s. Abb. 7). Einzugsgebiet "A" und "B" verfügen über einen perennierenden Abfluß, während es sich bei Gebiet "C" um eine kleine Seitenrunse mit nur episodischer Wasserführung handelt. Die Grenze der oberirdischen Wasserscheide der benachbarten Gebiete "A" und "B" verläuft im Süden auf dem Sattel des Taunushauptkamms ca. 440 m ü. NN zwischen Atzelberg und Eichkopf, in dem WERNER (1977) einen Rest der mittel- bis präoligozänen unteren Rumpffläche sieht. Die Westgrenze des 140 000 m² großen Einzugsgebietes "B" folgt im wesentlichen dem Rücken, der sich vom Atzelberg auf den 100 m tiefer gelegenen Schieferberg erstreckt und an dem Hangneigungen von 7° erreicht werden. Die Abgrenzung der übrigen, weniger markanten Wasserscheiden orientiert sich am Verlauf der schmalen Rücken, die zwischen den einzelnen Runsen aufragen. Damit ergibt sich für Einzugsgebiet "A" bis zur Meßstelle in 340 m ü. NN eine Fläche von 88 800 m² und für Gebiet "C" eine Größe von nur 8 400 m².

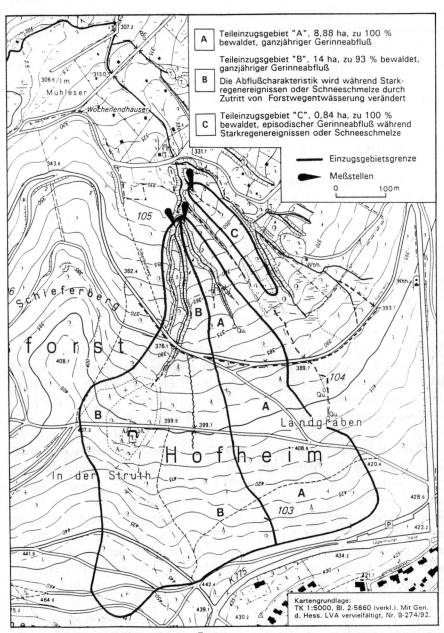

Abb. 7 Karte des Arbeitsgebietes Taunus

Infolge permanenter Tiefenerosion sind die etwa im unteren Drittel der Einzugsgebiete ansetzenden Quellgerinne von Gebiet "A" und "B" teilweise bis auf das Anstehende eingeschnitten. Dabei werden Eintiefungsbeträge von über 5 m gegenüber der Hangfläche erreicht. Die Hangneigung der Runsenflanken steigt dadurch auf 30°, in Extremfällen sogar auf 37° an. Dagegen erreichen die kurzen Hänge der nur schwach eingetieften Runse "C" kurz vor der dortigen Meßstelle in 335 m ü. NN ihre größten Neigungsbeträge mit knapp 25°.

3.3.2 Geologie

Die spät- bis nachvariskische Bruchschollentektonik, welcher der südliche Taunus unterlag, führt durch die starke Verstellung und Verschuppung der unterdevonischen Sedimentgesteine zu komplizierten geologisch-tektonischen Verhältnissen (vgl. STENGER 1961:62; HENNINGSEN 1981:26). Nördlich des Taunushauptkammes liegen dabei die stratigraphisch jüngeren Gesteinsformationen heute im Südosten der gegeneinander verstellten und verdrehten Gesteinskörper (vgl. ANDERLE 1987:83). So auch im Arbeitsgebiet, in dessen südlichen Bereich noch die hier den Taunuskamm aufbauenden Sandsteine der Hermeskeilschichten des Siegen eingreifen, während, entsprechend der nordost-südwest-streichenden Auflagerungslinie, von ca. 400 m ü. NN abwärts die Gesteinsformation der Bunten Schiefer aus der Gedinne-Stufe den tieferen Untergrund aufbauen. Diese Gesteinsabfolge ist durch einige südost-nordwest-verlaufende Störungen in Form einzelner Sektoren derart zerlegt, daß der Gesteinswechsel zwischen Schiefern und Sandstein rings um die schüsselförmige Einmuldung des Arbeitsgebietes verläuft (vgl. GK 25, Bl. 5816 Königstein a. Taunus und STENGER 1961:29).

Die Störungen und die gegenüber dem Hermeskeilsandstein schlechtere Wasserleitfähigkeit der Bunten Schiefer führen hier zu regelmäßigen Grundwasseraustritten in 370-400 m ü. NN, die sich als deutlicher Quellhorizont auch noch außerhalb des Arbeitsgebietes verfolgen lassen. Der eigentliche Kammbildner des Taunus, der untere Taunusquarzit (tuql, n. LEPPLA 1924; vgl. ANDERLE 1987:89), kommt nur sehr untergeordnet vor und läßt sich vereinzelt durch Lesesteine in den Schuttdecken nachweisen, die als lößlehmhaltiger Solifluktionsschutt hier mit Mächtigkeiten von 5 bis 6 m dem Anstehenden aufliegen und von WERNER (1977:129) ins Pleistozän gestellt werden.

Die Schuttdecken erlauben eine Untergliederung in einen feinkörnigeren, stark lößhaltigen Deckschutt und eine Wechselfolge von mehreren Mittelschutten, in deren schluffig-sandiger Matrix aus Lößlehm und Schieferzersatz neben gröberen Sandstein- und Quarzitbruchstücken das jeweils anstehende Untergrundgestein aufgearbeitet ist (vgl. BAUER 1993:115f. und Abb. 8). Ein Basisschutt i. S. v. SEMMEL (1968) ist wegen mangelhafter Aufschlußverhältnisse an der Schuttdeckenbasis nicht zweifelsfrei nachzuweisen.

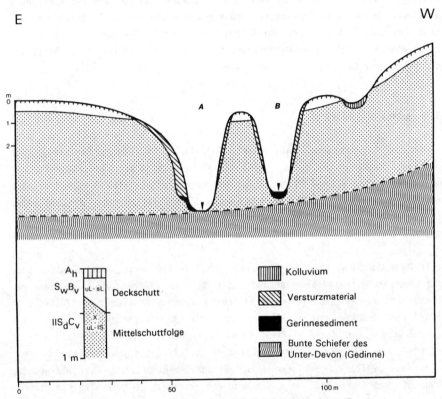

Abb. 8 Geologisch-pedologisches Querprofil im Arbeitsgebiet Taunus

Die Bunten Schiefer sind in sich nicht gleichförmig. Zwar setzen sie sich hauptsächlich aus dünnplattigen rotbraun-violetten Tonsteinen zusammen, enthalten darüber hinaus aber auch Lagen von grauen körnigen Phylliten, Quarziten und grünen, zu sandiger Verwitterung neigenden Schiefern. Zudem sind sie von zahlreichen Quarzgängen durchzogen. Am Ostabhang des Schieferbergs läßt sich das Einfallen der nahezu saiger stehenden Schichten nach eigenen Messungen zu etwa 65° N bestimmen (vgl. auch LEPPLA 1924; STENGER 1961). Hingegen weisen die an der

Basis der Schuttdecken im Bereich der Gerinnesohle von Einzugsgebiet "A" und "B" freigelegten Gesteinspartien ein Einfallen von 45° bis 54° S auf. Dies legt die Vermutung nahe, daß weitaus mehr Verwerfungen das Arbeitsgebiet durchziehen als in der GK 25 verzeichnet sind, worauf auch die Darstellungen bei STENGER (1961) und BAUER (1993) hindeuten. Daß tektonische Verstellungen auch noch in geologisch junger Zeit stattgefunden haben (vgl. STENGER 1961:36) und eventuell noch stattfinden, belegt eine Störung, die in einem nahe der Meßstelle gelegenen Aufschluß den Mittelschuttkörper durchzieht. Die jüngsten geologischen Bildungen stellen einige kleinflächige Niedermoore dar, die in der permanent durchfeuchteten Umgebung der Quellaustritte entstanden sind.

3.3.3 Relief und Böden

Die mächtigen, weitgehend kalkfreien Solifluktionsschuttdecken unterhalb des Taunuskamms tragen nach FICKEL (1974) als Klimaxböden saure Parabraunerden mit Entwicklungstiefen von 60-90 cm. Aufgrund geringer Tongehalte des B-Horizontes sind, den detaillierten Untersuchungen von BAUER (1993) zufolge, die Böden des Arbeitsgebietes aber überwiegend als Braunerden aus Deckschutt über Mittelschutt anzusprechen.

Dieser Bodentyp nimmt mit einigen Varietäten, die vom Gesteinsspektrum des gröberen Mittelschuttmaterials abhängen, die größten Flächen ein. Typische Parabraunerden finden sich nur auf einigen kleineren Arealen mit deutlicherer Schluff- und Tonkomponente im Mittelschutt. Dabei kann nicht zwingend davon ausgegangen werden, daß der Schluffgehalt auf eine örtlich stärkere Lößakkumulation zurückzuführen ist, da auch die Schiefer zu schluffig-toniger Verwitterung neigen (WERNER 1977:127). Bei zunehmender Staunässebeeinflussung des Untergrundes zeigen die Böden alle Übergänge vom Braunerde-Pseudogley bis zum reinen Pseudogley. Im Bereich von Quell- und Interflowaustritten konnten sich hydromorphe Böden entwickeln, wobei das fleckenhafte Auftreten von Anmoor- und Quellgleyen zwischen 380 und 400 m ü. NN auch bei fehlendem Grundwasseraustritt auf den in Abschnitt 3.3.2 erwähnten Quellhorizont hinweist. Weiterführende Erläuterungen zu den Böden finden sich bei BAUER (1993).

Durch die auffällig starke Zerrunsung ist die ansonsten nur schwach reliefierte Hangfläche im unteren Drittel des Arbeitsgebietes in zahlreiche schmale Riedel zerlegt. Da die Zerschneidung durch die pleistozänen Schuttdecken auf das Anstehende durchgreift, muß es sich bei den Runsen um eindeutig holozäne Formen handeln (vgl. auch WERNER 1977:134). Hinweise auf eine intensive anthropogene Nutzung und damit verbundene Entwaldung des Gebietes, die eine fluviale linienhafte Erosion begünstigt und die Zerrunsung ausgelöst haben könnte, finden sich im engeren Bereich der Runsen nicht. Im Gegenteil, aus dem auf den Riedeln lückenlos verbreiteten Deckschutt und seiner konstanten Mächtigkeit von 30-50 cm ist zu schließen, daß auch flächenhafte Erosionsprozesse, wie sie infolge agrarischer Nutzung auf derart stark geneigten Hängen entstehen können, hier offenbar nicht stattgefunden haben (vgl. Abb. 8).

Hingegen konnte BAUER (1993:120) oberhalb des "Kramerweges"(s. Abb. 7) Reste von Ackerterrassen im Kleinrelief nachweisen, die zumindest für die oberen Einzugsgebiete von "A" und "B" eine ackerbauliche Nutzung in historischer Zeit belegen. Der damit einhergegangene Eingriff in den Landschaftshaushalt könnte Auslöser für die weiter unterhalb einsetzende Zerrunsung gewesen sein. Zudem finden sich auf den Riedeln zwischen den Runsen oft kreisförmige Verebnungen von wenigen Metern Durchmesser, die Spuren von Köhlerei tragen. An einigen dieser Köhlerplätze sind auch noch eisenhaltige Schlackenhalden vorhanden, was auf eine Erzverhüttung (Rennfeuer) hindeutet. Diese Belege für eine einstmals intensivere anthropogene Nutzung des Gebietes können als Hinweis für eine früher stärkere Auflichtung des Bestandes, wenn nicht gar völlige Entwaldung, gewertet werden.

Schon WERNER (1977:134) weist darauf hin, daß die Runsen sich offensichtlich auch heute noch in Weiterbildung befinden. Inwieweit dies auch auf die nur episodisch durchflossenen und daher wenig eingetieften Seitenrunsen zutrifft, soll anhand der Ergebnisse aus dem Teileinzugsgebiet "C" geklärt werden. Anzeichen für eine zeitweilige morphodynamische Aktivität in diesen Tiefenlinien finden sich in Form korrelater Sedimente verschiedentlich im Arbeitsgebiet. So deuten bspw. an einigen Stellen, an denen die Tiefenlinie durch die Anlage von Forstwegen verschüttet ist, teilweise dezimetermächtige Sedimentakkumulationen auf einen rezenten Materialtransport infolge episodischen Abflusses hin. Auch die muldenförmigen Oberläufe der Seitenrunsen weisen häufig eine geringmächtige kolluviale Verfüllung auf.

Aktuelle morphodynamische Prozesse sind im engeren Bereich der permanent von einem Quellgerinne durchflossenen Runsen in Form von jungen Rutschungen und Erdschlipfen allgegenwärtig. Hingegen müssen weite Flächen des oberen Arbeitsgebietes und der Areale auf den Zwischenriedeln aufgrund der pedologischen Befunde heute als morphodynamisch stabil gewertet werden.

3.3.4 Hydrologie und Hydrographie

Bei den von THEWS (1972) als hydrologische Einheit "Taunusquarzit" zusammengefaßten Gesteinsformationen (Hermeskeilsandstein und Taunusquarzit) handelt es sich um Kluftgrundwasserleiter. Oberflächennahe und tiefer gelegene Grundwasserstockwerke unterscheiden sich bezüglich ihrer Grundwasserbeschaffenheit nicht (THEWS 1972:10).

Diese Gesteine besitzen aufgrund ihrer starken Klüftung und der besonderen hydrogeologischen Situation, die durch die exponierte Stellung in den sie einfassenden undurchlässigen Tonschiefern geschaffen wird, ein großes Speichervermögen mit einer spezifischen Ergiebigkeit von 1-3 $l \cdot s^{-1}$ (vgl. HERRMANN 1965:26). Aus diesem Gesteinsspeicher werden auch die perennierenden Quellen im Arbeitsgebiet gespeist, wie ein Vergleich der eigenen Wasseranalysen mit Analysedaten von THEWS (1972) erkennen läßt (s. 5.4.1.1.2).

In unmittelbarer Nachbarschaft des Arbeitsgebiets befindet sich ein Wasserschutzgebiet, das zur öffentlichen Trinkwassergewinnung dient. Es kann daher angenommen werden, daß diese Quellen auch in trockenen Jahren noch eine gewisse Ergiebigkeit besitzen, wenngleich LEPPLA (1924:47) auch berichtet, daß viele Quellen des Blattgebietes 1921 infolge zweier Dürrejahre versiegten. Da die Quellen von Einzugsgebiet "A" und "B" noch im Bereich der Bunten Schiefer liegen, ist zu vermuten, daß die Quellaustritte durch die mächtigen Schuttdecken etwas hangabwärts verschleppt werden. Eine deutliche festliegende Quelle ist nur im Einzugsgebiet "A" in 373 m ü. NN entwickelt. Bei Einzugsgebiet "B" liegt der Gerinneursprung im Winter und im Frühjahr auf einer versumpften Lichtung in ca. 395 m ü. NN. Mit zunehmender Trockenheit wandert der Quellaustritt in der oberhalb des Kramerweges nur schwach entwickelten Tiefenlinie immer weiter abwärts, so daß er gegen Ende des Hydrologischen Jahres etwa auf Höhe der die Runse querenden Brücke in 370 m ü. NN zu finden ist (s. Abb. 10).

An dieser Stelle weist diese Runse die größten Eintiefungsbeträge auf, was auch auf den Umstand zurückzuführen ist, daß hier Wegabschlagswasser aus einem isohypsenparallel angelegten Wegentwässerungsgraben in die Runse eingeleitet wird. Dieser Graben bildet auch den lokalen Vorfluter für einige Entwässerungsgräben, die eigentlich zum oberirdischen Einzugsgebiet von Runse "A" gehören. Damit sind einer exakten Fassung beider Einzugsgebiete zumindest zeitweise Grenzen gesetzt. Auch bei Einzugsgebiet "A" stehen die Eintiefungsbeträge in engem Zusammenhang mit der Wasserführung. Die natürliche Gefällslinie versteilt sich in einem regelrechten Konfluenzsprung immer dort, wo Seitenrunsen einmünden (vgl. Abb. 9 u. Abb. 10).

Bei beiden Runsen weist das Gerinnebett in Gefällsrichtung zusätzlich noch kleine Gefällsbrüche auf, wobei die Sprunghöhen im Zenti- bis Dezimeterbereich liegen. Diese "step and pool"-Morphologie wird durch angeschwemmten Bestandsabfall verursacht, der sich oft an größeren Geschiebeblöcken verklemmt und so einen lokalen Stau verursacht. Solche Akkumulationen können durch starke Abflußereignisse sowohl aufgelöst als auch neu gebildet werden, sind also weder orts- noch zeitkonstant.

Das mittlere Gefälle läßt sich nach eigenen Messungen für beide Gerinne mit 11-11,5 % angeben, bei Runse "B" werden an größeren Gefällsversteilungen aber auch 40 % erreicht, wobei mehrfach die Bunten Schiefer im Liegenden der Schuttdecken angeschnitten werden. Für das untere, stark eingetiefte Drittel von Runse "A" ergeben sich 12,5 %. Die zugehörige Lauflänge von Gerinne "A" bis zur Meßstelle beträgt dabei 260 m, die von "B" ungefähr 300 m, da der Quellaustritt schwankt. Die natürliche Gerinnebettbreite erreicht bei Runse "B" im Unterlauf mit rund 100 cm ihre größte Ausdehnung. Das Gerinne von Runse "A" ist mit 60 cm an der Meßstelle nur etwa halb so breit.

Ursache für eine Tage oder Wochen durchhaltende Wasserführung in den meist trockenen Seitenrunsen ist im Winterhalbjahr eine verstärkte Wasserspende aus den Feuchtstellen und Naßgallen, die in den "Oberläufen" regelhaft verbreitet sind (vgl. 3.3.3). Aber auch bei edaphischer Trockenheit kann sich als Folge von Starkregen ein kurzfristiger Abfluß einstellen, der dann durch oberflächlich abfließendes Niederschlagswasser verursacht wird. Wasseranalysen und Leitfähigkeitsmessungen, die bei längerfristigen episodischen Abflußereignissen in den Seitenrunsen vorgenommen wurden, zeigen eine gute Übereinstimmung mit den Analysewerten aus den perennierenden Gerinnen. Das bedeutet, daß diese Wässer zeitweilig ebenfalls aus dem eingangs erwähnten Gesteinsspeicher stammen müssen.

Durch die gegenüber den perennierenden Gerinnen niedrigeren Abflußmengen sind die Seitenrunsen nicht nur schwächer eingetieft, sie weisen auch nur undeutlich entwickelte Gerinnesohlen auf, die durch verstärkte Laubakkumulation in der Tiefenlinie, vor allem in der abflußlosen Zeit, größtenteils verhüllt sind. Eine Ausnahme bildet die große Seitenrunse, welche parallel zu Runse "B" verläuft und kurz vor der Meßstelle in sie einmündet (s. Abb. 10). Die relativ starke Eintiefung könnte auf eine ehemals stärkere Wasserführung hindeuten.

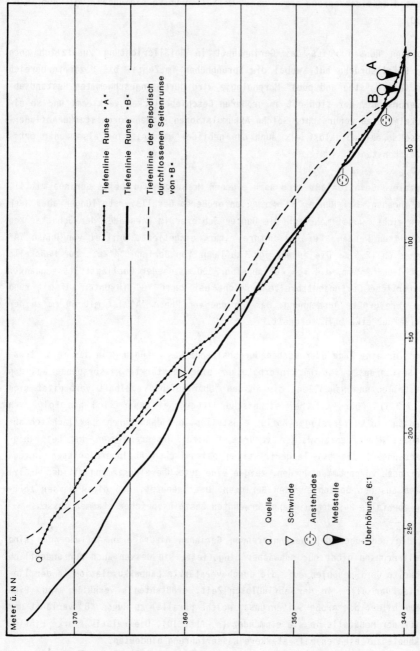

Abb. 9 Gerinnelängsprofile im Arbeitsgebiet Taunus

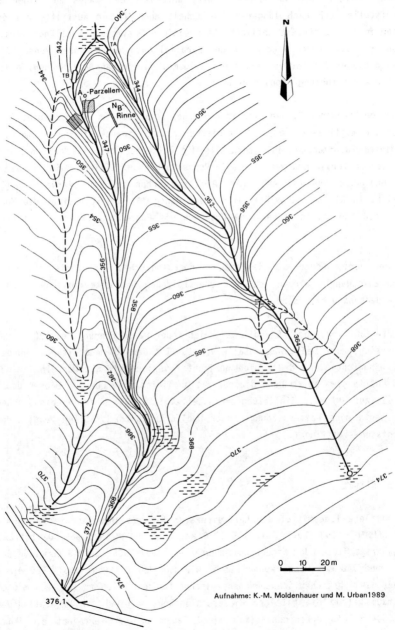

Abb. 10 Karte des engeren Runsenbereichs im Taunus

Hierfür spricht, daß im Oberlauf knapp unterhalb des Weges aus einer großen Feuchtstelle auch nach längerer Trockenheit noch Wasser austritt, das in der Tiefenlinie konzentriert abfließt. Nach einigen Dezimetern Lauflänge versickert dieses Rinnsal jedoch wieder. In der parallel dazu verlaufenden Runse "B" kann etwa ab dieser Stelle, vor allem bei allgemein niedrigen Abflußhöhen, eine verstärkte Wasserführung beobachtet werden.

Derartige "Schwinden", die sich in ähnlicher Form auch im Einzugsgebiet "C" finden, sind möglicherweise auf tektonische Ursachen zurückzuführen. Bemerkenswert in diesem Zusammenhang ist jedenfalls die Tatsache, daß etwa auf Höhe der beschriebenen Versickerungsstelle alle Runsen einen auffälligen Knick in der Laufrichtung aufweisen (s. Abb. 10). Auch die schon erwähnte Verwerfung (3.3.2) streicht in Richtung der Tiefenlinie von Runse "A". Damit besteht die Möglichkeit, daß geologisch-tektonische Ursachen die Runsenentwicklung mit beeinflussen.

Bei den vorliegenden komplizierten hydrogeologischen Verhältnissen kann nicht davon ausgegangen werden, daß die oberirdischen und unterirdischen Einzugsgebiete deckungsgleich sind.

Im Unterlauf von Runse "C", die bei reichlicher Wasserführung ca. 120 m Lauflänge erreicht, ist bei einem Gefälle von 10-11 % das 60 cm breite Gerinnebett so tief eingeschnitten, daß einige horizontal verlaufende Baumwurzeln freigespült sind und in etwa 10 cm Höhe die derzeitige Tiefenlinie queren. Dieser deutliche Hinweis auf aktuelle Eintiefungsprozesse zeigt, daß auch durch episodischen Abfluß heute eine Weiterbildung dieser Hohlformen unter stabilen Vegetationsverhältnissen stattfindet.

3.3.5 Klima

Das mittlere Tagesmittel der Lufttemperatur für das Arbeitsgebiet geben KALB & VENT-SCHMIDT (1981:107) mit 7,5-8° C an. Laut HERRMANN (1965:90) beträgt das langjährige Mittel der Niederschlagshöhen von 1891-1955 für die Gemeinde Schloßborn rund 740 mm. Dabei können sich, wie für den Zeitraum 1931-1960 ermittelt wurde, die jährlichen Schwankungen zwischen 500 und 1 100 mm liegen. Im gleichen Zeitraum betrug die mittlere Niederschlagshöhe während der Vegetationsperiode 500-550 mm. An durchschnittlich 15-20 Tagen im Jahr erreicht die Höhe der winterlichen Schneedecke mindestens 10 cm (KALB & VENT-SCHMIDT 1981).

3.3.6 Vegetation und Nutzung

Nach KLAUSING & WEISS (1986) stellt auf den basen- und nährstoffreichen Böden des Taunus ein Perlgras-Buchenwald mit lichtabhängig spärlich-üppig entwickelter Strauchschicht die potentielle natürliche Vegetation dar. Auch Übergangsformen zum Hainsimsen-Buchenwald, die sich auf den nährstoffärmeren Standorten über Hermeskeilsandstein und Taunusquarzit finden, werden hier zugerechnet.

Die weitaus größte Fläche der drei Einzugsgebiete wird heute von einem etwa 100 jährigen Buchen-Eichenforst mit einzelnen Fichten und Kiefern eingenommen. Südlich des "Kramerweges", in den oberen Einzugsgebieten von "A" und "B", stockt jüngere Buchen- und Fichtenaufzucht mit vereinzelten Eichen-Überhältern. Eine Strauchschicht ist, abgesehen von einer größeren Lichtung im oberen Einzugsgebiet "B", nur sehr spärlich entwickelt. Typisch für die stark durchfeuchteten Areale um die Quellaustritte und die Tiefenlinien der episodisch durchflossenen Seitenrunsen ist das kleinflächige Auftreten von Carex-Arten.

Der Grad der Bewaldung errechnet sich für die Einzugsgebiete "A" und "C" zu 100 %; wegen der Lichtung ergeben sich für Gebiet "B" nur 93 %. Diese Lichtung entstand offenbar mit dem benachbarten, heute nicht mehr genutzten Waldschwimmbad der Gemeinde Eppenhain. Von hier ziehen einige flache Gräben über die stark feuchte Wiese auf die Tiefenlinie von Runse "B" zu. Vermutlich wurde über sie früher die Entleerung des Schwimmbeckens vorgenommen, was zu einem zeitweilig hohen Abfluß in Runse "B" geführt haben muß. Neben dem stark befestigten "Kramerweg" finden sich nur einige, weniger gut ausgebaute Forstwege im oberen Bereich des Arbeitsgebiets. Der zentrale Teil ist lediglich durch einen Fußpfad erschlossen, der auch als Ausrückbahn beim Holzeinschlag verwendet wird. In diesem Zusammenhang sei erwähnt, daß im Frühjahr 1989 Durchforstungsmaßnahmen im Bestand durchgeführt wurden, infolge derer es auch im engeren Bereich der untersuchten Runsen zu stärkeren Eingriffen durch den Holzabtransport kam.

3.4 Vergleich der Arbeitsgebiete

Zusammenfassend betrachtet ergeben sich die markantesten Abweichungen in der bestehenden Geofaktorenkonstellation der Arbeitsgebiete aus der unterschiedlichen chemischen Zusammensetzung und petrographischen Ausprägung des anstehenden Festgesteins. Aufgrund der hohen Lößkomponente in den pleistozänen Schuttdecken und deren in beiden Arbeitsgebieten mehrere Meter betragende Mächtigkeit wird die

Verschiedenartigkeit der Verhältnisse, was den Aufbau des oberflächennahen Untergrundes anbetrifft, teilweise wieder relativiert. Ähnliches läßt sich, allerdings mit Einschränkungen, auch für die häufigsten Bodentypen und ihr jeweiliges gebietsspezifisches Verbreitungsmuster feststellen. Aber das unterschiedliche Festgesteinsspektrum bewirkt natürlich eine deutliche Differenzierung des Gewässerchemismus und der Petrographie des Sohlensedimentes in den Quellgerinnen beider Arbeitsgebiete.

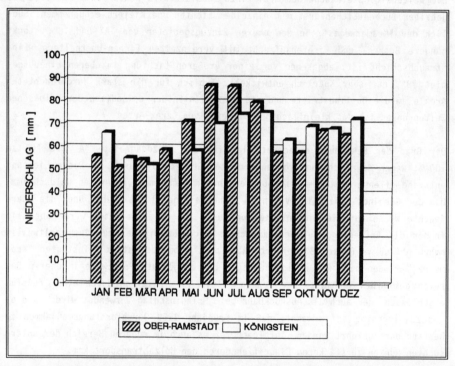

Abb. 11 Langjähriges Monatsmittel des Niederschlags für die Arbeitsgebiete Odenwald und Taunus

Hingegen erschwert die hydrogeologische Situation des Hohen Taunus, im Gegensatz zum Odenwald, eine eindeutige Festlegung der oberirdischen Wasserscheiden anhand morphologischer Gesichtspunkte.

Klimatisch gesehen unterscheiden sich die Arbeitsgebiete wenig. Beide empfangen bei Höhenlagen zwischen 250 und 350 m ü. NN knapp 800 mm Jahresniederschlag. Dabei ist die ähnliche Niederschlagsverteilung wohl auf den Umstand zurückzuführen, daß sich beide Untersuchungsräume im Lee von Höhenrücken wie Bergstraße bzw. Taunuskamm befinden, wenngleich sich auch hierbei im Odenwald etwas höhere mittlere monatliche Niederschlagsmengen während der Vegetationsperiode feststellen lassen (vgl. Abb. 11).

Wie sich bei der Gegenüberstellung der morphometrischen Kenngrößen in Tabelle 2 zeigt, erreichen die topographischen Dimensionen der drei für die quantitativen Detailstudien ausgewählten Teileinzugsgebiete, mit Ausnahme von Gebiet Taunus "C", in etwa dieselbe Größenordnung.

Tab. 2 Morphometrische Kenngrößen der Teileinzugsgebiete mit perennierendem Abfluß

	ODENWALD	TAUNUS A	TAUNUS B
EINZUGSGEBIETSGRÖSSE	7,6 ha	8,9 ha	14,0 ha
RUNSENTIEFE	5-6 m	5-6 m	5-6 m
MAX. FLANKENDISTANZ	20-25 m	15 m	15 m
HANGNEIGUNG	25°-35°	30°-35°	30°-40°
GERINNELÄNGE	165 m	260 m	≈ 300 m
MAX. GERINNEBREITE	1,0 m	0,6 m	1,0 m
⌀ SOHLGEFÄLLE	7 %	11-12 %	11-12 %

Was die Übertragbarkeit der aus diesen Fallstudien zu gewinnenden Ergebnisse anbetrifft, bleibt festzuhalten, daß sich die Ausdehnung der Runsen in den hier vorgestellten Arbeitsgebieten nicht wesentlich von den rund 60 von BAUER untersuchten Runsen im östlichen Taunus unterscheidet (vgl. BAUER 1993:33f.).

Jedoch wurde in Anbetracht der zu klärenden Fragen bei der Auswahl der Gebiete besonderer Wert darauf gelegt, daß sie sich im Gegensatz zu den bei Runseneinzugsgebieten oftmals stark gestörten Standortverhältnissen, in einem, durch die forstwirtschaftliche Nutzung gegebenen Rahmen, möglichst naturnahen Zustand befinden, also weitgehend unbeeinflußt von aktuellen anthropogenen Maßnahmen sind. Für spezielle Vergleiche der Prozeßdynamik unter ungestörten und durch anthropogene Eingriffe gestörten Verhältnissen, wurde eigens das Teileinzugsgebiet Taunus "B" instrumentiert, da hier, bei sonst gleichen naturräumlichen Gegebenheiten wie in Gebiet "A", die Abflußverhältnisse durch den Forstwegebau verändert wurden.

4 Arbeitsmethodik

4.1 Geländearbeit

Für beide Arbeitsgebiete existieren großmaßstäbige Karten (TK 5), wobei Blatt Ernsthofen (Odenwald) nur als Luftbildkarte verfügbar ist. Aber selbst beim Maßstab 1:5 000 erscheinen die untersuchten Hohlformen in diesen Karten noch als Signatur. Um eine ausreichend differenzierte Interpretation bestimmter topographisch orientierter Sachverhalte vornehmen zu können, war es deshalb unumgänglich, das Relief selbst zu vermessen. Hierzu wurde anhand von mehreren Quer- und Längsprofilen, vor allem der engere Bereich der Runsen, in beiden Arbeitsgebieten mittels Nivellement das Gelände detailliert aufgenommen. Neben den direkt abgeleiteten Gerinnelängsprofilen (s. Abb. 4 und 9) wurden die Vermessungsdaten in Form zweier Karten umgesetzt (s. Abb. 6 und 10) und über anvisierte Vermessungspunkte in das Höhennetz der amtlichen Karten eingehängt. Für die Darstellung wurde der Maßstab jeweils so gewählt, daß das verkleinerte Kartenbild etwa eine Seite ausfüllt.

Die Grundlageninformationen zur Geologie und Pedologie wurden, soweit vorliegend, den geologischen und bodenkundlichen Karten entnommen und durch Untersuchungen des oberflächennahen Untergrundes und dem Studium an Aufschlüssen erweitert.

Der Aufbau der quartären Deckschichten und das Verbreitungsmuster der Böden wurden insbesondere im Arbeitsgebiet Odenwald anhand von mehreren Bohrprofilen untersucht. Die Korngrößenverteilung in den Bodenhorizonten wurde im Gelände mittels Fingerprobe bestimmt. Bei Unklarheiten und für weiterreichende Untersuchungen (Lagerungsdichte, Bodenfeuchte) wurden Proben entnommen und im Labor untersucht. Die Beschreibung der Bodenmerkmale erfolgte nach den Vorschlägen der ARBEITSGEMEINSCHAFT BODENKUNDE (1981). Im Arbeitsgebiet Taunus wurden diese Untersuchungen weitgehend von der Arbeitsgruppe BAUER/SEMMEL durchgeführt, der an dieser Stelle nochmals herzlich für die Überlassung der Ergebnisse gedankt sei.

Die natürlichen Schwankungen in der Ausdehnung des hydrologischen Netzes, besonders die Verteilung von feuchten Sickerwasseraustritten und Interflowaustrittsstellen an den Runsenhängen, wurden bei Begehungen der Arbeitsgebiete zu allen Jahreszeiten und unter wechselnden Witterungsverhältnissen beobachtet.

4.2 Ermittlung der morphodynamischen Prozeßgrößen

4.2.1 Konzeption der Meßstellen und Meßprogramm

Die gemäß dem eingangs vorgestellten theoretischen Modell zu quantifizierenden Prozeßgrößen bestimmen bei der praktischen Umsetzung im Gelände Aufbau und Instrumentierung der Meßstellen. Der größte Teil der Datenaufzeichnung wird mit Hilfe fester Meßeinrichtungen vorgenommen, damit die Einhaltung von weitgehend homogenen Meßbedingungen über längere Zeiträume gewährleistet ist (DEUTSCHES IHP/OHP-NATIONALKOMITEE 1985:9).

Allen Meßstellen liegt prinzipiell das gleiche Konzept zugrunde. Jede Anlage besteht aus einem Abflußmeßkanal, an den ein Pegelschreiber zur Wasserstandsregistrierung angeschlossen ist, und einer vorgeschalteten Sedimentfalle, welche die Geschiebefracht des Gerinnes aufnimmt. Jeweils am Talausgang der Runsen wurde der Einbau so vorgenommen, daß der Einlauf in die Sedimentfallen am Wechselpunkt zwischen der Erosions- und der Akkumulationsstrecke des Fließgerinnes zu liegen kommt. Die Sedimentfalle ist dabei so dimensioniert, daß sie die gesamte Gerinnebettbreite umfaßt. Diese Anordnung soll einen ungehinderten Abfluß ermöglichen und die natürlichen Transportvorgänge im Gerinne nicht beeinträchtigen.

Für die sich anschließende Zuführung zum Abflußmeßkanal mußten die zwischen 0,5 und 1 Meter breiten natürlichen Gerinnebetten mittels vorgelegter Flügelmauern verengt werden. Die derart angelegte Meßanordnung besitzt den Vorzug, daß die Erfassung der transportierten Fracht maximiert und Erosionsschäden, die zwangsläufig durch die Dynamik des Fließgerinnes an den starren Meßeinrichtungen entstehen, minimiert werden. Zudem kann durch die meßmethodische Abgrenzung der Akkumulationsstrecke vom Prozeßbereich der Erosionsstrecke eine Untersuchung der korrelaten Sedimente vorgenommen werden, ohne daß sich die damit verbundenen Eingriffe in die natürliche Prozeßdynamik auf die Meßergebnisse auswirken.

Am Abflußmeßkanal sind bei der Meßstelle im Odenwald und bei der Meßstelle Taunus "A" Vorrichtungen zur Gewinnung von Wasserproben angebracht, um den Output an Schwebstoff- und Lösungsfracht im Gerinneabfluß zu ermitteln.

Die Inputgröße Niederschlag wird im Bestand mit großflächigen Sammelrinnen erfaßt. Für die Messung des Freilandniederschlags mußte für jedes Arbeitsgebiet ein externer Standort gewählt werden. Unterstützend hierzu wird die Entwicklung der winterlichen Schneedecke regelmäßig beobachtet und aufgenommen, da die in konventionellen Niederschlagsmeßgeräten angezeigten festen Niederschläge von den flüssigen Niederschlägen erheblich abweichen können (vgl. KNAUF 1975:16).

Außer den für den Stoffaustrag wesentlichen Eckdaten werden anhand von Testparzellen ausgewählte systeminterne Prozesse untersucht, über die dem Gerinne Material zugeführt werden könnte. Eventuell auftretender Oberflächenabfluß an den Runsenflanken wird hier über Sammelrinnen aufgefangen und die enthaltene Schweb- und Lösungsfracht bestimmt. Diese Messungen werden durch Versuche zur Grobmaterialverlagerung begleitet, wofür fluoreszierende Mineralsande als Tracer auf die Runsenhänge aufgebracht wurden. Die Veränderungen der Bodenfeuchte wurde zudem laufend über Tensiometermessungen ermittelt.

Die Instrumentierung der Arbeitsgebiete und die apparative Ausstattung der Meßstellen sind den Abbildungen und den jeweiligen Abschnitten zur Meßmethodik in Kapitel 4 zu entnehmen. Aufbau und Betreuung der Meßeinrichtungen wurden soweit wie möglich nach bestehenden DIN-Vorschriften, den DVWK-Regelwerken und den Empfehlungen des Deutschen IHP/OHP-Nationalkomitees vorgenommen. Hiervon abweichende Arbeits- und Meßmethoden, die zur Anwendung kamen, und solche, für die noch keine allgemeinverbindlichen Vorschriften existieren, werden gesondert beschrieben.

Bei den Ausführungen zur Meßgenauigkeit handelt es sich im allgemeinen um relative Fehlerbetrachtungen, da für exakte Vergleichsmessungen beispielsweise mehrere baugleiche Geräte nötig sind, was hier nur im Einzelfall gegeben ist. Soweit möglich, wurden die automatisch gewonnenen Proben und Meßwerte durch diskontinuierliche und ereignisorientierte Beprobungen abgesichert. Wichtiger als die Kenntnis genauer numerischer Fehlergrößen ist in diesem Zusammenhang, daß bei Messungen im Gelände, durch die Vielzahl der beeinflussenden Faktoren, immer auch mit einer natürlichen Schwankungsbreite der ermittelten Werte gerechnet werden muß, die größer ist als bei Untersuchungen mit klar definierbaren Randbedingungen. Daher sollte eine mögliche Fehlerquelle vor allem erkannt und, soweit sie sich nicht ausschalten läßt, auf sie hingewiesen werden.

4.2.2 Quantifizierung der Inputgrößen

4.2.2.1 Niederschlagsmessung

4.2.2.1.1 Messung des Freilandniederschlags

In beiden Arbeitsgebieten wird der Freilandniederschlag mittels handelsüblicher Regenschreiber nach HELLMANN (Auffangfläche = 200 cm^2) aufgezeichnet.

Im Taunus kam ein Gerät der Firma SEBA (Kaufbeuren, Typ RGB 100) mit Kippwaagensystem zum Einsatz. Der Regenschreiber wurde auf einer dem Arbeitsgebiet benachbarten privaten Freifläche, ca. 100 Meter von den Meßstellen entfernt, aufgestellt.

Mit freundlicher Erlaubnis der Verwaltung fand sich für das Meßgerät im Arbeitsgebiet Odenwald ein Platz auf dem Gelände des Kreis-Jugendheims Darmstadt-Dieburg. Der nach dem Saugheberprinzip arbeitende Niederschlagsschreiber (Fa. THIES, Göttingen) liegt mit den Koordinaten (TK 25, Blatt 6218 Neunkirchen) H 5515600, R 3480570 auf einer Höhe von 318 m ü. NN und damit 53 m höher als die dortige Meßstelle und 620 Meter von ihr entfernt. Die Meßreihen aus dem Vorlaufprojekt bestätigen, daß sich dies nicht signifikant auf die Ergebnisse auswirkt (MOLDENHAUER 1987). So kann aufgrund der geringen Ausdehnung des Arbeitsgebiets die räumliche und zeitliche Varianz der flüssigen Niederschläge bei der Beurteilung der Meßergebnisse vernachlässigt werden (vgl. BRECHTEL 1982:7).

Die Meßhöhe liegt bei beiden Geräten 1 Meter über der Geländeoberfläche. Bei der Einrichtung wurde darauf geachtet, daß die Regenschreiber weder windexponiert noch zu sehr windabgeschirmt stehen, um expositionsbedingten Meßfehlern vorzubeugen.

4.2.2.1.2 Messung des Bestandsniederschlags

Wegen der geringen Flächenrepräsentativität punktueller Niederschlagsmessungen in Waldbeständen, wie sie mit herkömmlichen Regenmessern erzielt werden, wird der Bestandsniederschlag in beiden Arbeitsgebieten mittels großflächiger Sammelrinnen aufgefangen (ähnlich BENECKE 1984). Quantitativ erfaßt wird dabei der vom Kronendach des Waldes abtropfende und der durchfallende Niederschlag ohne Berücksichtigung des Stammabflusses.

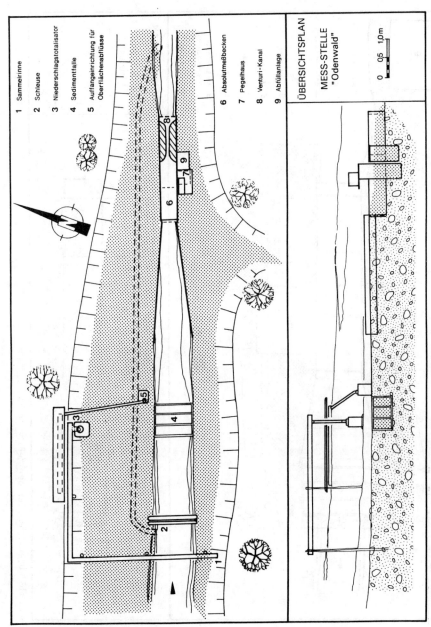

Abb. 12 Übersichtsplan der Meßstelle im Odenwald

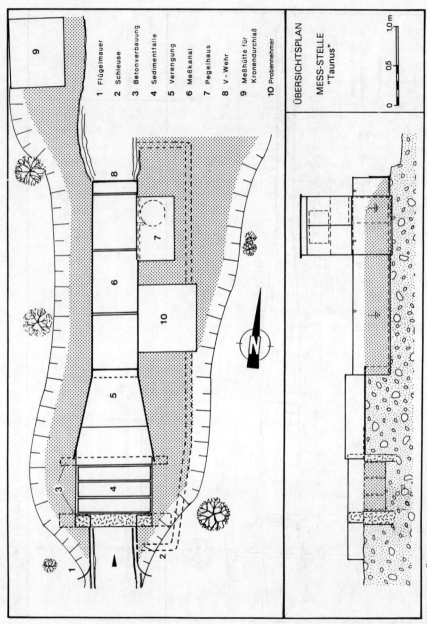

Abb. 13 Übersichtsplan der Meßstelle Taunus "A"

4.2.2.1.2.1 Bestandsniederschlagsmessung im Odenwald

Der noch im Rahmen des Vorlaufprojekts errichtete Totalisator besteht aus zwei handelsüblichen kastenförmigen PVC-Dachrinnen, die parallel am Meßstellenzaun angebracht und über ein Ablaufrohr mit einem Sammelgefäß verbunden sind. Die Rinnen wurden auf einer Länge von 6,67 m bei leichtem Gefälle rechtwinklig um die Meßstelle herumgeführt (vgl. Abb. 12). Mit dieser Anordnung soll der differenzierten Niederschlagsverteilung unter Wald Rechnung getragen werden. Die Meßhöhe des Totalisators liegt ca. 2 Meter über Grund. Die Auffangfläche wurde auf insgesamt 1 m² dimensioniert, damit sich die in Liter anfallenden Meßergebnisse direkt mit den Niederschlagshöhen der Regenschreiber vergleichen lassen. Die Bestimmung der aufgefangenen Niederschlagsmenge erfolgte regelmäßig bei der wöchentlichen Meßstelleninspektion.

4.2.2.1.2.2 Bestandsniederschlagsmessung im Taunus

Der Standort der 11,98 m langen und 16 cm breiten Sammelrinne befindet sich auf dem Riedel zwischen den beiden Meßstellen (vgl. Abb. 10). Anfertigung und Aufbau erfolgten in enger Anlehnung an die für derartige Meßprobleme neu herausgegebenen DVWK-Empfehlungen (1986). Die Prämisse der kostengünstigen Materialbeschaffung machte jedoch einige Abweichungen von diesen Richtlinien erforderlich.

Die aus V2A-Stahl gefertigte Auffangrinne besitzt ein V-förmiges, um 90° gespreiztes Querprofil mit nach innen gekröpften Oberkanten, die Meßverluste durch herausspritzenden Niederschlag unterbinden sollen. Die Meßhöhe beträgt 25 cm, wobei die Rinne, dem natürlichen Gefälle am Standort folgend, oberflächenparallel aufgestellt wurde (vgl. Abb. 14). Die effektive Auffangfläche reduziert sich daher auf 18 960 cm². Über einen Ablaufschlauch werden angefallene Niederschlagsmengen in ein an Meßstelle "A" stehendes zweites Pegelhäuschen geführt und hier in einer großvolumigen Pegeltonne aufgefangen. Ein Schwimmer überträgt die Änderungen des Wasserstands auf einen Bandschreiber (Fa. SEBA, Typ DELTA). Um die geforderte Auflösung von 1 mm Niederschlagshöhe zu 1 cm Schreibhöhe zu erreichen, wurde bei der Dimensionierung von Auffangrinne und Pegeltonne nach folgender Formel verfahren:

$$F_R = F_T \cdot Ü \cdot A$$

F_R = Auffangfläche der Rinne [cm²] F_T = Grundfläche der Pegeltonne [cm²]
$Ü$ = Übersetzungsverhältnis A = Auflösungsverhältnis (vgl. DVWK 1986)

Das kumulative Funktionsprinzip dieses Pegels erfordert eine periodische Entleerung. Da die Pegeltonne über keinen automatischen Entleerungsmechanismus verfügt, mußte bei der Wahl der Tonnengröße beachtet werden, daß die Aufnahmekapazität durch die innerhalb eines Kontrollintervalls fallenden Niederschlagsmengen nicht überschritten wird. Die Entleerung kann manuell mit einem Ablaufhahn bei der regelmäßigen Meßstellenkontrolle vorgenommen werden.

4.2.2.1.3 Genauigkeit der Niederschlagsmessung

Neben den Meßfehlern und Aufzeichnungslücken, die aus Geräteausfällen und Störungen der Schreibmechanik resultieren, muß bei den eingesetzten Niederschlagsmessern nach KELLER (1979) mit meßmethodisch bedingten Verlusten von 5-10 % am Gesamtniederschlag gerechnet werden, wobei sich die Verluste im hydrologischen Sommerhalbjahr auf < 5 % verringern. Da gemäß den Vorschlägen von SOKOLLEK & HAAMANN (1986:58f.) kein Schneekreuz verwendet wurde, ist es unwahrscheinlich, daß die registrierten Niederschlagsmengen zu groß sind.

Über eine Sammelkanne lassen sich die aufgezeichneten Niederschlagshöhen bei beiden Geräten volumetrisch überprüfen. Aber auch hier müssen Defizite durch nicht erfaßtes Haftwasser an Auffangtrichter und Sammelkanne einkalkuliert werden. KARBAUM (1969, zit. n. KELLER 1979:49) gibt dazu Werte von 0,26 mm je Niederschlagsereignis an. Größere Verluste treten durch Verdunstung auf. Abhängig von Lufttemperatur, Luftfeuchte und Windeinfluß können sie etwa 0,1 mm·d^{-1} betragen (KELLER 1979:49).

Mit derartigen Fehlern muß besonders bei den großflächig dimensionierten Anlagen zur Erfassung des Bestandsniederschlags gerechnet werden. Aufgrund des Bestandsklimas und der gegenüber dem HELLMANN-Regenmesser sehr viel größeren absolut gemessenen Wassermenge, dürften sich hier die Verluste jedoch in einer den Regenmessern vergleichbaren Größenordnung bewegen.

Während des gemeinsamen Betriebs der beiden Niederschlagsmeßeinrichtungen im Taunus zeigte sich, daß es hinsichtlich des zeitlichen Verlaufs eines Niederschlagsereignisses zu keinen größeren Abweichungen zwischen Freiland- und Bestandsniederschlag kommt. Dies gilt insbesondere für Niederschläge mit hohen Anfangsintensitäten. Nachteilig für die Beurteilung bestimmter Einzelereignisse wirkt sich bei dem Totalisator im Arbeitsgebiet Odenwald die mangelhafte zeitliche Auflösung aus. Für detaillierte Analysen der Niederschlagsstruktur muß hier auf die Schreibstreifen des Freilandschreibers zurückgegriffen werden.

Die mittels der unterschiedlichen Geräte gemessenen Niederschlagsmengen können also durchaus voneinander abweichen, was bei Wasserhaushaltsberechnungen zu berücksichtigen ist.

Niederschlagssammelrinne

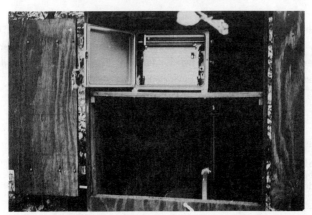

Kumulationspegel

Abb. 14 Vorrichtung zur Messung des Kronendurchlasses im Taunus

4.2.2.2 Messung des festen Niederschlags

Voraussetzung zur Quantifizierung des festen Gebietsniederschlags in Form von Schnee ist die Kenntnis der in der Schneedecke gespeicherten Niederschlagsmenge. Sie wird durch die Ermittlung des Wasseräquivalents gemäß DIN 4049, Teil 1 bestimmt.

Die vom amtlichen Wetterdienst erhobenen Daten über die täglichen Schnee- und Neuschneehöhen reichen hierzu jedoch nicht aus (vgl. SOKOLLEK & HAAMANN 1986: 55), da die Zu- oder Abnahme des Wasseräquivalents einer Schneedecke nicht proportional einer Schneehöhenänderung ist. Das Wasseräquivalent ist vielmehr eine Funktion der Schneedichte, und diese ist proportional zur Größe und Verteilung der Eiskristalle in einer bestimmten Schneedecke (GARSTKA 1964:9). Somit stellt die Schneehöhe allein einen schlechten Indikator für die Veränderungen der Wasserrücklage in der Schneedecke dar (vgl. GARSTKA 1964; HERRMANN 1974a; BRECHTEL 1982).

Daher wurden, neben Vergleichsmessungen im Freiland, in den bewaldeten Einzugsgebieten während der winterlichen Schneedeckenperioden detaillierte Schneemessungen durchgeführt. Mittels einer Ausstechsonde, bestehend aus einem PVC-Rohr, wurden die Schneedeckenparameter Schneehöhe, Schneedichte und Wasseräquivalent bestimmt (vgl. WILHELM 1975). Aus jeweils zehn Einzelmessungen wurden dazu folgende statistische Parameter berechnet: arithmetisches Mittel, Standardabweichung und Variationskoeffizient.

Da keine wägbare Schneesonde zur Verfügung stand (wie bspw. bei BRECHTEL 1970 beschrieben), mußte das Gewicht der ausgestochenen Schneesäulen über das ausgetaute Wasservolumen ermittelt werden. Aus dem Schneegewicht kann das Wasseräquivalent gemäß folgender Gleichung berechnet werden:

$$\sigma_W \cdot W = 10 \cdot G \cdot A^{-1}$$

Hierin bedeuten:

W = Wasseräquivalent [mm WS bzw. $1 \cdot m^{-2}$]
A = Ausstechfläche des Schneekerns [cm^2]   (n. BRECHTEL 1970:93)
G = Gewicht der Schneesäule [g]
mit $\sigma_W \approx 1$

Die Wasserrücklage in der Schneedecke ist durch Ablation und Neuschneeauftrag temporären Veränderungen unterworfen. Deshalb war es nötig, die Meßtermine der jeweiligen Schneedeckenentwicklung anzupassen. Darüber hinaus wurden die Messungen regelmäßig in siebentägigen Intervallen vorgenommen, um Bilanzierungsfehler möglichst gering zu halten.

4.2.2.2.1 Fehlerquellen

Die Qualität der Schneemessungen wird vor allem durch die räumliche Variabilität der Schneeakkumulation beeinflußt. Die orographischen Faktoren Meereshöhe und Exposition variieren die Schneedeckenparameter ebenso deutlich wie die Vegetationsform (SCHWARZ 1982; HERRMANN 1974b). Des weiteren kann es aufgrund der geringen Sinkgeschwindigkeit der Schneeflocken durch windbedingte Drift zu kleinräumig stark schwankenden Schneehöhen kommen, ebenso durch horizontalen Schneetransport in Form von Treibschnee. Dieser wird vor allem bei zyklonalen Wetterlagen im Freiland ausgeweht und im Wald sedimentiert (vgl. KNAUF 1975:18; WILHELM 1975:24).

Die größte Meßgenauigkeit der mittleren Schneehöhen und Wasseräquivalente der Schneedecke einer definierten Meßfläche wird bei mächtiger Schneedecke mit relativ wenigen Einzelmessungen erzielt. Hier sind die Variationskoeffizienten von Schneehöhe, -dichte und Wasseräquivalent am geringsten. HERRMANN (1974:19) gibt hierfür ca. 10 %, BRECHTEL (zit. in WILHELM 1975:49) etwa 15-20 % an. Die eigenen Berechnungen des Variationskoeffizienten lagen, abhängig von der Schneehöhe unter Wald, im Arbeitsgebiet Odenwald zwischen 13 % und 16 %. Deshalb werden bei Schneehöhen unter 5 cm keine Messungen mehr vorgenommen. Durch die terminlich gebundene Schneedeckenaufnahme ist es außerdem möglich, daß zum Aufnahmezeitpunkt noch Schneemassen auf den Bäumen zurückgehalten werden. Insgesamt betrachtet ist somit die Genauigkeit der erzielten Meßergebnisse noch geringer als bei der Regenmessung (vgl. WILHELM 1975:17).

4.2.3 Erfassung ausgewählter systeminterner Prozesse und Faktoren

Wie in Abschnitt 2.3.2 ausgeführt, müssen sich Studien zur Niederschlags-Abfluß-Transformation und zu morphodynamischen Einzelprozessen im Bereich der Runsenflanken notwendigerweise auf Untersuchungen an Teilflächen beschränken. Zu diesem Zweck wurden in beiden Arbeitsgebieten Testparzellen eingerichtet, mittels derer eventuell auftretender Oberflächenabfluß und damit verbundener hangfluvialer Stofftransport erfaßt werden können.

Zur Abschätzung des Einflusses der Bodenfeuchte, als neben der Niederschlagsstruktur in diesem Zusammenhang wichtigster veränderlicher Steuergröße, wurde diese in regelmäßigen Abständen gemessen, denn bei gleicher Vegetationsbedeckung bestimmt, neben den Reliefeigenschaften, die ungesättigte Bodenzone maßgeblich das kurzfristige Retentionsvermögen kleiner Einzugsgebiete und die Bildung von Oberflächenabfluß (vgl. GEROLD & MOLDE 1989:82).

4.2.3.1 Testparzellen zur Bestimmung des Oberflächenabflusses

4.2.3.1.1 Oberflächenabflußparzelle im Arbeitsgebiet Odenwald

Zur quantitativen Erfassung des Oberflächenabflusses wurde am von Fichten und jungen Buchen bestandenen Nordhang der Runse neben der Meßstelle eine ca. 8 m² große Meßparzelle eingerichtet (vgl. Abb. 6 und 12). Durch die Hangneigung von 32° reduziert sich die für den Niederschlagsinput wirksame, horizontale Auffangfläche auf 6,8 m². Die Auffangeinrichtung für den Oberflächenabfluß besteht aus einer hangparallel verlegten 2 m langen PVC-Rinne, die über ein Ablaufrohr mit einem Sammelgefäß verbunden ist. Der Anschluß der Rinne an die Bodenoberfläche wird durch eine steife Kunststoffolie hergestellt, die ca. 5 cm unter die Oberfläche der am Hang anstehenden Lößlehmdecke eingeschoben ist. Damit sich in diesem kritischen Bereich kein Bodenmaterial ablöst, wurde die Bodenoberfläche bis zu 20 cm oberhalb der Rinne mit kieselsaurem Natrium ($NaO \cdot 4SiO_2$, sog. "Wasserglas") durchtränkt und auf diese Weise gegen Abbruch gefestigt. Die Rinne ist mit einer Abdeckung gegen unmittelbaren Niederschlagseintrag versehen.

Eventuell angefallene Abflußmengen werden bei der regelmäßigen Meßstelleninspektion volumetrisch bestimmt. Bei starker Trübung des Abflusses wird eine Probe entnommen und im Labor auf mineralische Inhaltsstoffe hin untersucht.

4.2.3.1.2 Oberflächenabflußparzellen im Arbeitsgebiet Taunus

Hier wurden zwei Testparzellen in etwas unterschiedlichen Hangsituationen im Unterlauf von Runse "B" eingerichtet (vgl. Abb. 10 u. 15). Die beiden 3 m langen Auffangrinnen bestehen aus aneinandergeschraubten, 1 m langen, U-förmig gebogenen Stahlblechprofilen. Mit einem jeweils gegensinnig abgewinkelten Schenkel sind sie fest in der Hangfläche verankert. Um einem Aufstauen des oberflächennahen Hangabflusses zu beggegnen, wurden die Ankerbleche mit Durchlaßbohrungen ver-

Parzelle 1

Parzelle 2

Abb. 15 Meßparzellen zur Erfassung des Oberflächenabflusses im Taunus

sehen (vgl. Abb. 16). Die Rinnen wurden hangparallel mit leichtem Gefälle verlegt, so daß der Abfluß an einem Ende über einen angeschlossenen Schlauch in einen Sammelbehälter laufen kann.

Parzelle "1" befindet sich einige Meter oberhalb der Meßstelle, am hier etwa 30° geneigten Osthang. Bei rund 5,5 m Länge bis zur Hangoberkante ergibt sich eine Parzellengröße von 16,5 m², wobei sich die horizontale Niederschlagsauffangfläche mit der gegebenen Parzellenneigung auf 14,25 m² verringert. Wesentlich stärker geneigt ist die am gegenüberliegenden Hang eingerichtete 15 m² große Parzelle "2". Durch die große Hangneigung von 37° reduziert sich hier die effektive horizontale Fläche auf nur mehr 11,7 m².

In beiden Testflächen stehen randlich am Übergang zu den Zwischenrücken Buchen, deren zum Teil freigespültes Wurzelwerk die Parzellen durchzieht. Hierbei handelt es sich um eine für die Runsenflanken typische Situation, die vermuten läßt, daß ein quantitativ nicht näher bestimmter Teil des aufgefangenen Oberflächenabflusses durch Stammabfluß hervorgerufen wird.

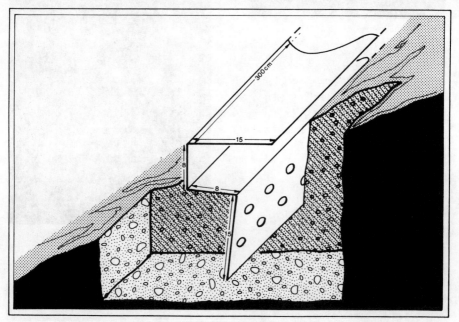

Abb. 16 Aufbau der Oberflächenabflußauffangrinnen

Der Unterschied in der Hangneigung wirkt sich auf den Zustand der Parzellenoberflächen in der Weise aus, daß auf der schwächer geneigten Parzelle "1" die Laubstreu in großen Bereichen liegen bleibt, während auf Parzelle "2" vorwiegend der unbedeckte Solifluktionsschutt die Oberfläche bildet (vgl. Abb. 15).

4.2.3.2 Versuche zur gravitativen Materialbewegung

Um eine Messung der aktuellen Materialbewegung auf der Oberfläche der Runsenflanken zu ermöglichen, bedarf es eines Bezugssystems, durch das sich der Bewegungsbetrag des Schuttdeckenmaterials innerhalb eines bestimmten Zeitraums feststellen läßt.

Da die natürlichen Schuttdecken keine geeigneten Identifizierungsmerkmale aufweisen, aus denen sich hinreichend genaue Rückschlüsse auf eine kurzfristige Lageveränderung ableiten lassen, müssen sie in irgendeiner Form markiert werden. Dies geschah durch den Einsatz eines Tracers. Um möglichst zuverlässige Ergebnisse zu erhalten, sollte sich dieser wie das zu beobachtende Bodenmaterial verhalten und dessen natürliche Bewegung nicht beeinflussen. Zudem muß er sich jederzeit nachweisen lassen.

Als ein für diese Problemstellung geeigneter Tracer erwies sich Scheelit. Hierbei handelt es sich um ein Calcium-Wolframat-Mineral ($CaWo_4$), das durch Einlagerungen von Molybdän und Störungen im Kristallgitter fluoreszente Eigenschaften besitzt. Der Hauptreflexionsbereich von Scheelit liegt zwischen 4000 und 4600 Å und damit im Bereich von kurzwelligem UV-Licht (LIEBER 1972). Das Mineral weist eine Härte von 4,5-5 (n. MOHS) und ein spezifisches Gewicht von 5,9-6,1 g·cm^{-3} auf (ULTRA-VIOLET PRODUCT INC. 1975).

Dieses Material wurde gemahlen und in mehreren Versuchsreihen auf den Runsenhängen in beiden Arbeitsgebieten, in Form hangparallel verlaufender, ca. 10 cm breiter Streifen, ausgelegt. Da der Tracer, ebenso wie die an der Oberfläche befindlichen Einzelkörner des Verwitterungsschutts, den natürlichen Prozeßabläufen am Hang unterworfen ist, wird davon ausgegangen, daß er sich dabei auch wie die autochthonen Sedimentpartikel verhält. Allerdings wirken auf den nur ausgestreuten Tracer vermutlich nicht so starke Bindungskräfte ein, wie auf die Mineralkörner, die die Schuttdecke aufbauen. Sein gegenüber dem silikatischen Verwitterungsmaterial doppelt so hohes spezifisches Gewicht dürfte diesen Nachteil jedoch ausgleichen.

Als Tracer-Startpunkte wurden markierte Bäume ausgewählt. Der Bewegungsnachweis erfolgte durch den Einsatz einer tragbaren UV-Lampe, mit der der Tracer in bestimmten Zeitintervallen bei Dunkelheit aufgespürt und die eingetretene Ortsveränderung vermessen werden konnte. Als problematisch erwies sich dabei jedoch, daß manchmal auch organisches Material in der Streuauflage lumineszente Eigenschaften besitzt, was die Identifizierung des Scheelits erschwert, und daß bei starker Laubakkumulation eine Beobachtung des Tracers über einen längeren Zeitraum nicht möglich ist. Besonders geeignet für dieses Tracing-Verfahren sind deshalb vor allem die gröberen Kornfraktionen (> Schluff) oder das Fehlen einer organischen Bodenauflage.

Aber auch hier ergeben sich nach einigen Monaten Beobachtungszeit Nachweisschwierigkeiten durch die starke Verstreuung des begrenzten Tracermaterials auf der Testfläche, was sich in einer scheinbaren Bewegungsverlangsamung äußert. Nach ersten Versuchsreihen im Arbeitsgebiet Odenwald, die in erster Linie auf die Beobachtung von Bewegungsbetrag und -geschwindigkeit gerichtet waren, wurde die Methode für das Arbeitsgebiet Taunus etwas abgewandelt.

Der Tracer wurde, getrennt nach Fraktionen, in je 50 cm langen Streifen ausgelegt, die Tracermenge jedoch vorher gewogen. Als Versuchsfläche wurde die Oberflächenabflußparzelle "2" ausgewählt, wo der Tracerstartpunkt 2 m über die Auffangrinne gelegt wurde. Da diese Rinne in bestimmten Abständen gesäubert wird, um den Inhalt an mineralischem Grobmaterial zu ermitteln, wird zwangsläufig auch akkumuliertes Tracermaterial miterfaßt. Über ein schwermineralogisches Trennverfahren im Labor ist es so möglich, neben den am Hang gemessenen Bewegungsbeträgen, die Menge des am Endpunkt angelangten Tracers zu bestimmen und damit die Durchgangszeit zusätzlich zu überprüfen.

4.2.3.3 Bestimmung der Bodenfeuchte

Der aktuelle Feuchtegehalt des Bodens wurde in beiden Arbeitsgebieten regelmäßig und in möglichst großer Nähe zu den Oberflächenabflußparzellen ermittelt. Selbstverständlich ergeben sich aus diesen nur punktuell vorgenommenen Messungen keine für das gesamte Einzugsgebiet repräsentativen Werte. Angestrebt wurde hier lediglich die Kenntnis über den Feuchtezustand des Bodens im Bereich der Ao-Meßflächen, wobei das Interesse vor allem der Erfassung längerfristiger Bodenfeuchteschwankungen galt und weniger der Bestimmung des absoluten Feuchtezustands. Zwei Methoden kamen hierbei zum Einsatz.

4.2.3.3.1 Direkte Entnahme von Bodenproben

Die Entnahme von Bodenproben mittels Bohrung und anschließender gravimetrischer Wassergehaltsbestimmung nach DIN 19683 (Bl. 4, 1973) im Labor kam nur im Odenwald über einen längeren Zeitraum zur Anwendung. Pro Meßtermin wurden jeweils 5 Bodenproben entnommen. Die aktuelle Bodenfeuchte bestimmte sich hierbei aus dem arithmetischen Mittel der Einzelproben. Die in Gewichtsprozent anfallenden Werte wurden durch Multiplikation mit dem mittleren Raumgewicht des Bodenmaterials am jeweiligen Standort in Volumenprozent umgerechnet.

In etwa 10-tägigen Intervallen wurden vom 01.12.1985 - 30.11.1986 die Bodenproben auf der sich in West-Ost-Richtung erstreckenden Verebnung oberhalb der Ao-Parzelle entnommen. Der Untergrund am Entnahmeort besteht aus umgelagertem Lößlehm und zeigt folgendes Bodenprofil:

A_h	0 - 8 cm	graubrauner, schluffiger bis schwach sandiger Lehm, carbonatfrei
M	8 - 100 cm	gelblichbrauner, schluffiger bis schwach sandiger Lehm, carbonatfrei, stellenweise schwach humos.

4.2.3.3.2 Bodenfeuchtebestimmung mittels Tensiometer

Um den Arbeitsaufwand zu reduzieren, wurde ab März 1988 im Odenwald, und ab Oktober 1988 auch im Taunus, die Bodenfeuchte indirekt über die Messung des Matrixpotentials bestimmt. Hierzu wurde ein elektronisches Einstichtensiometer (Firma THIES, Göttingen) verwendet. Eine umfassende Darstellung des Meßprinzips findet sich bei FREDE & WEINZIERL & MEYER (1984).

In Verbindung mit wassergefüllten PVC-Tensiometerrohren wurden mit diesem Gerät, sowohl in periodischen Abständen als auch ereignisorientiert, die Veränderungen der Saugspannung am jeweiligen Standort bis in eine Tiefe von maximal 1 m gemessen.

Im Odenwald wurden fünf Tensiometerrohre auf dem der Ao-Parzelle gegenüberliegenden Hang, in ca. 2,5 m Höhe über dem Gerinne, in 20, 40, 60, 80 und 100 cm Tiefe eingesetzt. Bei dem hier vorliegenden Boden handelt es sich um ein offenbar junges Kolluvium aus Lößlehm mit schwach entwickeltem A_h-Horizont. Das im Unterboden zunehmend pseudovergleyte Profil weist folgende Horizontierung auf:

MA_h 0 - 8 cm

MS_w 8 - 50 cm   gelblichgrauer, schluffiger bis schwach sandiger Lehm, carbonatfrei

MS_d - 100 cm   gelblichbrauner, rostfleckig marmorierter, schluffiger bis schwach sandiger Lehm, carbonatfrei.

Für die Bodenfeuchtemessungen im Arbeitsgebiet Taunus wurde ein Standort nahe der Auffangrinne für den Bestandsniederschlag gewählt, da hier, im Gegensatz zu den Runsenflanken, der Deckschutt erhalten ist. Um den zu erwartenden Varianzen im Bodenfeuchtegang zwischen Deck- und Mittelschutt Rechnung zu tragen, wurde ein Tensiometerrohr in 30 cm Tiefe im Deckschutt plaziert; drei weitere erfassen mit Einbautiefen von 60, 80 und 100 cm unter der Geländeoberfläche die obersten Bereiche des Mittelschutts. Den Boden am Meßpunkt bildet ein Braunerde-Pseudogley aus Deckschutt über Mittelschutt mit folgendem Profil:

A_h 0 - 10 cm

$B_v S_w$ 10 - 50 cm   Deckschutt, graubrauner schluffiger bis schluffigsandiger Lehm, schwach steinhaltig.

$IIC_v S_d$ 50 - 100 cm Mittelschutt, lößlehmhaltiger Schutt mit wechselnden Anteilen von Quarzit, Sandstein und Tonschiefer, rostfleckig marmoriert.

4.2.3.3.2.1 Bearbeitung der Meßergebnisse

Aus den im Gelände gemessenen negativen Saugspannungswerten wurde durch Addition der Länge der über der keramischen Kerze stehenden Wassersäule der korrekte Saugspannungswert für die jeweilige Meßtiefe errechnet (FREDE & WEINZIERL & MEYER 1984:134) und tabellarisch festgehalten (vgl. Tab. 58, 65 u. 66, im Anhang).

Die aus diesen Werten abgeleiteten Saugspannungsganglinien für die Arbeitsgebiete Odenwald und Taunus sind in den Abbildungen 90 und 91 dargestellt. Sehr viel deutlicher als die Tabelle zeigen die Abbildungen, daß in verschiedenen Meßtiefen annähernd gleiche Saugspannungswerte für einen bestimmten Ablesetermin ermittelt werden können. Da diese Horizontbereiche offenbar über ein analoges Matrixpotential und damit über einen vergleichbaren Bodenwasserhaushalt verfügen, wurden die Werte für diese Meßtiefen der besseren Anschaulichkeit halber zusammengefaßt, indem aus den einzelnen Meßwertpaaren arithmetische Mittel gebildet wurden.

4.2.3.3.2.2 Ermittlung der realen Bodenfeuchte

Aus dem Verlauf der Saugspannungsganglinien lassen sich zwar Veränderungen der relativen Bodenfeuchte erkennen, über den tatsächlichen Feuchtegehalt in einer bestimmten Tiefe ist jedoch allein auf Basis der Meßwerte keine Aussage möglich. Deshalb wurde eine Eichung der Tensiometermeßwerte angestrebt.

Während unterschiedlichster Witterungsbedingungen wurden hierzu, parallel zur Tensiometermessung, Bodenproben für die gravimetrische Feuchtebestimmung mittels Bohrstock entnommen (vgl. 4.1.2). Die im Labor ermittelten Feuchtewerte wurden den jeweiligen Saugspannungswerten der entsprechenden Meßtiefe zugeordnet. Über eine anschließende mathematische Kurvenanalyse konnten so Korrelationskoeffizient und Regressionsgleichung für die einzelnen Profilabschnitte bestimmt werden. Dabei ließ sich mit der linearen Einfachregression die beste Anpassung erzielen.

Abbildung 17 gibt die Ergebnisse für das Arbeitsgebiet Odenwald wieder. Über die Gleichungen läßt sich nun die Bodenfeuchte in Gewichtsprozent aus den Saugspannungswerten berechnen. Die Regressionsgleichungen haben für das Arbeitsgebiet Odenwald im einzelnen folgende Form:

20 cm BF [Gew.-%] = 30,4 + 0,024 · SgSp [hPa]

40 - 60 cm BF [Gew.-%] = 23,8 + 0,015 · SgSp [hPa]

80 - 100 cm BF [Gew.-%] = 21,3 + 0,005 · SgSp [hPa]

Durch anschließende Multiplikation mit dem mittleren Raumgewicht ergibt sich die reale Bodenfeuchte in Volumenprozent. Den engsten statistischen Zusammenhang weisen die Wertepaare für 20 cm Tiefe mit einem Korrelationskoeffizienten von 0,93 bei n = 8 auf. Mit zunehmender Meßtiefe wird der Zusammenhang trotz höherer "n" schwächer. Dies liegt an den natürlichen engräumigen Schwankungen des Bodenfeuchtegehalts, die mit zunehmender Tiefe größer werden und hier zu Abweichungen von 5-7 Gew.-% führen können (TRETER 1970:39, 43). Des weiteren existiert bei vielen Böden eine ausgeprägte Hysterese zwischen Wassergehalt und Wasserspannung bei Desorption und Adsorption (vgl. RENGER & GIESEL & STREBEL & LORCH 1970:29; HARTGE 1978:156ff.; ROHDENBURG & DIEKKRÜGER 1984:61). Durch die gehemmte Wasseraufsättigung nach weitgehender Bodenaustrocknung ermittelten ROHDENBURG & DIEK-

KRÜGER (1984) bis zu 15 Vol.-% betragende Wassergehaltsdifferenzen gegenüber der Entwässerungskurve.

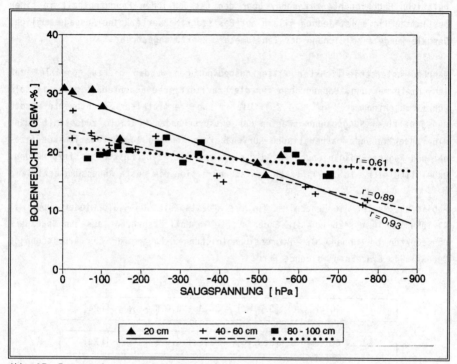

Abb. 17 Zusammenhang von Bodenfeuchte und Saugspannungswerten im Odenwald

Bei der eigenen Probenentnahme im Gelände konnte im allgemeinen nicht zweifelsfrei entschieden werden, ob in einzelnen Meßtiefen nun die Ad- oder die Desorption vorherrschte. Diese natürlichen Vorgänge bewirken die Streuung der Meßwerte um die Ausgleichsgerade in Abbildung 17. Daher erscheint eine Verbesserung der Korrelationskoeffizienten durch weitere Parallelbohrungen kaum möglich zu sein. Zumindest für die oberflächennahen Profilabschnitte wird aber die Richtigkeit der Meßergebnisse durch den rein gravimetrisch bestimmten Bodenfeuchtegang bestätigt (vgl. 6.1.1.1.1.1).

So befriedigend sich dieses Verfahren für das Arbeitsgebiet Odenwald darstellt, so schwierig gestaltet sich die Anwendung im Taunus. Aufgrund der extrem inhomogenen Schuttdeckenzusammensetzung steigt die oben erwähnte örtliche Variationsbreite der Bodenfeuchte stark an. Das erbohrte Probenmaterial kann in derselben Entnahmetiefe sowohl als relativ feuchter toniger Schieferzersatz wie auch als deutlich trockenerer, sehr sandiger Schutt aus Quarzit- oder Sandsteinkomponenten erscheinen. Daher sind selbst bei fünf Parallelbohrungen die Schwankungen der aktuellen Bodenfeuchte so groß, daß sich statistisch nur unzureichend gesicherte Mittelwertbildungen vornehmen lassen. Des weiteren betragen die natürlichen Bodenfeuchteschwankungen innerhalb eines Jahres beim Deckschutt maximal 14 Gew.-%, in 100 cm Tiefe gar nur 9 Gew.-%. Die gemessenen Saugspannungswerte liegen dabei zwischen -766 und 0 hPa. Einem Anstieg um +100 hPa entspräche damit nur eine Bodenfeuchtezunahme von rund 2 Gew.-%. Durch die großen Abweichungen, die schon bei der Probenentnahme auftreten, wird hierbei die Auflösung der Meßwertpaare gegeneinander so schlecht, daß eine befriedigende statistische Berechnung scheitern muß. Zudem sind der Probenentnahme durch die starke sommerliche Austrocknung der Schuttdecken Grenzen gesetzt. Gelingt tatsächlich einmal das Eintreiben des Bohrers bis in 1 m Tiefe, so bleibt dabei meist nicht genug Probenmaterial in der Nut haften. Gerade für hohe Saugspannungswerte fehlen daher genügend Parallelproben zur Berechnung. Eine dem Arbeitsgebiet Odenwald adäquate Darstellung der Meßergebnisse ist daher für die Untersuchungen im Taunus nicht möglich.

4.2.3.3.2.3 Fehlerquellen bei der Tensiometermessung

In einer vergleichenden Untersuchung verschiedener Tensiometersysteme setzen sich ALBERT & GONSOWSKI (1987) ausführlich mit den damit verbundenen meßtechnischen Problemen auseinander. Hier sollen im folgenden nur die Fehlerquellen diskutiert werden, die bei den eigenen Geländearbeiten auftraten.

Neben den natürlich bedingten Schwankungen, denen die Meßreihen unterliegen, treten die meisten Störungen im Zusammenhang mit den Tensiometerrohren auf. Das Einstichtensiometer selbst arbeitete, bis auf einen Gerätetotalausfall, störungsfrei. Die Güte der Messungen hängt vor allem vom sachgemäßen Einbau der PVC-Rohre und ihrer regelmäßigen Wartung ab. Besondere Schwierigkeiten bereitet bei großer sommerlicher Trockenheit und hohen Temperaturen das vorgeschriebene, im Rohr eingeschlossene Luftvolumen (vgl. FREDE & WEINZIERL & MEYER 1984:133). Starke Erwärmung verursacht eine Ausdehnung der Luftblase, was zur Entwässerung des Tensiometers führt. Bei einer anschließenden Messung hat die wassergefüllte Kanüle des Einstichtensiometers keine Verbindung mehr mit der Wassersäule im

Tensiometerrohr, wodurch der angezeigte Saugspannungswert verfälscht wird. Daher muß die Füllhöhe der Rohre regelmäßig kontrolliert und gegebenenfalls ergänzt werden. Je nach Feuchtezustand des Bodens stellt sich der korrekte Saugspannungswert innerhalb von ca. 24 Stunden wieder ein.

Im Spätwinter und Frühjahr kann eine Erwärmung der eingeschlossenen Luftblase auch einen umgekehrten Effekt bewirken. Durch die fehlende Belaubung ist der Beschattungsgrad während strahlungsintensiver Tage zu gering, so daß sich die Tensiometerrohre sehr rasch aufheizen. Bei gleichzeitig hoher Bodenfeuchte ist die Wasserabgabe aus dem Tensiometerrohr jedoch stark herabgesetzt, wodurch im Rohr ein Überdruck entsteht. Die in diesem Fall gemessenen positiven Saugspannungswerte wurden für die Auswertung zu Null hin korrigiert.

Bei Böden mit ausgeprägter Quellungs- und Schrumpfungsdynamik kann es gerade bei geringen Meßtiefen, also kurzem Tensiometerrohr, zum Abriß des Kontaktes zwischen keramischer Kerze und Boden kommen. Die schon erwähnte starke sommerliche Austrocknung der Schuttdecken im Taunus verursachte so die Meßreihenlücke im August 1989 in 30 cm Tiefe.

Eine permanente Validitätskontrolle der Meßergebnisse in Verbindung mit einer sorgfältigen Auswertung führt aber, trotz mancher Schwierigkeiten, die bei der Meßwerterfassung und -bearbeitung auftreten, doch zu befriedigenden Daten, deren Aussagekraft bei umsichtiger Interpretation dem durch die Fragestellung gesetzten Rahmen durchaus genügen (vgl. 6.1.1.1.1).

4.2.4 Quantifizierung der Outputgrößen

4.2.4.1 Abflußmessung

Zur Erfassung des Abflusses wurde das natürliche Gerinnebett bei allen untersuchten Fließgewässern in einen definierten Meßquerschnitt überführt. Aus Sichtbetonschalplatten wurden verschiedene Typen von Meßkanälen vorgefertigt und an den Meßstellen jeweils unterhalb der Sedimentfallen horizontal ins Gewässerbett eingelassen. Über seitlich am Kanal angeschlossene Schreibpegel erfolgte die Analogaufzeichnung der Wasserstände.

Die besonderen Gefälls- und Abflußverhältnisse in den Untersuchungsgebieten machten den Einsatz spezifischer, den jeweiligen Bedingungen angepaßter Konstruktionen erforderlich. Dennoch liegt allen Meßkanälen, mit Ausnahme von Meßstelle Taunus "C", das gleiche Bauprinzip zugrunde. Dem eigentlichen Meßwehr, welches die Konstruktion in Gefällsrichtung abschließt, ist ein Beruhigungsbecken zur Dämpfung von Wasserturbulenzen vorgeschaltet. Durch Absperren des Wehres mittels einer Platte entsteht so ein Absolutmeßbecken, in dem bei verschiedenen Wasserständen eine volumetrische Abflußmessung zur Eichung des Wehres vorgenommen werden kann (vgl. 4.2.4.1.2).

Das verwendete Material (10fach wasserfest verleimtes Sperrholz, 20 mm stark) erwies sich als ein äußerst geeigneter und dabei kostengünstiger Werkstoff. Selbst nach nunmehr fünfjährigem Geländeeinsatz zeigen die Sperrholzeinbauten an der Meßstelle im Odenwald, bis auf kleine Beschädigungen durch Nagetiere, keinerlei funktionsbeeinträchtigende Mängel.

4.2.4.1.1 Abflußmeßkanäle

4.2.4.1.1.1 Meßkanal der Meßstelle Odenwald

Aufgrund des geringen Gefälles an der Meßstelle wurde für das Arbeitsgebiet Odenwald ein auf dem VENTURI-Prinzip basierendes Meßwehr konstruiert. Mittels einer seitlichen Verengung wird der Abflußquerschnitt am Auslauf des Meßkanals stark reduziert, was eine Erhöhung der Fließgeschwindigkeit bewirkt. Dadurch geht der strömende Abfluß in schießenden Abfluß über. Nach Austritt aus dem Kanal wechselt der Abflußzustand wieder in strömenden über. Diese Konstruktion (s. Abb. 18), die jedoch nur bei relativ geringen Abflußhöhen eingesetzt werden kann, besitzt den Vorzug, daß über die herbeigeführte Zustandsänderung im Abflußverhalten das zu messende Oberwasser nicht durch einen Rückstau des Unterwassers beeinflußt wird. Die Funktionsweise ist also mit der einer Düse vergleichbar, wodurch sich diese Konstruktion besonders für Messungen mit mangelnder Überfallhöhe eignet. Zudem wird durch die Düsenwirkung ein Zusetzen des Meßkanals mit Schweb- und Schwimmfracht weitgehend verhindert.

Der Meßkanal wurde an zwei großen Eichenbohlen befestigt, die ihrerseits quasi "schwimmend" im relativ standfesten Gerinnesediment gelagert sind. Die Pegelmessung wurde mit einem Bandschreiber-Pegel (Fa. OTT, Kempten, Typ R 20) vorgenommen. Der besseren Auflösung wegen wurde das Übersetzungsverhältnis so gewählt, daß die Aufzeichnung der Wasserstände im Verhältnis 1:1 erfolgte.

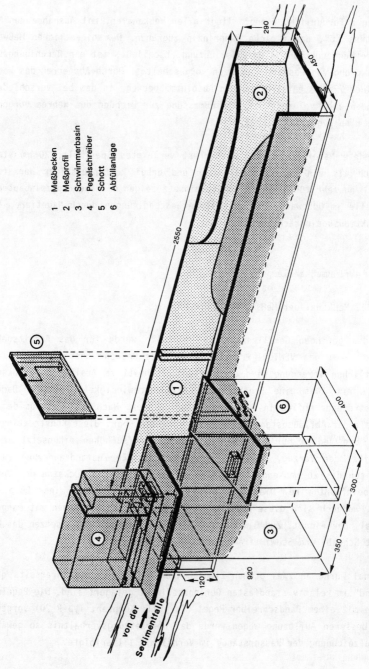

Abb. 18 Aufbau des Abflußmeßkanals im Odenwald

1 Meßbecken
2 Meßprofil
3 Schwimmerbasin
4 Pegelschreiber
5 Schott
6 Abfüllanlage

4.2.4.1.1.2 Meßkanal der Meßstellen Taunus "A" und "B"

Die Abflußmeßkanäle an den perennierenden Gerinnen im Arbeitsgebiet Taunus sind prinzipiell baugleich. Lediglich die Pegelhäuschen mußten aus Platzgründen spiegelverkehrt montiert werden.

Die günstigen Gefällsverhältnisse ermöglichten hier den Einsatz eines THOMPSON-Wehres mit scharfkantigem Meßüberfall, das sich durch seine einfach herzustellende und robuste Konstruktion auszeichnet. Nach überschlägiger Abschätzung der zu erwartenden Abflußmengen wurden die Beruhigungsbecken relativ großvolumig ausgelegt (vgl. Abb. 19). Im Gegensatz zum Odenwald wurden die beiden Meßkanäle an ihren vier Eckpunkten auf im Bachbett einbetonierte Gewindebolzen gelagert. Durch Unterlegen von Distanzscheiben konnte so beim Einbau im Gelände für eine absolut horizontale Justierung der Kanäle gesorgt werden.

Das Überfallblech, welches aus einer korrosionsresistenten Al-Mg-Legierung gefertigt ist, weist einen Dreiecksausschnitt mit einem Öffnungswinkel α von 90° auf. Um den erforderlichen sauberen Abriß des überströmenden Wassers sicherzustellen, ist die Blechkante selbst in einem Winkel von 45° angeschärft (siehe DRACOS 1980:90). Damit eine ausreichend große Auflösung der Meßwerte auch bei geringen bis normalen Wasserständen gewährleistet ist, wurde der Ausschnitt recht klein gehalten. Er erstreckt sich also nicht über die gesamte Blechbreite, so daß bei hohen Wasserständen ein rechteckiger Meßquerschnitt wirksam wird.

Die Wasserstände werden erst in einer Entfernung vom Blech, die das 3fache dessen Höhe beträgt, abgenommen. Störungen des Wasserspiegels, die durch den Überfall entstehen und sich auf die Meßgenauigkeit auswirken, sollen so minimiert werden (DRACOS 1980:90).

Zur Aufnahme des Schwimmers befindet sich im seitlich angebrachten Pegelhäuschen eine mit dem Becken verbundene PVC-Tonne. Die Wasserstandsaufzeichnung im Verhältnis 1:1 erfolgt bei beiden Abflußmeßstellen mit Bandschreiberpegeln (Fa. SEBA, Kaufbeuren, Typ DELTA).

4.2.4.1.1.3 Meßkanal zur Erfassung episodischer Abflüsse (Taunus "C")

Die nur episodisch auftretenden Abflußereignisse in diesem Einzugsgebiet lassen die Verwendung üblicher Pegelanlagen nicht zu. Daher mußte eine den speziellen

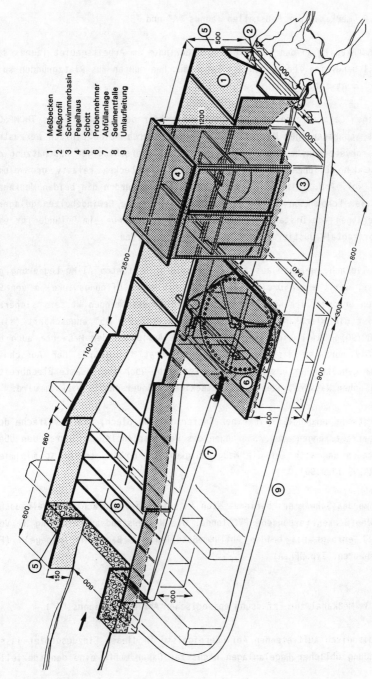

Abb. 19 Aufbau des Abflußmeßkanals im Taunus (Meßstelle "A")

1 Meßbecken
2 Meßprofil
3 Schwimmerbasin
4 Pegelhaus
5 Schott
6 Probennehmer
7 Abfüllanlage
8 Sedimentfalle
9 Umlaufleitung

Erfordernissen angepaßte Abflußmeßstelle errichtet werden (vgl. Abb. 20).

Um zu verhindern, daß der Schwimmer beim Trockenfallen der Meßstelle den Grund des Meßkanals berührt und sich dabei festsetzt, wurden Schwimmerschacht und Abflußmeßbecken als eine geschlossene Einheit konstruiert. Damit wird sichergestellt, daß der Pegel bei wiedereinsetzendem Abfluß verzögerungsfrei anspricht.

Das so entstandene Basin, welches den Schwimmer aufnimmt, enthält, bis zu einer vom Meßwehr bestimmten Nullmarke, immer Wasser. Während trockener Perioden können eventuell auftretende Verdunstungsverluste im Basin durch vorsichtiges Auffüllen bis zur Nullmarkierung korrigiert werden. Die sehr ruckartig einsetzenden Abflußereignisse erfordern eine geeignete Dämpfung, weshalb der Schwimmer mit einem Durchmesser von 20 cm relativ groß ausfiel. In Verbindung mit einem sehr spitzwinkligen, scharfkantigen V-Wehr (Öffnungswinkel $\alpha = 1°$) gelingt es aber, die Wasserstände derart zu modifizieren, daß auch noch Abflußmengen von unter $0,05\ l \cdot s^{-1}$ vom Horizontalpegel (Fa. SEBA, Kaufbeuren, Typ XI) aufgezeichnet werden können.

4.2.4.1.2 Eichung der Meßwehre

Die von den Meßwehren modifizierten Wasserstands-Abflußverhältnisse steigen nicht linear und sind stark von der Bauart und den Abmessungen der Wehre abhängig. Für eine Zuordnung der registrierten Wasserstände zu entsprechenden Abflußmengen ist, trotz der vielen Formeln, die in der Literatur mitgeteilt werden, eine Eichung der Wehre empfehlenswert (DRACOS 1980:86).

Aus diesem Grund wurde, wie schon erwähnt, das vorgeschaltete Beruhigungsbecken als Absolutmeßbecken ausgeführt. Dazu mußte die Sohle des Meßkanals am Einlauf bei allen Meßstellen unter die Gefällslinie des natürlichen Gerinnebettes gelegt werden. In dem derart entstandenen Becken können nun, durch Absperren mit einer Platte, bei verschiedenen Wasserständen volumetrische Abflußmessungen gemäß nachstehender Formel vorgenommen werden:

$$Q = \frac{V}{t}$$

Q = Abflußmenge[$l \cdot s^{-1}$]   V = Volumen [l]   t = Zeit

84

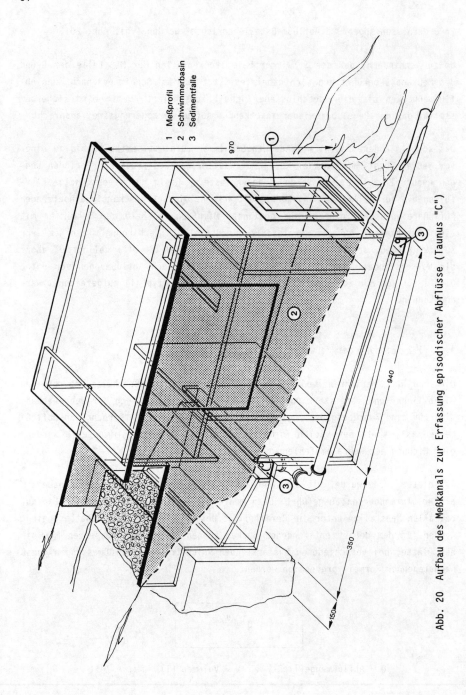

Abb. 20   Aufbau des Meßkanals zur Erfassung episodischer Abflüsse (Taunus "C")

Taunus "A"

Taunus "B"

Taunus "C"

Abb. 21 Ansichten der Meßstellen im Taunus

Abb. 22 Vorrichtung zur Kalibrierung der Abflußmeßkanäle

Um den Fehler bei der Messung der Füllzeiten zu minimieren, wurde eine handelsübliche Stoppuhr derart umgebaut, daß Start- und Stoppkontakt nach außen gelegt und über ein Kabel mit einem Stechpegel verbunden wurden. Dieser Pegel läßt sich an der Seitenwand des Meßkanals fixieren. Zur Messung wird über eine Verstärkerschaltung ein schwacher Steuerstrom auf die zwei Kontakte am Pegel gelegt. Nach dem Absperren des Kanals steigt der Wasserstand im Becken zunächst bis zum ersten Kontakt, was den Lauf der Stoppuhr auslöst. Der in fest definierter, vertikaler Distanz angebrachte zweite Kontakt stoppt die Uhr, sobald er vom ansteigenden Wasser im Becken erreicht wird (s. Abb. 22). Von Vorteil bei diesem Verfahren ist, daß die Messung von einer Person ohne großen Aufwand und mit gleichbleibender Güte durchgeführt werden kann. Über ein mathematisches Iterationsverfahren wurde aus den ermittelten Wertepaaren von Wasserstand und Abfluß für jedes Meßwehr eine Abflußgleichung bestimmt.

4.2.4.1.2.1 Eichung des VENTURI-Wehrs

Die Wertepaare für dieses Meßwehr decken einen Bereich von 0,1 bis 6 $l \cdot s^{-1}$ ab. Im gesamten Meßzeitraum traten nur fünf Ereignisse auf, die geringfügig über diesem Wert lagen. Die gewonnenen Meßergebnisse sind in Tabelle 59 (Anhang) und als Kurve in Abbildung 23 wiedergegeben. Die errechnete Abflußgleichung lautet:

$$Q = 0{,}427 \cdot W_H^{1{,}176}$$

Q = Abflußmenge [$l \cdot s^{-3}$] W_H = Wasserstand [cm]   n = 51

4.2.4.1.2.2 Eichung der THOMPSON-Wehre

Beide Wehre wurden so exakt gefertigt und eingebaut, daß bezüglich der Meßreihen von Wasserstand und Abfluß keine gravierenden Abweichungen auftraten. Daher konnte eine für beide Wehre gültige Abflußgleichung aufgestellt werden. Sie lautet:

$$Q = 0{,}015 \cdot W_H^{2{,}45}$$

Q = Abflußmenge [$l \cdot s^{-1}$] W_H = Wasserstand [cm]   n = 113

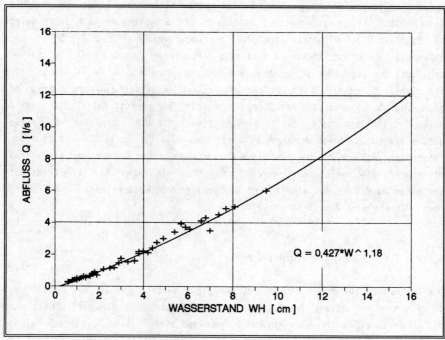

Abb. 23 Abflußkurve für den VENTURI-Kanal

Sowohl die Gleichung als auch die in Abbildung 24 wiedergegebene Abflußkurve gelten nur für den Dreiecksausschnitt. Abflüsse, die über einen Wasserstand von 20 cm hinausgehen, müssen mit folgenden zwei Formeln berechnet werden:

$$Q = Cd \cdot \frac{2}{3} \cdot \sqrt{2g} \cdot b \cdot h^{3/2}$$

Cd = 0,602 + 0,083 · h/s   (Überfall ohne Seitenkontraktion)
h = Wasserstand
s = 28 cm   (Gesamttiefe des Überfalls bis Kanalsohle)
b = 60 cm   (Überfallbreite)
g = 9,81 m·s^{-1} (Erdbeschleunigung) (DRACOS 1980:89, Formel VI.9),

und:

$$Q = 0,562 \cdot 1 + \frac{0,153 \cdot h}{p} \cdot b \cdot \sqrt{g \cdot (h + 0,001)^{1,5}}$$

h = 0,04   p = 0,28
Übrige Parameter wie oben (WMO-Rep. 13, 1980-1:230, Formel 7.9)

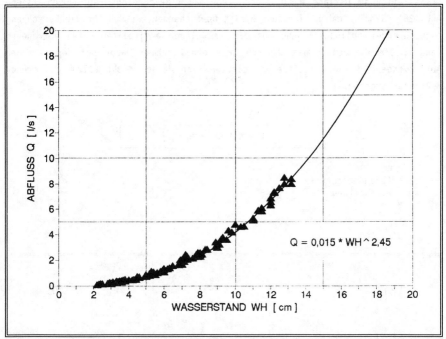

Abb. 24 Abflußkurve für die THOMPSON-Wehre an den Meßstellen Taunus "A" und "B"

Die Ergebnisse, die mit den beiden Gleichungen erzielt werden, unterscheiden sich geringfügig voneinander, weshalb jeweils ein Mittelwert gebildet wird. Während der bisherigen Beobachtungszeit erreichten nur zwei Abflußspitzen Wasserstände von über 20 cm. Damit sind die am häufigsten auftretenden Wasserstände über die Eichkurve abgedeckt und ausreichend gut belegt (vgl. Tab. 59, im Anhang).

4.2.4.1.2.3 Eichung der Meßstelle Taunus "C"

Abweichend von der vorangegangenen Darstellung, wurde die volumetrische Abflußbestimmung bei diesem Wehr mittels Gefäßmessung durchgeführt. Wegen des geschlossenen Beruhigungsbeckens mußte die Wasserstandshöhe mit einem Zentimetermaß direkt außen am Überfallblech gemessen werden. Da der durchfließende Wasserstrom auch bei geringen Mengen einen sehr guten Abriß aufweist, konnte durch Unterhalten eines Eichgefäßes dessen Füllzeit leicht bestimmt werden. Eine erste Eichreihe wurde vor dem Geländeeinsatz im Labor erstellt. Nach der endgültigen

Installation im Gerinne wurde jedoch regelmäßig nachgeeicht (Abflußkurve siehe Abb. 25). Dabei ergaben sich doch einige Abweichungen, so daß für die Berechnung nachstehender Abflußgleichung nur die im Gelände ermittelten Daten Verwendung fanden. Die Datenbasis ist dadurch zwar etwas schmal, aber bei den geringen Abflußmengen, die hier auftreten, dürften sich daraus nicht allzu gravierende Meßfehler ergeben.

$$Q = 0{,}0008 \cdot W_H^{2{,}05}$$

Q = Abflußmenge $[l \cdot s^{-1}]$
W_H = Wasserstand $[cm]$
n = 14

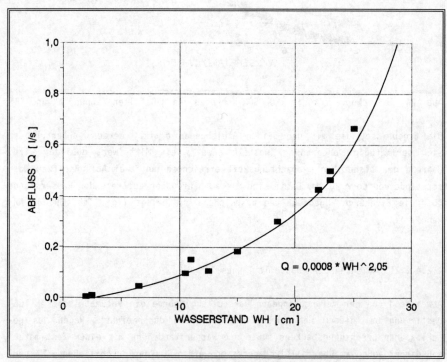

Abb. 25 Abflußkurve für den Meßüberfall an Meßstelle Taunus "C"

4.2.4.1.3 Meßgenauigkeit und Fehlerbetrachtung

4.2.4.1.3.1 VENTURI-Kanal

Die gewählte 1:1-Übersetzung am Schreibpegel erbringt in Verbindung mit dem günstigen Verhältnis von Wasserstands- zu Abflußänderung eine gute Auflösung der Meßwerte. Einer Wasserstandsänderung von 1 Millimeter entspricht eine durchschnittliche Erhöhung der Abflußmenge von 0,05 $l \cdot s^{-1}$. Somit liegen auch geringfügige Wasserstandsänderungen noch innerhalb des Meßfehlers, der bei VENTURI-Wehren konstruktionsbedingt mit größeren Abflußmengen auftritt (vgl. GEWÄSSERKUNDLICHE ANSTALT DES BUNDES UND DER LÄNDER, 1971). Die Abweichungen des Schreibpegels betrugen bei Kontrollmessungen nie mehr als 1-2 mm gegenüber dem tatsächlichen Wasserstand.

Etwas problematisch ist die Abschätzung des Grundwasserabflusses, der aus dem Einzugsgebiet unterirdisch abströmt und nicht als Abfluß im Vorfluter erfaßt wird. Für das Grundwasserleitvermögen in der Tiefenlinie der Runse ist infolge zurücktretender Klüftung vor allem die Porosität und Permeabilität der Sedimentfüllung von Bedeutung (ZEINO-MAHMALAT, 1979:13).

Wie die Untersuchungen des Sedimentkörpers zeigen, wird das Runsentiefste vorwiegend aus schluffig-lehmigem Lockergestein mit eingelagerten Feinkiesschmitzen aufgebaut. Nach RICHTER & WAGER (zit. in BENTZ & MARTINI 1969:1386) weisen derartige Sedimente einen Durchlässigkeitswert von $10^{-1} - 10^{-3}$ Darcy auf und besitzen somit ein schlechtes Wasserleitvermögen (Gering- bis Nichtleiter n. RICHTER & LILLICH, zit. in HÖLTING 1984:107).

Durch die schlanke Holzkonstruktion des Meßkanals und seine nur leichte Tieferlegung gegenüber der natürlichen Gerinnesohle wird zusätzlich einem Staueffekt im Gerinne oberhalb entgegengewirkt. Eine Unterläufigkeit des Meßkanals kann daher weitgehend ausgeschlossen werden. Sie tritt nur bei strengem Frost auf, wenn sich auf der Oberfläche des Fließgewässers eine kräftige Eisdecke bildet und das unter Druck subglazial abströmende Wasser die Meßeinrichtung unterspült, wie im Februar 1986 und März 1987 geschehen. Da in diesen Zeiten bei winterlichen Hochdrucklagen keine nennenswerte Abflußdynamik herrscht, kann dieser kurzzeitige Meßfehler bei der Auswertung recht gut korrigiert werden.

4.2.4.1.3.2 THOMPSON-Wehre

Das Auflösungsvermögen dieser Meßgerinne liegt bei Wasserständen unter 5 cm bei rund 0,02 l·s^{-1} pro Millimeter Wasserstandsänderung, bei Wasserständen um 10 cm entsprechen 1 mm noch 0,1 l·s^{-1}. Erst wenn die Wasserstandshöhen 15 cm übersteigen, nimmt die Genauigkeit auf 0,2 l·s^{-1} pro Millimeter ab. Das Trägheitsmoment der Pegelschreiber führt zu Aufzeichnungsungenauigkeiten im Bereich von ± 2-3 mm. Nach extremen Abflußspitzen wurden bei der Kontrollmessung auch schon Differenzen von 5 mm festgestellt. Aufgrund der guten Auflösung ergeben sich aus den Abweichungen zwischen tatsächlichem und registriertem Wasserstand nur geringe Meßfehler, zumal die am häufigsten ermittelten Abflußmengen in den Bereich mit der besten Auflösung fallen. Für extreme Wasserstände bleibt die Frage nach der Meßgenauigkeit jedoch unbeantwortet, da hier Vergleichsmessungen fehlen.

Einen beträchtlichen Aufwand erforderten die Maßnahmen, mit denen einer Unterläufigkeit der Meßstellen entgegengewirkt werden sollte. Die relativ grobe und sehr wasserwegsame Sedimentzusammensetzung der Gerinnesohlen im Taunus machte eine massive Betonverbauung notwendig (vgl. Abb. 19), bei der sich größere Eingriffe im Bereich des Gerinnebettes nicht vermeiden ließen. Dennoch gelang es bei beiden Meßstellen nicht, Undichtigkeiten vollständig zu unterbinden. So läßt sich auch noch nach Absperrung beider Wehre ein, wenn auch sehr schwacher, Abfluß im Gerinne unterhalb beobachten. Bei Meßstelle Taunus "B" kommt störend hinzu, daß während der Ausschachtungsarbeiten, genau auf der Höhe des Meßkanals, die Sickerbahn eines Hanginterflow-Zuflusses angeschnitten wurde, die sich im nachhinein nicht mehr ausreichend abdichten ließ. Sie verstärkt den Eindruck der Unterläufigkeit und damit der Ungenauigkeit, obwohl sie unterhalb des Kontrollquerschnitts zufließt und somit per Definition nicht zum Gebietsabfluß gehört.

Trotz dieser Schwächen lassen sich mit den installierten Gerinnen weitaus genauere Messungen vornehmen, als dies mit weniger aufwendigen hydrometrischen Methoden möglich wäre (vgl. DRACOS 1980:86).

4.2.4.1.3.3 Meßkanal zur Erfassung episodischer Abflüsse (Taunus "C")

Die unregelmäßige und häufig nur kurzfristige Wasserführung erschwert eine ständige Eichung dieses Meßwehrs. Der theoretisch sehr guten Auflösung von 1 mm = 0,001 l·s^{-1} bei niedrigen und 1 mm = 0,004 l·s^{-1} bei extremen Wasserständen stehen praktische, konstruktionsimmanente Schwierigkeiten entgegen.

So verklemmen sich oftmals vom Gerinne mitgeführte Verunreinigungen in dem extrem spitzwinkligen Meßprofil, wodurch gerade im unteren Meßbereich zu hohe Wasserstände aufgezeichnet werden. Nachteilig wirkt sich hier auch der große und schwere Schwimmer aus. Seine relativ große Trägheit bewirkt zwar eine ruhige Aufzeichnung der Wasserstandsganglinie, aber das Mißverhältnis von hoher Schwimmermasse zum gerätetechnisch bedingten geringen Umfang der Umlenkrolle des Pegelschreibers führt bei starken Abflüssen regelmäßig zur Verschiebung des einjustierten Nullpunkts. Zudem ist selbst beim größten vorwählbaren Vorschub die Aufteilung der Zeitachse auf dem Diagrammpapier mit 2,5 cm pro Tag recht grob.

Die einzige Möglichkeit hier zu einigermaßen verläßlichen Ergebnissen zu gelangen, besteht in häufigen Funktionskontrollen. Deren Notwendigkeit wurde im Frühjahr 1989 besonders augenscheinlich, als sich zeitweilig bis zu fünf Frösche auf dem einladend großen Schwimmer im Beruhigungsbecken niederließen und, trotz Trockenheit, Zeichen einer kräftigen Abflußdynamik auf dem Registrierstreifen hinterließen. Durch Anbringen eines Gitters am Einlauf zum Meßkanal gelang es aber, derartige Störungen nachhaltig zu unterbinden.

Im Vergleich zu den anderen Wehren ist die Abflußmessung an dieser Stelle mit den größten Ungenauigkeiten behaftet. Dennoch stellt der beschrittene Weg immer noch die praktikabelste und kostengünstigste Lösung dar, um unter den gegebenen schwierigen Bedingungen zu einer einigermaßen sicheren Datenaufzeichnung zu gelangen; besonders wenn man dabei in Rechnung stellt, daß über die Größe der hier erfaßten Prozesse nur sehr lückenhafte Kenntnisse bestehen.

4.2.4.2 Erfassung des Sedimentaustrags

Die vom Fließgewässer mitgeführte Fracht unterliegt als wesentliche Outputgröße in Abhängigkeit von Korngröße und Fließgeschwindigkeit unterschiedlichen Transportformen. Danach läßt sich die gesamte Sedimentfracht einmal in Feststoff- und in Lösungsfracht unterteilen (SCHMIDT 1984:79) und die Feststofffracht gemäß DIN 4049 (Teil 1) nochmals nach Art und Weise der Bewegung, die die einzelnen Sedimentpartikel unter der Einwirkung des strömenden Wassers vollführen. Die in überwiegendem Kontakt mit der Gewässersohle transportierten Komponenten werden als Geschiebe, die in Suspension mitgeführten Feststoffe als Schweb bezeichnet. Um diesen Verhältnissen gerecht zu werden, kamen bei der Sedimentfrachterfassung im Gelände zwei unterschiedliche Methoden zur Anwendung.

4.2.4.2.1 Geschiebefracht

Zur Ermittlung der Geschiebefracht wurde eine Sedimentfalle eingesetzt (vgl. Abb. 26 u. 27). Sie besteht, außer bei Meßstelle Taunus "C", aus einem stabilen Rahmenkasten, der aus PVC-Platten angefertigt wurde. Seine Abmessungen entsprechen der natürlichen Gerinnebettbreite von einem Meter an den Meßstellen Odenwald und Taunus "B". Für das nur 60 cm breite Gerinne an Meßstelle Taunus "A" wurde der Einlauf mit einer Einfassung entsprechend verengt (vgl. Abb. 19).

Die Rahmenkästen wurden jeweils so in das Gerinnebett eingelassen, daß die Rahmenoberkante bündig mit der Gewässersohle abschließt, womit ungehinderter Abfluß über die Sedimentfalle hinweg möglich ist. Die Seitenwände der Rahmenkästen sind mit Ausschnitten versehen, die beim Einbau im Gelände das paßgenaue und horizontale Absenken der Kästen zwischen die beiden Betonverbauungen erleichtern. Die Fugen zwischen Kunststoff und Beton wurden abschließend mit einem wasserfesten Silikondichtmittel versiegelt.

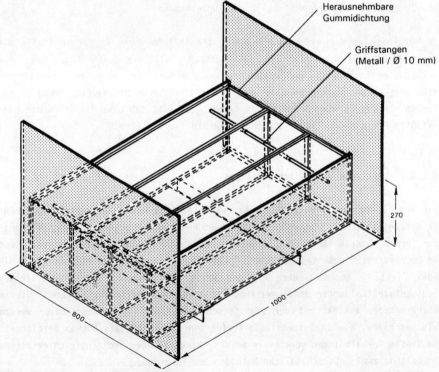

Abb. 26 Aufbau der Sedimentfallen

Abb. 27 Ansichten der Sedimentfallen

Die Rahmenkonstruktion ist mit drei 54 l fassenden, herausnehmbaren rechteckigen PVC-Behältern bestückt, in denen sich das vom Gewässer mitgeführte Geschiebematerial infolge seiner großen Sinkgeschwindigkeit absetzt. Allerdings besteht ein zeitweise nicht unerheblicher Teil der Geschiebefracht bei den untersuchten Gerinnen aus organischer Substanz (Bestandsabfall u. dergl.), die zwangsläufig mit aufgefangen wird. Die Tiefe der Fangkästen ist mit rund 30 cm so ausgelegt, daß auch bei hohen Fließgeschwindigkeiten kein abgesetztes Sediment herausgespült wird.

Die dreigeteilte Kammerung der Sedimentfallen wurde im Hinblick auf die Entnahme der Sedimentproben vorgenommen. Hierbei müssen die Geschiebefangkästen von Hand aus dem Rahmenkasten gehoben werden und dürfen deshalb nicht zu schwer sein. Die wasserhaltigen Sedimentproben werden zum Abtransport ins Labor mit einem großen Trichter in 10 l fassende Probenbehälter umgefüllt (Abb. 27).

Während der Sedimentfallenleerung können die Gerinne mit einer geeigneten Vorrichtung abgesperrt und über ein Drainagerohr um die Meßstelle herumgeführt werden. Das Absperren erfolgt im Odenwald mit Hilfe eines Sandsackes, im Taunus wird der Gerinneabfluß durch das Absenken von Schottplatten umgeleitet. Die entleerten Geschiebefangkästen werden anschließend wieder in den Rahmen eingesetzt und allmählich mit Wasser angefüllt.

Der Leerungsturnus der Sedimentfallen richtet sich nach der angestrebten Auflösung und nach der Ereignishäufigkeit. Das bedeutet, daß die Fallen möglichst nach jedem erosiven Abflußereignis geleert werden, während bei ereignisarmer Witterung zwei- bis vierwöchige Leerungsintervalle ausreichen.

Abweichend hiervon erfolgt die Erfassung der Geschiebefracht bei Meßstelle Taunus "C". Wegen der hier zu erwartenden geringeren Geschiebemengen konnte von einer aufwendigen Konstruktion abgesehen werden. Von einer schmalen, dem Meßbecken vorgeschalteten, aber fest integrierten Sedimentfalle wird das vom Abfluß mitgeführte Grobgeschiebe aufgefangen (vgl. Abb. 20). Die darüber hinausgetragene, feinere Fracht wird im Abflußmeßbasin selbst abgesetzt. Über verschiedene Revisionsöffnungen kann das sedimentierte Material bei der Leerung entnommen werden. Auch diese Meßstelle ist in der Betonmauer fest verankert und verfügt über ein Drainagerohr zur Wasserumleitung.

4.2.4.2.1.1 Fehlerabschätzung

Durch die mit zunehmender Fließgeschwindigkeit steigende Schleppkraft der abfließenden Wassermassen können Sedimentpartikel schwebend transportiert werden, die bei geringeren Fließgeschwindigkeiten in Abhängigkeit ihrer Kornform und -größe nur als Geschiebe bewegt werden (WUNDT 1953:112). Zwischen den beiden Transportformen existiert also je nach Fließgeschwindigkeit und Strömungszustand ein Übergangsbereich, der sich nicht exakt definieren läßt (ZANKE 1982:192; RAUDKIVI 1982:67).

Die durchgeführten Messungen werden dieser Problematik nur bedingt gerecht, und auch aus den vorgenommenen Korngrößenanalysen der Geschiebeproben läßt sich allein noch nicht die Transportform ableiten, mit der einzelne Sedimentteilchen tatsächlich bewegt wurden.

Bei geringen bis mittleren Abflußhöhen wird in den Sedimentfallen, neben Kies und Sand, ein quantitativ nicht bestimmbarer Anteil feinerer Fracht eingetragen, der im natürlichen Gerinne in Suspension gehalten wird. Dabei spielt, in Abhängigkeit von der herrschenden Fließgeschwindigkeit, die Länge der Sedimentationsstrecke über die Falle hinweg ebenso eine Rolle wie die fehlende Sohlenrauhigkeit, die im natürlichen Gerinne für turbulente Strömungsverhältnisse sorgt. Zudem werden gerade die normalerweise als Schweb transportierten Schluff- und Tonpartikel, da sie zur Aggregatbildung neigen, als Gerölle verfrachtet (HARTGE 1978:26). Bei der Sedimentanalyse werden aber die Einzelkorngrößen bestimmt, womit die Analyseergebnisse nicht exakt die tatsächlichen Korngrößenverteilungen widerspiegeln.

Während sehr starker Abflußereignisse werden bei den Meßstellen Taunus "A" und "B" auch Feststoffe im Abflußmeßkanal selbst abgesetzt. Dieses Material wird natürlich "schwebend" über die nur 60 cm lange Sedimentfalle transportiert. Mit der eingesetzten Meßmethode ist in Extremfällen also keine genauere Trennung mehr möglich, weshalb hier die Konvention aufgestellt wurde, nach der auch noch die im Meßkanal abgelagerten Sedimente der Geschiebefracht zuzurechnen sind. Dennoch geben die separat vorgenommenen Korngrößenanalysen dieses Materials natürlich Hinweise auf die möglichen maximalen Korngrößen der Suspensionsfracht bei großen Abflußspitzen.

4.2.4.2.2 Schwebstoff- und Lösungsfracht

Die Bestimmung der in Suspension und Lösung transportierten Sedimentmengen erfolgt über die Analyse des mineralischen Substanzgehalts von Wasserproben. Neben einer diskontinuierlichen Entnahme durch Schöpfproben bei verschiedenen Wasserständen werden, insbesondere zur Probengewinnung bei Abflußspitzen, zwei selbsttätig arbeitende Entnahmesysteme eingesetzt.

Da der Analyseaufwand im Labor sehr hoch ist, kann nur eine begrenzte Anzahl von Proben bearbeitet werden. Aus diesem Grund finden kontinuierliche Probenentnahmen zum Gebietsvergleich nur an der Meßstelle im Odenwald und, repräsentativ für das Arbeitsgebiet Taunus, an Meßstelle "A" statt. Zur Abschätzung der Übertragbarkeit der Analyseergebnisse auf die beiden anderen Teileinzugsgebiete im Taunus dienen regelmäßige Messungen der Leitfähigkeit, der Temperatur und des pH-Wertes im Gerinneabfluß.

4.2.4.2.2.1 Abfüllanlage

Diese einfache Abfüllanlage (Single-stage sampler, WMO-Rep. 16, 1981:22) besteht im wesentlichen aus einem Satz von vier Probenflaschen, die sich unterhalb des Wasserspiegels befinden und über Schläuche mit Einlaßöffnungen an einer der Seitenwände des Meßgerinnes verbunden sind. Die Bohrungen in der Seitenwand liegen vertikal gestaffelt im Abstand von zwei Zentimetern über dem Mittelwasserspiegel, so daß die Flaschen nur beim Durchgang von Abflußspitzen gefüllt werden. Um eine möglichst gute Auflösung zu erreichen, sind für jede Flasche jeweils zwei Bohrungen mit einer vertikalen Distanz von zwei Zentimetern vorgesehen. Jede der Probenflaschen besitzt damit eine Wassereinlauföffnung und eine ebenfalls im Meßkanal mündende, Druckausgleichsöffnung (vgl. Abb. 18).

Bei einer Erhöhung des Wasserstandes strömt nun so lange Wasser in die Flasche, bis die im Kanal ansteigende Wassermenge die Ausgleichsöffnung verschließt, worauf die an der nächst höher gelegenen Einlauföffnung angeschlossene Flasche gefüllt wird, usf. Auf diese Weise wird, je nach Größe des stattfindenden Abflußereignisses, wasserstandsabhängig in Zweizentimeterschritten aus dem ansteigenden Ast des Abflußscheitels eine Durchschnittsprobe mit einem Volumen von 1 000 cm^3 gewonnen. Bei der regelmäßigen Meßstelleninspektion werden gegebenenfalls gefüllte Probenflaschen ausgetauscht.

4.2.4.2.2.2 Automatischer Probennehmer

An Meßstelle Taunus "A" wurde ab Früjahr 1989 zusätzlich zur Abfüllanlage ein automatischer Probennehmer eingesetzt. Dabei handelt es sich um eine Eigenkonstruktion, die, basierend auf einem von Prof. Dr. G. NAGEL entwickelten Konzept und elektronischen Steuerelementen, in Zusammenarbeit mit der Feinmechanischen Werkstatt des Fachbereichs Geowissenschaften realisiert wurde. Diese Anlage ist, ähnlich der bei HERRMANN & RAU (1985) beschriebenen, weitaus leistungsfähiger und dabei kostengünstiger als vergleichbare handelsübliche Geräte.

Außer einer kontinuierlichen Probennahme in festen Zeitintervallen bei niedrigen Wasserständen erlaubt die Anlage mittels einer automatischen Steuerung gezielte Beprobungen einzelner Abflußspitzen mit großer Probenanzahl. Die hohe zeitliche Auflösung läßt damit differenziertere Aussagen zur Varianz von Stoffkonzentration in Abhängigkeit von der Abflußmenge zu, als dies mit den Einzelproben aus der Abfüllanlage möglich ist.

Ebenso wie die Abfüllanlage arbeitet der Probennehmer ohne Pumpe nur mit der Druckhöhendifferenz, die durch die Installation der Anlage in einem separaten Schacht neben dem Meßkanal erzeugt wird. Der Einlauf befindet sich im Stromstrich des Fließgerinnes über dem letzten Geschiebefangkasten der Sedimentfalle. Von hier wird über einen Schlauch mit 8 mm Innendurchmesser permanent Wasser abgezweigt und durch ein Zwei-Wege-Ventil innerhalb des Probennehmers geleitet.

Das Kernstück der Anlage ist ein von der Achse einer Uhr angetriebenes Verteilerrohr, das, vergleichbar dem Zeiger einer Uhr, schrittweise an die kreisförmig angeordneten Einlauföffnungen zu insgesamt 60 Probenflaschen herangeführt wird. Befindet sich der Füllarm über einer der Einlauföffnungen, so bewirkt ein Kontakt, der von einer ebenfalls auf der Uhrachse sitzenden Nockenscheibe ausgelöst wird, das Umschalten des Ventils und damit das Befüllen einer Probenflasche (vgl. Abb. 28 u. 29).

Das Entnahmevolumen läßt sich an einem Relais, welches die Füllzeit kontrolliert, einstellen. Ein Endabschalter verhindert nach Entnahme der letzten Probe Doppelbefüllungen. Die Füllintervalle von 24 Minuten, 3 und 12 Stunden sind bautechnisch durch die verwendete Uhr (Fa. SEBA) vorgegeben. Sie lassen sich mittels verschiedener Programme über eine elektronische Steuerung vorwählen und zusätzlich durch zwei Pegelschalter untereinander modifizieren. Die Pegelschalter, zwei Reedschalter mit Schwimmer, sind in der Pegeltonne höhenregulierbar instal-

Probennehmer

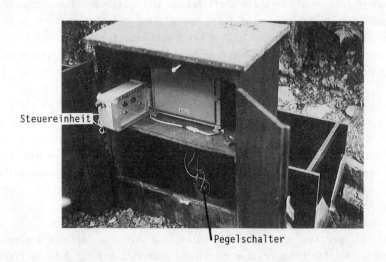

Steuereinheit

Pegelschalter

Abb. 28 Ansichten des automatischen Probennehmers

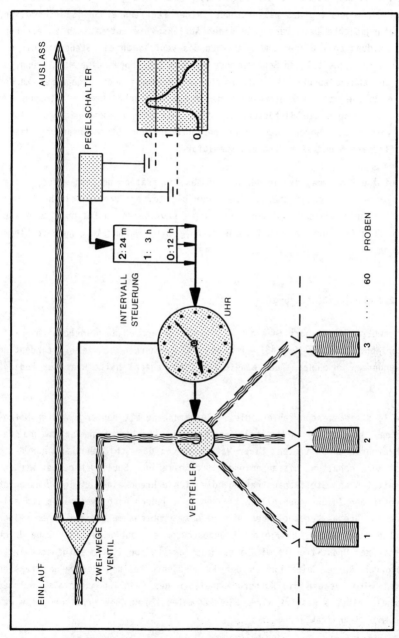

Abb. 29 Funktionsprinzip des automatischen Probennehmers

liert und bewirken wahlweise die selbsttätige Verkürzung der Probennahmeintervalle bei einem Anstieg des Wasserstands in der Pegeltonne. So ist es möglich, die Beprobungsdichte beim Durchgang einer Abflußspitze automatisch zu erhöhen. Eine Rückmeldung beim Öffnen und Schließen des Ventils an die Steuereinheit erzeugt durch eine zusätzliche Schreibfeder auf dem Pegelbogen eine Markierung, so daß der Entnahmezeitpunkt den aufgezeichneten Wasserständen zugeordnet werden kann. Die Anlage ist so konstruiert, daß durch die schrittweise Entnahme der einzelnen Baugruppen die Bestückung des tief sitzenden Probenbehälters relativ einfach vorgenommen werden kann. Zur netzunabhängigen Stromversorgung dienen wiederaufladbare 6 und 12 V Trockenakkumulatoren.

Nachdem einige Probleme, die in der Anlaufphase auftraten, behoben waren, arbeitete das Gerät weitgehend störungsfrei. Nur die temperaturempfindliche Steuerelektronik führte während der Wintermonate zu häufigeren Ausfällen. Etwas wartungsbedürftig ist auch das Ventil, das durch gröbere Verunreinigungen verklemmt werden kann.

4.2.4.2.2.3 Fehlerabschätzung

Da der Schwebstofftransport in einem Fließgewässer großen natürlichen Schwankungen unterliegt (NIPPES 1986:43), ist es von vornherein schwierig, eindeutige Fehlmessungen zu erkennen. Auch eine große Probenanzahl hilft hier nur bedingt weiter.

Potentielle systematische Fehler, die in Zusammenhang mit den angewandten Methoden stehen, können vor allem bei der Wahl des Probenentnahmeortes und den Schlauchzuführungen auftreten. Einer Verschlammung der Schläuche kann nur durch möglichst kurz gehaltene Distanzen und mit regelmäßiger Spülung begegnet werden. Inhomogenitäten der Stoffkonzentration, die sich während eines Ereignisses durch Störungen in den Zuführungen bilden, lassen sich jedoch nicht vermeiden und selten erkennen. Groben Verstopfungen, die sich am Probennehmereinlauf wegen seiner exponierten Lage anfangs häufig durch angeschwemmtes Laub bildeten, wurde durch Anbringen eines Drahtstrumpfs mit einer Maschenweite von 1,5 mm entgegengewirkt. Daß hierdurch keine Selektion in der Korngrößenverteilung der Schwebfraktion verursacht wird, zeigen die Korngrößenanalysen des Geschiebematerials, welches im Meßkanal selbst abgesetzt wird. Die maximalen Korngrößen erreichen hier gerade die Mittelsandfraktion.

Bei der geringen räumlichen Ausdehnung der Gerinne am Meßquerschnitt stellt sich die korrekte Wahl des Entnahmeorts relativ unproblematisch dar. Aus Vergleichen der Analysewerte von parallel gewonnenen Proben mit der Abfüllanlage (Einlauföffnungen an der Seitenwand) und dem Probennehmer (Einlauföffnung im Stromstrich) ergaben sich für die Lösungskonzentration keine und für die Schwebstoffkonzentration nur unwesentliche Abweichungen. Zudem ist nach Untersuchungsergebnissen von BECHT (1986:17f.) aufgrund der starken, turbulenten Durchmischung bei Hochwasserabflüssen nur mit geringen Konzentrationsdifferenzen der Schwebfracht im Fließquerschnitt zu rechnen. JOHNSON (1971, zit. in RICHARDS 1982:92) gibt hier für die Lösungskonzentration Schwankungen von < 5 % an. Damit sind die natürlichen Schwankungen von Ereignis zu Ereignis schon sehr viel größer als die meßmethodisch bedingten.

Nachteilig bei der Modellierung der Meßergebnisse wirkt sich für das Arbeitsgebiet Odenwald der Umstand aus, daß mit der Abfüllanlage nur Proben aus dem ansteigenden Ast der Abflußwelle gewonnen werden können. Die hier mit Sicherheit auftretenden Hystereseeffekte (vgl. MÜLLER 1986; NIPPES 1986), nach denen geringere Schwebstoff- und Lösungskonzentrationen bei fallender Abflußganglinie zu erwarten sind (SCHMIDT 1984:85), können mit der eingesetzten Methode nicht erfaßt werden.

Auch von einer Korngrößenanalyse der Schwebfracht muß abgesehen werden, da in beiden Arbeitsgebieten die natürlichen Schwebstoffkonzentrationen selbst bei einem Probenvolumen von 1 000 cm^3 noch so gering sind, daß für eine Analyse zu wenig Material zur Verfügung steht.

4.3 Laborarbeiten

4.3.1 Sedimentanalyse

Die Analyse der Geschiebefrachtproben umfaßt die Trennung der mineralischen und organischen Probenbestandteile, die Ermittlung des Trockengewichts der Probe und die Bestimmung der Korngrößenverteilung. Größere Probleme bereitete bei der Sedimentanalyse der relativ hohe Anteil der überwiegend aus Bestandsabfall gebildeten organischen Frischsubstanz in den Proben. Eine vollkommene Abtrennung der organischen Bestandteile gelang auch nur bei den gröberen Fraktionen.

Um in den sehr umfangreichen Proben auch noch geringe Anteile einer Kornfraktion mit hinreichender Sicherheit nachweisen zu können, mußte ein differenziertes Analyseverfahren entwickelt werden, das als Schema in Abb. 30 dargestellt ist.

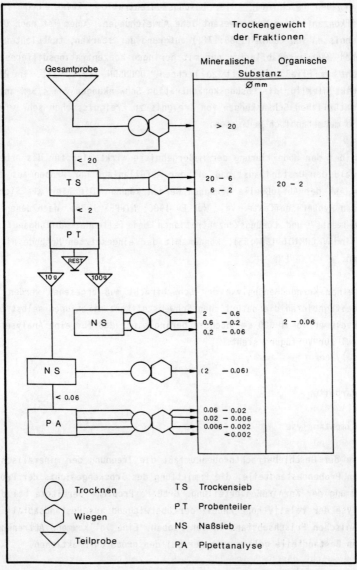

Abb. 30 Schema zur Korngrößenanalyse der Geschiebefracht

In einem ersten Schritt wird die wasserhaltige Sedimentprobe bei 105° C getrocknet. Sodann wird sie gewogen, und die Anteile der Kiesfraktion werden durch Sieben der gesamten Probe bestimmt. Organische Probenanteile, deren Äquivalentdurchmesser > 2 Millimeter ist, werden dabei aussortiert. Aus der verbleibenden Restprobe werden über einen Probenteiler zwei repräsentative Durchschnittsproben der Fraktionen < 2 Millimeter Durchmesser mit einem Gewicht von 100 g und 10 g gewonnen. In einem Naßsiebverfahren wird nach Zugabe eines Peptisators (Natriumpyrophosphat) aus der größeren Probe die Verteilung der Sandfraktion bestimmt, wobei Schluff- und Tonfraktion unberücksichtigt bleiben. So können größere Mengen bearbeitet werden, wodurch sich die Genauigkeit der Ergebnisse erhöht. Die in den einzelnen abgesiebten Sandfraktionen enthaltenen organischen Bestandteile können durch Aufschwemmen der Siebrückstände von den Mineralkörnern getrennt und anteilig bestimmt werden.

Auch die 10 g schwere Probe wird mit Peptisator versetzt, jedoch mit 1 000 ml Aquadest. direkt durch ein Feinsieb gespült. Schluff- und Tonfraktion werden hierbei aufgefangen, der im Sieb verbleibende Rückstand wird zur Rückrechnung der Kornanteile in der Probe aufbewahrt, da die Ermittlung der prozentualen Gewichtsverteilung der Korngrößenklassen an der Auswaage erfolgt (entgegen DIN 19682, Bl. 2). Die Korngrößenverteilung der Schluff- und Tonfraktion wird durch das Pipett-Verfahren nach KÖHN bestimmt.

Organische Substanz, die in der Fraktion kleiner 0,06 Millimeter enthalten ist, kann nicht abgetrennt und bestimmt werden. Ihr Gewichtsanteil an diesen Fraktionen dürfte jedoch vergleichsweise gering sein und sich damit nur unwesentlich auf das Analyseergebnis auswirken.

Die Korngrößenanalyse beruht also im wesentlichen auf dem Verfahren nach DIN 51033 (1962) unter Berücksichtigung der Normen jüngeren Datums, DIN 19682, Bl. 1 u. 2 (1973), DIN 6111 (1983) und DIN 66115 (1983). Die Kornfraktionen der Sedimentproben wurden an der Menge der mineralischen Substanz bestimmt, ihre Einteilung erfolgte nach DIN 4022.

Durch sehr starke Abflußereignisse wurden, vor allem bei Meßstelle Taunus "B", mehrfach derart große Geschiebemengen in die Geschiebefangkästen geschwemmt, daß ein Abtransport des gesamten Sedimentfalleninhalts zu aufwendig gewesen wäre. Daher wurde mit einer schweren Waage und einem großen, transportablen Probenteiler das Naßgewicht der Gesamtprobe und zweier Teilproben an Ort und Stelle im Gelände bestimmt. Die jeweils 10 Liter umfassenden Teilproben wurden nach dem oben beschriebenen Verfahren bearbeitet und über Bildung der Mittelwerte das Trockengewicht und die Korngrößenverteilung der Gesamtprobe bestimmt.

4.3.2 Bestimmung des Schwebstoffgehalts

Die Schwebstoffe, die in den nach verschiedenen Verfahren gewonnenen Wasserproben enthalten sind, werden nach Ermittlung des Probenvolumens durch Filtration (Blauband- und Schwarzbandpapierfilter von SCHLEICHER & SCHÜLL) abgetrennt. Über die Bestimmung des Glühverlusts nach DIN 19684 (Teil 3) wird der mineralische Schwebstoffgehalt (DIN 4049, Teil 1) der Probe berechnet. Bei den im Anhang mit 0,0 bezeichneten Proben lagen die ermittelten Gehalte im Bereich des Blindwertes, von einer Weiterberechnung mußte daher abgesehen werden. Die Schwankungen der Blindwerte bewegen sich beim verwendeten Filtermaterial im Bereich von 5-10 mg. Damit liegen auch die Analysefehler in dieser Größenordnung.

4.3.3 Bestimmung des Lösungsgehalts

Nach Abfiltrieren der Proben wird der Abdampfrückstand (ADR) als Summenparameter des Gesamtlösungsgehalts im Trockenofen bei 105 °C bestimmt. Darüber hinaus wird eine quantitative Untersuchung der Wasserproben auf ihren Gehalt an einigen häufigen gesteinsbildenden Ionen durchgeführt (vgl. KÖSTER 1979), um so Aufschluß über deren veränderliche Anteile bei verschiedenen Abflüssen zu gewinnen. Die Bestimmung der Erdalkalien Ca^{++} und Mg^{++} und der Alkalien Na^+ und K^+ wird am AAS (Fa. PERKIN-ELMER) vorgenommen. Der quantitative Nachweis des SiO_2-Gehalts erfolgt durch eine spektralphotometrische Analyse bei 650 nm mit der "Molybdänblau-Methode" nach KÖSTER (1979:39ff.).

4.3.4 Analyse der Bodenproben

Die Ermittlung der Korngrößenverteilung in den untersuchten Bodenproben erfolgt nach vorhergehender Kalk- und Humuszerstörung bei der Sandfraktion mittels Naßsiebung gemäß DIN 19683, Teil 1. Die Bestimmung der Schluff- und Tonfraktion wird mit der Pipetmethode nach KÖHN (DIN 19863, Teil 2) durchgeführt. Der Karbonatgehalt wird mit Hilfe der SCHEIBLER-Apparatur nach DIN 19684, Teil 5 ermittelt.

4.4 Die zeitliche Bilanzierungsbasis

Die der Datenauswertung zugrundeliegenden Bilanzzeiträume hängen von den Betriebszeiten der einzelnen Meßgeräte und der jeweiligen Beobachtungszeit in den Arbeitsgebieten ab (vgl. Abb 31). Der besseren Vergleichbarkeit halber wurden die hydrologischen Basisdaten (Niederschlag und Abfluß) und der Sedimentaustrag entsprechend bestehender Konvention nach "Hydrologischen Jahren" gruppiert und bilanziert, obwohl die Meßwerterfassung durch die jeweiligen Projektvorlaufphasen teilweise erheblich über diese Zeitspannen hinausgeht. Um für die Bestimmung von Mittelwerten oder die Schwankungsbreite bestimmter Einzelprozesse eine breitere statistische Datengrundlage zu erhalten, wurde in Einzelfällen (bspw. Schwebstoff, episodischer Abfluß) von dem in Abbildung 31 wiedergegebenen Schema abgegangen und auch auf Daten und Analyseergebnisse zurückgegriffen, die nicht unmittelbar in diese Zeiträume fallen.

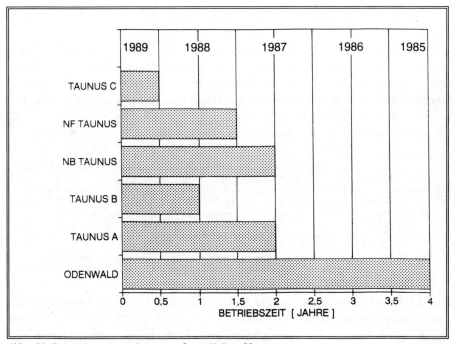

Abb. 31 Betriebszeiten der einzelnen Meßstellen

5 Ergebnisse der Input-Output-Untersuchung

5.1 Niederschlag

5.1.1 Freilandniederschlag

Die in den Beobachtungszeiträumen durch die eigenen Messungen ermittelten Niederschlagsmengen konnten mittels der vom Deutschen Wetterdienst freundlicherweise zur Verfügung gestellten Daten der dem jeweiligen Arbeitsgebiet benachbarten Stationen (Odenwald: "Ober-Ramstadt", Taunus: "Königstein") verifiziert werden. Anhand der für die amtlichen Stationen vorliegenden langjährigen mittleren Niederschlagshöhe läßt sich zudem prüfen, inwieweit es sich bei den Beobachtungszeiträumen hinsichtlich des Niederschlagsdargebots um Extrem- oder Normaljahre handelt (vgl. BORCHARDT 1983:96).

5.1.1.1 Freilandniederschlag im Arbeitsgebiet Odenwald

Das langjährige Mittel der Niederschlagshöhe beläuft sich für die Station Ober-Ramstadt (278 m ü. NN, 5 km nördlich des Arbeitsgebiets gelegen) im Zeitraum 1951-1980 auf 790 mm. Die dort verzeichnete Niederschlagsmenge für die hydrologischen Jahre 1985/86 bis 1988/89 gibt Spalte 2 in nachstehender Tabelle wieder.

Tab. 3   Jahressummen der Niederschlagshöhe für das Arbeitsgebiet Odenwald

HYDROLOG. JAHR	N [mm]	DIFF. [%]	N AG. [mm]	ANTEIL [%]
1985/86	1103,8	+ 39,7	1042,5	94,4
1986/87	1161,3	+ 45,0	1092,0	94,1
1987/88	967,9	+ 22,5	952,8	97,5
1988/89	921,0	+ 16,6	873,2	94,8

(Quellen: Daten des Deutschen Wetterdienstes und eigene Messungen)

Die durchschnittlichen Abweichungen der mittleren jährlichen Niederschlagshöhen vom langjährigen Mittel betragen nach KELLER (1978:26) im Zeitraum 1891-1960 für den Vorderen Odenwald ± 0-4 %. In allen Beobachtungsjahren wurden zwischen 17 % und 45 % mehr Niederschlag gegenüber dem Mittelwert gemessen (s. Tab. 3, Sp. 2). Für die Beobachtungsjahre bedeutet dies, daß es sich um einen etwas niederschlagsreicheren Zeitraum handelt.

Der Freilandniederschlagsschreiber an der Meßstelle empfing im Mittel der vier Jahre rund 95 % der Niederschlagsmenge, die an der Station Ober-Ramstadt in diesem Zeitraum aufgezeichnet wurde (s. Tab. 3, Sp. 5). In Einzelmonaten sind jedoch größere Abweichungen möglich. So wurde im Oktober 1989 ein um 16,2 mm höherer Niederschlagsinput als in Ober-Ramstadt gemessen, während das größte monatliche Defizit im November 1985 mit 34,7 mm weniger Niederschlag auftrat (vgl. Tab. 20 bis 27, im Anhang).

5.1.1.2 Freilandniederschlag im Arbeitsgebiet Taunus

Die Station Königstein (388 m ü. NN, 4,5 km westlich des Arbeitsgebiets gelegen) erhält im langjährigen Mittel 775 mm Jahresniederschlag. Wie aus Tabelle 4 zu ersehen ist, lag die Niederschlagsmenge in beiden Beobachtungsjahren geringfügig unter diesem Mittelwert.

Tab. 4 Jahressummen der Niederschlagshöhe für das Arbeitsgebiet Taunus

HYDROLOG. JAHR	N [mm]	DIFF. [%]
1987/88	739,2	- 4,6
1988/89	760,2	- 1,9

(Quelle: Daten des Deutschen Wetterdienstes)

Ein Vergleich der monatlichen Niederschlagsmengen mit dem Niederschlagsschreiber im Arbeitsgebiet läßt sich nur für die Zeit von Oktober 1988 bis Juni 1989 durchführen, da dort der Freilandniederschlag erst seit Sommer 1988 registriert wird. Innerhalb dieser neun Vergleichsmonate lag die im Arbeitsgebiet aufgezeichnete Niederschlagsmenge im Mittel nur um 9 % (s = ± 20,8) über den Monatssummen der Station Königstein. Damit stellt die Größe des Niederschlagsinputs im Arbeitsgebiet Taunus für die beiden Beobachtungsjahre keinen Extremwert dar.

5.1.2 Bestandsniederschlag und Interzeptionsverlust

Da die Einzugsgebiete nahezu flächendeckend bewaldet sind, bildet der Bestandsniederschlag die für Abflußgeschehen und fluvial-morphodynamische Prozesse wirksame Inputgröße. Mittels der installierten Sammelrinnen wird jedoch nur ein Teil des Bestandsniederschlags, nämlich der Kronendurchlaß (N_K), quantitativ erfaßt.

Er setzt sich gemäß

$$N_K = N_F + N_T$$

aus dem durchfallenden Niederschlag (N_F) und dem abtropfenden Niederschlag (N_T) zusammen (vgl. BRECHTEL 1982:5, BENECKE 1984:33).

Zur Bestimmung des Bestandsniederschlags ist nach der Beziehung

$$N_B = N_K + N_S$$

N_B = Bestandsniederschlag
N_K = Kronendurchlaß
N_S = Stammabfluß (n. BRECHTEL 1982)

neben der Menge des Kronendurchlasses auch noch die Kenntnis des Stammabflusses erforderlich. Gerade in Buchenbeständen bildet der Stammabfluß einen signifikanten Teil des Bestandsniederschlags, während er bei Fichten nahezu unbedeutend ist (vgl. BENECKE 1984:34, FLÜGEL 1988a:84).

Da für den Stammabfluß keine eigenen Messungen vorliegen, muß zu den ermittelten Kronendurchlaßhöhen eine Größe für den Stammabfluß anhand von Literaturangaben hinzugerechnet werden. Zur Bildung von Monats- oder Jahressummen gestaltet sich dies Verfahren recht unproblematisch. Bei der Berechnung von Einzelereignissen ergeben sich jedoch Schwierigkeiten, denn der Stammabfluß nimmt abhängig von der Niederschlagsintensität bei einsetzendem Regen zunächst stetig zu und ist somit anfangs nicht zeitkonstant. Erst ab einer bestimmten Niederschlagshöhe erreicht er einen gleichbleibenden Anteil am Freilandniederschlag (vgl. BENECKE & PLOEG 1978:3, MITSCHERLICH 1971:203).

Aufgrund der Bestandszusammensetzung im Arbeitsgebiet Taunus (vgl. 3.3.6) wird für den Stammabfluß ein Wert herangezogen, der aus Beobachtungen in Buchenbeständen stammt. Für das Arbeitsgebiet Odenwald ergibt sich wegen des höheren Nadelbaumanteils und des Bestandsalters ein geringfügig kleinerer Wert. So werden für den Odenwald nach BRECHTEL (1982) 8% des Freilandniederschlags zum Kronendurchlaß addiert, im Taunus sind nach Angaben von BENECKE (1984) und FLÜGEL (1988a) 11 % hinzuzurechnen.

Die Niederschlagsbilanz eines Waldbestandes kann nun vereinfacht durch folgende
Beziehung beschrieben werden:

$$I = N - N_B$$

Die Restgröße bildet hierin die Interzeption (I) gemäß DIN 4049 (Teil 1, 2.18).
Sie stellt in der Niederschlagsbilanz diejenige Niederschlagsmenge dar, die im
weiteren Wasserkreislauf nicht mehr zur Verfügung steht.

Die Höhe des Interzeptionsverlustes von Waldbeständen wird nach BENECKE & PLOEG
(1978), BRECHTEL (1982), BENECKE (1984), SCHMIDT (1984), und FLÜGEL (1988a)
durch verschiedene Parameter wie Niederschlagsform, -dauer und intensität, Temperatur und Wasserdampfsättigungsdefizit der Luft, Windgeschwindigkeit und nicht
zuletzt durch Art und Dichte der Vegetation und des Blattwerks beeinflußt. Damit
wird deutlich, daß Angaben über den Interzeptionsverlust nur als Durchschnittswerte aufgefaßt werden können, denn die Interzeptionsspeicherhöhe kann von einem
Niederschlagsereignis zum anderen stark variieren. Trotzdem sollen die gewonnenen Ergebnisse abschließend durch einen Vergleich mit Literaturwerten für die
Größe des Interzeptionsverlustes überprüft werden.

5.1.2.1 Bestandsniederschlag im Odenwald

Die Höhe des jährlichen Kronendurchlasses (N_K) und der berechneten Bestandsniederschlagswerte (N_B) für die hydrologischen Jahre 1985/86 bis 1988/89 gibt Tabelle 5 wieder.

Tab. 5 Jahressummen der Kronendurchlaß- und Bestandsniederschlagshöhe im Arbeitsgebiet Odenwald

HYDROLOG. JAHR	N_K [mm]	+ N_S (8%)	N_B [mm]	[%] v. N
1985/86	605,6	48,4	645,0	61,9
1986/87	643,5	51,5	695,0	63,6
1987/88	505,3	76,2	581,5	61,0
1988/89	495,4	69,9	565,3	64,7

(Quelle: Eigene Messungen)

Der Kronendurchlaß beläuft sich im Mittel von 48 Monaten auf rund 57 % des Freilandniederschlags, bei einer Standardabweichung von ± 1,9 %. Noch geringer sind die jährlichen Schwankungen der Bestandsniederschlagshöhen (Tab. 5, Sp. 5). Sie betragen im vierjährigen Mittel 62,8 %, mit einer Abweichung von ± 1,4 %.

Wie Abbildung 32 und 33 zu entnehmen ist, sind in Einzelmonaten aber doch erhebliche Unterschiede möglich. Häufig ist hierbei die Niederschlagsstruktur der bestimmende Faktor, was sich besonders deutlich in Monaten mit wenigen, aber dafür ergiebigen Niederschlägen zeigt (bspw. April 1987/88 in Abb. 32). Eine sommerlich erhöhte Interzeption, wie von DELFS (1955:45) gefordert, läßt sich deshalb aus den Monatswerten für die vier Beobachtungsjahre nicht ableiten.

Bei der Meßreihenlücke in den Monaten Februar und März 1986/87, die durch den Ausfall des Totalisators zustandekam, waren die Kronendurchlaßhöhen nur mit unzureichender Genauigkeit bestimmbar und wurden deshalb nicht ins Diagramm aufgenommen.

Die mittlere jährliche Interzeption beträgt für den Buchen-Fichtenbestand im Arbeitsgebiet 37,2 % des Freilandniederschlags, wobei eine mögliche räumliche Variabilität (BENECKE 1984:47, 54) durch die punktuelle Messung nicht berücksichtigt werden kann. Vergleicht man diesen Wert mit dem durchschnittlichen jährlichen Interzeptionsverlust, den FLÜGEL (1988a:84) für Nadelbäume mit 31 % vom Niederschlag und LARCHER (1980, zit. in SCHERHAG & LAUER 1982:161) für Mischbestände mit 20-35 % angibt, so zeigt sich bezüglich der eigenen Meßwerte aber eine recht gute Übereinstimmung.

5.1.2.2 Bestandsniederschlag im Taunus

Wegen der relativ kurzen parallelen Laufzeit der Niederschlagsschreiber ist der prozentuale Anteil des Kronendurchlasses (N_K) am Freilandniederschlag nur für 13 Vergleichsmonate zu bestimmen. Von Oktober 1988 bis Oktober 1989 ergeben sich 66,3 % (s = ± 13,3 %). Für das hydrologische Jahr 1987/88 werden unter der Annahme, daß sich die Abweichungen des Niederschlagsdargebots der Station Königstein im Verhältnis zum Arbeitsgebiet in vergleichbarer Größenordnung wie 1988/89 bewegen (vgl. 5.1.1.2), die Niederschlagshöhen der amtlichen Station zur Berechnung in Tabelle 6 herangezogen.

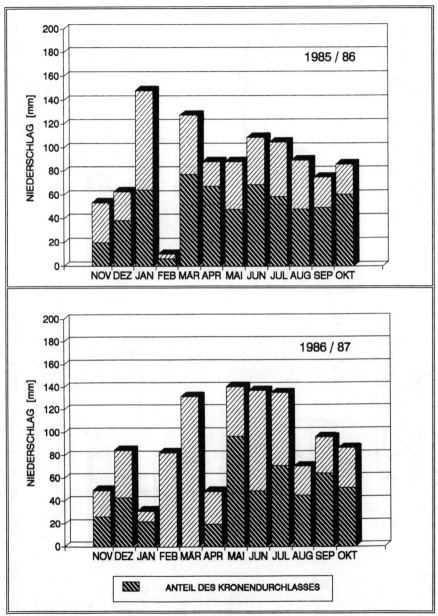

Abb. 32 Monatssummen des Freilandniederschlags und der Kronendurchlaßhöhe für 1985/86 und 1986/87 (Meßstelle Odenwald)

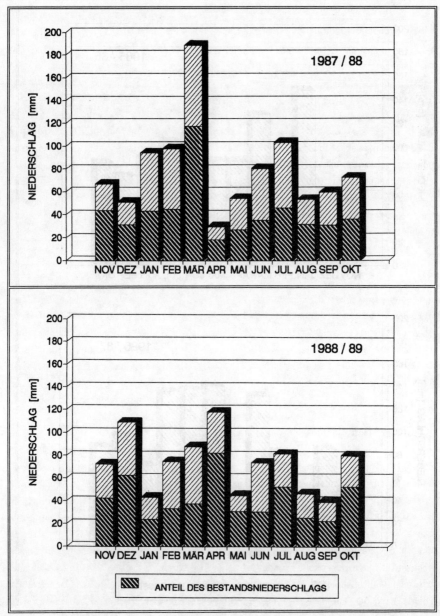

Abb. 33 Monatssummen des Freilandniederschlags und der Kronendurchlaßhöhe für 1987/88 und 1988/89 (Meßstelle Odenwald)

Tab. 6 Jahressummen der Kronendurchlaß- und Bestandsniederschlagshöhe im Arbeitsgebiet Taunus

HYDROLOG. JAHR	N_K [mm]	+ N_S (11%)	N_B [mm]	% v. N.
1987/88	446,2	88,6	534,8	66,4
1988/89	571,1	90,0	661,1	80,8

(Quellen: Angaben des Deutschen Wetterdienstes und eigene Messungen)

Der Bestandsniederschlag (N_B) erreicht im zweijährigen Mittel 73,6 % des Freilandniederschlags. Damit ergibt sich ein Interzeptionsverlust (I) von 26,4%. Auch im Arbeitsgebiet Taunus dominiert die Niederschlagsverteilung und -struktur der einzelnen Monate den Jahresgang (vgl. Abb. 34). Charakteristische Schwankungen, die mit dem jahreszeitlich wechselnden Zustand der Vegetation zusammenhängen könnten, lassen sich nicht nachweisen.

Für einen 120-jährigen Buchenbestand gibt BENECKE (1984:35f.) den Interzeptionsverlust mit rund 18 %, FLÜGEL (1988a:84) mit 10-22 % an. Die eigenen Berechnungen liegen etwas über diesen Werten, beruhen aber auch nur auf einer 24-monatigen Beobachtungszeit. Hingegen ist der Interzeptionsverlust allein für das hydrologische Jahr 1988/89 mit knapp 20 % den Literaturwerten sehr ähnlich. Ein Vergleich mit den bei SCHERHAG & LAUER (1982:161) wiedergegebenen prozentualen Anteilen von 15-30 % zeigt aber, daß der Interzeptionsverlust auch größer ausfallen kann.

5.1.2.3 Der winterliche Bestandsniederschlag im Odenwald und Taunus

Die Kenntnis über die Entwicklung der Schneedecke im Verlauf der Schneedeckenperioden ist aufgrund des hydrologisch-morphodynamischen Arbeitsansatzes nicht nur Grundlage zur Beurteilung der Größe der temporären Wasserrücklagen in einem Einzugsgebiet (BRECHTEL 1982:23), sondern ermöglicht auch eine Abschätzung des Auftretens kryogener Prozesse (RATHJENS 1979:71). Denn neben der hydrologischen Funktion als Regulativ auf Bodenwasser- und Grundwasserhaushalt, begünstigt die rasche Ablation einer mächtigen Schneedecke die Entstehung von Oberflächenabfluß und großen Abflußspitzen, mit denen in der Regel ein erhöhter Stoffaustrag einhergeht. Hingegen kommt es bei nur geringmächtiger oder fehlender Schneedecke in Verbindung mit Temperaturen unter dem Gefrierpunkt häufig zu Bodenfrost (SCHWARZ 1984:368) und bei ausreichender Wassersättigung des Oberbodens zur Bildung von

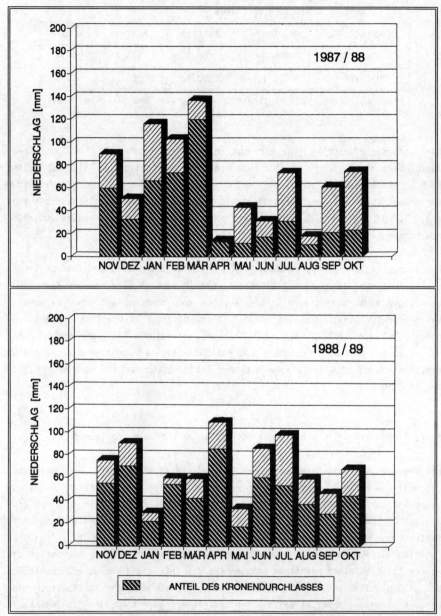

Abb. 34 Monatssummen des Freilandniederschlags und der Kronendurchlaßhöhe für 1987/88 und 1988/89 (Meßstellen Taunus)

Kammeis (FLÜGEL 1979:20). Bei fehlender Laubstreuauflage wird hierdurch, bevorzugt an den steilen Runsenflanken, Boden- und Gesteinsmaterial für den Erosionsprozeß aufbereitet und bereitgestellt.

Inwieweit in diesem Zusammenhang den Wintern der Beobachtungsjahre Bedeutung am morphodynamischen Prozeßgeschehen zukommt, soll anhand eines Vergleichs der Ergebnisse aus den eigenen Schneedeckenaufnahmen mit langjährigen Mittelwerten, die für die Untersuchungsgebiete vorliegen, diskutiert werden. In Tabelle 7 sind Schneereichtum und die Länge der Schneedeckenperioden für die Winter 1985/86 bis 1988/89 den Angaben verschiedener Autoren gegenübergestellt. Da die dominierenden Faktoren auf die Variabilität von Schneehöhe und Wasseräquivalent der Schneedecke nach HERRMANN (1974b:124) Bestandszusammensetzung und Meereshöhe sind, die in der Tabelle wiedergegebenen Mittelwerte aber im Gegensatz zu den eigenen Messungen aus Freilandbeobachtungen resultieren, sind die Zahlen untereinander nur bedingt vergleichbar. Als einfaches Kriterium zur ersten Übersicht sind sie jedoch durchaus geeignet.

Tab. 7 Schneedeckenparameter in beiden Arbeitsgebieten für die Schneedeckenperioden 1985/86 bis 1988/89

	LANGJH. MITTEL	ODENWALD 85/86	86/87	87/88	88/89	TAUNUS 87/88	88/89
TAGE MIT SCHNEEDECKE	40	64	53	20	6	31	6
TAGE MIT SCHNEEDECKE v. MAX. 10 cm	10-15	6	14	3	0	4	0
PERIODEN-ANZAHL		4	4	2	1	2	1

(Quellen: KELLER 1978:21, BRECHTEL 1982:22, DEUTSCHER WETTERDIENST 1986 und eigene Messungen).

Es zeigt sich, daß die Zahl der Tage mit geschlossener Schneedecke für die Winter 1985/86 und 1986/87 größer als im langjährigen Mittel war, während die beiden letzten Winter eine unterdurchschnittlich kurze Schneedeckendauer aufweisen. Betrachtet man die Schneehöhen, die im Taunus im Schnitt 59,6 % und im Odenwald 57,5 % der Freilandwerte erreichen, findet sich für die Jahre 1985/86 und 1986/87 eine gute Übereinstimmung mit dem langjährigen Mittelwert. Dagegen zeichnen sich die Winter 1987/88 und 1988/89 in beiden Arbeitsgebieten mit geringen Schneehöhen und wenigen kurzen Schneedeckenperioden durch extreme Schneearmut aus.

Gleiches lassen auch die Zahlen für die Schneedeckenperioden innerhalb eines Winterhalbjahres erkennen. Hier zeigt sich als typisches Phänomen, daß die eigentlichen Kernwinter in den unteren Mittelgebirgslagen oftmals wenig ausgeprägt sind, wodurch der Extrapolation kurzer Meßreihen enge Grenzen gesetzt sind (KNAUF 1975:18).

Dabei ist zu beachten, daß in Waldgebieten gegenüber dem Freiland eine bis zu 15 % geringere Zahl von Schneedeckentagen zu verzeichnen ist (HERRMANN 1974b: 123). Dies ist aber eine Folge der Interzeption, die bei geringem Schneefall im Bestand keine oder nur eine sehr dünne Schneedecke aufkommen läßt. Dagegen setzt bei schon bestehender Schneedecke aufgrund des Bestandsklimas die Ablation später als im Freiland ein (KNAUF 1975:41).

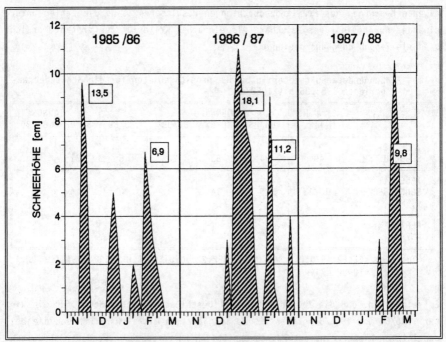

Abb. 35 Schneedeckenparameter für die Wintermonate der Jahre 1985/86 und 1987/88 (Meßstelle Odenwald)

Auch die Monate, in denen mit einem hohen Anteil an festen Niederschlägen zu rechnen ist, wechseln von Jahr zu Jahr, wie die Abbildungen 35 und 36 verdeutlichen. Die eingerahmten Ziffern, die neben der Signatur für die Schneedeckenperioden zusätzlich in den Abbildungen eingetragen sind, geben die kumulierten maximalen Wasseräquivalentwerte der jeweiligen Schneedecke in Millimeter Wassersäule wieder, die nach eventuellem Neuschneeauftrag und vor Beginn des Ablationsprozesses erreicht wurden. Da bei Schneehöhen unter 5 cm keine einwandfreie Aufnahme mehr möglich ist (vgl. 4.2.2.2.1), entfallen hier diese Angaben. Der besseren Anschaulichkeit halber wurde auf die Darstellung der kurzen Periode 1988/89 im Odenwald verzichtet. Eine deutliche Abnahme der Wasseräquivalentwerte innerhalb einer Periode, die auf eine temporäre Ablation hindeuten würde, konnte, bis auf einen Fall, trotz dreitägiger Aufnahmeintervalle in keinem Winter beobachtet werden, obwohl sich bei den temperierten Schneedecken in den Mittelgebirgslagen permanent geringe Schmelzwasserverluste feststellen lassen müßten (HERRMANN 1975:158, KNAUF 1975:44). Charakteristisch für die Beobachtungsjahre ist vielmehr, daß die Schneedeckenperioden immer durch Warmlufteinbrüche mit einhergehenden ergiebigen Regenfällen beendet wurden, was in allen Fällen zu einem raschen Abtauen der Schneedecke führte. Die einzige Ausnahme bildet hier die letzte Schneedeckenperiode im Februar 1986, während der sich der Wassergehalt infolge lang anhaltendem trockenem Strahlungswetter allmählich durch Verdunstung verringerte.

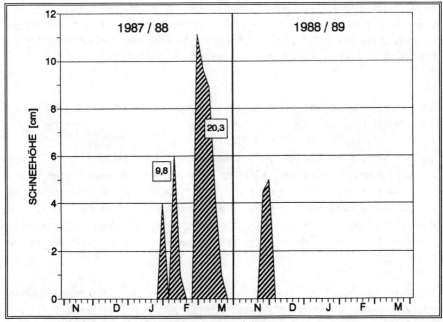

Abb. 36 Schneedeckenparameter für die Wintermonate der Jahre 1987/88 und 1988/89 (Meßstellen Taunus)

Wasseräquivalentwerte und Schneedeckenmächtigkeit steigen zwar allgemein mit der Meereshöhe, im Freiland jedoch stärker als unter Wald (SCHWARZ 1982:153). So betragen die maximalen Freilandschneehöhen der Winter 1971/72 bis 1980/81 laut BRECHTEL (1982:22) nach Stationsmessungen des Deutschen Wetterdienstes für die Höhenlage der Arbeitsgebiete 5-30 cm. In den Mischbeständen Hessens finden sich nach SCHWARZ (1982) noch 60-70 % der Wasseräquivalentwerte, die im Freiland gemessen wurden. Die durchschnittlichen Wasseräquivalentwerte betragen nach eigenen Untersuchungen für den Bestand im Odenwald 71,4 % (MOLDENHAUER 1987). Wegen der schneearmen Winter ließen sich für das Arbeitsgebiet Taunus leider keine sicheren Vergleichswerte berechnen, jedoch dürfte sich hier die Reduktion gegenüber den Freilandwerten in einer ähnlichen Größenordnung bewegen.

Der Anteil des festen Bestandsniederschlags am festen Freilandniederschlag erreicht somit Werte, die mit dem Interzeptionsverlust bei flüssigen Niederschlägen vergleichbar sind (vgl. 5.1.2.1 und 5.1.2.2). Durch die minimalen Wasserrücklagen in den Schneedecken kommt den schneearmen Wintern 1987/88 und 1988/89 in beiden Arbeitsgebieten nur ein unwesentlicher Einfluß auf die Abfluß- und Abtragsdynamik zu. Aber auch bei den etwas ausgeprägteren Wintern 1985/86 und 1986/87 erreicht der Anteil des festen Niederschlags am gesamten Jahresniederschlag nicht einmal 5 %. Abgesehen von einigen interpretationsfähigen Einzelereignissen lassen sich so die Auswirkungen eines wirklich strengen Winters auf Wasserhaushalt und auf fluvial-morphodynamische Prozesse, insbesondere für das Arbeitsgebiet Taunus, nur unzureichend abschätzen.

5.1.3 Niederschlagsinput und Niederschlagsverteilung beider Arbeitsgebiete im Vergleich

Wie das Diagramm der langjährigen mittleren Monatsniederschläge (Abb. 11) zeigt, ist das Niederschlagsdargebot im Mittel in beiden Untersuchungsgebieten relativ gleichmäßig über das Jahr verteilt. Da in Mitteleuropa die Lufttemperatur vorwiegend das Niederschlagsregime steuert, lassen sich jedoch im Mittelgebirge orographisch bedingte winterliche Niederschlagsspitzen erkennen. Konvektive Schauerniederschläge erzeugen zudem in den Sommermonaten ein weiteres Maximum (KELLER 1979).

Die Akzentuierung der Niederschlagsverteilung bewirkt in beiden Arbeitsgebieten ein Hauptmaximum im Sommer. Das winterliche Maximum, hier Nebenmaximum, fällt im Vorderen Odenwald auf die Monate November und Dezember, in den höheren Lagen des

Taunus auf den Januar und Februar (vgl. auch HERRMANN 1965:34). Größere Abweichungen der absoluten monatlichen Niederschlagssummen in einzelnen Jahren vom langjährigen Mittel sind möglich, wie aus der Niederschlagsverteilung für die hydrologischen Jahre 1985/86 bis 1988/89 in den Abbildungen 32, 33 und 34 deutlich wird (vgl. auch KELLER 1961). Vor allem die Höhe der langjährigen Maxima und Minima wird immer beträchtlich über- oder unterschritten.

Trotz der Distanz von 50 km Luftlinie zwischen den Arbeitsgebieten, weist der monatliche Niederschlagsgang in den Jahren 1987/88 und 1988/89 für beide Meßstellen eine auffällig parallele Verteilung auf (Abb. 33 u. 34). Ursache hierfür ist der dominierende Einfluß der Großwetterlagen im Rhein-Main-Gebiet, der sich auch noch auf die Randzonen des Mittelgebirgsrahmens auswirkt, was sich auch bei Zahl und Dauer der winterlichen Schneedeckenperioden feststellen läßt. Für diese beiden Einzeljahre lassen sich, ebenso wie für die langjährigen Mittel, im Odenwald in der Regel etwas höhere Monatsniederschläge erkennen (vgl. 3.2.5 und 3.3.5). Eine Gegenüberstellung der Jahressummen von Freiland- und Bestandsniederschlag für beide Arbeitsgebiete beinhaltet Tabelle 8.

Tab. 8 Jährliche Niederschlagshöhen für Odenwald und Taunus

	ODENWALD		TAUNUS	
	N [mm]	NB [mm]	N [mm]	NB [mm]
LANGJ. MITTEL	790,0	./.	775,0	./.
1987/88	952,8	581,5	739,2	534,8
1988/89	873,2	565,3	760,2	661,1

(Quellen: Daten des Deutschen Wetterdienstes und eigene Messungen)

Auch bei den Jahressummen empfing die Meßstelle im Odenwald in beiden Jahren ca. 100 mm mehr Niederschlag pro Jahr als der Freilandschreiber im Taunus, wobei zu berücksichtigen ist, daß der Beobachtungszeitraum niederschlagsreicher war als im langjährigen Mittel (vgl. 5.1.1.1). Wie schon BENECKE (1984:42) feststellt, folgen die Bestandsniederschläge - analog den Kronendurchlaßhöhen - dem Verlauf der Freilandniederschläge mit jeweils charakteristisch abgeschwächter jahreszeitlicher Amplitude (vgl. Abb. 32, 33 u. 34). Gemessen am Freilandniederschlag liegen die Bestandsniederschläge im Taunus im Gegensatz zum Arbeitsgebiet Odenwald aber etwas höher (vgl. 5.1.2.2 und Tab. 8).

Zusammenfassend läßt sich damit feststellen, daß die Höhe des Niederschlagsinputs für beide Arbeitsgebiete in etwa gleich groß ist. Indes kann die Niederschlagsverteilung in einzelnen Jahren deutlich akzentuiert sein, was die Verwertbarkeit langjähriger monatlicher Niederschlagshöhen für die bearbeitete Fragestellung stark einschränkt.

Nimmt man auf Basis dieser Ergebnisse eine erste Gewichtung der Niederschlagsverteilung bezüglich ihrer Auswirkungen auf das fluvial-morphodynamische Prozeßgeschehen vor, ergibt sich folgendes, für beide Gebiete gültiges Bild:

- Abgesehen vom hydrologischen Jahr 1986/87 zeigen alle Diagramme eine leicht links schiefe Verteilung des Kronendurchlasses (vgl. Abb. 32, 33 u. 34). Bei der gewählten Darstellung bedeutet dies, daß die höchsten jährlichen Niederschläge im Spätwinter und Frühjahr gefallen sind. Bei geringer Überschirmungsdichte werden diese Maxima vor allem dann für den Erosionsprozeß bedeutsam, wenn die Schneeschmelze mit ergiebigen Niederschlägen einhergeht (HERRMANN 1975:165; KNAUF 1975:5).

- Die Reduktion der Kronendurchlaßhöhen in den Sommermonaten ist trotz des höheren Belaubungsgrades nur schwach ausgeprägt. Offenbar wird ein erheblicher Anteil des Monatsniederschlages nicht durch die Interzeption zurückgehalten, was im allgemeinen nur bei hohen Niederschlagsintensitäten möglich ist. Dies weist auf eine Zunahme von Starkregenereignissen während der Sommermonate hin (GEGENWART 1952; HARTKE & RUPPERT 1959:30; KELLER 1961:35; DIKAU 1986:54).

- Geringere Freiland- und Bestandsniederschlagshöhen sind im Spätsommer und Herbst zu verzeichnen, der damit potentiell als die morphodynamisch inaktivste Jahreszeit in Erscheinung tritt.

5.1.4 Niederschlagsstruktur

Der jährlichen Gesamtbelastung, die der Abflußprozeß durch den Niederschlagsinput erfährt, kommt zwar ein hoher Stellenwert zu, aber die Art und Intensität der Niederschläge haben großen Einfluß auf die Verteilung des Wassers innerhalb der einzelnen Kreislaufelemente (ober- und unterirdischer Abfluß, Verdunstung, Haft- und Grundwasser).

So kann bei mäßig intensiven Niederschlägen, die sich über einen längeren Zeitraum erstrecken, viel Wasser in den Boden infiltrieren. Hingegen haben kurze Schauer und Starkregen bei gleicher Niederschlagshöhe einen sehr viel größeren Anteil am Direktabfluß als schwache Dauerregen (KELLER, 1961:24f.). Außerdem ist die Niederschlagsstruktur der wesentliche Faktor bei der Entstehung von Oberflächenabflüssen und Bodenabtrag, denn die Größe des Abflusses stellt sich als einfache Funktion von Niederschlagsmenge und -dauer dar, während die Menge des Abtrags eine Funktion der Niederschlagsenergie und der Anzahl der Starkregenphasen innerhalb eines betrachteten Zeitraumes ist (MOTZER 1988:141).

Die Form der Niederschläge und ihre jahreszeitliche Verteilung ist für die Untersuchungsgebiete vor allem deshalb bedeutsam, weil wegen der geringen Einzugsgebietsgröße der Niederschlagsinput immer auf der gesamten Fläche gleichzeitig wirksam wird. Im folgenden soll daher anhand der Aufzeichnungen aus den Niederschlagsschreibern das Auftreten von Starkregen und ihre Struktur für beide Arbeitsgebiete näher untersucht werden.

5.1.4.1 Die jahreszeitliche Verteilung intensiver Niederschlagsereignisse am Beispiel Odenwald

Die Niederschlagsintensität ist ein Maß für die Stärke eines Niederschlagsereignisses und wird als Quotient aus Niederschlagshöhe und Zeiteinheit definiert (DIN 4049, Teil 1). Sie läßt sich für die Gesamtheit eines Niederschlags aus den vorliegenden Schreibstreifen hinreichend genau ermitteln; kürzere, oft nur wenige Minuten lange Starkregenphasen innerhalb eines Ereignisses lassen sich mit den eingesetzten Geräten jedoch nicht feststellen. Gerade solche kurzfristigen Veränderungen im Intensitätsverlauf sind nach detaillierten Untersuchungen von MOTZER (1988) aber oft entscheidend für die erosive Wirksamkeit eines Niederschlags. Die eigene Auswertung kann deswegen auch nur eine grobe Annäherung an die tatsächlichen Verhältnisse bieten.

Der Definition von WUSSOW (1922, zit. in GEGENWART 1959), nach der für einen Starkregen mit der Mindesthöhe h [mm] in der Zeit t [min] die Beziehung

$$h \geq \sqrt{5 \cdot t - \frac{t^2}{24}}$$

erfüllt sein muß, genügen im Beobachtungszeitraum nur wenige ergiebige Niederschläge, die neben hoher Intensität also auch noch lange andauern. KURON & STEINMETZ (1958, zit. in MOTZER 1988) halten 0,2 mm•min^{-1} und mindestens 10-15 mm Niederschlagshöhe für den kritischen Wert, oberhalb dessen Abfluß und Abtrag wahrscheinlich werden. Wie die Beobachtungen am Abflußpegel zeigen, können aber schon weniger intensive und ergiebige Ereignisse abflußerhöhend wirken. Daher wurden, unabhängig von der Niederschlagshöhe, alle Niederschläge ausgewertet, deren Intensität mindestens 0,1 mm/min erreicht. Basierend auf dem vierjährigen Beobachtungszeitraum läßt sich für das Arbeitsgebiet Odenwald die in Abbildung 37 wiedergegebene monatliche Häufigkeitsverteilung erarbeiten. Die auf den Freilandniederschlag bezogenen Ergebnisse zeigen, daß nicht nur die Anzahl der intensiven Niederschläge in den Sommermonaten zunimmt, sondern auch die Ereignisstärke.

Dies deckt sich mit den Beobachtungen von GEGENWART (1952), HARTKE & RUPPERT (1959:30) und den Untersuchungen von DIKAU im Kleinen Odenwald bei Heidelberg (1986:54). Phasen verstärkter Erosion infolge exzessiver Niederschlagsereignisse sind für beide Arbeitsgebiete mithin vor allem im Frühjahr und Sommer zu erwarten.

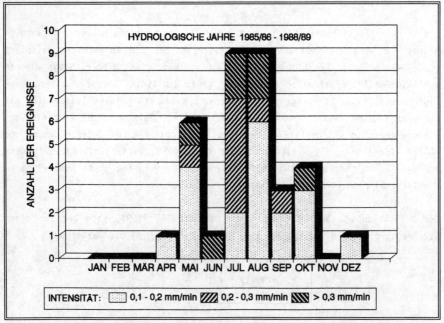

Abb. 37 Monatliche Häufigkeitsverteilung intensiver Freilandniederschläge im Arbeitsgebiet Odenwald in den Jahren 1985-1989

5.1.4.2 Modifizierung der Niederschlagsstruktur durch den Bestand am Beispiel Taunus

Der morphodynamischen Wirksamkeit von Starkregen während der Sommermonate steht der hohe Belaubungsgrad des Bestandes entgegen. Zum einen wird über die Interzeption die Intensität reduziert und außerdem durch die Benetzungskapazität der Blätter eine zeitliche Verzögerung beim Einsetzen von Kronendurchlaß und Stammabfluß gegenüber dem Freilandniederschlag herbeigeführt. Darum wirkt der Bestand zu Anfang eines Niederschlagsereignisses stark abschirmend (KRONFELLNER-KRAUS 1981:115, BENECKE 1984:34). Mit steigenden Niederschlagshöhen nimmt natürlich auch der Bestandsniederschlag allmählich zu, die Interzeption verhält sich also umgekehrt proportional zur Niederschlagsintensität (MITSCHERLICH 1981:205).

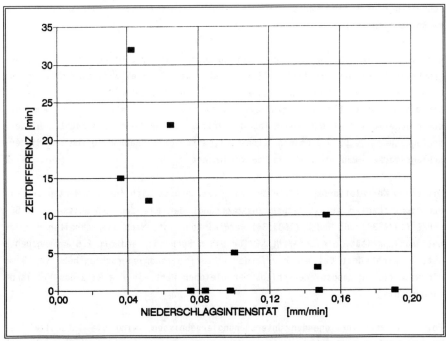

Abb. 38 Zeitliche Verzögerung des Niederschlagsbeginns im Bestand in Abhängigkeit von der Freilandniederschlagsintensität (Meßstellen Taunus)

Wie groß der Einfluß dieser Faktoren tatsächlich ist, wurde mittels eines Vergleichs der Aufzeichnungen von Freiland- und Bestandsniederschlagsschreiber im Arbeitsgebiet Taunus untersucht. Um die Zeitdifferenz und Intensitätsveränderungen zwischen Freiland und Bestand zu ermitteln, mußten Niederschläge ausgewählt werden, die schon zu Beginn kräftig einsetzen und dadurch einen deutlichen Anfangspeak auf dem Diagrammpapier der Schreiber erzeugen. Denn nur bei solchen Ereignissen ist wegen des gedrängten zeitlichen Registriermaßstabs beim Freilandschreiber eine hinreichend seriöse Auswertung möglich. Für den betrachteten Zeitraum von September 1988 bis November 1989 erfüllten insgesamt 26 Niederschläge diese Kriterien. Da für einen Zeitvergleich auch noch beide Uhrengangsynchron arbeiten müssen, blieben für die Auswertung des Niederschlagsbeginns nur noch 12 geeignete Wertepaare übrig. Trotz der geringen Grundgesamtheit läßt sich anhand von Abbildung 38 zeigen, daß der Zeitunterschied umso geringer ausfällt, je stärker der Niederschlag ist. Ab einer Niederschlagsintensität von rund 0,1 mm·min^{-1} strebt die zeitliche Verzögerung gegen Null, und zwar unabhängig vom jahreszeitlichen Vegetationszustand (vgl. Tab. 37, im Anhang). Ein Überschreiten dieses Grenzwertes hat also auch im Sommer unmittelbares Durchregnen im Bestand zur Folge.

Wie stark der Bestand dabei die Niederschlagsstruktur beeinflußt, macht eine Gegenüberstellung der ermittelten Intensitäten von 26 Freilandniederschlägen und Kronendurchlaßhöhen deutlich (vgl. Abb. 39). Erwartungsgemäß bleibt die Intensität des Kronendurchlasses hinter der des Freilandniederschlags zurück, aber erstaunlicherweise ist die Reduktion der Intensität bei den betrachteten Niederschlägen von > 0,03-0,1 mm·min^{-1} konstant, wird somit unabhängig von der Niederschlagsstärke immer im gleichen Maß verringert.

Mit einem Korrelationskoeffizienten von 0,927 ergibt sich für die Wertepaare ein hochsignifikanter statistischer Zusammenhang, der mit den Ergebnissen von BENECKE (1984:34) und BAUER (1985:34) vergleichbar ist. Nach Überschreiten der Benetzungskapazität, die bei BENECKE für einen Buchenbestand mit 2,6 mm angegeben ist, erreicht dort bei einer erforderlichen Freilandniederschlagshöhe von 9 mm die Rate des Bestandsniederschlags den gleichen Wert wie die Rate des Freilandniederschlags.

Folgt man den vorliegenden Untersuchungsergebnissen, wird die Intensität des Kronendurchlasses durch eine bestandsabhängige Konstante beeinflußt, die sich mit folgender Geradengleichung mathematisch beschreiben läßt:

$$I_{NK} = 0,031 + I_N \cdot 0,345$$

I_{NK} = Intensität des Kronendurchlasses [mm·min^{-1}]
I_N = Intensität des Freilandniederschlags [mm·min^{-1}]

Wenn auch abgeschwächt, bleiben so die Parameter, die den Starkregen ihre morphodynamische Wirksamkeit verleihen, im Bestand schon bei Intensitäten von weit weniger als 0,1 mm·min^{-1} erhalten.

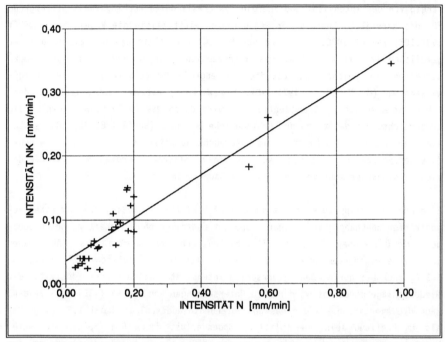

Abb. 39 Reduktion der Bestandsniederschlagsintensität in Abhängigkeit von der Freilandniederschlagsintensität (Meßstellen Taunus)

Inwiefern der Waldbestand die Struktur schwächerer Dauerregen modifiziert, und welche Auswirkungen dies auf den untersuchten Themenkomplex hat, soll eine Beobachtung verdeutlichen, die wiederholt während schwächeren Niederschlägen in beiden Arbeitsgebieten gemacht werden konnte.

Durch einen anhaltenden Regen wird die Interzeptionskapazität des Bestandes überschritten, so daß Niederschlagswasser von Blättern und Zweigen abtropft. Da die dem Niederschlag folgende Abflußspitze in der Regel noch nicht erreicht ist, erzeugen die Regentropfen im noch seichten Gerinne eine Art Splash-Effekt. Dabei durchschlagen die Tropfen die nur wenige Zentimeter dicke Abflußschicht bis zur Sohle, wobei Sedimente aufgewirbelt und verfrachtet werden. Der Gerinneabfluß zeigt schon nach wenigen Minuten eine charakteristische Trübung, die infolge erhöhter Strömungsgeschwindigkeit erst bei größeren Abflußhöhen eintreten sollte.

Die offensichtlich starke Erosivität der Niederschläge ist in diesem Fall unabhängig von der Intensität und Energie des Freilandniederschlags. Als Steuergröße für die kinetische Energie der Regentropfen wirkt allein die Vegetation (MOSLEY 1982:107; BRANDT 1988:218), denn von Blattwinkel, Blattform und Blattgröße der jeweiligen Bestandsart hängt das Interzeptionsspeichervermögen und bei Überschreiten der Speicherkapazität die Tropfengröße des ablaufenden Niederschlagswassers ab (MITSCHERLICH 1971:198). Die Wirkung, die der abtropfende Niederschlag schließlich am Grund entfaltet, wird durch die Fallgeschwindigkeit, die er erreicht, und damit von der Bestandshöhe bestimmt (BAUER 1985:26). Da der Bestand in den Einzugsgebieten kaum Unterwuchs aufweist, kann auch keine erneute Zwischenspeicherung erfolgen, so daß die kinetische Energie des abtropfenden Niederschlags nur mehr von der Höhe der Baumkronen abhängt.

Eine Höhe von knapp 10 m reicht nach EPEMA & RIEZEBOS (1983:8) aus, um einen Regentropfen unabhängig von seiner Größe auf Endfallgeschwindigkeit zu beschleunigen. Die Baumkronen in den Arbeitsgebieten erreichen in etwa diese Höhe. Daher muß gerade wegen der gegebenen Bestandsstruktur in den Gebieten (vgl. 3.2.6 und 3.3.6) auch bei geringeren Niederschlagsintensitäten mit erhöhter Erosivität der Niederschläge gerechnet werden. Wie Untersuchungen von MOSLEY (1982:107) zeigen, kann die kinetische Energie des abtropfenden Niederschlags dabei 1,5 mal größer als im Freiland sein. Der mittlere Bodenverlust durch Rain-Splash war unter Vegetationsbedeckung daher bis zu dreimal größer als im Freiland, allerdings nur dort, wo Humusauflage und Laubstreu fehlten und der Mineralboden direkt an der Oberfläche anstand.

Hiervon betroffen sind in den Arbeitsgebieten besonders die steilen unbewachsenen Runsenflanken, denen durch die geringe Entfernung zum Gerinne beim Stoffeintrag in den Vorfluter in diesem Fall besondere Bedeutung zukommt. Wie stark sich derartige Niederschlagsereignisse in den Einzugsgebieten im einzelnen tatsächlich auswirken, läßt sich allerdings nur schwer abschätzen. Daß ihre Wirkung in Zeiten, in denen der Bestand vollständig belaubt ist, größer ist als während der Vegetationsruhe, muß jedoch angenommen werden. So sind Phasen verstärkter Erosion und erhöhter Stoffmobilisierung auch in diesem Fall im Sommerhalbjahr am wahrscheinlichsten.

5.2 Abfluß

In Abhängigkeit vom Gefälle wird die morphodynamische Wirksamkeit des konzentrierten linienhaften Abflusses in den Tiefenlinien der Runsen sowohl von der pro Zeiteinheit absolut abströmenden Wassermenge als auch durch eher kurzfristige Schwankungen der Wasserführung bestimmt. Dabei ist besonders die dynamische Komponente im Abflußgang, also ein schneller An- und Abstieg der Abflußhöhen, für Stofftransport und Erosionsleistung bedeutsam. Die Kenntnis über Abflußverhalten und das Abflußregime in den Vorflutern ist also ein wichtiges Kriterium für die Beurteilung des Sedimentoutputs und seiner Varianz.

5.2.1 Abfluß in den perennierenden Gerinnen

Tabelle 9 gibt eine erste Übersicht über Größe und mögliche Spannbreite der Wasserführung in den untersuchten Quellgerinnen. Bei allen weiteren vergleichenden

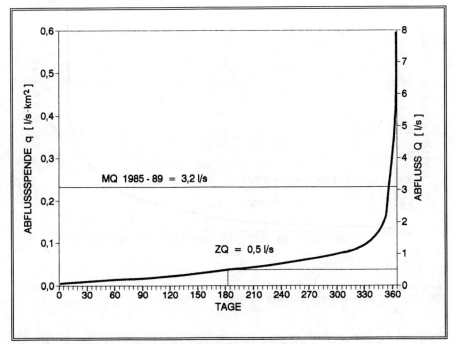

Abb. 40 Abflußdauerlinie für die Meßstelle Odenwald

Betrachtungen ist jedoch die Tatsache zu berücksichtigen, daß der Beobachtungszeitraum im Einzugsgebiet Taunus "A" lediglich zwei Jahre, der in Taunus "B" sogar nur ein Jahr umfaßt.

Tab. 9 Abflußhauptzahlen der Einzugsgebiete

	MQ [l/s]	NQ [l/s]	HHQ [l/s]	Mq [l/s·km²]
ODENWALD	3,2	0,2	12,0	0,24
TAUNUS A	3,5	0,2	17,9	0,31
TAUNUS B	0,9	<0,2	32,5	0,13

(Quelle: Eigene Messungen)

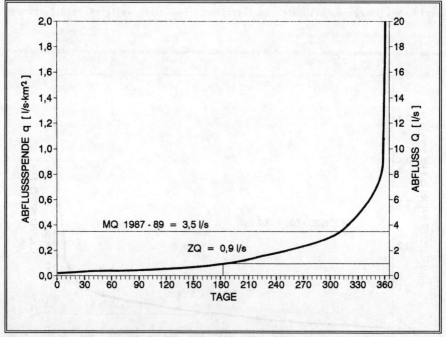

Abb. 41 Abflußdauerlinie für die Meßstelle Taunus "A"

Abgesehen von den größeren Schwankungen im Einzugsgebiet Taunus "B", weisen alle drei Gerinne sehr ähnliche Abflußkennwerte auf. Besonders deutlich zeigt sich dies bei der Abflußspende q; hier beträgt die Differenz zwischen den drei Gebieten nur 0,2 l/s·km².

Wie sich aus den aufgestellten Abflußdauerlinien (Abb. 40, 41 u. 42) erkennen läßt, sind zum einen die absolut abfließenden Wassermengen sehr gering, aber auch in Relation zur geringen Einzugsgebietsgröße gesehen, erweisen sich die Abflußhöhen an den meisten Tagen im Jahr als sehr niedrig, was zu den kleinen Zentralwerten ZQ von unter einem Liter pro Sekunde führt. Zeiten erhöhter Wasserführung sind mithin nur an wenigen Tagen im Jahr zu erwarten, wobei dann aber ein sehr kräftiger Anstieg zu beobachten ist. In bezug auf das Abflußverhalten läßt sich schon aus den Dauerlinien eine recht konstante Wasserführung mit deutlich aufgesetzten Abflußspitzen interpretieren. KELLER (1961:267) führt diese charakteristischen Schwankungen auf einen großen Anteil an unmittelbarem Oberflächenabfluß zurück.

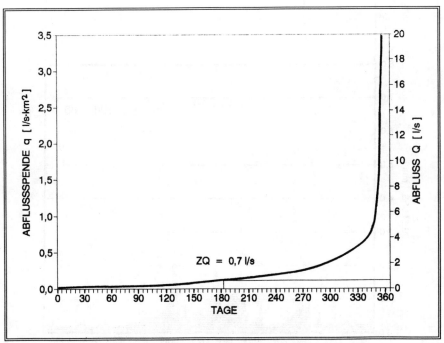

Abb. 42 Abflußdauerlinie für die Meßstelle Taunus "B"

5.2.1.1 Abflußgang

5.2.1.1.1 Abflußgang im Arbeitsgebiet Odenwald in den Jahren 1985-1989

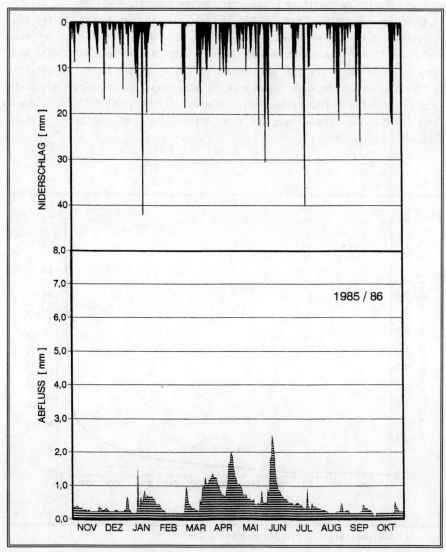

Abb. 43 Tägliche Niederschlags- und Abflußhöhen 1985/86 (Meßstelle Odenwald)

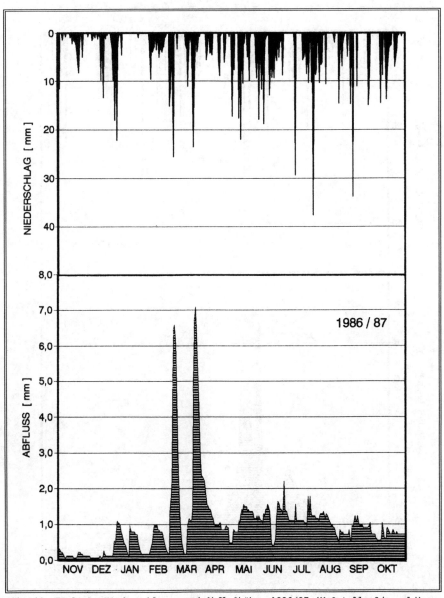

Abb. 44 Tägliche Niederschlags- und Abflußhöhen 1986/87 (Meßstelle Odenwald)

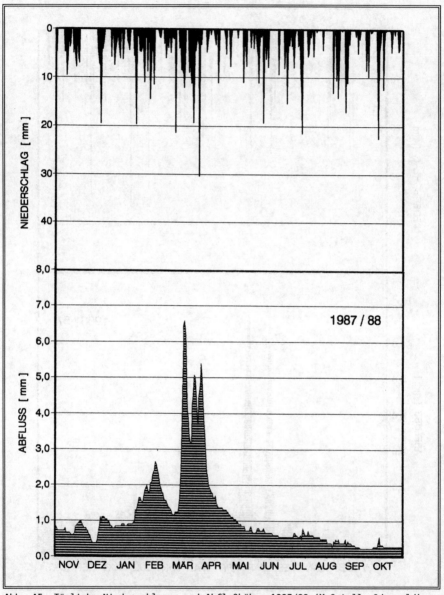

Abb. 45 Tägliche Niederschlags- und Abflußhöhen 1987/88 (Meßstelle Odenwald)

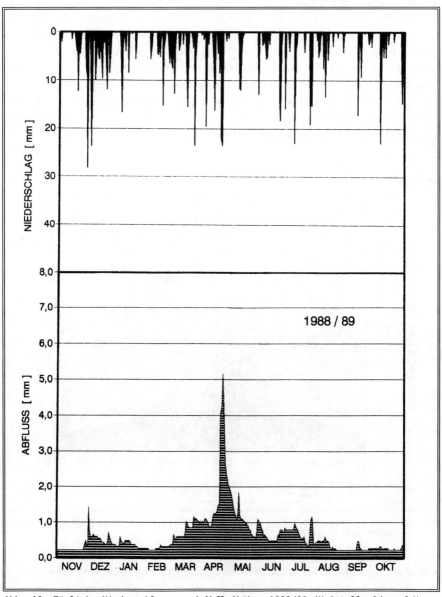

Abb. 46 Tägliche Niederschlags- und Abflußhöhen 1988/89 (Meßstelle Odenwald)

In den Abbildungen 43 bis 46 ist die Ganglinie der täglichen Abflußhöhen den Niederschlagshöhen gegenübergestellt. Wenn auch im ersten Jahr (Abb. 43) nur wenig ausgeprägt, so zeichnet die Abflußganglinie doch in jedem Jahr ein Hauptmaximum in den Wintermonaten und ein Nebenmaximum im Frühsommer. Die individuelle Niederschlagsverteilung in den Einzeljahren macht sich hierbei natürlich stark bemerkbar, daher ist zur Verdeutlichung in Abbildung 47 zusätzlich das vierjährige Mittel für Niederschlag und Abfluß aufgetragen. Obwohl nicht mit langjährigen Aufzeichnungen vergleichbar, wird hier eine gewisse Regelhaftigkeit zwischen Niederschlags- und Abflußgang deutlich, wobei der Einfluß der Evapotranspiration im Sommerhalbjahr klar zum Vorschein tritt.

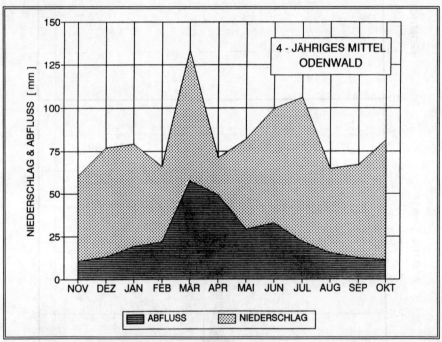

Abb. 47 Vierjähriges Monatsmittel der Niederschlags- und Abflußhöhen (Meßstelle Odenwald)

Wie stark sich der Einfluß der Niederschlagsverteilung auswirken kann, ist am Beispiel der hydrologischen Jahre 1986/87 und 1987/88 gut zu erkennen. Der niederschlagsreiche Sommer 1987 führte trotz der jahreszeitlich bedingten erhöhten Verdunstung zu vergleichsweise hohen Wasserständen und einer nachhaltigen Aufsättigung des Grundwasserspeichers, die sich noch bis gegen Ende des Folgejahres durch hohe Trockenwetterabflüsse bemerkbar macht. Daß auch schwächere Einzelniederschläge sprunghafte Pegelanstiege verursachen können, kann in den Abbildungen für alle ausgewerteten Jahre gezeigt werden.

5.2.1.1.2 Abflußgang im Arbeitsgebiet Taunus in den Jahren 1987-1989

Auch im Taunus ist der hygrische Vorjahreseinfluß auf das Jahr 1987/88 deutlich erkennbar (vgl. Abb. 48) und wird besonders augenfällig, wenn zum Vergleich die Ganglinie des Jahres 1988/89 (Abb. 49) herangezogen wird, bei der die Abflußhöhe im Gebiet "A" weit unter 5 mm pro Tag liegt.

Die durchschnittlichen Abflußhöhen sind in den benachbarten Einzugsgebieten Taunus "A" und "B" etwas größer als im Odenwald. Aber vor allem wegen der ausgeprägten Abflußspitzen mußte die Skala der Ordinate gegenüber den Darstellungen für den Odenwald verändert werden. Die dem Odenwald vom Verlauf her im übrigen sehr ähnliche Abflußganglinie für das Jahr 1988/89 ermöglicht einen Vergleich der beiden Einzugsgebiete im Taunus. Dabei zeigt Gebiet "A" eine ausgeglichenere Wasserführung als Gebiet "B". Übersteigt der Abfluß von "B" in den Wintermonaten den von "A", so tritt im Sommer der umgekehrte Fall auf, bei dem die aufgezeichneten Pegelstände an Meßstelle "B" niedriger sind als an Meßstelle "A". Daraus erklärt sich auch der geringere NQ für Gebiet "B" (vgl. Tab. 9).

Da die beiden Einzugsgebiete im Taunus gleiche Gefällsverhältnisse aufweisen, muß die Ursache für die größeren Abflußspitzen im Gebiet "B" wenigstens zum Teil in der episodischen Zuführung von Wegabschlagswasser aus Entwässerungsgräben gesehen werden (vgl. 3.3.4). Aber auch die etwas unklaren hydrographischen Verhältnisse mit dem sich jahreszeitlich verlagernden Quellaustritt spielen hierbei sicherlich eine Rolle.

Obwohl die Beobachtungszeit recht kurz ist, läßt sich in beiden Jahren sehr eindrucksvoll das rasche Leerlaufen des Gesteinsspeichers anhand der Ganglinien verfolgen, das jeweils Anfang Juli beendet ist. Mit Einsetzen der Vegetationsperiode versteilt sich dabei der abfallende Ast der Ganglinien zusätzlich, was auf den Wasserentzug durch die pflanzliche Transpiration zurückzuführen ist. Nur noch beeinflußt durch einige Abflußspitzen, strebt dann die Abflußhöhe im Spätsommer und Herbst einem relativ konstanten Wert zu (vgl. auch WEYER 1972: 48).

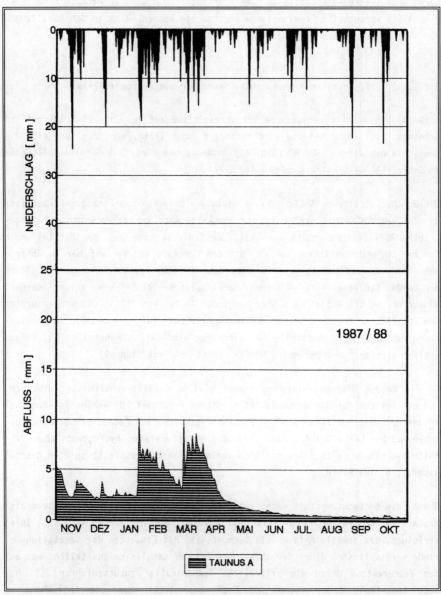

Abb. 48 Tägliche Niederschlags- und Abflußhöhen 1987/88 (Meßstelle Taunus "A")

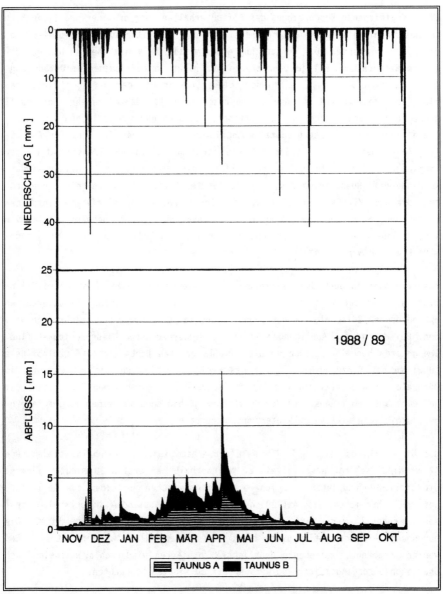

Abb. 49 Tägliche Niederschlags- und Abflußhöhen 1988/89 (Meßstellen Taunus)

5.2.1.2 Vergleich des Abflußverhaltens der Einzugsgebiete

Eine vergleichende Beschreibung des Abflußverhaltens der drei Gerinne ließe sich am besten mittels einer Gegenüberstellung der Einheitsganglinien (unit-hydrograph, UH) vornehmen. Die Aufstellung eines mittleren UH ist aber selbst bei der langen Beobachtungszeit im Odenwald bisher nicht in befriedigendem Umfang möglich, da sich die jeweilige Niederschlagsstruktur bei der geringen Einzugsgebietsgröße so dominant auf den Abflußprozeß auswirkt, daß hier sehr individuell geprägte Abflußeinzelereignisse entstehen, die sich nur schwer in den dem UH zugrundeliegenden Auswertungsrahmen integrieren lassen. Aber die Form der Abflußganglinien weist immer wieder auf eine ähnlich ablaufende Transformation der Eingabegröße Niederschlag hin. Dabei lassen sich generell zwei häufiger wiederkehrende Abflußganglinien als Folge bestimmter Niederschlagsereignisse beobachten, die nach KELLER (1961:295) typisch für kleine, stark reliefierte Einzugsgebiete sind. Sommerliche Starkregen verursachen sehr spitze Hochwasserwellen von kurzer Dauer, während winterliche Dauerregen und Schneeschmelzen zu langgestreckten und weniger steilen Ganglinien führen.

Zwar ermöglichen auch die Jahresgänge in diesem Zusammenhang eine erste Orientierung, aber zur Verdeutlichung soll dieses charakteristische Abflußverhalten anhand dreier Beispiele aus dem Odenwald und Taunus eingehender beschrieben werden. Bei den in den Abbildungen 50 und 51 wiedergegebenen Niederschlags-Abfluß-Ereignissen handelt es sich um die jeweils größten beobachteten Einzelabflüsse (HHQ) in den Einzugsgebieten. Der das Ereignis auslösende Niederschlag ist im Odenwald repräsentativ für den Typ des konvektiven sommerlichen Starkregens; im Beispiel aus dem Taunus wird der Spitzenabfluß hingegen von einem lang andauernden, ergiebigen zyklonalen Winterregen verursacht.

Das Niederschlagsereignis im Odenwald erbrachte binnen zweieinhalb Stunden rund 42 mm Niederschlag, wovon allein 80 % innerhalb der ersten 30 Minuten fielen. Die starke Anfangsintensität führte zu einem raschen Ansteigen des Abflusses, der nach Erreichen des Abflußscheitels mit nachlassendem Niederschlagsinput ebenso schnell wieder auf die Ausgangshöhe vor dem Ereignis zurückfiel. Die Durchgangszeit der Abflußspitze betrug in diesem Fall etwa eine Stunde. Bei weniger starken, aber ebenso deutlich akzentuierten Niederschlägen lassen sich aber auch Durchgangszeiten von weniger als 30 Minuten beobachten.

Neben der geringen räumlichen Ausdehnung des Einzugsgebietes sind die Ursachen für eine derart starke Abflußkonzentration vor allem in der Morphologie zu suchen. Die steilen Hänge und die kerbenartige Talform lassen ein Ausufern kaum zu, und das große Längsgefälle unterstützt einen schnellen Abfluß (KELLER 1961:267, SCHWARZ 1974:46). Zudem ist für das Entstehen solcher Abflußspitzen ein erheblicher Anteil an Oberflächenabfluß mitverantwortlich, dessen Auftreten durch das steile Relief stark begünstigt wird (vgl. auch KELLER 1961:273). Offensichtlich findet bei einem solchen Ereignis keine Uferspeicherung in größerem Umfang statt, denn dann müßte die Auslaufkurve einen flacheren Verlauf aufweisen. Infolge der ständigen Durchfeuchtung sind die schmalen Uferzonen auch kaum in der Lage, bei hohen Abflüssen zusätzlich noch Wasser aufzunehmen, um es später wieder an den Vorfluter abzugeben. Hingegen kann bei weitgehend gesättigtem Bodenspeicher dem Gerinne noch Wasser in Form von Interflow zufließen (vgl. hierzu 6.1.2).

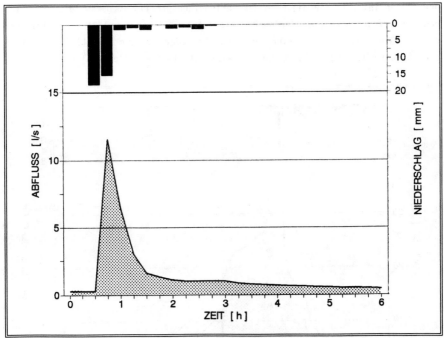

Abb. 50 Niederschlags-Abfluß-Ereignis vom 18.07.1986 (Meßstelle Odenwald)

Ein Dauerregen im Dezember 1988 erzeugte mit einer Freilandniederschlagshöhe von NF = 42,6 mm (NB = 30,9 mm) an Meßstelle Taunus "A" einen Scheitelabfluß von 17,9 $l \cdot s^{-1}$ und an Meßstelle "B" einen von 32,5 $l \cdot s^{-1}$. Der mehrstündige Niederschlagsinput ließ beide Pegel parallel kontinuierlich ansteigen und gipfelte nach 15 Stunden in einer Niederschlagsspitze, die von der Abflußganglinie im Einzugsgebiet "B" überaus deutlich nachgezeichnet wird. Auch in den Gerinnen im Taunus fallen die Wasserstände - natürlich in Abhängigkeit von Jahreszeit und Vorwetter - extrem rasch auf die ursprüngliche Höhe zurück. Bei sonst ähnlicher Wasserführung sind die Abflußspitzen im Taunus bei gleicher Niederschlagsmenge aber größer als im Odenwald.

Hierin besteht ein wesentlicher Unterschied der beiden Arbeitsgebiete, dessen Ursachen eigentlich nur in der inhomogenen Schuttdeckenzusammensetzung im Taunus und der damit einhergehenden schnelleren Dränung oder auch im größeren Sohlgefälle und der etwas längeren Fließstrecke der Taunusgerinne liegen können. Ein Vergleich der Längsprofile in Abb. 4 und 9 zeigt für das Einzugsgebiet Odenwald einen gegenüber den beiden Gebieten im Taunus sehr viel ausgeglicheneren Verlauf der Tiefenlinie, so daß die Form des Gerinnelängsprofils im Odenwald eher an einen "steady-state"-Zustand erinnert. Mit letzter Sicherheit läßt sich dies aber nicht klären, zumal das Gerinne im Odenwald weder stärker eingetieft ist, noch eine größere Weitung im Talquerprofil aufweist als die Runsen im Taunus.

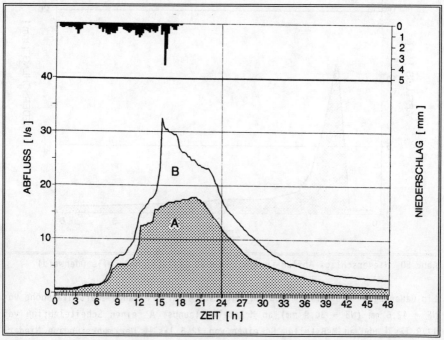

Abb. 51   Niederschlags-Abfluß-Ereignis vom 04.12.1988 (Meßstellen Taunus)

Die Höhe der Abflußscheitel fällt bei ergiebigen Niederschlägen an Meßstelle Taunus "B" immer etwa doppelt so groß aus wie am Pegel "A", was sich auch aus dem zweiten Beispiel für den Taunus in Abbildung 52 erkennen läßt. Daß die Ursache hierfür nicht unmittelbar im größeren Einzugsgebiet von Taunus "B" zu sehen ist, zeigt das zeitgleiche Eintreffen der Abflußmaxima an beiden Meßstellen. Verantwortlich für die höheren und auch deutlicher ausgeprägten Spitzen an Meßstelle "B" ist wohl der Zufluß von Wegabschlagswasser aus den im oberen Einzugsgebiet angelegten Wegentwässerungsgräben. Bei größeren Niederschlägen wird hierdurch das hydrologische Netz über die oberirdischen Wasserscheiden des Einzugsgebiets hinaus erweitert. Das in den Gräben rasch abströmende Wasser wird dem Gerinne unmittelbar an der die Runse querenden Brücke zugeleitet (vgl. Abb. 7 u. Abb. 10). Dadurch ist die Fließstrecke des konzentrierten oberflächlichen Abflusses in Runse "B" nicht sehr viel länger als in Runse "A". Jedoch sind die in "B" bei einem Spitzenereignis abfließenden Mengen infolge des durch anthropogene Maßnahmen herbeigeführten Zustroms erheblich größer.

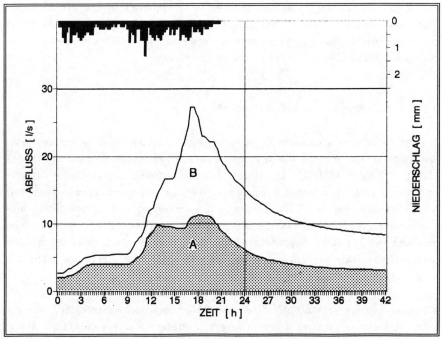

Abb. 52 Niederschlags-Abfluß-Ereignis vom 22.04.1989 (Meßstellen Taunus)

Das Niederschlagsereignis vom April 1989 erbrachte in kürzerer Zeit mit NF = 40,6 mm (NB = 33,4 mm) fast dieselbe Niederschlagsmenge wie das oben besprochene Ereignis im Dezember. Berechnet man den prozentualen Anteil des durch die Abflußspitzen abgeführten Niederschlagsinputs für derartige Ereignisse, ergeben sich für beide Einzugsgebiete gleiche Werte. Mit Eintreffen des Scheitelabflusses an den Kontrollquerschnitten fließen - zumindest bei Ereignissen im Winterhalbjahr - unabhängig von der Dauer regelmäßig etwa 15-20 % des Niederschlags sofort ab.

Problematisch werden solche Berechnungen allerdings im Sommer bei voll entwickelter Vegetation. Hier kann der Fall eintreten, daß trotz rascher Abflußkonzentration und ausgeprägter Abflußspitze selbst 24 Stunden nach dem Niederschlagsereignis erst 5 % und nach 48 Stunden noch nicht einmal 10 % des Inputs abgeflossen sind, während im Winter schon nach zwei Tagen rund 50 % des Niederschlags über die Gerinne wieder aus den Einzugsgebieten abströmen. Trockene Böden (vgl. 6.1.1.1.1.2) und die hohe Evapotranspiration wirken im Sommerhalbjahr offenbar einem größeren Direktabfluß entgegen. Aber auch hierbei weisen die spitzen Abflußganglinien auf geringe Infiltrationsraten und ein schwaches Retentionsvermögen in den Einzugsgebieten hin. Wie schnell die Aufnahmekapazität bei schon gesättigtem Bodenwasserspeicher erschöpft ist, läßt sich recht gut an den beiden Beispielen aus dem Winterhalbjahr erkennen.

5.2.1.3 Abflußregime und Retentionsvermögen

Die den Abflußgang steuernden klimatischen Regimefaktoren sind im humiden Klima der Niederschlag und die von der Lufttemperatur abhängige Verdunstung (KELLER 1979:113, SCHWARZ 1974:30). Es ist verständlich, daß der Einfluß dieser Faktoren nur durch eine ausreichend lange Beobachtungszeit geklärt werden kann. Die großen Schwankungen der Abflußspenden in den Einzugsgebieten zeigen jedoch eine ausgeprägte Abhängigkeit von der Niederschlagsverteilung. Die morphologischen, geo- und pedologischen Gegebenheiten bewirken eine so starke Überlagerung der übrigen Regimefaktoren, daß sich diese nur unwesentlich im jährlichen Abflußgang niederschlagen.

Allgemein erhöhte Wasserstände finden sich zwar bevorzugt im Frühjahr, aber die extremen Abflüsse sind vor allem an exzessive Niederschlagsereignisse wie Stark- und Dauerregen geknüpft. Gerade diese episodischen, im Verhältnis zur durchschnittlichen Wasserführung sehr großen und kurzfristigen Abflußschwankungen sind charakteristisch für die untersuchten Quellgerinne und nach OTTO & BRAUKMANN (1983:2) typisch für kleine Fließgewässer.

Wie stark die Höhe des Basisabflusses innerhalb eines Jahres vom jeweiligen Inhalt des Gesteinsspeichers abhängt, wurde schon in den Abschnitten 5.2.1.2 und 5.2.1.3 angesprochen. Auf den unruhigen Verlauf der Abflußganglinien hat dies jedoch nur geringen Einfluß. Wie sich aus den Jahresganglinien ersehen läßt, entleert sich der winterliche Überschuß aus dem Grundwasserspeicher sowohl im Odenwald als auch im Taunus recht schnell, um dann einen konstanten Wert anzunehmen.

Da nach LUFT (1980:103) in kleinen Einzugsgebieten davon ausgegangen werden kann, daß sich in jedem Monat genügend Tage mit Trockenwetterabfluß befinden, und nach WEYER (1972:32) der Trockenwetterabfluß aus solchen Gebieten dem Grundwasserabfluß gleichgesetzt werden kann, soll die niedrigste monatliche Tagesabflußmenge, die in den Untersuchungsgebieten gemessen wurde, zur Abschätzung des Basisabflusses herangezogen werden. In beiden Arbeitsgebieten sank selbst in ausgesprochen trockenen Sommermonaten die Abflußmenge bisher nicht unter $0,2 \; l \cdot s^{-1}$. Eine Ausnahme stellt hier Einzugsgebiet Taunus "B" dar, bei dem dieser Wert einige Male geringfügig unterschritten wurde. Damit ergibt sich in Anlehnung an HÖLTING (1984:43) die minimale Grundwasserabflußspende ($A_{u \; min}$) für die drei Einzugsgebiete - trotz unterschiedlichem geologischen Untergrundes und verschiedener hydrogeologischer Verhältnisse - zu $\approx 0,016 \; l/s \cdot km^2$.

Diese recht konstante Größe des Basisabflusses wird im Odenwald und auch im Taunus schon nach etwa 80 bis 100 Tagen erreicht, wie sich aus den in den Abbildungen 53 und 54 aufgestellten Trockenwetterauslauflinien ersehen läßt. Der stärkste Abfall der Auslaufkurve findet dabei innerhalb der ersten 20 Tage statt und verläuft in Abhängigkeit von der Größe der vorangegangenen Spitzenabflüsse im Einzugsgebiet Taunus "B" am steilsten.

Da der niedrige Basisabfluß aus dem Festgesteinsspeicher gespeist wird, können die stark gekrümmten Trockenwetterauslauflinien als weiterer Hinweis auf die geringen Retentionseigenschaften der hangenden Schuttdecken gewertet werden (vgl. HÖLTING 1984:39). Das von HERRMANN (1965:24) beschriebene gute Infiltrationsvermögen der Schuttdecken im Hohen Taunus steht im Widerspruch zu den vorliegenden Daten. Offensichtlich sind die edaphisch günstigeren Bedingungen an ungestörten Vergleichsstandorten durch die Entstehung der Runsen nachhaltig verändert und dadurch im oben aufgezeigten Sinne verschlechtert worden. Durch unsachgemäße forstliche Maßnahmen, wie bspw. die Wegentwässerung, wird die Abflußkonzentration zusätzlich gefördert und die erosive Wirksamkeit des Abflusses noch mehr verstärkt. Damit geht eine weiterreichende Zerschneidung und Zerrunsung einher, wodurch die Standortqualität zunehmend in der angegebenen Richtung reduziert wird.

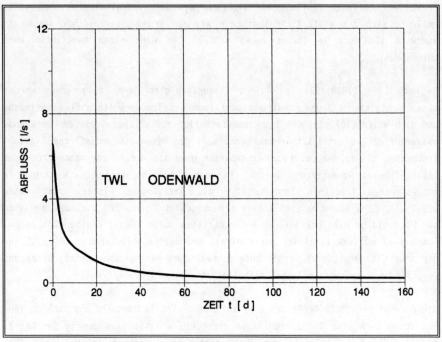

Abb. 53 Trockenwetterfallinie (Meßstelle Odenwald)

Zusammenfassend lassen sich, wenn auch nicht bei jedem Einzelereignis, in beiden Arbeitsgebieten drei Speicher anhand ihrer verschiedenen Kapazitäten und Retentionseigenschaften unterscheiden. Regelmäßig in Erscheinung treten ein eher kurzfristiger, nur für Minuten oder Stunden wirksamer Bodenspeicher, der stark von der Evapotranspiration dominiert wird, und der langfristige Gesteinsspeicher, dessen Retentionsvermögen oberhalb eines bestimmten Grenzwertes deutlich nachläßt. Unter günstigen Umständen kann bei geringem Feuchtedefizit und eingeschränkter Verdunstung noch ein mittelfristiger Speicher beobachtet werden, den offenbar die Schuttdecken bilden. Sein Rückhaltevermögen kann im Bereich einiger Tage liegen (vgl. 6.1.2).

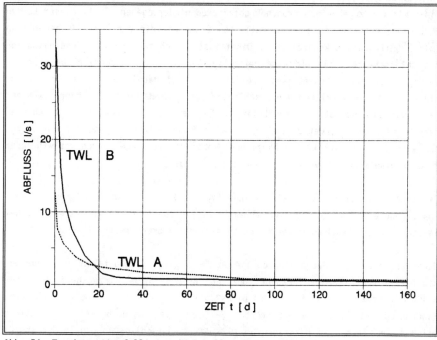

Abb. 54 Trockenwetterfallinien (Meßstellen Taunus "A" und "B")

5.2.2 Episodischer Abfluß

Im Gegensatz zum perennierenden Abfluß in den Quellgerinnen ist die Erfassung episodischer Abflüsse mit großen Schwierigkeiten verbunden. Deshalb besitzen die ermittelten Daten auch nicht die hohe Meßwertgüte wie die Aufzeichnungen aus den Dauerpegeln (vgl. 4.2.4.1.3.3). Außerdem ist die Laufzeit der Abflußmessungen im Einzugsgebiet Taunus "C" sehr kurz, so daß die nachfolgenden Ausführungen nur vorläufigen Charakter haben.

Unter bestimmten Witterungsbedingungen läßt sich in den über die meiste Zeit des Jahres trockenen Seitenrunsen zeitweilig ein konzentrierter linienhafter Abfluß beobachten. Dieser Abflußvorgang muß bestimmten Gesetzmäßigkeiten folgen, denn er tritt in allen größeren Tiefenlinien zeitgleich auf, weshalb die im Einzugsgebiet "C" durchgeführten Messungen mit einigen Einschränkungen als repräsentativ für diese Form der Abflußbildung anzusehen sind.

In Abbildung 55 ist beispielhaft eine sich über sechs Monate erstreckende Ganglinie mit den zugehörigen Kronendurchlaßhöhen wiedergegeben. Trotz dieser kurzen Zeitspanne enthält sie alle wesentlichen Elemente, die den episodischen Abfluß in den Seitenrunsen kennzeichnen. Dabei lassen sich zwei verschiedene Situationen unterscheiden, die Abflüsse hervorbringen. Einzelne Niederschläge erzeugen abhängig von ihrer Ergiebigkeit relativ hohe und dabei sehr kurze Spitzenabflüsse. Nach einem solchen Niederschlagsereignis kommt der Abfluß binnen weniger Tage oder auch nur Stunden zum Erliegen. Dagegen kann sich bei einer durch niederschlagsreiches Vorwetter bedingten hohen Bodenwassersättigung der Abflußprozeß auch über mehrere Wochen hinziehen, wobei das Versiegen durch fortwährenden Niederschlagsinput natürlich hinausgezögert wird.

Die erste Situation ist im allgemeinen typisch für den Sommer und Herbst, während längere Abflußperioden vor allem im Winter und Frühjahr auftreten. Hierbei lassen sich dann auch Überlagerungen beider Abflußformen feststellen.

Nach den bisherigen Beobachtungen liegen die maximalen Scheitelabflüsse nur wenig über einem Liter pro Sekunde. Bezogen auf das kleine Einzugsgebiet von nur 8 400 m², erreichen die Mengen des Direktabflusses dabei aber eine ähnliche Größenordnung wie in den perennierenden Gerinnen. Bei hohen Bodenfeuchtegehalten fließen rund 50 %, bei niedrigen um 10 % des Niederschlags innerhalb der ersten zwei Tage ab. Trotzdem ist es an dieser Stelle wenig sinnvoll, über die Gebietsgröße Abflußspenden zu berechnen, denn die zwar geringe, aber länger durchhaltende Wasserführung im Winterhalbjahr entstammt mit Sicherheit nicht dem kleinen Einzugsgebiet, sondern ist höchstwahrscheinlich auf einen saisonal verstärkten Wasserzuzug aus dem hier schwächer reliefierten Oberhangbereich zurückzuführen (vgl. Abb 7). Oberirdisches und unterirdisches Einzugsgebiet fallen somit nicht zusammen, wodurch der Wasserscheidenfestlegung natürlich Grenzen gesetzt sind.

Es wird nun aber deutlich, wie es zu den unterschiedlichen Abflußzuständen kommt. Sind im Winterhalbjahr noch Abflußanteile aus dem lang- und mittelfristigen Speicher enthalten, so sind die Abflußspitzen während edaphischer Trockenheit eine Folge kurzfristiger Interflowaustritte und sich in der Tiefenlinie konzentrierender Oberflächenabflüsse von den Hängen. Größeren Anteil erreicht der Oberflächenabfluß aber nur im unteren, tiefer eingeschnittenen Runsenbereich kurz vor der Meßstelle, wo ausreichende Hanglängen und -neigungen gegeben sind. Dies deckt sich mit der bei einem Starkregen gemachten Beobachtung, wonach die Wasserführung tatsächlich erst wenige Dezimeter vor dem Pegel stark zunimmt, was auch auf einen großen Anteil an Stammabfluß zurückzuführen ist, für den wegen

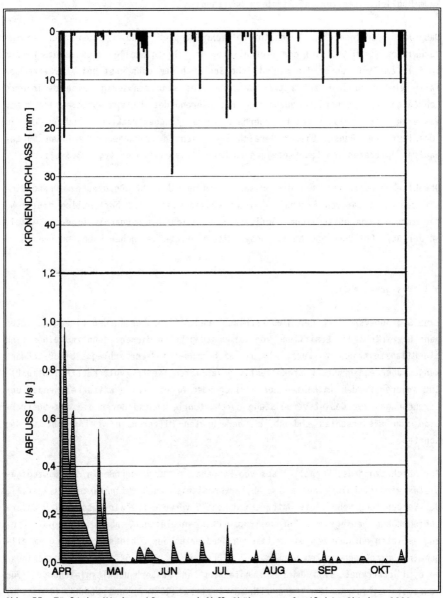

Abb. 55 Tägliche Niederschlags- und Abflußhöhen von April bis Oktober 1989 (Meßstelle Taunus "C")

der geringen Entfernung zwischen Stammbasis und Gerinnesohle (teilweise < 1 m) kaum Möglichkeiten zur Infiltration bestehen.

Daß die hydrologischen Verhältnisse sehr komplex sind, zeigen auch einige "Schwinden" im Mittellauf der Tiefenlinie. An solchen Stellen sickert das Wasser in 5-10 cm Tiefe unter die eigentliche Sohle ab, um dann erst bei stärkerem Gefälle wieder zu Tage zu treten. Daher ist es sehr schwierig, eine definierte Lauflänge für das Gerinne anzugeben. Nur während des Winterhalbjahres liegt der Wasseraustritt relativ fest innerhalb einer langgestreckten Feuchtstelle im "Oberlauf" der Runse. Dieser Bereich läßt sich in trockeneren Perioden am gehäuften Auftreten von feuchtezeigenden Carex-Arten erkennen (vgl. 3.3.6).

Obwohl eine umfangreiche hydrologische Bewertung des Abflußprozesses anhand dieser semiquantitativen Ergebnisse nicht möglich ist, wird hoffentlich deutlich, daß auch solche episodischen Abflüsse einen nicht zu vernachlässigenden Anteil an der Abflußbildung und am morphodynamischen Prozeßgeschehen haben müssen.

5.3 Wasserhaushalt

Eine Gegenüberstellung der Niederschlags- und Abflußhöhen in den Einzugsgebieten kann hier nicht der Ermittlung von Verdunstungshöhen dienen, denn zum einen sind die Bilanzzeiträume zu kurz, als daß sich annuelle Niederschlags-Abfluß-Schwankungen über ein großes Wertekollektiv nivellieren ließen (vgl. KELLER 1961:332). Zum anderen wurden im Rahmen der vorliegenden Arbeit keine weiterreichenden Untersuchungen zur Gebietsverdunstung durchgeführt, anhand derer die aus Subtraktion von Niederschlag und Abfluß berechneten Differenzen verifiziert werden könnten.

Zur Abschätzung des Verhältnisses von Eingabe- zu Ausgabegröße in den Einzugsgebieten wird deshalb - neben dem Abflußverhältnis (auch Abflußfaktor) - anstelle der Verdunstungshöhe V die Unterschiedshöhe U verwendet. Zwar lassen sich Unterschiedshöhen bedingt mit Verdunstungswerten vergleichen, aber in kleinen Einzugsgebieten entsprechen die mittleren Gradienten der Gebietsverdunstung im allgemeinen nicht den realen Werten (vgl. FELIX et al. 1988:527). Die Unterschiedshöhe U errechnet sich hier in Anlehnung an Wasserhaushaltsgleichungen für bewaldete Einzugsgebiete nach BENECKE & PLOEG (1978:2) und FLÜGEL (1988a:86) gemäß:

$$U\ [mm] = N_B\ [mm] - A\ [mm]$$

U = (ET-I) ET = Evapotranspiration I = Interzeption

Nicht der Freilandniederschlag soll im weiteren als Eingabegröße dienen, sondern der Bestandsniederschlag, denn das auf der Bestandsoberfläche sofort verdunstende Benetzungswasser geht dem weiteren Kreislauf, und insbesondere dem Abflußprozeß, verloren. Gegenüber einer Berechnung auf Basis des Freilandniederschlags reduzieren sich die so ermittelten Unterschiedshöhen, während die Abflußverhältniszahlen relativ ansteigen.

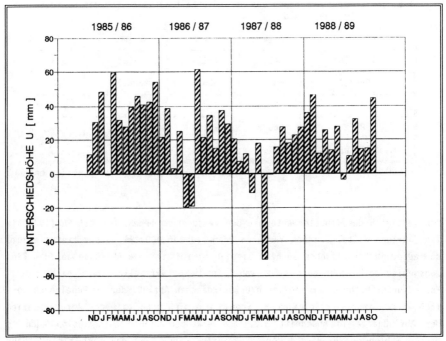

Abb. 56 Monatswerte der Unterschiedshöhe für die Jahre 1985/86-1988/89 (Meßstelle Odenwald)

Für das Arbeitsgebiet Odenwald sind in Abbildung 56 die nach dieser Beziehung monatlich ermittelten Unterschiedshöhen in den vier Beobachtungsjahren dargestellt. Neben den großen Schwankungen im positiven Abschnitt der Ordinate zeigt die Graphik aber auch negative Monatswerte. Hieran wird beispielhaft deutlich, daß in einzelnen Monaten die Abflußhöhen weit über den eingetragenen Niederschlagsmengen liegen können. Dies ist überwiegend im Winterhalbjahr der Fall, wenn bei eingeschränkter Verdunstung und relativ geringen Monatsniederschlägen die winterliche Wasserrücklage verstärkt den Gebietsabfluß bestimmt.

Aber auch bei der Bildung von Jahreswerten macht sich in derart kleinen Einzugsgebieten der Witterungscharakter von Einzelmonaten in einer Schwankung der jährlichen Unterschiedshöhen stark bemerkbar, wie Tabelle 10 mit recht ausgeglichenen Jahresniederschlägen zeigt.

Tab. 10 Unterschiedshöhen und Abflußverhältniszahlen für das Einzugsgebiet Odenwald

HYDROLOG. JAHR	N_B [mm]	A [mm]	U [mm]	A/N
1985/86	645,0	173,4	471,6	0,3
1986/87	695,0	386,5	308,5	0,6
1987/88	581,5	397,4	184,1	0,7
1988/89	565,3	221,1	344,2	0,4
MITTELWERT	621,7	294,6	327,1	0,5

(Quelle: Eigene Messungen)

Ein Vergleich der Tabellenwerte mit den Verdunstungshöhen, die KELLER (1979) im langjährigen Mittel für den Vorderen Odenwald auf 400-425 mm beziffert, zeigt, daß außer in Einzeljahren auch im vierjährigen Mittel die Abflüsse aus dem Einzugsgebiet doch recht hoch sind, wobei in dieser Aufstellung noch nicht einmal Korrekturwerte für einen möglichen unterirdischen Abfluß, der am Pegel nicht erfaßt wird, berücksichtigt wurden. Ebenso wie sich schon bei der Interpretation der Abflußgänge in Abschnitt 5.2.1.1.1 erkennen ließ, schlägt sich auch in diesen Zahlen der hygrische Vorjahreseinfluß nieder, so daß sich für das Jahr 1987/88 die geringste Unterschiedshöhe und das größte Abflußverhältnis ergeben.

Noch deutlicher als im Odenwald weisen die Ergebnisse aus dem Arbeitsgebiet Taunus in Tabelle 11 auf die große Abhängigkeit des Abflußgangs in den Quellgerinnen vom jeweiligen Niederschlagsdargebot und seiner zeitlichen Verteilung hin.

Tab. 11 Unterschiedshöhen und Abflußverhältniszahlen für das Einzugsgebiet Taunus "A"

HYDROLOG. JAHR	N_B [mm]	A [mm]	U [mm]	A/N
1987/88	534,8	944,0	-409,2	1,8
1988/89	661,1	422,8	238,3	0,7
MITTELWERT*	736,0	312,0	424,0	0,4

(Quellen: Eigene Messungen und Mittelwert (* nach HERRMANN 1965), langjähriges Mittel 1891-1955 für die Gemeinde Schloßborn berechnet am Freilandniederschlag)

Die Unterschiedshöhe nimmt hier für das Jahr 1987/88 einen negativen Wert an, was bei einer Gleichsetzung von U mit V bedeuten würde, daß in diesem Zeitraum keine Evapotranspiration stattgefunden hätte. Indes äußert sich in dieser Bilanz nur die hohe Abflußbereitschaft der Einzugsgebiete, die im Taunus noch ausgeprägter als im Odenwald in Erscheinung tritt.

Die Abflußverhältniszahlen für die drei Einzugsgebiete zeigen, bei einer Auftrennung nach hydrologischem Sommer- und Winterhalbjahr, für den Winter zwei bis drei mal größere Abflußverhältnisse als für den Sommer (vgl. Tab. 12).

Tab. 12 Vergleich der Abflußverhältniszahlen (A/N_B)

	ODENWALD	TAUNUS A	TAUNUS B
WINTERHALBJAHR	0,4	1,4	0,6
SOMMERHALBJAHR	0,3	0,5	0,2

(Odenwald: 4-jähriges Mittel, Taunus A: 2-jähriges Mittel, Taunus B: nur 1988/89, jeweils am Freilandniederschlag berechnet)

Über die winterlichen Abflüsse werden also schon mehr als die Hälfte des gesamten jährlichen Niederschlagsinputs aus den Einzugsgebieten wieder abgeführt, wobei innerhalb der Beobachtungsjahre keine nennenswerten Abflußanteile aus einer längerfristigen Rücklage in Form einer Schneedecke enthalten sind, der Abfluß also nur aus dem unterirdischen Speicher gespeist wird. Anhand dieser, nur auf kurzzeitiger Basis beruhenden Wasserhaushaltsberechnungen läßt sich die Fähigkeit der Einzugsgebiete zur Rücklagenbildung leider nicht befriedigend beurteilen. Ein Vergleich mit den Ergebnissen von LUFT (1980) aus dem Lößeinzugsgebiet "Rippach" im Ostkaiserstuhl (A_E = 1,2 km²) und den bei ERNSTBERGER & SOKOLLEK & WOHLRAB (1983:19) für das bewaldete Forschungsgebiet "Krodorf C" (A_E = 0,9 km²) mitgeteilten Werten zeigt aber, daß die für den Odenwald und Taunus ermittelten jährlichen Abflußverhältnisse deutlich höher sind. Auch aus den von FLECK (1986:137ff.) in den Jahren 1979-82 im "Schönbuch" gemessenen Niederschlags- und Abflußhöhen zweier überwiegend mit Buchen bestandener Teileinzugsgebiete mit Pseudogley-Parabraunerden (A_E = 0,19 und 0,38 km²) ergeben sich bei Berechnung des Abflußverhältnisses sehr viel kleinere und ausgeglichenere Jahreswerte zwischen a = 0,2 und 0,3.

Neben der sehr geringen Einzugsgebietsgröße dürften die starken Schwankungen und relativ hohen Werte in den eigenen Arbeitsgebieten wahrscheinlich auf die große Neigung der Einzugsgebietsfläche und den dadurch beschleunigten Abfluß zurückzuführen sein. Denn wie FLECK (1986) und AGSTER (1986) berichten, beträgt die in den Kleineinzugsgebieten des Schönbuch gemessene Verdunstungshöhe auch in niederschlagsreichen Jahren recht konstant 450-550 mm pro Jahr.

5.4 Sedimentaustrag

Die Sedimentführung eines Fließgewässers ist in hohem Maße von der pro Zeiteinheit abströmenden Abflußmenge abhängig (SCHMIDT 1981:60), denn neben den geologisch-morphologischen Gebietseigenschaften bestimmt vor allem die Abflußdynamik, also der Wechsel zwischen hohen und niedrigen Abflüssen, das Verhältnis der Sedimentfrachtkomponenten zueinander. Die Anteile der einzelnen Transportformen (Lösung, Schweb, Geschiebe) am jährlichen Gesamtaustrag nehmen daher für jedes Fließgewässer eine individuelle, aber für das Einzugsgebiet charakteristische Verteilung an. So steht im allgemeinen dem eher kontinuierlichen Austrag an gelöster Fracht der diskontinuierliche Feststofftransport gegenüber, der erst bei Überschreitung der kritischen Schubspannungsgeschwindigkeit einsetzt (ZANKE 1982:132) und somit nicht zeitkonstant ist.

Infolge der für jeden Gerinneabschnitt unterschiedlich gewichteten Wechselwirkung zwischen Strömung und Gewässersohle (ZANKE 1982:17) sind die für ein Gewässer ermittelten Beziehungen zwischen Feststoffkonzentration und Abfluß nur für das Gebiet gültig, in dem die Messungen vorgenommen wurden (BECHT 1986:5). Für eine Bilanzierung und eine vergleichende Betrachtung sollten daher außer den steuernden Faktoren auch die den jeweiligen Transportmechanismus beeinflussenden Randbedingungen untersucht werden. Letztendlich ist die Aufteilung der Sedimentfracht anhand der verschiedenen Transportformen nicht nur für die quantitative Erfassung des Gesamtaustrags erforderlich, sondern auch für die Gewichtung der Abtragsdynamik. Im Gegensatz zu der aus oberflächennahen Erosionsprozessen resultierenden Feststofffracht kann die Lösungsbelastung auch auf subterrane Abtragung i. S. v. ROHDENBURG & MEYER (1963:143) zurückzuführen sein.

5.4.1 Sedimentaustrag durch die perennierenden Gerinne

5.4.1.1 Lösungsfracht

5.4.1.1.1 Lösungsbelastung des Gerinnes im Arbeitsgebiet Odenwald

Sowohl die wöchentlichen Messungen der elektrischen Leitfähigkeit als auch die Analyseergebnisse von über 200 Schöpfproben, die von Juli 1986 bis November 1989 bei Abflußhöhen zwischen 0,2 bis 6,6 $l \cdot s^{-1}$ entnommen wurden, zeigen sehr geringe Schwankungen des Lösungsinhalts im Gerinneabfluß. Dies betrifft nicht nur die Größe des Abdampfrückstands (ADR) als Summenparameter für die Gesamtheit aller gelösten Ionen, sondern auch die Anteile der zusätzlich quantitativ bestimmten Alkalien und Erdalkalien. In Tabelle 13 sind die Durchschnittswerte und die zugehörigen statistischen Maßzahlen, die den Umfang der Abweichung beschreiben, den Ergebnissen einer Wasseruntersuchung gegenübergestellt, die HÖLTING (1982) an einer 4 km nordwestlich des Arbeitsgebiets aus dem kristallinen Grundgebirgssockel entnommenen Grundwasserprobe ermittelte.

Bis auf die mehr als doppelt so hohe Ca-Konzentration in der Analyse von HÖLTING reichen die durchschnittlichen Konzentrationswerte im Quellwasser des Arbeitsgebiets sehr nahe an die Werte der Grundwasserprobe heran. Die relativ hohe Standardabweichung s für Kalzium zeigt aber, daß dieses Ion auch in höheren Konzentrationen vorliegen kann (gemessener Maximalwert: Ca^{++} = 50 $mg \cdot l^{-1}$) und damit wieder im Bereich der Vergleichsprobe liegt. Wie anhand der Variationskoeffizienten V zu erkennen ist, bewegen sich alle prozentualen Schwankungen der einzelnen Ionen innerhalb des Beobachtungszeitraums in der gleichen Größenordnung. Auch der Anteil dieser Ionen am Gesamtlösungsgehalt (ADR) ist mit durchschnittlich 33,4 % (bei V = 20 %) sehr konstant. Das bedeutet, daß Konzentrationsänderungen zwar in gewissem Umfang feststellbar sind; sie korrelieren aber nicht mit dem Abflußgang.

Der ausgeglichene Lösungsinhalt des Quellgerinnes bei Trockenwetterabflüssen und seine große Ähnlichkeit mit dem Grundwasserchemismus deutet auf eine starke primäre und saisonal unabhängige Stoffbelastung aus dem Grundwasserspeicher hin. Häufiger zu beobachtende saisonale Schwankungen für Ca^{++}, K^+ oder Mg^{++} (vgl. RICHARDS 1982:96) lassen sich nicht feststellen. Lediglich die Silizumkonzentration steigt mit zunehmender Gerinnetemperatur leicht an. Die maximale jährliche Schwankungsbreite beträgt dabei jedoch nur ± 5 mg·l^{-1} Si (vgl. Tab 44 bis 47, im Anhang). Eine zusätzliche Ionenaufnahme durch chemische Lösungsprozesse, die sich in einer Zunahme des Gesamtlösungsgehalts oder einzelner Ionen niederschlagen müßte, findet innerhalb der kurzen Fließstrecke offensichtlich nicht statt.

Tab. 13 Gewässeranalyse des Gerinnes im Odenwald

		ARBEITSGEBIET			n. HÖLTING
		Mw	s	V %	
Ca^{++}	[mg/l]	34,8	10,0	26,6	86,8
Mg^{++}	[mg/l]	7,8	3,4	43,8	14,6
Na^+	[mg/l]	11,4	4,8	41,7	7,0
K^+	[mg/l]	2,5	1,0	38,6	0,8
Fe^{++}	[mg/l]	n.n.	./.	./.	0,03
Si	[mg/l]	10,6	3,5	33,2	./.
SUMME	[mg/l]	67,1	./.	./.	108,4
ADR	[mg/l]	260,9	./.	./.	./.
e. Leitfk.	[µS/cm]	362,0	39,0	10,8	./.
pH		7,3			6,8
GESAMTHÄRTE	[°d]	./.			15,5
CARBONATHÄRTE	[°d]	./.			12,8

(Quellen: Eigene Analysen u. n. HÖLTING (1982:141), Entnahmeort:
R 3477080, H 5516200)

Dem stehen geänderte Lösungsverhältnisse bei Hochwasserabflüssen gegenüber. Die Analysen aus den Proben, die mittels der Abfüllanlage aus dem ansteigenden Abschnitt von Hochwasserwellen gezogen wurden (vgl. 4.2.4.2.2.1), zeigen für die Konzentration der Einzelionen eine Abnahme. Dieser durch Verdünnungseffekte verursachte Rückgang (vgl. RICHARDS 1982:90; SCHMIDT 1984:83) ist aber nicht sehr ausgeprägt, wie die pro Probenentnahmehöhe aufgetragenen Ionensummen für sechs Abflußspitzen in Abbildung 57 erkennen lassen. Beim größten Abfluß (11 l·s^{-1}) beträgt die Abnahme zwischen der ersten und letzten Probe knapp 50 %; sie besitzt damit den stärksten Gradienten von allen Proben.

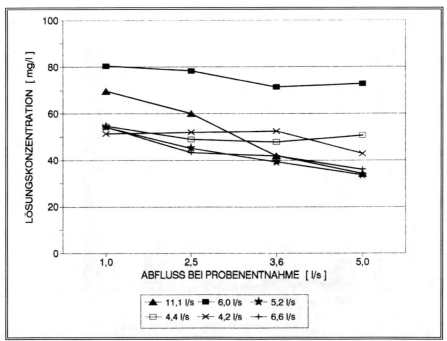

Abb. 57 Gang der Lösungskonzentration bei anlaufender Hochwasserwelle von sechs verschiedenen Spitzenabflüssen (Meßstelle Odenwald)

An den sechs Beispielen wird deutlich, daß eine Zuordnung der Konzentrationswerte aus den vier Einzelproben zur Größe der Abflußspitze nicht möglich ist, weil jedes Ereignis eine individuelle Ausgangs- und Endkonzentration aufweist. Da außerdem die Konzentrationen bei fallenden Wasserständen mit der eingesetzten Methode nicht zu erfassen sind, muß an dieser Stelle auf weiterreichende Interpretationen des Verdünnungseffektes anhand der Einzelereignisse verzichtet werden. Eine weitere Abnahme der Konzentrationen über die Werte der bei 8 cm Wasserstand (ensprechend einer Abflußmenge von 5 l·s^{-1}) gezogenen Proben ist wegen des schwachen Gradienten und der kurzen Abflußspitzendurchgangszeit (vgl. 5.2.1.2) aber wenig wahrscheinlich.

In Abbildung 58 sind daher nur die Durchschnittswerte bei Niedrigwasserführung und Spitzenabflüssen einander gegenübergestellt. Die mittlere Reduktion der Alkalien- und Erdalkaliensumme, die für 62 ausgewertete Spitzenabflüsse berechnet wurde, läßt sich so auf rund 30 % beziffern. Hingegen nimmt die Gesamtlösungskonzentration (ADR) im Vergleich zum Trockenwetterabfluß um 15 % zu.

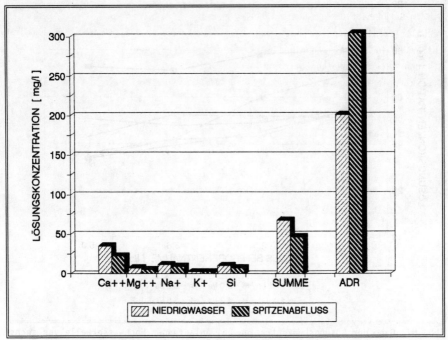

Abb. 58 Gegenüberstellung der mittleren Lösungskonzentration ausgewählter Kationen und des ADR bei verschiedenen Abflußhöhen (Odenwald)

Nach PÖRTGE & RIENÄCKER (1989) kann dieses inverse Verhalten auf den Umstand zurückzuführen sein, daß bei geringen Abflußhöhen der geogene Anteil im Abfluß dominiert, während bei Spitzenabflüssen in der pedogenen Sphäre deponierte Ionen durch Oberflächenabflüsse ausgewaschen und in verstärktem Umfang dem Gerinne zugeführt werden. Wie PÖRTGE & RIENÄCKER (1989) weiter zeigen konnten, handelt es sich dabei überwiegend um organische Verbindungen. Da diese bei der vorliegenden Untersuchung unberücksichtigt blieben, läßt sich dieser Sachverhalt für das Arbeitsgebiet zwar nicht direkt überprüfen, die mittlere Lösungsbelastung des Oberflächenabflusses ist jedoch ungleich größer als die des Gerinneabflusses (vgl. 6.1.1.1.3), so daß die Zunahme des Gesamtlösungsgehalts auch im Arbeitsgebiet mit hoher Wahrscheinlichkeit durch den Zufluß von Oberflächenabflüssen verursacht wird.

5.4.1.1.2 Lösungsbelastung der Gerinne im Arbeitsgebiet Taunus

Die im Gerinneabfluß von Runse Taunus "A" bestimmten Lösungskonzentrationen sind verhältnismäßig niedrig. Bei rund 100 Proben, die mittels des Probennehmers teilweise in nur 12-stündigen Intervallen bei Trockenwetterabflüssen zwischen 0,4 und 4 l·s^{-1} gewonnen wurden, läßt sich weder eine positive noch eine negative Korrelation des Lösungsgehalts mit der Abflußhöhe feststellen. Diese Konstanz spiegelt sich auch in den Meßwerten der elektrischen Leitfähigkeit wider, die im Abfluß von Gerinne "A" etwa 100 µS·cm^{-1} erreicht und in Gerinne "B" mit 120 µS·cm^{-1} nur geringfügig höher liegt.

Tab. 14 Gewässeranalyse des Gerinnes Taunus "A"

		ARBEITSGEBIET			n. THEWS
		Mw	s	V %	
Ca^{++}	[mg/l]	7,2	1,5	20,9	2,0
Mg^{++}	[mg/l]	3,9	0,4	10,9	3,0
Na$^+$	[mg/l]	5,0	1,6	32,9	5,0
K$^+$	[mg/l]	1,6	0,5	30,3	./.
Fe^{++}	[mg/l]	n.n.	./.	./.	0,05
Si	[mg/l]	4,5	0,4	9,9	3,0
SUMME	[mg/l]	22,3	./.	./.	13,0
ADR	[mg/l]	51,5	./.	./.	36,0
e. Leitfk.	[µS/cm]	100,0	./.	./.	./.
pH		6,5			6,0
GESAMTHÄRTE	[°d]	./.			1,2
CARBONATHÄRTE	[°d]	./.			1,1

(Quellen: Eigene Analysen u. n. THEWS (1972:13, Tab.1 Anh.: Nr.26))

Auch für Gerinne "B" sind dabei im Jahresverlauf praktisch keine nennenswerten Schwankungen feststellbar, so daß die an Meßstelle "A" ermittelten Ergebnisse nicht nur auf Gerinne "B" und "C" übertragbar, sondern für das gesamte Arbeitsgebiet repräsentativ sind. Dies zeigt sich auch beim Vergleich mit den Daten einer Quellwasseranalyse, die THEWS (1972) für das Gebiet der Gemeinden Ruppertshain und Schloßborn veröffentlicht hat und dem Grundwassertyp "karbonatarmes Taunusquarzitwasser" zuordnet (vgl. Tab. 14).

Die affinen Konzentrationswerte im Quellwasser und im Oberflächenabfluß der Gerinne belegen eindeutig den gesteinsbürtigen Ursprung der Lösungsbelastung, die sich damit unabhängig von den jeweiligen Einzugsgebietsparametern - sowohl bei den perennierenden als auch bei den intermittierenden Gerinnen - immer in der gleichen Größenordnung bewegen muß.

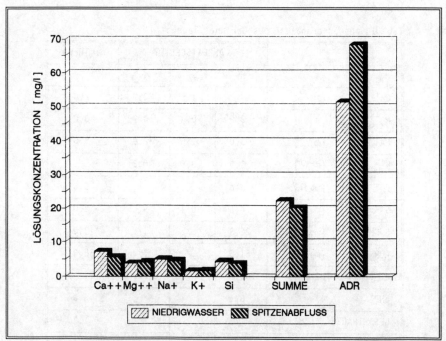

Abb. 59 Gegenüberstellung der mittleren Lösungskonzentration ausgewählter Kationen und des ADR bei verschiedenen Abflußhöhen (Taunus)

Diese geringen Veränderungen in der chemischen Wasserbeschaffenheit und die niedrigen Härtegrade weisen darauf hin, daß der Taunusquarzit primär fast keine Karbonate enthält (THEWS 1972:12). Aber auch die Solifluktionsschuttdecken sind arm an mobilisierbaren Bestandteilen, denn auch während der bisher beobachteten Hochwasserereignisse sind kaum Abweichungen in der Lösungsbelastung feststellbar. Die für die Abdampfrückstände berechneten Konzentrationen betragen gleichmäßig 50-100 mg$\cdot$l^{-1}, was genau den von THEWS ermittelten Werten entspricht.

In Abbildung 59 sind die mittleren Konzentrationen von 21 beprobten Abflußspitzen den Durchschnittswerten aus Tabelle 14 gegenübergestellt. Für die Konzentration der Alkalien und Erdalkalien und ihrer Summe ist nur eine geringfügige Abnahme zu verzeichnen, dagegen steigt der Abdampfrückstand, ähnlich wie im Arbeitsgebiet Odenwald, mit einer Zunahme von 25 % leicht an. Bezogen auf das jeweilige Einzelereignis ist dieser Anstieg jedoch sehr gering und läßt sich, ebenso wie die Einzelionenkonzentrationen, weder der Abflußmenge bei der Probenentnahme noch der Größe des Abflußscheitels in irgendeiner Form zuordnen (vgl. Tab. 52 bis 57, im Anhang).

5.4.1.1.3 Vergleich der Arbeitsgebiete

Die Lösungsfracht wird in beiden Arbeitsgebieten fast ausschließlich durch die Grundwasserbeschaffenheit bestimmt. Aufgrund des unterschiedlichen Chemismus der Speichergesteine ergeben sich für einzelne Ionen variierende Anteile in den Gerinnewässern von Odenwald und Taunus (vgl. Abb. 60). Die größere Härte des Odenwaldwassers ist vor allem auf den sehr viel höheren Karbonatgehalt zurückzuführen, während sich bei den übrigen Alkalien und Erdalkalien nur geringfügige Unterschiede ergeben. Der allgemein geringe Lösungsinhalt ist typisch für Quellwässer aus paläozoischen Gesteinen und läßt sich auch anderenorts in der Bundesrepublik nachweisen (vgl. LANG 1989:299).

Obwohl die Konzentration an Eisenionen (Fe^{++}) in beiden Arbeitsgebieten derart niedrig ist, daß die Meßwerte bei der Laboranalyse immer im Bereich des Standardfehlers lagen (vgl. Tab. 13 u. 14), können im Taunus stellenweise kräftig ockerfarbene Eisenausscheidungen an den Rändern der Gerinnebetten beobachtet werden. Solche Ausfällungen sind wahrscheinlich auf biotische Aktivitäten zurückzuführen, die eine örtlich stärkere Anreicherung zur Folge haben. In speziell an derartigen Stellen entnommenen Proben ist die Fe-Konzentration erstaunlicherweise aber auch nur geringfügig erhöht; sie liegt etwa um 0,5 mg$\cdot$l^{-1}.

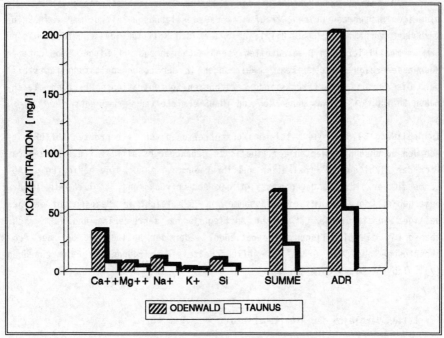

Abb. 60 Vergleich der mittleren Lösungskonzentration ausgewählter Kationen und des ADR bei Trockenwetterabfluß (Odenwald und Taunus)

Nach FAUTH (1969, zit. in HÖLTING 1984:201) läßt sich der Gesamtlösungsinhalt (in mg·l^{-1}) durch Multiplikation des Leitfähigkeitswertes (in μS·cm^{-1}) mit einem Faktor von 0,65 annähernd berechnen, was sich für beide Arbeitsgebiete bestätigt. Dabei kann festgestellt werden, daß im Gegensatz zum Taunus die Gesamtlösungskonzentration (ADR) und die elektrischen Leitfähigkeitswerte im Odenwaldgerinne etwa viermal größer sind. Das bedeutet, daß bestimmte, im Rahmen der vorgenommenen Analysen nicht näher quantifizierte Inhaltsstoffe hier in größerem Umfange vorliegen als im Taunus. Dies führt im Arbeitsgebiet Odenwald zu Leitfähigkeitswerten, die, folgt man einer vergleichenden gewässerchemischen Untersuchung von OTTO & BRAUKMANN (1983), nicht - wie nach der geologischen Situation zu erwarten wäre - dem "Silikat-Typ", sondern dem "Karbonat-Typ" zugeordnet werden müßten (vgl. auch LAMBRECHT et al. 1979:71). Durch welche Ionen diese Verzerrung verursacht wird, ist mangels detaillierter Analysen nicht zu entscheiden. Möglicherweise sind hierfür aber organische Inhaltsstoffe verantwortlich (z.B. HCO_3^-, SO_4^{--}, Cl^-, NO_3^-, PO_4^{---}).

Die sehr ausgeglichene Grundbelastung ist während des Durchgangs von Abflußspitzen Veränderungen durch Verdünnungseffekte und den Zutritt von Oberflächenabflüssen unterworfen. Zum Vergleich sind in Abbildung 61 die mittleren prozentualen Zu- bzw. Abnahmen der Konzentrationswerte bei Spitzenabflüssen aus beiden Gebieten einander gegenübergestellt.

Charakteristisch für beide Gerinne ist, daß sich die Lösungskonzentration als relativ unempfindlich gegenüber Abflußschwankungen erweist. Dabei variiert die Ionenkonzentration im Odenwald etwas stärker als im Taunus, wo sich auch schwach positive Änderungen ergeben können.

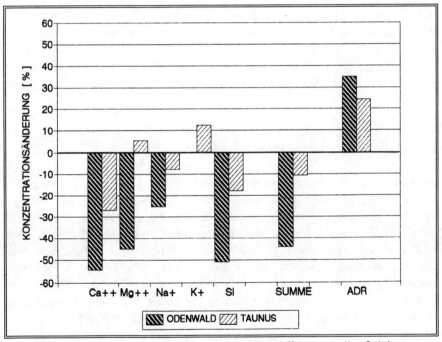

Abb. 61 Lösungskonzentrationsänderung bei Spitzenabflüssen im Vergleich zum Trockenwetterabfluß (Odenwald und Taunus)

Ebenso wie der deutlichere Verdünnungseffekt ist im Odenwald auch eine ausgeprägtere Zunahme der Gesamtlösungskonzentration festzustellen, die sich als ein weiteres typisches Merkmal beider Gerinne erweist. Wie sich aus den vorliegenden hydrochemischen Untersuchungen ableiten läßt, muß das bei Spitzenabflüssen wirksame Prozeßgefüge in beiden Fließgewässern sehr ähnlich sein. Die größeren Veränderungen im Odenwald könnten dabei als Folge eines verstärkten Zutritts von Oberflächenabfluß gewertet werden, dessen chemische Beschaffenheit sich einmal in der stärkeren Zunahme des ADR niederschlägt, aber durch seinen geringeren Gehalt an Alkalien und Erdalkalien eine deutliche Reduktion dieser Ionen im Abfluß bewirkt, was sich auch mit der starken Abnahme des Siziliumgehalts decken würde.

5.4.1.2 Schwebstofffracht

Im Gegensatz zum kontinuierlichen Lösungsaustrag ist die Schwebstofführung eines Fließgewässers sehr viel enger mit der Abflußdynamik verknüpft, denn Schwebstoffe werden in größerem Umfang nur durch Abflußspitzen ausgetragen (RICHARDS 1982: 96; WEBB & WALLING 1982:15). Daraus erwachsen nicht nur erhebliche meßtechnische Probleme, sondern auch große Unsicherheiten bei der Kalkulation der vom Gewässer transportierten Fracht, denn für eine Berechnung muß von den Werten für gemessene Ereignisse auf nicht beprobte Abflüsse extrapoliert werden (BECHT 1986:61).

5.4.1.2.1 Schwebstofführung im Arbeitsgebiet Odenwald

Die Meßwerte aus der Analyse von Schöpfproben, die bei Niedrigwasserführung entnommen wurden, zeigen, daß die Schwebstoffbelastung des Quellgerinnes im Odenwald sehr gering bis nicht mehr nachweisbar ist. Die mineralische Schwebstoffkonzentration bewegt sich bei Abflußhöhen unter etwa 1 $l \cdot s^{-1}$ nur zwischen 1-10 $mg \cdot l^{-1}$ und liegt damit im Bereich des analysebedingten Blindwertes. Aber auch bei den kontinuierlich höheren Wasserständen, die während winterlicher Trockenwetterphasen auftreten, liegen die Konzentrationswerte mit durchschnittlich 10-50 $mg \cdot l^{-1}$ noch immer sehr niedrig und können bei gleichen Abflußhöhen teilweise um den Faktor 10 differieren (ähnl. auch FLÜGEL 1982:110).

Weitaus größere Schwankungen ergeben sich bei Hochwasserabflüssen. In Abbildung 62 sind sechs mittels der Abfüllanlage (vgl. 4.2.4.2.2.1) beprobte Spitzenabflüsse und die der jeweiligen Entnahmehöhe zugehörigen Schwebstoffkonzentrationen wiedergegeben. Drei wesentliche Ergebnisse lassen sich zunächst anhand der Graphik erkennen. Verfolgt man die Ganglinien der Schwebstoffkonzentration für jedes Ereignis, so können die Konzentrationen mit steigendem Wasserstand sowohl zunehmen als auch abnehmen oder sogar gleichbleiben. Daraus folgt zweitens, daß eine Abhängigkeit der Schwebkonzentration zu der immer gleichbleibenden Entnahmehöhe aus der Abflußwelle nicht besteht, und letztlich keine Regelhaftigkeiten zwischen der Schwebkonzentration pro Entnahmehöhe und der Höhe des Scheitelabflusses erkennbar sind.

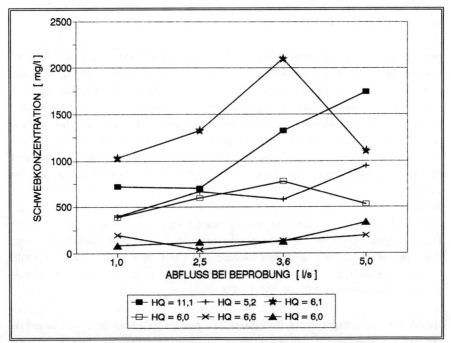

Abb. 62 Gang der Schwebstoffkonzentration bei anlaufender Hochwasserwelle von sechs verschiedenen Spitzenabflüssen (Meßstelle Odenwald)

Die möglichen Ursachen hierfür sind sehr vielfältiger Natur. Neben den umittelbaren Niederschlagseinflüssen wie wechselnder Dauer und Intensität (BECHT 1986: 5), spielt hierbei vor allem das Vorwetter und der davon abhängige Abflußgang eine wesentliche Rolle. Folgen auf langandauernde Niedrigwasserabflüsse akzentuierte Abflußspitzen, so ist die Schwebkonzentration in einer solchen Hochwasserwelle sehr viel größer als bei zwar gleichgroßen, aber permanenten erhöhten Abflüssen. Denn im ersten Fall wird einmal Material, das im Gerinnebett selbst festgelegt war, aufgewirbelt und verfrachtet. Bei hinreichend großen Abflüssen erfolgt zudem eine weitere Stoffmobilisierung durch verstärkte Sohlen- und Ufererosion. Ebenso wie nach dem Durchgang einer Abflußspitze bei jeder kurzfristig folgenden die mobilisierbare Materialmenge immer mehr zurückgeht, ist durch eine ständig erhöhte Wasserführung natürlich alles leicht erodierbare Material im Bettbereich bereits ausgeräumt. Längerfristig durchhaltende hohe Wasserstände treten fast ausschließlich während des Winterhalbjahres auf (vgl. 5.2.1.1.1), so daß hier im Mittel mit geringeren Schwebstofffrachten als im Sommer zu rechnen ist (vgl. FLÜGEL 1982:110; LEHNARDT & BRECHTEL & BONESS 1983:129; NIPPES 1986-89:43, 44; SCHMIDT-WITTE & EINSELE 1986:376ff.).

Der nur undeutlich ausgeprägte bzw. fehlende vertikale Gradient der Stoffkonzentration innerhalb einer Hochwasserwelle ist am besten zu verstehen, wenn man sich den Prozeß des Schwebaustrags in Form einer "Wolke" vergegenwärtigt, die natürlich in gewissem Maße ereignisabhängige Inhomogenitäten aufweist. Damit kann auch eine bei größeren Fließgewässern häufiger zu beobachtende horizontale Konzentrationsdifferenzierung über den Gerinnequerschnitt vernachlässigt werden. Über die Berechnung der mittleren Konzentration pro Entnahmehöhe für insgesamt 66 beprobte Abflußereignisse läßt sich allerdings ein leichter Rückgang der Schwebkonzentration um durchschnittlich 150 mg·l^{-1} in den bei 8 cm Wasserstand gezogenen Proben nachweisen (vgl. Tab. 48 bis 51, im Anhang). Da die zugehörigen Scheitelabflüsse im allgemeinen höher liegen, wird die maximale Konzentration also vor dem Eintreffen des Abflußscheitels am Kontrollquerschnitt erreicht. Eine solche positive Phasenverschiebung ist zwar die Regel (vgl. SCHMIDT 1984:86), in ähnlich kleinen Gewässern kann aber auch der umgekehrte Fall eintreten (vgl. SCHMIDT-WITTE & EINSELE 1986:376).

Obwohl hier eine ganze Reihe Unwägbarkeiten existieren, kann durch Zusammenfassen der Einzelwerte aus der anlaufenden Abflußwelle eine Abhängigkeit zwischen Schwebstoffkonzentration und der Höhe des Scheitelabflusses deutlich gemacht werden. Dabei läßt sich die Güte des Zusammenhangs stark erhöhen, wenn nach Sommer- und Winterereignissen unterschieden wird. In den Abbildungen 63 und 64 ist dieser Sachverhalt für beide Halbjahre graphisch dargestellt. Die berechnete statistische Abhängigkeit besitzt trotz der Korrelationskoeffizienten von r um 0,8 durch die ausreichend große Fallzahl n noch ein recht hohes Signifikanzniveau. Entgegen dem in der Literatur häufiger mitgeteilten exponentiellem Anstieg der Schwebkonzentration mit zunehmenden Abflüssen, ist hier in Übereinstimmung mit DEMUTH & MAUSER (1983:51) die beste Anpassung mittels einer linearen Einfachregression zu erzielen.

Der Zusammenhang läßt sich folgendermaßen formulieren:

$$SC_{Sommer} \ [mg \cdot l^{-1}] = -196{,}4 + 571{,}2 \cdot HQ \ [l \cdot s^{-1}]$$

$$r = 0{,}812 \qquad n = 37$$

und

$$SC_{Winter} \ [mg \cdot l^{-1}] = -66{,}5 + 89{,}3 \cdot HQ \ [l \cdot s^{-1}]$$

$$r = 0{,}825 \qquad n = 23$$

Wie der Vergleich der beiden Beziehungen zeigt, kommen ausgeprägte Abflußspitzen während der Sommermonate nicht nur häufiger vor und weisen dabei höhere Scheitelabflüsse auf, sondern bei gleicher Abflußmenge wie im Winterhalbjahr wird auch mehr Schwebmaterial mobilisiert (vgl. auch Abb. 63 u. 64).

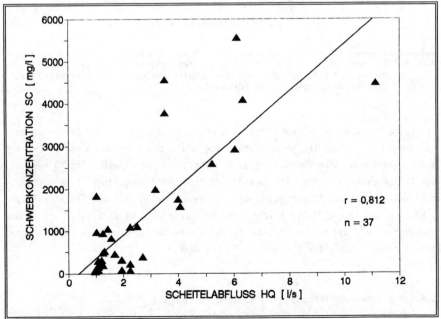

Abb. 63 Zusammenhang zwischen der Schwebstoffkonzentration bei anlaufender Hochwasserwelle und der Höhe des Scheitelabflusses für Ereignisse im Sommerhalbjahr (Meßstelle Odenwald)

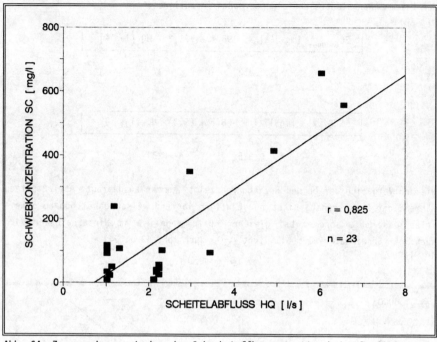

Abb. 64 Zusammenhang zwischen der Schwebstoffkonzentration bei anlaufender Hochwasserwelle und der Höhe des Scheitelabflusses für Ereignisse im Winterhalbjahr (Meßstelle Odenwald)

Die tatsächlich ausgetragenen Mengen lassen sich mit Hilfe dieser Beziehung aber nur abschätzen, denn die Konzentration bei ablaufender Hochwasserwelle ist aus meßtechnischen Gründen ebensowenig zu ermitteln wie der Schwebgehalt in dem Teil der Abflußspitze, der über der höchsten Probennahmeöffnung liegt. Eine rechnerische Kalkulation der Schwebmengen führt so zwangsläufig zu einer leichten Unterschätzung der tatsächlichen Fracht, was bei der relativen Seltenheit von großen Hochwässern und dem extrem raschen Durchgang der Abflußspitzen im Arbeitsgebiet jedoch nicht allzu stark ins Gewicht fallen dürfte.

5.4.1.2.2 Schwebstoffführung im Arbeitsgebiet Taunus

Die aus 105 Einzelproben ermittelte mineralische Schwebstoffkonzentration im Gerinne von Runse "A" beträgt bei Trockenwetter durchschnittlich 7,3 mg·l^{-1} (mit s = 5,9 u. V = 80,5 %). Die zugehörigen Abflüsse lagen während der Beprobung zwischen 0,3 und 5 l·s⁻¹ und umfassen alle Jahreszeiten. Trotz der relativen Ausgeglichenheit können aber bei gleichen Abflußhöhen Schwankungen um eine Zehnerpotenz auftreten (vgl. Tab. 52 bis 57, im Anhang).

Ebenso wie im Odenwald ist ein starker Anstieg der Schwebstoffkonzentration im Arbeitsgebiet Taunus nur infolge von Hochwasserspitzen festzustellen. Da solche Ereignisse auch hier nicht allzu häufig sind, kann sich eine Interpretation wegen des kurzen Beobachtungszeitraums nur auf wenige intensiv beprobte Abflußspitzen stützen und hat daher nur vorläufigen Charakter.

Ein Vergleich der Analysewerte von Hochwasserproben aus der Abfüllanlage und aus dem automatischen Probennehmer mit den Abflußmengen oder der Größe des Abflußscheitels erbrachte keinen mathematisch zufriedenstellend beschreibbaren Zusammenhang zwischen Schwebstoffkonzentration und Abfluß. Gleichwohl nehmen die Konzentrationen, in Relation zum Schwebgehalt vor und nach dem Ereignis, generell in jeder Abflußspitze zu. Die Ursachen hierfür liegen, neben saisonal wechselnden Rahmenbedingungen bei Materialbereitstellung und -mobilisierung, vor allem in einem sehr unsteten Transportverhalten innerhalb der Hochwasserwelle. Sehr eindrucksvoll zeigt sich dies an den wechselweise zu- und abnehmenden Konzentrationswerten im ansteigenden Ast von Abflußspitzen, wie sie in den Abbildungen 65 und 66 für zwei Ereignisse mit Scheitelabflüssen von 4,2 l·s⁻¹ und 21,5 l·s⁻¹ wiedergegeben sind. Dabei erreicht die in 24-Minuten-Intervallen gemessene Schwebkonzentration nach einigem Hin- und Herpendeln immer kurz vor dem Abflußmaximum ihre höchsten Werte. Das gleiche kann auch aus den Meßprofilen ersehen werden, die mit Hilfe der Abfüllanlage beim Durchgang von Abflußspitzen - hier allerdings ohne eine direkte zeitliche Zuordnungsmöglichkeit - gewonnen wurden. In den zuletzt gefüllten Probenflaschen finden sich durchgängig niedrigere Konzentrationen als in den jeweils darunterliegenden, bei niedrigerem Wasserstand gefüllten.

Auch in dem Gerinne im Taunus tritt somit eine positive Phasenverschiebung ein, wobei die sehr starke Konzentrationsabnahme zu ausgeprägten Hystereseschleifen führt (vgl. Abb. 65 und 66). Bei gleichem Wasserstand ist die Stoffkonzentration in der anlaufenden Welle also höher als in der ablaufenden, die Hystereseschleife folgt dem Uhrzeigersinn.

Die Kenntnis dieser Schleifenbeziehung ist nicht nur für die Berechnung von Schwebkonzentration und -fracht von Bedeutung (vgl. NIPPES 1986-89:47), sondern liefert in kleinen Einzugsgebieten auch einen Hinweis auf die bevorzugte Sedimentquelle. Nach KLEIN (1984:251) entstehen im Uhrzeigersinn verlaufende Schleifen, wenn die Schwebstoffe aus dem Bereich des Gerinnebettes und der Ufer stammen, also nur relativ kurze Transportwege vorliegen. Ist der Ursprungsort der Schwebstoffbelastung jedoch der Hang, kommt es zu entgegengesetzt verlaufenden Schleifen, das Schwebstoffmaximum bleibt zeitlich hinter dem Abflußmaximum zurück. Eine solche Hysteresekurve, wie sie bspw. von SCHMIDT-WITTE & EINSELE (1986) aus einem Kleineinzugsgebiet im Schönbuch mitgeteilt wird, konnte in den eigenen Arbeitsgebieten bisher nicht beobachtet werden.

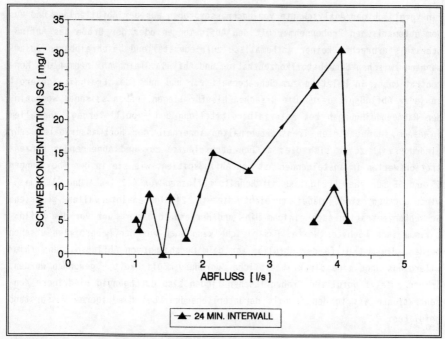

Abb. 65 Beziehung zwischen Schwebstoffkonzentration und Abflußmenge während eines Abflußereignisses am 22.12.1989 (Meßstelle Taunus "A")

Auch der sehr plötzliche Konzentrationsrückgang in der Abflußwelle auf Werte nahe Null unterstützt die Annahme, daß die Schwebbelastung überwiegend aus dem engeren Gerinnebereich stammt, von wo das Material kurzfristig mobilisiert und in großem Umfang abgeführt werden kann.

Würde hingegen eine zusätzliche Schwebstoffzufuhr durch stark belasteten Oberflächenabfluß erfolgen, müßte eine zeitliche Verzögerung oder eine allmählichere

Konzentrationsabnahme feststellbar sein. Da dies nicht der Fall ist, kann die Feststofführung des Oberflächenabflusses oder das dem Gerinne zufließende Abflußvolumen nur sehr gering sein. Andernfalls müßte der Zutritt nämlich nahezu zeitgleich mit dem Abflußpeak erfolgen, was höchst unwahrscheinlich ist.

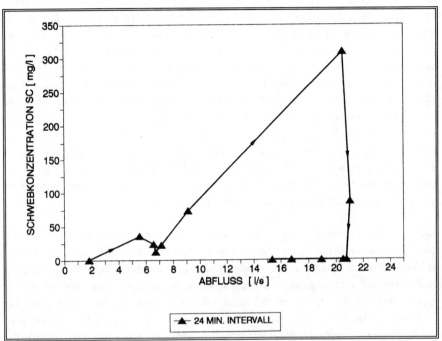

Abb. 66 Beziehung zwischen Schwebstoffkonzentration und Abflußmenge während eines Abflußereignisses am 14.02.1990 (Meßstelle Taunus "A")

Die mittlere Schwebstoffkonzentration in Hochwasserwellen mit Scheitelabflüssen zwischen 4 und 22 $l \cdot s^{-1}$ liegt mit 772 $mg \cdot l^{-1}$ (s = 825 und V = 110 % bei n = 9) um das Hundertfache über den Werten bei Trockenwetterabfluß. Die bisher gemessenen maximalen Konzentrationswerte betrugen allerdings rund 2 000-3 000 $mg \cdot l^{-1}$, die minimale Konzentration dagegen nur 31 $mg \cdot l^{-1}$, wobei hohe und niedrige Konzentrationen sowohl im Winter- wie auch im Sommerhalbjahr auftreten (vgl. Tab. 52 bis 57, im Anhang). Wegen der schmalen Datenbasis und der enormen Konzentrationsschwankungen sowohl innerhalb einer Abflußspitze wie auch von Ereignis zu Ereignis, kann eine Abschätzung der Schwebfracht nur anhand dieser Durchschnittswerte vorgenommen werden.

5.4.1.2.3 Vergleich der Arbeitsgebiete

Die bei Hoch- und Niedrigwasser gemessenen Schwebstoffkonzentrationen beider Arbeitsgebiete sind nahezu identisch. Die Werte bewegen sich zwischen wenigen Milligramm und einigen Gramm pro Liter, was in etwa den von LEHNARDT & BRECHTEL & BONESS (1983:229) ermittelten Konzentrationen in Fließgewässern aus einem nordhessischen Buntsandsteingebiet und den von NIPPES (1986-89:43) im Abfluß von Schwarzwaldbächen festgestellten Werten ebenso entspricht, wie der Größe der durchschnittlichen Schwebbelastung in Bächen aus Lößeinzugsgebieten im Ostkaiserstuhl (vgl. DEMUTH & MAUSER 1983:45). Hingegen liegen die Schwebstoffgehalte in Gewässern des Voralpenlandes um gut drei Zehnerpotenzen höher (vgl. BECHT 1986). Die Beispiele zeigen, daß die Höhe der Schwebstoffkonzentration in einem Fließgewässer nur bedingt von dessen Größe abhängig ist. Den limitierenden Faktor stellt allein die Transportkapazität dar. Solange sie nicht erschöpft ist, wird die Konzentration bei einem gegebenen Wasserstand nur von der Menge des zu diesem Zeitpunkt mobilisierbaren Materials bestimmt und besitzt daher häufig nur stochastischen Charakter. Dieser Umstand erschwert eine hinreichend genaue Prognose des Schwebstoffaustrags aus einem Einzugsgebiet.

Dabei ist die Grundbelastung an Schwebstoffen bei Niedrigwasserabflüssen in den Quellgerinnen im Odenwald und Taunus wegen ihrer Konstanz noch recht gut zu bestimmen. Große Schwierigkeiten ergeben sich erst bei der Beschreibung des Konzentrationsverhaltens während eines Hochwasserereignisses. Wie gezeigt werden konnte, erfolgt der Durchgang des Konzentrationsmaximums am Kontrollquerschnitt in beiden Gerinnen in Form eines deutlichen Peaks. Diese rasche Stoffabfuhr wird durch die ausgeprägten Abflußspitzen verursacht, in deren steiler anlaufender Welle die Transportkapazität überproportional stark zunimmt. Daß dabei vorwiegend Bettmaterial verfrachtet wird, läßt sich aus dem ebenso raschen Absinken der Konzentrationswerte noch vor Erreichen des Abflußmaximums erkennen. Die hierbei im Taunus durch den Einsatz des Probennehmers nachgewiesenen Hystereseschleifen dürften in ähnlicher Form auch an der Meßstelle im Odenwald auftreten.

Infolge der relativen Seltenheit solcher Abflußspitzen steht für die erforderliche erneute Materialbereitstellung im allgemeinen genügend Zeit zur Verfügung. Während der häufigen Phasen mit nur geringer Wasserführung erfolgt eine temporäre Zwischenlagerung gröberer Sedimentpartikel in den Zwickeln der Gerinnesohle, für die erst bei höheren Fließgeschwindigkeiten wieder ausreichende Transportkapazitäten bestehen (vgl. BECHT 1990:12).

Die Dynamik des Schwebstofftransports in dieser Form ist somit in erster Linie als eine Funktion des Abflußverhaltens zu verstehen und muß nach NIPPES (1986-89:47) als eine spezifische Eigenschaft der untersuchten Fließgewässer gewertet werden. Wie leicht der Feinmaterialbelag auf der Gerinnesohle zu mobilisieren ist, wird an der in Abschnitt 5.1.4.2 beschriebenen Beobachtung deutlich. Schon die Aufprallenergie des vom Bestand abtropfenden Niederschlagswassers genügt bei 1-2 cm Wassertiefe, um die abgesetzten Schwebstoffe im Gerinne aufzuwirbeln.

Leider war es nicht möglich, eine Korngrößenanalyse der Schwebstoffe vorzunehmen, da die hierfür erforderlichen Materialmengen wegen der geringen Konzentrationen in keinem Fall ausreichten. Jedoch dürften überwiegend Partikel der Schluff- und Tonfraktion bewegt werden, wie sich aus den Niedrigwasserproben der Geschiebefracht, die aus den Sedimentfallen entnommen wurden, erkennen läßt. Nur bei Scheitelabflüssen von etwa 4-5 $l \cdot s^{-1}$ an aufwärts ist auch die Verlagerung von Fein- und Mittelsand in Form von Schweb möglich. Proben, die aus dem unterhalb der Sedimentfalle anschließendem Abflußmeßkanal der Meßstellen im Taunus entnommen wurden, enthielten auch nach Spitzenereignissen um 20 $l \cdot s^{-1}$ keine Grobsande. Für einen schwebenden Transport gröberer Sedimente über die 60 cm lange Sedimentfalle hinweg, sind sehr viel größere Abflußhöhen als die bisher gemessenen erforderlich (vgl. 5.4.1.3.2.2.2).

5.4.1.3 Geschiebefracht

In noch stärkerem Maße als der Schwebtransport ist der Geschiebetransport von der Abflußdynamik abhängig. Ein längerfristiger, mehr oder weniger kontinuierlicher Geschiebetrieb über einen Zeitraum von mehreren Tagen bis Wochen ist nur bei sehr hohen Dauerabflüssen im Frühjahr feststellbar. Dabei läßt sich tatsächlich eine rollende oder gleitende Bewegung von maximal sandgroßen Körnern über die Gerinnebettsohle beobachten. Bei fallenden Wasserständen kommt diese Form des Feststofftransports jedoch schnell zum Erliegen, um erst wieder mit dem Auftreten von Hochwasserspitzen einzusetzen.

Dennoch wird auch während abflußarmer Zeiten Material in den Geschiebefangkästen sedimentiert. Bedingt durch die geringen Abflußhöhen handelt es sich dabei überwiegend um Schluff und Ton mit einem relativ hohen Anteil an organischer Substanz, der bis zu 15 % des Probengewichts ausmachen kann.

Bezogen auf die während einer Sedimentationsperiode abströmenden Wassermenge, ist diese "Grundbelastung" extrem gering. Sie beträgt im Arbeitsgebiet Odenwald ca. 1 mg·l^{-1}, an den beiden Meßstellen im Taunus sogar unter 0,5 mg·l^{-1}. Derartigen Minimalkonzentrationen stehen bei Hochwasserlagen Höchstwerte von 32 mg·l^{-1} im Odenwald und etwa 15 mg·l^{-1} im Taunus gegenüber, wobei die während eines Einzelereignisses in den Geschiebefangkästen abgesetzten Mengen an Meßstelle Taunus "B" über 100 kg betragen können.

Damit hat die Geschiebekonzentration gemessen an der Lösungs- und Schwebkonzentration den geringsten Anteil am gesamten Stoffaustrag. Jedoch sollte der Geschiebetransport und -austrag eine eingehendere Betrachtung erfahren, denn zum einen bestehen über den Geschiebeaustrag nur wenig Kenntnisse aus Naturbeobachtungen - da er sich schwer quantitativ erfassen läßt (vgl. ERGENZINGER 1985:141) - und zum anderen besitzt er innerhalb der Arbeitsgebiete eine ausgezeichnete Indikatorfunktion für die Analyse der Austragsdynamik (vgl. 5.4.1.5),

Wie die Ergebnisse aus der Analyse der Geschiebefrachtproben erkennen lassen, variieren nicht nur die eingetragenen Geschiebemengen, sondern auch die Geschiebezusammensetzung in beiden Arbeitsgebieten bei vergleichbaren Abflußhöhen stark. Mit steigenden Abflüssen läßt sich zwar eine Zunahme der verfrachteten Geschiebemengen und ein Anstieg des Grobkornanteils feststellen, aber eine Korrelation mit den zugehörigen Abflußspitzen oder der Abflußmenge bleibt unbefriedigend, da der Geschiebetransport in natürlichen Gerinnen keine unmittelbare Funktion des Abflusses ist (JACKSON & BESCHTA 1982:517).

Die Ursachen hierfür sind in der komplexen Verknüpfung verschiedener natürlicher Faktoren zu suchen, die den Geschiebetransport mitbeeinflussen. Denn neben den wechselnden Abflußverhältnissen sind es vor allem Veränderungen im Gerinnebett und im Sediment selbst, die eine Anwendung klassischer Erklärungskonzepte auf den Sedimenttransport in den kleinen und steilen Fließgewässern scheitern lassen (vgl. hierzu BATHURST & GRAF & CAO 1982:217; RICHARDS 1982:84; ZANKE 1982:61).

Detaillierte quantitative Untersuchungen zur Gerinnehydraulik und zur Sedimentbewegung in den Gerinnen würden über den Rahmen dieser Arbeit hinausgehen. Aber spätestens beim Versuch einer Kalkulation der Sedimentmengen in Abhängigkeit vom Abfluß und einer genaueren Erfassung des Schwebmaterials wird deutlich, daß die wechselnden Transportbedingungen großen Einfluß auf die Frachtraten haben und daher nicht vernachlässigt werden dürfen.

Die nachfolgenden Ausführungen auf semiquantitativer Basis beruhen auf Beobachtungen und Messungen aus beiden Arbeitsgebieten und bilden die Grundlage für ein besseres Verständnis der Geschiebefrachtschwankungen, erheben dabei aber keinen Anspruch auf Vollständigkeit.

5.4.1.3.1 Steuernde Faktoren des Geschiebetransports im Odenwald und Taunus

Abflußverhältnisse und jeweiliger Zustand der Gerinnesohle beeinflussen sich gegenseitig und sind saisonalen Veränderungen unterworfen. Wesentliche Merkmale der untersuchten Gerinne sind dabei das große Gefälle, die "step and pool"-Morphologie im Längsprofil der Tiefenlinie (vgl. 3.3.4) und die relativ grobe, schlecht sortierte Sedimentzusammensetzung der Gerinnesohle mit unterschiedlichen Kornformen. Zudem liegen die Wassertiefen häufig nur im Zentimeterbereich und bewegen sich damit in der gleichen Größenordnung wie die gröberen Fraktionen des Sohlensediments. Aus der daraus resultierenden großen Rauhigkeitshöhe ergibt sich ein komplexes Strömungsmuster, so daß die Abflußbedingungen auch bei niedrigen Wasserständen an verschiedenen Stellen im Gerinne immer als turbulent zu bezeichnen sind (vgl. BAYAZIT 1982:197).

Außerdem führen, abhängig von ihrer Größe, durchgegangene Abflußspitzen zu mehr oder minder starken Umgestaltungen der Gerinnesohlen. Als Folge kann sich entweder ein Dünnschichtabfluß über die gesamte Bettbreite einstellen, oder aber das Abflußgeschehen konzentriert sich im wesentlichen auf einzelne, miteinander verflochtene Strömungsrinnen.

Dies hat entscheidenden Einfluß auf die jeweilige Form des Geschiebetransports. In den Rinnen kommt es bevorzugt zu einer selektiven Auswaschung der feineren Korngrößen. Dabei freigelegte gröbere Sedimentpartikel, die nur kurzzeitig mobilisiert werden können, erfahren schon nach einigen Zenti- bis Dezimetern Transportstrecke eine neuerliche Deposition, indem sie randlich an die zwischen den Strömungsfäden aufragenden Sedimentakkumulationen angelagert werden (s. Abb. 67).

So bauen sich im Gerinnebett allmählich in Gefällsrichtung orientierte, gestreckte Sedimentkörper auf, die man als Längsrippeln oder "bed-load sheets" i. S. von WHITING et al. (1988) bezeichnen könnte. Bei einem raschen Abflußanstieg können derartige Akkumulationen in Form eines Transportkörpers über die Gerinnesohle bewegt werden. Liegt ein solcher Transportkörper knapp vor der Sedimentfalle, dann erfolgt bei entsprechend hoher Abflußspitze ein Eintrag von großen, meist schlecht sortierten Materialmengen. Nach dem Durchgang eines Transportkörpers am Kontrollquerschnitt erbringen mitunter auch kräftigere Abflußereignisse nicht mehr so umfangreiche Sedimentvolumina (ähnlich auch WHITING et al. 1988: 106).

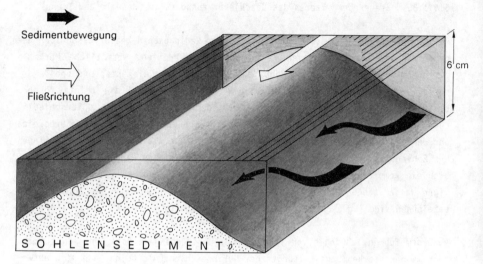

Abb. 67 Schema zur Genese von Transportkörpern im Sohlensediment (nach einer Beobachtung am Gerinne im Odenwald)

Nach langanhaltenden Perioden mit hohen Abflüssen, wie sie bevorzugt im Winterhalbjahr auftreten, sind oftmals auch Abpflasterungen der Gerinnesohlen zu beobachten. Dabei wird feineres Sediment durch festliegendes gröberes Sohlenmaterial abgedeckt. Vor allem im Arbeitsgebiet Taunus bilden sich bedingt durch die plattigen Geschiebe bevorzugt solche Pflaster. Hierdurch geht der Geschiebeaustrag im Vergleich zu einem sommerlichen Abflußereignis mit ähnlich hohen Wasserständen natürlich zurück. Erst durch eine relativ hohe Abflußspitze wird die Deckschicht auf der Gerinnesohle aufgebrochen und Bettmaterial wieder in größerem Umfang remobilisiert (BATHURST & GRAF & CAO 1982:212; KRONFELLNER-KRAUS 1981b: 118). Schon unter diesen relativ normalen Bedingungen ist der Geschiebetransport also ungleichförmig und verläuft phasenhaft (JACKSON & BESCHTA 1982:519).

Ein saisonales Phänomen stellt sich regelmäßig im Herbst ein. Bei allgemein geringer Wasserführung belastet der Bestandsabfall die Gerinnebetten derart stark, daß es trotz größerer Abflußspitzen nur zu vergleichsweise geringen Sedimenteinträgen in die Sedimentfallen kommt. Insbesondere feinere Sedimentpartikel werden so über einen längeren Zeitraum fixiert, obwohl die aufgezeichneten Abflußhöhen ihren Transport zulassen würden. Diese, den Sedimenttransport behindernden, Laubakkumulationen werden im allgemeinen von den Frühjahrshochwässern beseitigt, womit meist ein kräftiger Sedimentschub einhergeht.

Bildet sich auf den Gerinnen eine stärkere Eisdecke aus, wie zuletzt im März 1986 geschehen, kann das subglazial unter Druck abströmende Wasser beträchtliche Tiefenerosion verursachen. So wurde, trotz geringer Abflußhöhen, an der Meßstelle Odenwald die Gerinnebettsohle im Bereich der Meßstelle um 5-10 cm tiefergelegt. In diesem Fall wurden größere, nur mäßig sortierte Sedimentmengen in den Geschiebefangkästen abgesetzt, für die normalerweise keine Transportbedingungen bestanden hätten.

Diese Fallbeispiele machen deutlich, daß eine Ableitung gerinnehydraulischer Parameter, wie sie häufig aus Laborversuchen mitgeteilt werden (z.B. SMART & JAEGGI 1983), hier nicht weiterführt. Dennoch liefern solche Laborergebnisse wichtige Erklärungsansätze, mit deren Hilfe sich die Ergebnisse aus Naturbeobachtungen besser einordnen lassen.

5.4.1.3.2 Die Korngrößenverteilung als ein Indikator für wechselnde Abfluß- und Transportbedingungen

Die beschriebenen Veränderungen, die sich im Laufe eines Jahres im Gerinnebett vollziehen, schlagen sich signifikant in der Korngrößenverteilung der Geschiebefrachtproben nieder. Mit Hilfe einiger aus der Korngrößenanalyse leicht abzuleitender Kennwerte (Korngrößenverteilung, d50, d90) sind Rückschlüsse auf Veränderungen des Sohlensediments und der Dynamik der Gerinnebettentwicklung unter den wechselnden Abflußbedingungen möglich. Zudem lassen sich so recht gut Gemeinsamkeiten und Unterschiede im Geschiebetransport zwischen den beiden Arbeitsgebieten aufzeigen.

5.4.1.3.2.1 Charakterisierung des Sohlenmaterials

Wesentliche Merkmale natürlicher Sedimente sind die Korngrößenverteilung, die maßgebende Korngröße und die Kornform (ZANKE 1982:113). Betrachtet man die Sedimentproben der untersuchten Gerinne, so erweisen sich Kornform und petrographisches Spektrum für die beiden Arbeitsgebiete jeweils als relativ unveränderliche gebietstypische Eigenschaften. Lediglich die Korngrößenverteilung in den Proben wird durch die wechselnden Transportbedingungen fortwährend variiert. Dabei wird in beiden Arbeitsgebieten die petrographische Beschaffenheit der Sedimentproben sowohl vom anstehenden Ausgangsgestein als auch von den hangenden quartären Schuttdecken bestimmt.

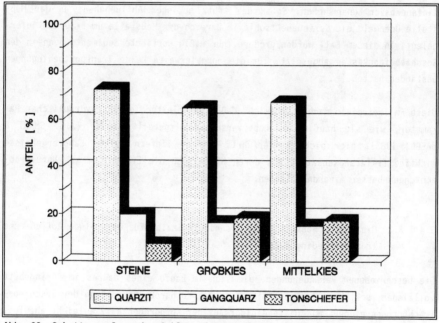

Abb. 68 Schotteranalyse des Sohlensediments der Taunusgerinne

Im Odenwald besteht die Kies- und Grobsandfraktion überwiegend aus Granodioritgruspartikeln. Bedingt durch den Vergrusungsprozeß weisen diese Körner von vornherein einen guten Rundungsgrad auf (vgl. 3.2.2). Der hohe Schluffanteil in den Proben ist weitgehend auf den in der Tiefenlinie der Runse anstehenden kleinkörnigen Malchit und den starken Lößlehmgehalt des Deckschutts zurückzuführen.

Die gröberen und daher besser bestimmbaren Sedimente ermöglichen für das Arbeitsgebiet Taunus eine genauere Differenzierung. Wie sich aus Abbildung 68 entnehmen läßt, überwiegt im Grobkornbereich der Sedimentproben von TA und TB der Taunusquarzit. Der Anteil des petrographisch weicheren Tonschiefers nimmt erst in den feineren Fraktionen zu, da dieses Gestein zu einer schluffig-tonigen Verwitterung neigt. Wie schon ausgeführt, sind im Bereich der Gerinnebetten an der Basis der Schuttdecken nur Tonschiefer aufgeschlossen. Der im Sohlensediment enthaltene Quarzit dürfte also überwiegend aus den Schuttdecken stammen. Auf der kurzen Transportstrecke in den Gerinnen kommt es zu keiner nennenswerten Zurundung des Geschiebes; außer den leicht kantengerundeten Tonschiefern sind alle Schotter scharfkantig. Damit dürften auch Kornform und -größe im wesentlichen denen des Verwitterungsmaterials entsprechen, welches die Schuttdecken aufbaut.

5.4.1.3.2.2 Die Korngrößenverteilung der Geschiebefracht

Bei der Korngrößenanalyse sind immer wieder ähnliche Kornverteilungen festzustellen. Durch Zusammenfassen solcher Kornsummenkurven wurden für die nachfolgenden Darstellungen in Anlehnung an ZANKE (1982:101) "Geschiebemischungsbänder" konstruiert. Die numerischen Daten, die die Abbildungen ergänzen, wurden aus den jeweiligen Einzelanalysen abgeleitet (vgl. Tab. 40, 42 und 43, im Anhang), und für die angeführten Kennwerte anschließend das arithmetische Mittel gebildet. Damit geben die Grafiken affine Kornverteilungen bei verschiedenen Durchschnittsabflüssen für jede der Meßstellen wieder.

Je schlechter die Sortierung der Korngrößen in den Proben ist, desto gestreckter verläuft das Mischungsband im Diagramm. Abweichungen in der Korngrößenverteilung der Einzelproben zueinander äußern sich bei dieser Darstellung in der zunehmenden Breite des Mischungsbandes. Für die Kennwerte wurden der d50- und d90-Durchmesser als maßgebend ausgewählt, da sich die Geschiebefrachtproben vor allem im Grob- und Mittelkornbereich signifikant unterscheiden (vgl. auch RAUDKIVI 1982:9). Wegen des hohen Tonanteils einiger Proben ist der d10-Durchmesser für die Probengesamtheit nicht durchgängig bestimmbar, er entfällt daher.

5.4.1.3.2.2.1 Geschiebefrachtproben der Meßstelle Odenwald

Für das Arbeitsgebiet Odenwald ist aufgrund des langen Beobachtungszeitraums eine relativ gute und jahreszeitlich weitgehend unabhängige Zuordnung der Korngrößenverteilungen zu den verursachenden Abflußereignissen möglich (vgl. Abb. 69, 70, 71 und 72).

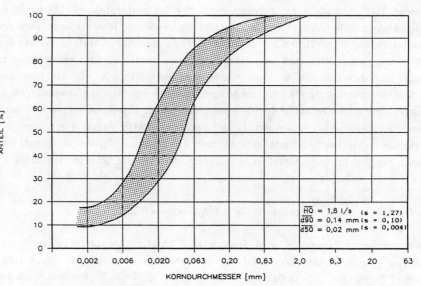

Abb. 69 Geschiebemischungsband für Sohlensedimente, die mit Spitzenabflüssen von durchschnittlich 1,8 l·s^{-1} transportiert wurden (Odenwald)

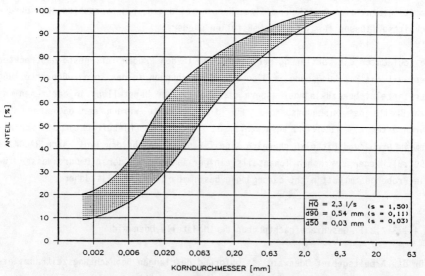

Abb. 70 Geschiebemischungsband für Sohlensedimente, die mit Spitzenabflüssen von durchschnittlich 2,3 l·s^{-1} transportiert wurden (Odenwald)

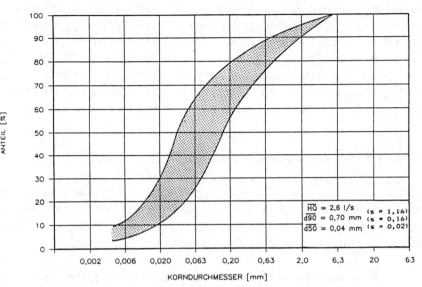

Abb. 71 Geschiebemischungsband für Sohlensedimente, die mit Spitzenabflüssen von durchschnittlich 2,6 l·s^{-1} transportiert wurden (Odenwald)

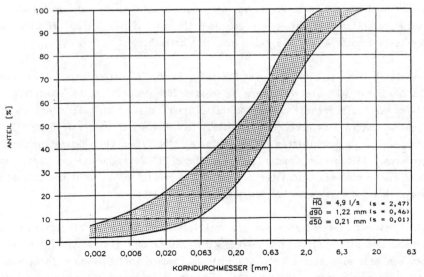

Abb. 72 Geschiebemischungsband für Sohlensedimente, die mit Spitzenabflüssen von durchschnittlich 4,9 l·s^{-1} transportiert wurden (Odenwald)

Bei geringer Abflußdynamik und durchschnittlichen Abflußwerten von weniger als 2 l·s^{-1} wird im Odenwald überwiegend Schluff in der Sedimentfalle abgelagert (vgl. Abb. 69). Mit steigenden Abflüssen wird die Sortierung erwartungsgemäß schlechter, und die d90-Werte rücken in den Bereich der Sandfraktion (Abb. 70 u. 71), wobei in den Proben aber immer noch wenig Kies enthalten ist. Dies ändert sich erst im Mischungsband für die Spitzenabflüsse (Abb. 72). Bei vergleichsweise schwacher Sortierung der Proben steigt nun der Kiesanteil relativ stark an.

5.4.1.3.2.2.2 Geschiebefrachtproben der Meßstellen im Taunus

Auffälligstes Merkmal der Proben von Meßstelle "A", die aus dem Sommerhalbjahr mit allgemein geringer Abflußdynamik und niedrigen Wasserständen stammen, ist der hohe Tonanteil (Abb. 73). Er übersteigt die Werte, die bisher in den Proben von Odenwald und Taunus "B" ermittelt wurden.

Die Proben zeichnen sich, ebenso wie im Odenwald, durch ein Maximum im Schluffbereich und eine recht gute Sortierung aus (s. Abb. 69). Hingegen nehmen Sand- und Kiesanteil bei steigenden Abflüssen sehr viel stärker zu als im Odenwald, was auf das gröbere Bettmaterial im Taunus zurückzuführen ist. Gut läßt sich dies anhand der d90-Werte verfolgen, wenn man die Abbildungen mit vergleichbaren durchschnittlichen Abflüssen aus dem Odenwald mit 4,9 l·s^{-1} (Abb. 72) und von Meßstelle Taunus "A" mit 4,6 l·s^{-1} (Abb. 74) betrachtet.

Gleiches gilt prinzipiell auch für Meßstelle Taunus "B", allerdings ist hier für das Sommerhalbjahr die verfügbare Datenbasis für eine gesicherte Auswertung zu klein. Aber die Proben aus dem Winterhalbjahr, die bisher analysiert werden konnten, zeigen eine große Ähnlichkeit zu den Proben von Meßstelle Taunus "A", die jeweils aus dem gleichen Zeitraum stammen (Abb. 75 u. 76). Bedingt durch die größeren Abflußspitzen ergeben sich für Taunus "B" etwas höhere d90-Werte. Untereinander sind die Geschiebefrachtproben von Meßstelle "B" recht gleichförmig, wie sich aus dem schmalen Mischungsband entnehmen läßt.

Wie stark umgestaltend sich nun ein kräftiges Abflußereignis auf die Zusammensetzung des Sohlensediments auswirken kann, zeigen sehr eindrucksvoll fünf Proben von Meßstelle Taunus "A", die nach dem großen Abflußereignis im Dezember 1988 entnommen wurden (vgl. Abb. 77). Die höchsten d90- und d50-Werte weisen die Geschiebe auf, die durch die Abflußspitze im Dezember verfrachtet wurden (Probe TA-25). Unabhängig von der Größe der nachfolgenden Abflußereignisse nehmen dann

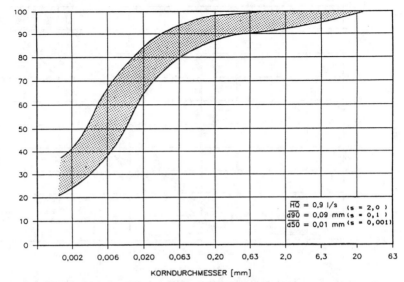

Abb. 73 Geschiebemischungsband für Sohlensedimente, die mit Spitzenabflüssen von durchschnittlich 0,9 l·s⁻¹ transportiert wurden (Meßstelle Taunus "A", Sommerhalbjahr)

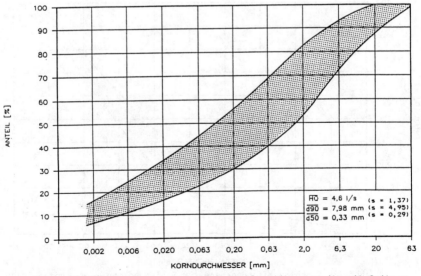

Abb. 74 Geschiebemischungsband für Sohlensedimente, die mit Spitzenabflüssen von durchschnittlich 4,6 l·s⁻¹ transportiert wurden (Meßstelle Taunus "A", Winterhalbjahr)

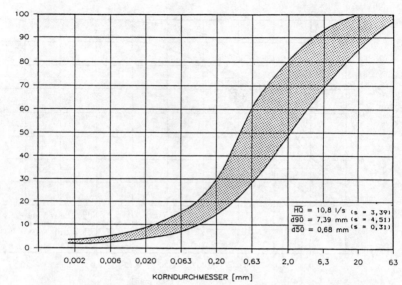

Abb. 75 Geschiebemischungsband für Sohlensedimente, die mit Spitzenabflüssen von durchschnittlich 10,8 l·s^{-1} transportiert wurden (Meßstelle Taunus "A", Winterhalbjahr)

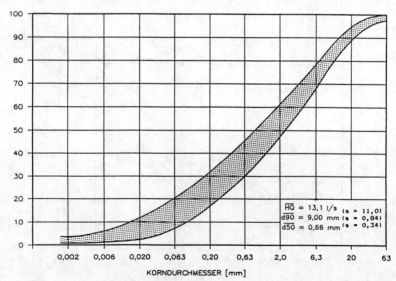

Abb. 76 Geschiebemischungsband für Sohlensedimente, die mit Spitzenabflüssen von durchschnittlich 13,1 l·s^{-1} transportiert wurden (Meßstelle Taunus "B", Winterhalbjahr)

die d90- und d50-Werte der Proben kontinuierlich ab. Beim Dezember-Ereignis bereitgestelltes, aber nicht verfrachtetes Material konnte schon durch eine relativ kleine Abflußspitze remobilisiert werden (Probe TA-26). Für die sich anschließenden etwa gleich starken Abflußereignisse stand nun immer weniger transportierbares Grobmaterial zur Verfügung, so daß die d90- und d50-Werte unabhängig von der Höhe des Scheitelabflusses immer weiter in den Feinkornbereich rücken.

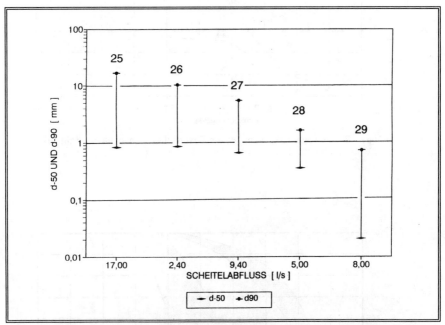

Abb. 77 Reduktion der d50- und d90-Werte in fünf aufeinanderfolgenden Geschiebefrachtproben mit unterschiedlichen Scheitelabflüssen (Taunus "A")

Einen ähnlichen Vorgang gibt Abbildung 78 wieder. Hier zeigt der Vergleich zweier Geschiebefrachtproben von Taunus "B", daß es durch ein Abflußereignis im Februar 1989 zu einer selektiven Auswaschung bestimmter Korngrößen im Sohlensediment gekommen ist. In Probe TB-5 ist im Verhältnis zur durchschnittlichen Korngrößenverteilung der Sandanteil stark erhöht (vgl. Abb. 76). Bei der anschließend entnommenen Probe (TB-6) weist die Kornsummenkurve in der Sandfraktion ein ausgeprägtes Minimum auf, das durch den vorangegangenen verstärkten Austrag bestimmter Korngrößen verursacht wurde.

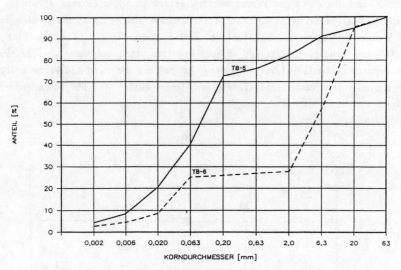

Abb. 78 Kornsummenkurven zweier Geschiebefrachtproben (Meßstelle Taunus "B")

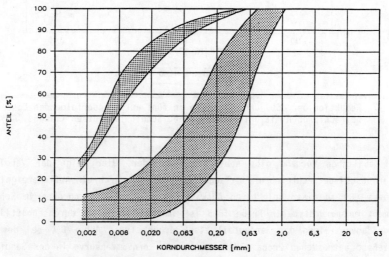

Abb. 79 Mischungsbänder für im Meßbecken abgelagerte Sedimente (Meßstellen Taunus "A" und "B")

In Abbildung 79 sind die Korngrößenverteilungen des Materials wiedergegeben, das über die Sedimentfallen von Taunus "A" und "B" hinausgetragen und im Abflußmeßbecken sedimentiert wird. Getrennt nach den Abflußspitzenwerten der Sedimentationsperioden ergeben sich hier zwei typische Korngrößenverteilungen, die ebenfalls eng mit der Abflußdynamik verknüpft sind. Zu Zeiten mit niedrigen Abflußhöhen wird vor allem viel Schluff und Ton hinter den Sedimentfallen abgelagert, während bei Spitzenabflüssen auch noch Fein- und Mittelsand über die Geschiebefangkästen hinwegbewegt wird.

Bei diesem Material handelt es sich eindeutig um Schwebfracht, die definitionsgemäß nicht zum Geschiebe gezählt werden dürfte. Hier zeigt sich, daß die Grenzen zwischen Schweb- und Geschiebefracht fließend sind und von der gegebenen Fließgeschwindigkeit bzw. Sohlschubspannung abhängen (ZANKE 1982:133). Eine exakte Trennung ist mit der eingesetzten Meßmethode nicht möglich (vgl. 4.2.4.2.1.1).

Eine wesentliche Ursache für den teilweise recht hohen Tonanteil in den Geschiebefrachtproben (bspw. Taunus "A") ist wohl darin zu suchen, daß die Tone bevorzugt zur Agglomeratbildung neigen und dann in Form von Geröllen verfrachtet werden (RICHARDS 1982:80). Bei der Korngrößenanalyse werden jedoch diese Komplexe zerstört und nur die Einzelkörner bestimmt. Der Fehler, der sich daraus ergibt, ist für die angestrebte Bilanzierung relativ unbedeutend, da der weitaus größte Teil des Feinmaterials als Schweb transportiert wird.

5.4.1.3.2.2.3 Vergleich der Ergebnisse aus beiden Arbeitsgebieten

Wie die vorangegangenen Ausführungen gezeigt haben, wird in beiden Arbeitsgebieten mit steigenden Abflußhöhen zunehmend gröberes Geschiebe in den Fließgerinnen verfrachtet. Ein Zusammenhang von Korngröße und Scheitelabfluß läßt sich mit Hilfe des d90-Wertes für die Meßstellen Odenwald und Taunus "A" graphisch darstellen (vgl. Abb. 80).

In Anbetracht der großen Variationsbreite des Abflußgeschehens während einer Sedimentationsperiode wurden nur solche Proben in diese Auswertung einbezogen, für die sich auch eine ausgeprägte Abflußspitze definieren ließ. Die Korrelationskoeffizienten von 0,88 für den Odenwald und 0,72 für den Taunus machen deutlich, daß nicht allein die Größe der Abflußspitze die Korngrößenverteilung in der Geschiebefracht bestimmt.

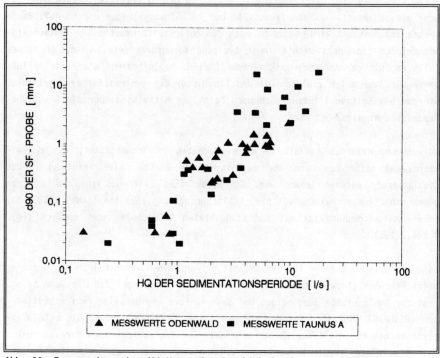

Abb. 80 Zusammenhang der d90-Werte der Geschiebefracht mit der Höhe der Scheitelabflüsse (Meßstelle Odenwald und Taunus "A")

Neben den spezifischen Veränderungen, die das Sohlensediment durch die permanenten Umgestaltungen des Gerinnebetts erfährt, ist hierbei offenbar die primäre Korngrößenzusammensetzung der Gerinnesedimente von Bedeutung. Die stärkere Streuung der d90-Werte, die sich für Meßstelle Taunus "A" im Vergleich zum Arbeitsgebiet Odenwald ergibt, und die Tatsache, daß bei gleichen Abflußhöhen im Taunus wesentlich gröberes Geschiebe in der Sedimentfalle abgesetzt wird, dürfte also eher auf den von vornherein höheren Grobgeschiebeanteil im Gerinnebett zurückzuführen sein als auf das etwas stärkere Sohlgefälle der Taunusgerinne. Dies würde bedeuten, daß die Transportleistung des Fließgewässers im Odenwald, was die Korngröße des Geschiebematerials anbelangt, unter dem hydraulisch Möglichen liegt. Daß sehr viel gröberes Material verfrachtet werden kann, sofern es verfügbar ist, zeigen einige wenige Steine, die sich nach Hochwässern aus den umfangreichen Proben isolieren ließen.

5.4.1.4 Bilanz des Sedimentaustrags

Der Gesamtstoffaustrag und die daraus ableitbaren Abtragsraten errechnen sich aus der Addition der Frachtmengen, die durch die einzelnen Transportarten aus den Einzugsgebieten ausgetragen werden.

Für den Lösungsanteil gestaltet sich dies recht unproblematisch, da die Belastung sehr konstant ist. Sehr viel größere Schwierigkeiten bereitet dagegen die Berechnung der Schwebfracht, weil hier der Zusammenhang von Konzentration und Abfluß nur bei Spitzenabflüssen eine gewisse Signifikanz besitzt. Um den Schwebaustrag wenigstens abschätzen zu können, wurden für die Berechnung Durchschnittswerte verwendet, was nach LANG (1989:306) für kleine und relativ homogene Einzugsgebiete durchaus statthaft ist. Der geringste Fehler ergibt sich bei der Kalkulation der Geschiebefracht, da sie praktisch vollständig erfaßt wird, dabei allerdings in keinem unmittelbaren Zusammenhang mit der Abflußmenge steht.

5.4.1.4.1 Austragsbilanz für das Arbeitsgebiet Odenwald

Der Lösungsaustrag wurde durch Multiplikation des mittleren ADR-Wertes aus Tabelle 13 mit den monatlichen Abflußmengen berechnet. Bei der Schwebfrachtkalkulation wurde so verfahren, daß für Niedrigwasserstände ein Wert von 5 mg·l^{-1} eingesetzt wurde, bei erhöhten Trockenwetterabflüssen größer 1 l·s^{-1} wurde gemäß den Tab. 44 bis 51 (Anhang) eine permanent erhöhte Konzentration von 40 mg·l^{-1} angenommen. Die Konzentrationswerte für Abflußspitzen wurden mit Hilfe der in Abschnitt 5.4.1.2.1 vorgestellten Beziehung getrennt nach Sommer- und Winterhalbjahr ermittelt und mit der Abflußmenge, die bei Erreichen des Abflußscheitels abgeflossen war, multipliziert. Obwohl dies zu einer leichten Unterschätzung der Fracht führt, soll damit der Tatsache Rechnung getragen werden, daß nach Durchgang der Abflußspitze die Konzentrationswerte stark absinken. Auch diese drei Werte wurden zu Monatssummen aufaddiert. Die derart berechneten Ergebnisse sind in Tabelle 15 und Abbildung 81 wiedergegeben.

Die Lösungsfracht hat im vierjährigen Mittel einen Anteil von knapp 90 % am Gesamtaustrag. Von den verbleibenden 10,5 % Feststoffracht entfallen auf den Schwebstoff 9 % und auf das Geschiebe 1,5 %. Durch den großen Anteil der Lösungsfracht nimmt der Gesamtaustrag, der im Beobachtungszeitraum durchschnittlich 6,4 t erreicht, mit steigenden Abflüssen natürlich schnell zu und folgt damit im wesentlichen der jährlichen Niederschlagsverteilung (FLÜGEL 1982:116).

Tab. 15 Sedimentaustrag im Arbeitsgebiet Odenwald 1985/86-1988/89

JAHR	LÖSUNG [kg]			SCHWEB [kg]			GESCHIEBE [kg]		
	WHJ	SHJ	Σ	WHJ	SHJ	Σ	WHJ	SHJ	Σ
1985/86	1818	1617	3435	131	82	213	16	63	79
1986/87	3432	3701	7134	407	411	818	52	57	109
1987/88	5987	1895	7882	772	68	839	64	36	99
1988/89	2389	1995	4384	210	182	391	42	74	116
MITTEL	3407	2302	5707	380	186	565	43	57	101
s	1598	820	1849	248	137	271	17	14	14
V %			32,4			48,0			13,9

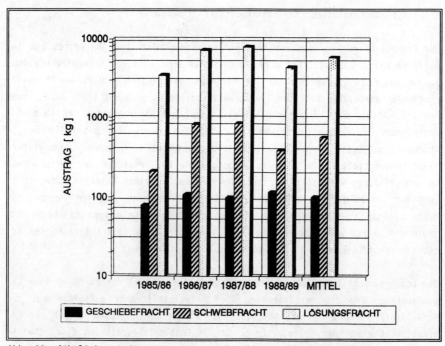

Abb. 81 Jährlicher Sedimentaustrag aus dem Einzugsgebiet im Odenwald

Auch die Schwebstofführung zeigt diese Abhängigkeit noch deutlich; die hohe Varianz von 48 % läßt aber den stärkeren Einfluß, den Niederschlagseinzelereignisse auf die Fracht ausüben, erkennen. Daher ist der Schwebstoff- und Lösungsaustrag im Winterhalbjahr höher.

Ein umgekehrtes Verhältnis kann beim Geschiebeaustrag beobachtet werden. Die Frachtmengen weisen im Mittel ein Verhältnis von Sommer zu Winter wie von 60 zu 40 auf. Die Ursache für diese Verschiebung wird in Abschnitt 5.4.1.5 noch eingehender diskutiert.

5.4.1.4.2 Austragsbilanz für das Arbeitsgebiet Taunus

Bei der Kalkulation der jeweiligen Austragsmenge wurde prinzipiell genauso wie im Arbeitsgebiet Odenwald verfahren. Nur bei der Schwebfrachtberechnung kamen auch für Spitzenabflüsse Durchschnittswerte zum Ansatz. Die mittlere Konzentration bis zum Durchgang des Abflußscheitels wurde mit 770 mg·l^{-1} angenommen, was auch hier eher zu einer Unterschätzung des tatsächlichen Schwebaustrags führt. Die wenigen intensiven Hochwasserereignisse, die während der Beobachtungszeit stattfanden, halten diesen Fehler jedoch in Grenzen. Allerdings sind die in Tabelle 16 angegebenen Mittelwerte wegen der nur zweijährigen Auswertebasis mit Vorbehalt zu betrachten.

Tab. 16 Sedimentaustrag im Arbeitsgebiet Taunus 1987/88-1988/89

JAHR	LÖSUNG [kg]			SCHWEB [kg]			GESCHIEBE [kg]		
	WHJ	SHJ	Σ	WHJ	SHJ	Σ	WHJ	SHJ	Σ
1987/88	3189	505	3694	452	72	524	63	10	67
1988/89	1122	516	1638	635	389	1024	50	66	97
MITTEL	2156	511	2666	544	231	774	56	38	82
s	1034	5	1028	91	159	250	7	28	15
V %			38,5			32,3			18,3

Wie zu erwarten, bestimmt die Lösungsfracht mit einem Anteil von 76 % an der Gesamtfracht maßgeblich die Größe des jährlichen Gesamtaustrags von durchschnittlich 3,5 Tonnen. Daß die jährliche Schwebstoffmenge durch wenige Einzelereignisse ausgetragen wird (SCHMIDT 1984:84), läßt sich anhand von Abbildung 82 gut erkennen.

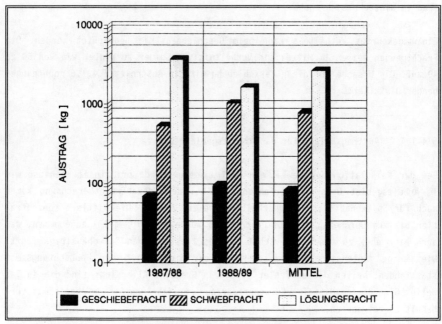

Abb. 82   Jährlicher Sedimentaustrag aus Einzugsgebiet Taunus "A"

Geringere Abflußmengen im hydrologischen Jahr 1988/89 bewirkten einen deutlichen Rückgang des Lösungsaustrags gegenüber 1987/88, die Menge der Schwebfracht nahm infolge von drei kräftigen Hochwassern dagegen um gut 50 % zu. Da sich dadurch auch die Geschiebefracht um 30 % erhöhte, erreicht der Anteil der Feststofffracht am gesamten Sedimentaustrag im zweijährigen Mittel einen doppelt so hohen Wert wie im Arbeitsgebiet Odenwald. Allein auf Basis des hydrologischen Jahres 1987/88 berechnet, ergibt sich mit rund 13 % annähernd der Feststoffanteil, der sich auch im Odenwald feststellen läßt.

5.4.1.4.3 Vergleich des Austrags und der Abtragsraten

Die jährlichen Mengen des Sedimentaustrags nehmen in beiden Arbeitsgebieten Werte zwischen 3 und 9 Tonnen an. Wegen der geringeren Lösungskonzentration ist der mittlere Austrag aus dem Teileinzugsgebiet Taunus "A" aber nur etwa halb so groß wie aus dem Odenwald (vgl. Tab. 17).

Tab. 17 Vergleich des jährlichen Sedimentaustrags aus den Arbeitsgebieten Odenwald und Taunus

[t]	ODENWALD		TAUNUS	
	GESAMTFRACHT	FESTSTOFF	GESAMTFRACHT	FESTSTOFF
1985/86	3,9	0,4		
1986/87	8,5	1,3		
1987/88	8,8	1,0	4,3	0,6
1988/89	4,9	0,5	2,8	1,1
MITTEL	6,4	0,7	3,5	0,9

Da die Lösungsfracht jedoch überwiegend geogenen Ursprungs ist und damit keinen Anteil am unmittelbaren oberflächlichen Abtragsgeschehen hat, ist die Feststofffracht für die rezenten morphodynamischen Prozesse von größerer Bedeutung. Betrachtet man unter diesem Gesichtspunkt allein den Feststoffaustrag, ergeben sich für beide Arbeitsgebiete immer wieder recht ähnliche Frachtmengen. Wie sich beim Vergleich der mittleren Feststoffmengen erkennen läßt, fällt der aktuelle Feststoffaustrag im Taunus wegen des kurzen Beobachtungszeitraums etwas höher aus als im Odenwald. Ein Blick auf Tabelle 17 zeigt, daß aufgrund der starken Abhängigkeit vom jeweiligen Witterungsverlauf die Feststoffausträge von Jahr zu Jahr um gut 50 % schwanken können.

Bei der Kalkulation des Abtrags gemäß DIN 4049 (1979, Teil 1) errechnet sich auf Basis des Sedimentgesamtaustrags deshalb für das Arbeitsgebiet Odenwald mit 84 $t \cdot km^{-2} \cdot a^{-1}$ ein mehr als doppelt so hoher Wert wie für den Taunus, für den sich 40 $t \cdot km^{-2} \cdot a^{-1}$ ergeben. Hingegen liegen bei dem bedeutsameren Feststoffabtrag die Ergebnisse beider Gebiete mit 7,5 $t \cdot km^{-2} \cdot a^{-1}$ im Odenwald und 9,6 $t \cdot km^{-2} \cdot a^{-1}$ im Taunus nahe beieinander und bewegen sich in der gleichen Größenordnung wie die Feststoffabträge, die für bewaldete Einzugsgebiete im "Schönbuch" bei Stuttgart ermittelt wurden (vgl. SCHMIDT-WITTE & EINSELE 1986:388). Die Verschiedenheit beider Arbeitsgebiete kommt, bei sonst sehr ähnlichen naturräumlichen Bedingungen, also nur durch die Einbeziehung der Lösungsfracht infolge der unterschiedlichen petrographischen Beschaffenheit des tieferen geologischen Untergrundes zum Tragen. Diesen Austragsmengen stehen natürlich Stoffeinträge durch nasse und feuchte Deposition gegenüber. Da im Rahmen der vorliegenden Arbeit der Stoffumsatz im Bestand keine Berücksichtigung findet und große Probleme bei der korrekten Interpretation solcher Untersuchungen bestehen, muß auf eine Verrechnung und Bewertung dieser Einnahmegröße verzichtet werden (vgl. RAT V. SACHVERSTÄNDIGEN F. UMWELTFRAGEN 1983; EINSELE et al. 1986:366ff.).

5.4.1.5 Saisonale und ereignisabhängige Dynamik des Sedimentaustrags

Die stark ansteigenden Sedimentausträge bei Spitzenabflüssen kommen dadurch zustande, daß sowohl das Volumen des transportierenden Mediums als auch die Sedimentkonzentrationen pro Volumeneinheit zunehmen (SCHMIDT 1981:68). Gleichzeitig bewirkt diese Dynamik aber auch eine Verschiebung des Verhältnisses, das die

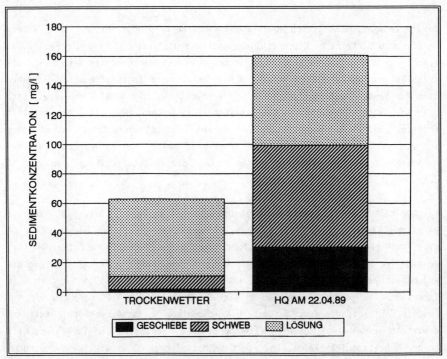

Abb. 83 Sedimentkonzentration bei verschiedenen Abflußhöhen (Taunus "A")

einzelnen Transportformen zueinander einnehmen. Für die Meßstelle Taunus "A" ist dies beispielhaft in Abbildung 83 wiedergegeben. Gegenüber der Trockenwetterkonzentration steigt die Schwebfracht bei dem Hochwasser vom 22.04.89 durch einen Scheitelabfluß von 12 $l \cdot s^{-1}$ auf das 7-fache, die Geschiebefracht sogar auf das 18-fache ihrer Ausgangskonzentration vor dem Ereignis an, während die Lösungsfracht die schon besprochene Konstanz zeigt.

Zwar hat die Geschiebefracht im Mittel nur einen Anteil von 1-2 % an der Gesamtfracht, da aber der Geschiebetrieb nicht proportional der Fließgeschwindigkeit, sondern sehr viel stärker zunimmt (LOUIS 1960:60, zit. in GOSSMANN 1970:25), eignet er sich von den drei Transportformen auch am besten zur Beschreibung der Feststoffaustragsdynamik und ihrer Steuergrößen. Wesentliche Bedeutung kommt dabei der Erosivität einzelner Niederschlagsereignisse zu.

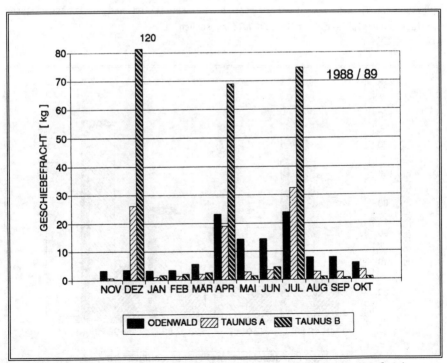

Abb. 84 Monatlicher Geschiebeaustrag von Odenwald und Taunus im Vergleich

In Abbildung 84 sind für das hydrologische Jahr 1988/89 die monatlichen Frachtmengen aller drei Meßstellen aufgetragen. Die Austragsspitzen in der Graphik sind nicht Folge hoher Monatsabflüsse, sondern lassen sich jeweils einem Hochwasser und damit einem ergiebigen oder starken Niederschlag zuordnen. Allein durch das HQ-Ereignis im Dezember wurden aus Einzugsgebiet Taunus "B" etwa 45 % und aus Gebiet "A" 27 % der Jahresgeschiebemenge ausgetragen. Der gesamte Geschiebeaustrag wird also nur durch einige wenige Abflußspitzen pro Jahr bewältigt. Solche Einzelereignisse sind es dann, die im engeren Bereich des Gerinnes, insbesondere bei ufervollen Abflüssen (bankful-discharge), am stärksten umgestaltend wirken.

Abgesehen vom Dezember-Ereignis, das nur im Taunus stattfand, weisen die Monatsausträge aus dem Gebiet im Odenwald sehr viel geringere Schwankungen auf als die der Taunusgerinne. Die Ursachen für die etwas konstanteren Geschiebemengen dürften bei der festgestellten ähnlichen Abflußcharakteristik der Fließgewässer (vgl. 5.4.1.2) wohl in dem feineren, besser sortierten und somit auch besser verlagerbaren Sohlsediment im Odenwald zu suchen sein.

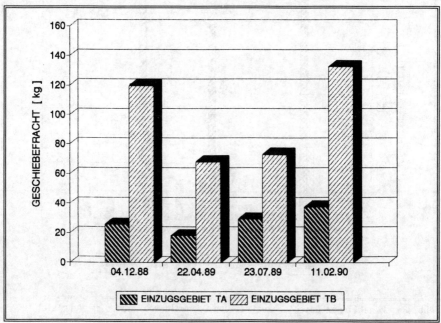

Abb. 85 Vergleich der durch Spitzenabflüsse ausgetragenen Geschiebemengen von Einzugsgebiet Taunus "A" und "B"

Die Spitzenwerte lassen aber auch eine Rangfolge erkennen, die offensichtlich durch die Höhe der Abflußscheitel verursacht wird. Die größten Abflußspitzen und die größten Geschiebemengen sind an Meßstelle Taunus "B" zu verzeichnen, die niedrigsten dagegen im Odenwald. Durch einen direkten Vergleich der Frachtmengen von Meßstelle Taunus "A" und "B" bei verschiedenen Hochwasserereignissen kann die Zahl der möglichen Einflußgrößen reduziert werden (vgl. Abb. 85). So kann gezeigt werden, daß die Austragsmengen von Einzelereignissen an Meßstelle "B" mit den etwa doppelt so hohen Abflußscheiteln, die hier registriert werden (vgl. 5.4.1.2), im Schnitt 4-5 mal höhere Werte erreichen als an Meßstelle "A", wodurch der Geschiebeaustrag aus Einzugsgebiet "B" im Jahr 1988/89 den von Gebiet "A" um das Dreifache übertrifft. Dies ist natürlich eine unmittelbare Folge der Abflußcharakteristik, die in Einzugsgebiet "B", im Gegensatz zu Gebiet "A", maßgeblich durch den Input aus der Wegdrainage beeinflußt wird. Der anthropogene Eingriff in die quasinatürlichen hydrographischen Verhältnisse wirkt sich also über die Steuergröße Direktabfluß unmittelbar auf das Erosionsvermögen des Vorfluters und damit auch auf die Abtragsleistung aus.

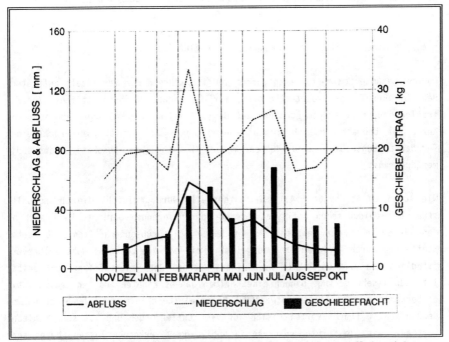

Abb. 86 Vierjährige monatliche Mittelwerte von Niederschlag, Abfluß und Geschiebeaustrag im Arbeitsgebiet Odenwald

Zudem läßt sich mit Hilfe einer mehrjährigen Betrachtung erkennen, daß die Austragsspitzen einer gewissen Regelhaftigkeit unterworfen sind. Hierzu sind in Abbildung 86 dem vierjärigen monatlichen Mittel des Geschiebeaustrags im Odenwald noch einmal die mittleren Jahresgänge von Niederschlag und Abfluß gegenübergestellt (vgl. 5.2.1.3 und Abb. 47). Die Austräge folgen im Winterhalbjahr im wesentlichen dem Abflußgang, während die sommerlichen Mengen, etwa ab dem Monat Mai, eine deutliche Parallelität zur Niederschlagshöhe erkennen lassen. Durch die längerfristige Analyse kommt klar zum Vorschein, daß auf die ausgetragenen Geschiebemengen sowohl die monatlichen Abflußhöhen wie auch die Niederschlagshöhen einen Einfluß haben. Dabei verbirgt sich in den Niederschlagssummen der Sommermonate natürlich ein nicht unerheblicher Anteil an Starkregen, der zu kurzfristigen Spitzenabflüssen führt, die ihrerseits aber keine Erhöhung der Monatsabflüsse bewirken (vgl. 5.1.4.1).

Wie sich zeigt, erreicht in den bewaldeten Einzugsgebieten die lineare Erosion ihre jährlichen Höchstwerte in den Sommermonaten, zu einer Zeit also, in der die erosionsmindernde Schutzfunktion des Bestandes durch vollentwickeltes Laub bei gleichzeitig hoher Transpirationsleistung am stärksten sein müßte.

5.4.2 Sedimentaustrag durch episodischen Abfluß

Da der gesamte Sedimentaustrag ausschließlich während der vereinzelt auftretenden Abflußereignisse vonstatten geht, ist die Angabe durchschnittlicher Konzentrationen oder Austragsmengen nur auf Basis langjähriger Messungen möglich. Die Kürze der Beobachtungszeit erlaubt anhand der bisher ermittelten Frachtmengen für das Einzugsgebiet Taunus "C" darum nur eine sehr grobe Abschätzung des Sedimentaustrags.

Wie schon in Abschnitt 5.4.1.1.2 festgestellt wurde, gleicht die Lösungsbelastung des episodischen Abflusses dem der perennierenden Gerinne. Weil auch in den Tiefenlinien der meistenteils trockenen Seitenrunsen ein Transport fester Stoffe nur durch Abflußspitzen ausgelöst wird, hat die Lösungsfracht selbstverständlich den größten Anteil am Sedimentaustrag. Der Feststofftransport selbst ist jedoch sehr gering. Binnen eines halben Jahres konnten aus den Sedimentationsbecken der Meßstelle nur etwa 300 g Material (Geschiebe und Schweb) entnommen werden. Diese Fracht verteilt sich auf vier Entleerungen und ist sehr schlecht sortiert, wie die Kornsummenkurven in Abbildung 87 erkennen lassen. Neben sehr viel Sand und Schluff kommen auch Gesteinsbruchstücke > 20 mm zur Ablagerung.

Die zugehörigen Transportstrecken dürften für diese Geschiebe allerdings nur im Zentimeterbereich liegen, sie stammen also aus dem Gerinneabschnitt kurz vor der Meßstelle.

Obwohl es sich hier im Vergleich zu den permanent fließenden Quellgerinnen um relativ kleine Mengen handelt, belegt die Materialverlagerung aber doch die Wirksamkeit aktueller morphodynamischer Prozesse infolge episodischen Abflusses. Da bisher nur wenige Abflußereignisse beprobt werden konnten, ist es nicht möglich, den Sedimentaustrag als durchschnittlich oder maximal zu bewerten. Vorstellbar ist aber, daß in nassen Jahren mehr Material exportiert wird. Bei vorsichtiger Schätzung dürfte jedoch der Sedimentaustrag, wenn man eine gewisse Konstanz der ablaufenden Prozesse einmal voraussetzt, eine Größe von etwa 0,1 $t \cdot a^{-1}$ nicht überschreiten.

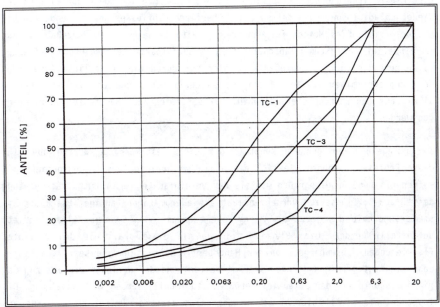

Abb. 87 Kornsummenkurven der Geschiebefracht an Meßstelle Taunus "C"

6 Untersuchung der systeminternen Prozesse

Um Hinweise auf die Ursachen zu erhalten, die zu der am Kontrollquerschnitt nachweisbaren Dynamik von Abfluß- und Abtragsgeschehen führen, sollen in diesem Abschnitt diejenigen Prozesse näher untersucht werden, die den Vorflutern Stoffe in gelöster und fester Form zuführen. Aber auch hierbei sollte der Einfluß möglicher steuernder Faktoren nicht unbeachtet bleiben (vgl. hierzu STRUNK 1986: 48). Zwei Prozeßbereichen scheint in diesem Zusammenhang wesentliche Bedeutung bei der Materialbereitstellung in den Arbeitsgebieten zuzukommen. Dies sind:

1. Hangluviale Prozesse,

2. Gravitative Prozesse.

Eine exakte Trennung beider Bereiche ist oft nicht möglich, denn der Einfluß des Niederschlags (bspw. rain-splash), des Oberflächenabflusses und der Bodenfeuchte als unterstützendes Moment für den eher gravitativ gesteuerten Prozeßablauf ist im Einzelfall nur schwer abschätzbar. Die quantitativ befriedigende Erfassung aller beteiligten Einflußgrößen wäre hier nur durch eine erhebliche Ausweitung des Meßprogramms zu leisten. Daher müssen qualitative Angaben, die sich häufig allein aus Beobachtungen erschließen, zur abschließenden Beurteilung herangezogen werden.

In Ermangelung der genauen Kenntnis der Einzelzusammenhänge können aber für diese Prozesse - ebenso wie sich die Gesamtbeschreibung des Einzugsgebiets mit seinen Ein- und Ausgabegrößen mittels der vereinfachten Input-Output Betrachtung des "Black-Box"-Ansatzes vornehmen läßt - wiederum eigenständige "Black-Box-Systeme innerhalb des jetzt als "Grey-Box" erscheinenden Systems "Einzugsgebiet" aufgestellt werden. Die "Black-Box" bilden in diesem Fall die den Vorfluter flankierenden Runsenhänge, von der Hangoberfläche bis in eine bestimmte Tiefe, denn sie treten aufgrund ihrer starken Neigung und der geringen Distanz zum Gerinne als Orte mit der potentiell größten Stoffmobilisierung in Erscheinung. Die Inputvariable stellt hierbei der Niederschlag dar; der Output besteht aus abfließendem Niederschlagswasser (Ao, Interflow) und mitgeführter Stofffracht oder gravitativ verlagertem Versturzmaterial. Hangneigung, pedologische Gegebenheiten und die Gravitation sind dabei als immanente Wirkungskonstanten aufzufassen (vgl. EINSELE 1986:80).

Vor dem Hintergrund dieser Betrachtungsweise werden im folgenden die größtenteils an ausgewählten, repräsentativen Teilflächen (vgl. 4.2.3.1) gewonnenen Untersuchungsergebnisse zu den beiden wichtigsten Prozeßbereichen vorgestellt. Sofern es die Datenlage gestattet, sollen hier aber auch Fragen zur Niederschlags-Abfluß-Transformation und Erklärungen zum typischen Abflußverhalten der Gerinne diskutiert werden.

6.1 Hangfluviale Prozesse

Voraussetzung für den Ablauf denudativer Prozesse in Form von aquatischer Hangabtragung ist das Auftreten von oberflächlich abfließendem Wasser (LESER & PANZER 1981:118). Für die Arbeitsgebiete war daher zunächst zu klären, ob und in welchem Umfang Oberflächenabfluß auftritt, denn sein Nachweis ist für den bearbeiteten Themenkomplex in dreierlei Hinsicht bedeutsam:

1. für die rein hydrologische Betrachtung, da Oberflächenabflüsse von den Runsenhängen die Abflußkonzentration im Vorfluter beschleunigen können.

2. für die schon erwähnten hangfluvialen Abtragsprozesse infolge fluvialer Materialmobilisierung auf der Fläche.

3. durch eine mögliche Stoffbelastung des Oberflächenabflusses kann, in Abhängigkeit von der Konzentration, die primäre Stoffbelastung des Gerinneabflusses verändert werden.

Gemäß des Arbeitsansatzes ist das Hauptaugenmerk hierbei also auf die Erfassung der vom Hang abfließenden Wassermenge und der Größe der mitgeführten Fracht gerichtet.

6.1.1 Oberflächenabfluß

Hierunter soll im folgenden nicht infiltriertes, auf der Bodenoberfläche abfließendes Niederschlagswasser (kurz Ao) im Sinne des HORTON'schen "Overland-Flow" verstanden werden (vgl. KIRKBY 1978).

Die Möglichkeit des Auftretens von Oberflächenabflüssen unter Waldvegetation wird wegen der reduzierenden Wirkung des Bestandes gegenüber der Menge und Struktur des Freilandniederschlags von der Mehrheit der mit dieser Thematik befaßten Autoren als sehr gering oder nicht vorhanden angesehen.

Aus einer Reihe von neueren Untersuchungen zu diesem Themenbereich geht außerdem hervor, daß dabei keine allgemeingültigen Aussagen zum Ursache-Wirkungskomplex getroffen werden können, da die Abhängigkeiten zwischen hydro-meteorologischen, morpho- und pedologischen Einflußfaktoren bei der Oberflächenabflußgenerierung sehr vielfältig und gebietsspezifisch sind (z.B. BRECHTEL & DÖRING 1974; TOLDRIAN 1974; MAYER 1976; LAMBRECHT et al. 1979; SCHWARZ 1984 u. 1985; KARL & PORZELT & BUNZA 1985; LEHNARDT 1985; DIKAU 1986; KÖLLA 1986; FLÜGEL & SCHWARZ 1988; MOTZER 1988).

Ein Großteil der veröffentlichten Ergebnisse basiert auf Versuchen, bei denen künstliche Beregnungsanlagen eingesetzt wurden (bspw. KARL & TOLDRIAN 1973; KÖLLA 1986). Neben zahlreichen Untersuchungen im Freiland wurde aber auch auf bewaldeten Testflächen experimentiert; diese wurden mit derart hohen Niederschlagsmengen und -intensitäten beregnet, wie sie für mitteleuropäische Verhältnisse nicht oder nur höchst selten zu erwarten sind. Übereinstimmend wurde dabei festgestellt, daß Oberflächenabflüsse unter Wald, wenn sie auftreten, im Gegensatz zum Freiland, zumindest keine erosive Wirksamkeit besitzen.

Unabhängig von der Bestandszusammensetzung in den Arbeitsgebieten Odenwald und Taunus (vgl. 3.2.6 und 3.3.6) läßt sich jedoch auf allen drei Meßparzellen und zu allen Jahreszeiten immer wieder Oberflächenabfluß infolge natürlicher Niederschläge nachweisen. Die Größenordnung, in der sich die gemessenen Mengen bewegen, zeigt Tabelle 18.

Tab. 18 Größte und kleinste gemessene Oberflächenabflußmengen auf den Meßparzellen im Odenwald und Taunus

PARZELLE	MAXIMUM		MINIMUM		MITTELWERT		
	[mm]	% v. NK	[mm]	% v. NK	[mm]	% v. NK	n
ODW	3,2	13,6	0,01	0,12	0,51	2,8	101
TA1	0,2	1,1	0,01	0,01	0,05	0,2	13
TA2	1,1	5,8	0,01	0,06	0,23	1,0	11

Die Parzelle TA2 im Taunus und die Parzelle im Odenwald liefern ähnliche Mengen, wenn man einmal von den höheren Maxima im Odenwald absieht, die durch extreme

Witterungsereignisse verursacht wurden, wie sie während der bisherigen Beobachtungszeit im Taunus noch nicht auftraten. Zudem stehen den rund hundert Ereignissen im Odenwald auch nur etwas mehr als zehn Oberflächenabflüsse im Taunus zum Vergleich gegenüber.

In beiden Arbeitsgebieten treten Oberflächenabflüsse regelmäßig in Verbindung mit kurzen intensiven Niederschlägen (Starkregen i. w. S.) auf, wie auch oftmals infolge langanhaltender Dauerregen geringerer Stärke (Blockregen) und raschen Schneedeckenablationen. Eine detaillierte Darstellung der bisherigen Ergebnisse zu den möglichen Faktoren, welche die Bildung und Menge des Oberflächenabflusses steuern, muß sich aufgrund der kurzen Laufzeit der Messungen im Arbeitsgebiet Taunus weitgehend auf die umfangreiche Datenbasis stützen, die hier für den Odenwald vorliegt.

In Abbildung 88 ist die Abhängigkeit zwischen der Höhe des Kronendurchlasses innerhalb eines Meßintervalls und der daraus resultierenden Ao-Menge für 90 Ereignisse an der Meßparzelle im Odenwald dargestellt.

Aus der Graphik geht deutlich hervor, daß mit steigenden Kronendurchlaßhöhen erwartungsgemäß auch der Anteil des Oberflächenabflusses zunimmt. Jedoch läßt sich, trotz des erkennbaren Trends, der Zusammenhang der beiden Größen statistisch nicht befriedigend belegen. Die Ursachen hierfür liegen sicherlich nur zum Teil in der groben zeitlichen Auflösung von Ao- und Kronendurchlaßmessung (vgl. 4.2.2.1.2.1). Vermutlich ist die Wirkung weiterer Einflußfaktoren für die starke Streuung der Meßwerte verantwortlich. Dabei steht außer Frage, daß die großen Hangneigungen der Runsenflanken (vgl. 3.2.3) die Entstehung von Oberflächenabflüssen natürlich begünstigen und ein wesentliches Regulativ für Menge und morphodynamische Wirksamkeit des Oberflächenabflusses sind (KIRKBY 1979:355). Außerdem bedingt die geringe Parzellengröße kurze Fließstrecken von nur rund 5 m, wodurch für den Oberflächenabfluß die Infiltrationsmöglichkeiten beschränkt sind (MOTZER 1988:103). Die Infiltrationsrate ist wiederum von der Stabilität der Bodenoberfläche gegen Verschlämmung abhängig (HARTGE 1978:221), und diese ist bei schluffreichem Bodenmaterial, wie es auf den Testflächen vorliegt, allgemein gering (SCHEFFER & SCHACHTSCHABEL 1984:151; MOTZER 1988:190).

Da die Menge der zum Oberflächenabfluß gelangenden Wassermassen aber theoretisch auch noch in Abhängigkeit von der Größe des Niederschlagsinputs pro Zeiteinheit und von der Infiltrationskapazität des Bodens - und damit vom aktuellen Bodenfeuchtegehalt an einem gegebenen Standort - variiert (KIRKBY 1978:327; HARTGE

1978:217f.), werden nachstehend die Ao-Mengen versuchsweise mit den Parametern der Niederschlagsstruktur und mit den jeweiligen Bodenfeuchtewerten in Verbindung gebracht.

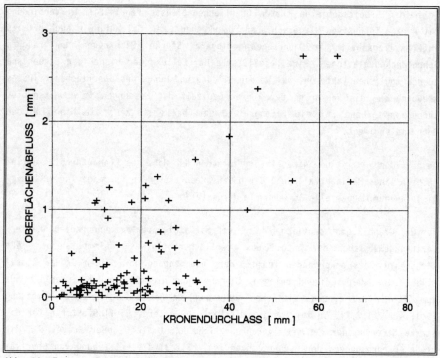

Abb. 88   Zusammenhang von Oberflächenabflußmenge und Kronendurchlaßhöhe 1985-1990 (Meßstelle Odenwald)

6.1.1.1   Steuernde Faktoren

6.1.1.1.1   Einfluß der Bodenfeuchte

Nach SCHWARZ (1985:202) besteht eine enge Beziehung zwischen der Bodenfeuchte und der Menge des Oberflächenabflusses. Dieser Sachverhalt soll über einen Vergleich von Ao-Mengen und zugehörigen Bodenfeuchtewerten für die eigenen Parzellen nachgeprüft werden. Um eine bessere Einordnung der Ergebnisse zu ermöglichen, wird zunächst aber einmal mit den bisher zur Verfügung stehenden Meßreihen die mögliche Variationsbreite der Bodenfeuchte und ihre jahreszeitabhängige Dynamik für die beiden Arbeitsgebiete vorgestellt.

6.1.1.1.1.1 Gang der Bodenfeuchte im Arbeitsgebiet Odenwald

Im Odenwald stehen zwei längere Meßreihen der Bodenfeuchte zur Verfügung. Ein Jahresgang (01.12.1985-30.11.1986) wurde durch die direkte Entnahme von Bodenproben in etwa 10-tägigen Intervallen erstellt (Abb. 89). Der sich über knapp zwei Jahre erstreckenden zweiten Ganglinie liegen Messungen des Matrixpotentials zugrunde.

Der Gang der Bodenfeuchte weist in Abhängigkeit von der Niederschlagsverteilung und der Jahreszeit typische Amplituden und Profildifferenzierungen auf. Den größten Schwankungen ist dabei naturgemäß der Oberboden unterworfen, während die Ganglinie in 80-100 cm Tiefe wesentlich ausgeglichener verläuft (s. Abb. 90) (vgl. auch RENGER et al. 1970:25).

Bei beiden Ganglinien beträgt die Schwankungsbreite der Bodenfeuchte in ca. 20 cm unter der Geländeoberfläche zwischen 20 und 40 Vol.-%, was auch für die Richtigkeit der indirekten Messungen mit Hilfe der Einstichtensiometer spricht (vgl. 4.2.3.3.2.3).

Nach Untersuchungen von BAUER (1985:35f.) ist die Wassersättigung in Lößen bei einem Feuchtegehalt von etwa 45 Vol.-% erreicht. Dies bedeutet, daß trotz der sommerlich verstärkten Evapotranspiration im Arbeitsgebiet Odenwald auch in den Sommermonaten eine volle Wasseraufsättigung des Oberbodens infolge einzelner Niederschläge stattfinden kann. Die wiederholte starke und nachhaltige Austrocknung des Bodens in etwa 50 cm Tiefe ist typisch für die Bodenwasserdynamik von Pseudogleyen und deckt sich mit der im Gelände vorgenommenen Profilansprache. Die rasche Bodenwasserabfuhr ist auf den in dieser Tiefe entwickelten S_w-Horizont zurückzuführen. Hingegen findet die nach unten zunehmende Materialverdichtung und die damit einhergehende verminderte Leitfähigkeit des S_d-Horizonts ihren Ausdruck in den geringen Schwankungen der Bodenfeuchteganglinie in 80-100 cm unter der Geländeoberfläche.

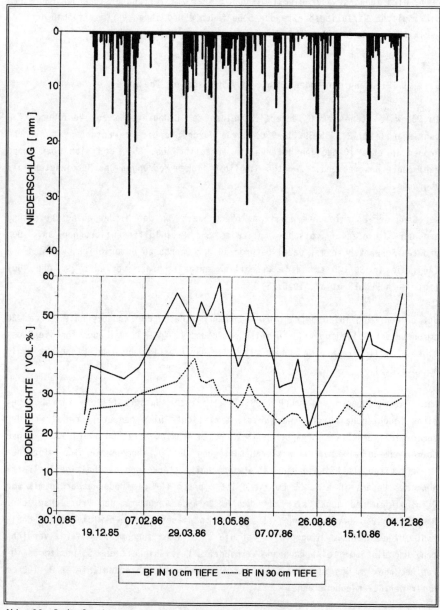

Abb. 89 Bodenfeuchtegang und tägliche Niederschlagshöhen (1985-1986, Odenwald)

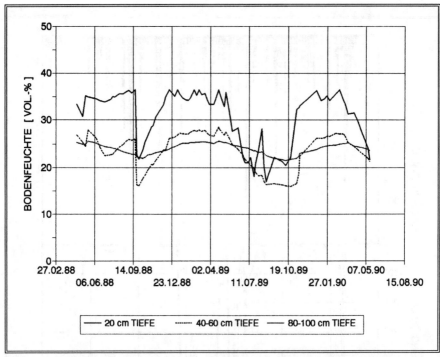

Abb. 90   Bodenfeuchtegang vom 21.04.1988-30.03.1990 (Meßstelle Odenwald)

6.1.1.1.1.2   Gang der Bodenfeuchte im Arbeitsgebiet Taunus

Ebenso wie im Odenwald wurde auch im Taunus die Bodenfeuchte mittels Tensiometermessung indirekt bestimmt. Wie in Abschnitt 4.2.3.3.2.2 dargelegt, bestehen jedoch große Probleme bei der Umsetzung der Saugspannungswerte in reale Bodenfeuchtegehalte. Der Gang der Bodenfeuchte kann deshalb nur auf Basis der Matrixpotentialwerte erörtert werden.

Folgt man Abbildung 91, so fällt zunächst der parallele Verlauf der Saugspannungsganglinien in verschiedenen Tiefen auf. Daneben scheint, nach dem Saugspannungsgang zu urteilen, vor allem ein rascher Wechsel zwischen Austrocknung und starker Durchfeuchtung für die Schuttdecken im Taunus typisch zu sein, worauf auch KNEIDL & BENECKE (1990) aufgrund ihrer Untersuchungen zum Bodenwasserhaushalt von Pseudogleyen in Schuttdecken hinweisen. Besonders für das hydrologische

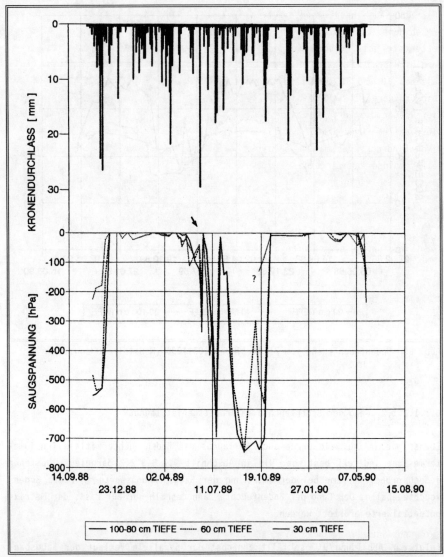

Abb. 91 Saugspannungsgang und tägliche Niederschlagshöhen (1988-1990, Taunus)

Winterhalbjahr von November bis Mai lassen sich aus den vorliegenden Daten nur geringe Schwankungen der Bodenfeuchte ableiten und aufgrund der geringen Potentialwerte eine volle Wassersättigung bis in 1 m Tiefe während der Hälfte des

Jahres interpretieren (Naßphase des Pseudogleys i. S. v. KNEIDL & BENECKE 1990: 66). Aber auch nach einer längeren Trockenperiode können nach einem einzelnen ergiebigen Niederschlagsereignis die Saugspannungen im gesamten Bodenprofil auf Werte nahe Null zurückgehen (vgl. Abb. 91, Pfeil). Dabei schwanken die durch Vergleichsproben gravimetrisch ermittelten Bodenfeuchtegehalte im Mittelschutt zwischen 10 und 19 Gewichtsprozenten. Der homogenere, weniger verdichtete und feinkörnigere Deckschutt hat offenbar ein etwas größeres Wasserhaltevermögen. Hier liegen die Werte zwischen 25 Gew.-% bei 0 hPa und 12 Gew.-% bei -150 hPa. Diese extreme Dynamik des Bodenfeuchtezustands entspricht auch dem rein subjektiven Eindruck, den man bei häufigen Geländeaufenthalten gewinnt. In kleineren Geländemulden kann infolge einzelner ergiebiger Niederschläge auch während der Sommermonate Regenwasser mehrere Tage auf der Bodenoberfläche stehen, was auch KNEIDL & BENECKE (1990:70) auf Pseudogleyen in Waldbeständen im Hunsrück beobachteten.

Zwar sind für die weiteren Betrachtungen in erster Linie die Bodenfeuchteschwankungen des Oberbodens von Interesse, und nicht so sehr der absolute Feuchtegehalt. In bezug auf eine eingehende Interpretation der Zusammenhänge mit dem Oberflächenabfluß bleiben die Ergebnisse an dieser Stelle aber leider unbefriedigend.

6.1.1.1.1.3 Vergleich der Bodenfeuchtewerte mit der Häufigkeit und Menge der Oberflächenabflüsse

Trotz einiger Vorbehalte, die hinsichtlich der Genauigkeit der Bodenfeuchtemessungen bestehen, sind in den Abbildungen 92 und 93 die Oberflächenabflußmengen, die innerhalb eines Meßintervalls im Odenwald anfielen, den Bodenfeuchtewerten in 20 cm Tiefe gegenübergestellt. Der besseren Vergleichbarkeit halber wurde bei der Darstellung in Abbildung 92 jeweils das arithmetische Mittel aus den Wertepaaren der Bodenfeuchte in 10 und 30 cm Tiefe gebildet.

Beide Abbildungen zeigen, daß Oberflächenabflüsse sowohl bei hohen als auch bei niedrigen Bodenfeuchtegehalten auftreten. Betrachtet man die Abflußmengen, entsteht sogar der Eindruck eines inversen Verlaufs von Menge und Feuchtezustand. Demnach würden größere Oberflächenabflüsse bevorzugt bei geringen Bodenfeuchtewerten auftreten. Dies stünde in Widerspruch zu Theorie und praktischer Erfahrung, und so ergibt sich aus der für das Wertekollektiv durchgeführten Regressionsanalyse mit einem Korrelationskoeffizienten von rund 0,5 ein statistisch nur unzureichend gesicherter Zusammenhang der beiden Größen. Dies mag auch daran liegen, daß die Ermittlung der Bodenfeuchte und der Abflußmengen in wöchentlichen Intervallen stattfand, kurzfristige Schwankungen also nicht berücksichtigt werden konnten.

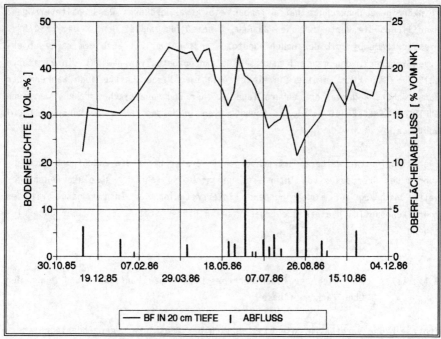

Abb. 92 Oberflächenabfluß und Bodenfeuchte in 20 cm Tiefe (01.12.1985-30.11. 1986, Meßstelle Odenwald)

Würden Oberflächenabflüsse hingegen eher in Verbindung mit hoher Bodenfeuchte ausgelöst, so müßten sie im Arbeitsgebiet Taunus im Winterhalbjahr zahlreicher sein. Das ist aber, soweit es sich aus den bisher vorliegenden Beobachtungen ableiten läßt, nicht der Fall. Hier sind, außer in extrem niederschlagsarmen Zeiten, in der Regel etwa zwei Ereignisse pro Monat zu verzeichnen.

Da für das Arbeitsgebiet Taunus aufgrund der schmalen Datenbasis noch keine weiterreichenden Aussagen möglich sind, muß für beide Arbeitsgebiete zunächst festgestellt werden, daß ein ursächlicher Zusammenhang zwischen dem aktuellen Bodenfeuchtegehalt und der Häufigkeit und Menge des Oberflächenabflusses nicht besteht oder aus den verfügbaren Daten nicht ableitbar ist. Entgegen GARSTKA (1964), SCHWARZ (1984) und KARL et al. (1985) deckt sich dies mit den Untersuchungsergebnissen von DIKAU (1986) und MOTZER (1988), die dabei auf einen entsprechend engen Zusammenhang mit den Parametern des Niederschlags verweisen.

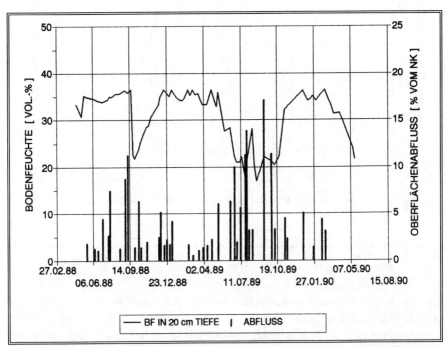

Abb. 93   Oberflächenabfluß und Bodenfeuchte in 20 cm Tiefe (21.04.1988-30.03. 1990, Meßstelle Odenwald)

6.1.1.1.2 Einfluß der Niederschlagsstruktur

Die Bildung von Oberflächenabfluß wird unter natürlichen Bedingungen stark von der Struktur des Niederschlags bestimmt (MOLLENHAUER & MÜLLER & WOHLRAB 1985: 115). Da sich für das Arbeitsgebiet Odenwald ein verstärktes Auftreten intensiver Niederschläge während der Sommermonate feststellen läßt (vgl. Abschnitt 5.1.4.1), wurde zunächst die monatliche Verteilung der Oberflächenabflüsse im vierjährigen Beobachtungszeitraum untersucht.

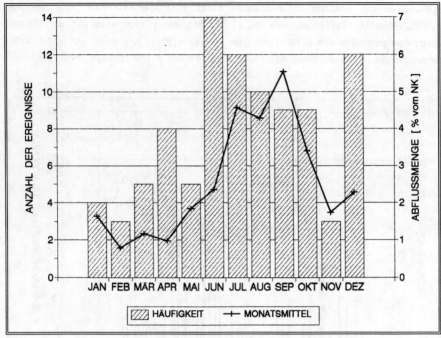

Abb. 94 Kumulierte monatliche Häufigkeit und mittlere monatliche Menge des Oberflächenabflusses (1985-1989, Meßstelle Odenwald)

Wie die Aufstellung der Ereignishäufigkeit in Abbildung 94 zeigt, traten die meisten Oberflächenabflüsse im Monat Juni auf. Auch Juli, August und Dezember zeichnen sich noch durch eine große Ereignishäufigkeit aus. Dabei deckt sich die Häufigkeitsverteilung jedoch nicht sehr gut mit der Ganglinie der mittleren monatlichen Abflußmenge. Die größten Mengen pro Ereignis werden nämlich im Spätsommer erreicht. Bezogen auf den Oberflächenabfluß bedeutet dies, daß die Niederschläge im Juli, August und September ergiebiger sind, was auf hohe Niederschlagsintensitäten hinweist.

Etwas deutlicher wird dieser Zusammenhang, wenn die Monatshöchstmengen in Beziehung zur schon aus Abschnitt 5.1.4.1 bekannten Starkregenhäufigkeit gesetzt werden. Der in Abbildung 95 dargestellte Sachverhalt erklärt die Verteilung zwar auch nicht umfassend, macht aber eine Abhängigkeit der Ao-Mengen von der Niederschlagsintensität wahrscheinlich. Wegen der mangelhaften zeitlichen Auflösung bei der Ao-Erfassung sind der Zuordnung von Oberflächenabfluß und auslösendem Niederschlag allerdings Grenzen gesetzt. Daher wurden alle Meßintervalle auf isoliert gefallene Niederschläge hin untersucht. 16 Einzelniederschläge, die Oberflächenabfluß auslösten, und 17, infolge derer sich kein Abfluß einstellte, konnten so gefunden werden. Diese Niederschlagsereignisse, die alle Jahreszeiten umfassen (vgl. Tab. 36, im Anhang), wurden hinsichtlich ihrer Menge und Intensität ausgewertet und in Beziehung zu der Menge des Oberflächenabflusses gesetzt. Es ließen sich hierbei aber keine ausgeprägten Regelhaftigkeiten identifizieren, die es ermöglichen, einen die Größe des Abflusses bestimmenden Parameter zu benennen. Für diese Auswertung mußte natürlich auf die Aufzeichnungen des Freilandschreibers zurückgegriffen werden, so daß die Einflüsse des Bestands nicht berücksichtigt werden konnten. Wegen der fehlenden zeitlichen Auflösung bei der Ao-Registrierung ist es zudem nicht möglich, den Zeitpunkt anzugeben, ab dem ein Niederschlag abflußwirksam wird. Also kann auch nicht beurteilt werden, welcher Abschnitt innerhalb eines Niederschlags für die Entstehung einer bestimmten Ao-Menge verantwortlich ist.

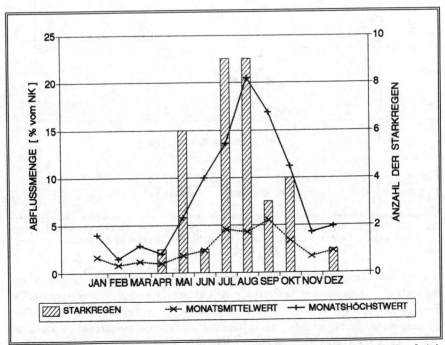

Abb. 95 Monatliche Mittel- und Höchstwerte des Oberflächenabflusses im Vergleich zur Starkregenhäufigkeit (Meßstelle Odenwald)

Die einzige Ausnahme stellt hier ein Intensitätsgrenzwert dar, bei dessen Überschreitung die Niederschläge, unabhängig von ihrer Dauer oder Menge, immer zu Oberflächenabflüssen führen (vgl. Abb. 96). Für das Arbeitsgebiet Odenwald beträgt dieser Wert, bezogen auf den Freilandniederschlag, etwa 0,4 mm $\cdot$ min^{-1}. Die bei MITSCHERLICH (1971) für einen Mischwaldbestand wiedergegebenen Intensitätsgrenzwerte für Ao-auslösende Niederschläge liegen mit 2,2-3,0 mm $\cdot$ min^{-1} etwas niedriger.

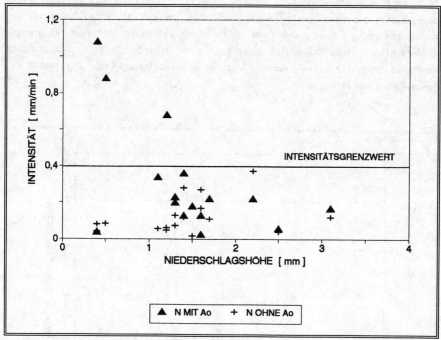

Abb. 96 Zusammenhang von Niederschlagshöhe und -intensität bei Niederschlagsereignissen mit und ohne Oberflächenabfluß (Meßstelle Odenwald)

Wie aus Abbildung 96 aber weiter hervorgeht, können auch weniger intensive Niederschläge, insbesondere bei steigender Niederschlagshöhe, Oberflächenabfluß hervorrufen. Es muß folglich noch eine Reihe weiterer Faktoren für die Abflußbildung verantwortlich sein. Was hierbei die Struktur des Niederschlags anbelangt, so unterstreichen MOLLENHAUER & MÜLLER & WOHLRAB (1985:115) die Bedeutung der Tropfengröße und die der Auftreffenergie. MOTZER (1988:51f.) betont den starken Einfluß der innerhalb eines Niederschlagsereignisses wechselnden Intensitäten, von deren Verlauf die unmittelbare Abflußwirksamkeit eines Regens abhängt. Mit den eingesetzten Geräten ist aber eine ausreichend genaue Quantifizierung dieser Kennwerte nicht möglich.

Da in allen drei Testparzellen Bäume stehen, kommt als weiterer steuernder Faktor der Zutritt von Stammabflüssen in Frage. Weil dessen Größe und die der Benetzungskapazität aber nicht gemessen werden und mit Sicherheit nicht den Durchschnittswerten entsprechen, die für einen ganzen Bestand gelten, ist sein Einfluß auf die Menge des Oberflächenabflusses auch nicht näher bestimmbar. Wie in Abschnitt 5.1.4.2 dargelegt, variiert der Bestand die Menge und Struktur des Freilandniederschlags bei Starkregen aber weniger deutlich als bei Niederschlägen von kurzer Dauer oder geringer Intensität. So kann bei schwachen Niederschlagsereignissen noch eine Vielzahl beeinflussender Randbedingungen wirksam werden, die sich der quantitativen Beobachtung entziehen. Für eine gewisse Regelhaftigkeit spricht aber, daß bestimmte Niederschlags-Abfluß-Konstellationen immer wieder auftreten. In Abbildung 88 lassen sich zwei gestreckt verlaufende Punktereihen ausmachen. Berechnet man für diese Wertepaare den prozentualen Anteil des Ao am Kronendurchlaß, so zeigt sich für die obere Wertereihe, daß der Anteil am Niederschlag bei etwa 5 % liegt, für die untere Punkteschar ergibt sich ein Anteil von 2-2,5 %. Recht konstante Werte konnten auch bei Oberflächenabflüssen im Odenwald festgestellt werden, die mit der Ablation von Schneedecken einhergingen.

Am 01.12.1985 führte ein Niederschlag von 9 mm zum Abtauen der Schneedecke im Bestand, die ein Wasseräquivalent von 12,7 mm aufwies. Der Anteil des daraus resultierenden Oberflächenabflusses betrug 2,9 %. Ebenfalls 2,9 % wurden am 11.03. 1988 gemessen, als 6,6 mm Niederschlag 21,2 mm Wasseräquivalent aus der Schneedecke zum Abfließen brachten.

Die unterschiedlichen Beispiele zeigen, daß sich die Ao-Mengen letztendlich zwar nicht auf einen bestimmten Parameter zurückführen lassen. Daß Niederschlagsmenge und -struktur aber offensichtlich der dominierende Faktor beim Auslösen des Oberflächenabflusses auf den steilen Runsenhängen sind, geht aus den Ergebnissen deutlich hervor und deckt sich nicht mit der von SCHWARZ (1985:202) in Feldversuchen gewonnenen Erkenntnis, nach der ein enger Zusammenhang zwischen der Ausgangsfeuchte im Oberboden und der Ao bewirkenden Niederschlagshöhe besteht. Letztendlich ist für die bearbeitete Fragestellung vor allem wichtig, zu welchen Zeiten Oberflächenabflüsse bevorzugt auftreten, und wie groß die Abflußmenge und ihre jeweilige Stoffbelastung ist.

Vor diesem Hintergrund kann für das Arbeitsgebiet Odenwald die monatliche Verteilung von Ereignisanzahl und zu erwartender Menge in Abbildung 94 mit einigen Einschränkungen folgendermaßen interpretiert werden: April, Juni und Dezember weisen im vierjährigen Beobachtungszeitraum viele abflußauslösende Niederschläge mit offenbar geringerer Intensität auf. Höchste Abflußmengen werden im Sommer mit wenigen, aber starken und ergiebigen Niederschlägen erreicht. Dagegen sind die Monate Januar, Februar und November, was Häufigkeit und Abflußmenge anbelangt, als eher ereignisarm einzustufen.

Dieser Trend scheint sich auch für das Arbeitsgebiet Taunus zu bestätigen, obwohl sich die Beobachtungen hier nur auf wenige beprobte Ereignisse stützen können. Aber die größten bisher gemessenen Abflußmengen wurden im Taunus ebenfalls durch sommerliche Gewitterregen ausgelöst. Dabei sind an der steileren, laubfreien Parzelle 2 die Mengen im Schnitt viermal größer als auf Parzelle 1. Dafür lassen sich an Parzelle 1, wenn auch nur in geringem Umfang, häufiger Abflußereignisse nachweisen.

Wegen der starken Buchenlaubauflage an dieser Testfläche dürfte das Entstehen der Abflüsse zum Teil auf sog. "Litter-flow" zurückzuführen sein (vgl. TISCHENDORF 1969, zit. in DIKAU 1986:72). Hierbei wird die Infiltration durch die Laubauflage behindert und ein laterales Absickern des Niederschlagswassers durch die schindelförmig ineinanderverzahnten, relativ glatten Buchenblätter begünstigt. Gerade bei schwächeren Niederschlägen können verhältnismäßig große Mengen aus dem Bereich nahe der Auffangrinne in den Probenbehälter ablaufen. Eine Projektion solcher Abflüsse auf die Gesamtfläche dürfte aber zu verfälschten Werten führen, was bei einer weiterreichenden Analyse der Ergebnisse zu berücksichtigen ist.

6.1.1.1.3 Stoffbelastung des Oberfächenabflusses

Zur Ermittlung der vom Oberflächenabfluß abgeführten mineralischen Substanz wurden zu verschiedenen Jahreszeiten vor allem umfangreiche Ao-Proben auf ihren Feststoff- und Lösungsinhalt hin untersucht (vgl. 4.2.3.1.1). Neben einigen wichtigen gesteinsbildenden Alkali- und Erdalkaliionen wurden dabei der Abdampfrückstand (ADR), als Summenparameter für den Gesamtlösungsinhalt, und die suspendierten Feststoffe quantitativ bestimmt.

In den Tabellen 61, 62 und 63 (Anhang) sind die Einzelergebnisse von 20 Analysen aus dem Arbeitsgebiet Odenwald aus den Jahren 1986-90 und von 14 bzw. 12 Proben, die im Zeitraum 1989-90 an den Testparzellen TA1 und TA2 anfielen, aufgelistet. Die Werte der untersuchten Größen schwanken auf allen drei Parzellen von Ereignis zu Ereignis teilweise um eine Zehnerpotenz und lassen weder eine Abhängigkeit von der gefallenen Niederschlags- noch von der abgeflossenen Ao-Menge erkennen. Somit kann der Umfang der jeweiligen Feststoff- und Lösungsbelastung nicht in Beziehung zu irgendeinem Kennwert des betreffenden Niederschlags-Abfluß-Ereignisses gesetzt werden. Für Vergleiche der Parzellen untereinander bietet sich hier lediglich ein Mittelwert der Stoffbelastung pro Ereignis an.

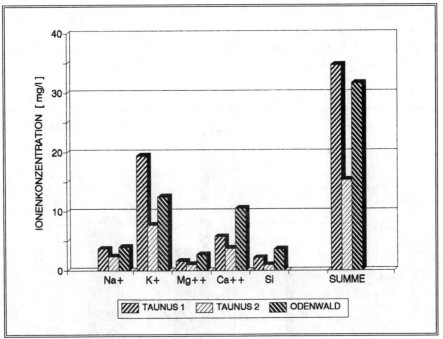

Abb. 97 Ionenkonzentration im Oberflächenabfluß (Odenwald und Taunus)

Wie in Abbildung 97 zu ersehen, bewegt sich die mittlere Konzentration der gemessenen Ionen für alle drei Testflächen in derselben Größenordnung, wobei Parzelle TA2 allgemein die niedrigsten Werte aufweist. Ein Vergleich mit den bei MOLLENHAUER & MÜLLER & WOHLRAB (1985:163) mitgeteilten Konzentrationen von Natrium, Kalium und Kalzium, die in von natürlichen Niederschlägen ausgelösten Oberflächenabflüssen nachgewiesen wurden, zeigt, daß sich die eigenen Meßwerte mit diesen Ergebnissen gut decken. Auch bei MOLLENHAUER & MÜLLER & WOHLRAB ist eine Beziehung der Werte zur Niederschlags- oder Ao-Menge nicht erkennbar.

Eine Gegenüberstellung der zu erwartenden Abflußmenge und der von ihr mitgeführten durchschnittlichen Feststoff- und Lösungsfracht für die drei Parzellen bietet Abbildung 98. Auf den am stärksten geneigten Parzellen Odenwald (32°) und TA2 (37°) werden auch die höchsten mittleren Abflußmengen erreicht. Dennoch ist die Feststoffkonzentration im Odenwald am geringsten, während im Taunus, insbesondere bei TA2, sehr viel größere Werte erreicht werden. Dagegen bewegen sich die Konzentrationen des Gesamtlösungsinhalts an allen Parzellen auf einem ähnlichen Niveau. Da Parzelle TA1 mit 16,5 m² die größte und die Testfläche im Odenwald mit 8 m² die kleinste ist, läßt sich anhand der Analyseergebnisse auch keine Beziehung zur Flächengröße der Parzellen herstellen (vgl. auch SEILER 1980:244). Deshalb kommt diesen Konzentrationsangaben nur eine beschränkte Aussagekraft zu, wie die Kalkulation des Abtrags verdeutlicht.

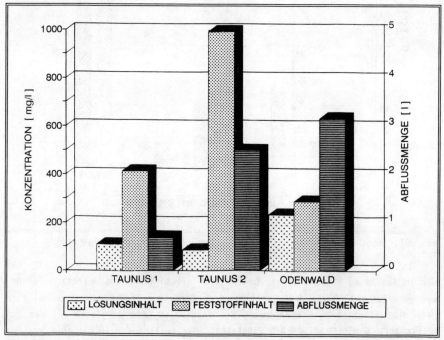

Abb. 98 Mittlere Konzentration von Gesamtlösungs- und Feststoffinhalt im Vergleich zur mittleren Oberflächenabflußmenge (Odenwald und Taunus)

Zur Berechnung des gesamten Stoffinhalts einer Probe sind die Konzentrationen mit der zugehörigen Abflußmenge zu multiplizieren. Bei der Bildung des Mittelwertes kommen natürlich die höheren Abflußmengen im Odenwald und an TA2 zum Tragen, und es ergibt sich die Gewichtung, wie sie in Abbildung 99 dargestellt ist.

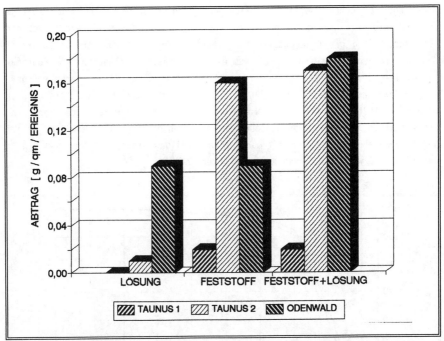

Abb. 99 Durchschnittliche Abtragsmengen durch Oberflächenabfluß

Die primär hohen Lösungskonzentrationen machen im Odenwald nach der Berechnung gut die Hälfte des Gesamtabtrags aus, während von der unbewachsenen und laubstreufreien Testfläche TA2 fast alles Material in Form suspendierter Feststoffe abgeführt wird. Bei der Addition von Feststoff und Lösungsabtrag zeigen Parzelle TA2 und Odenwald vergleichbare Werte, und die Sonderstellung von Testfläche TA1 kommt klar zum Vorschein. Wie in Abschnitt 4.2.3.1.2 kurz angedeutet, wurde hier zu Vergleichszwecken eine schwächer geneigte, leicht eingemuldete Hangsituation ausgewählt. Bezogen auf die interne Reliefierung der Runsenflanken kommt dieser Typus in den Arbeitsgebieten aber nur untergeordnet vor. In der Regel bildet das bloße Schuttdeckenversturzmaterial die Oberfläche. Auf den durch die starke Gerinneeintiefung übersteilten Hängen bleibt auch bei großer Belastung durch Bestandsabfall, etwa im Herbst, nur vergleichsweise wenig Laubstreu liegen. Der größte Teil wird, besonders bei Trockenheit, sehr rasch in die Tiefenlinie verlagert und dort akkumuliert, was zu den in Abschnitt 5.4.1.3.1 beschriebenen Hemmnissen beim Sedimenttransport führt.

Die Menge des durch Oberflächenabfluß verursachten durchschnittlichen Abtrags pro Ereignis beläuft sich nach der vorliegenden Bilanz für beide Arbeitsgebiete auf rund 0,18 g pro Quadratmeter Hangfläche. Offenbar reicht die Schleppkraft des Oberflächenabflusses nicht aus, um eine mechanische Verlagerung von Bodenmaterial in größerem Umfang zu bewirken. So werden auch nur die feineren Korngrößen ausgewaschen, wobei sich an Parzelle TA2 ein Maximum im Feinschluffbereich beobachten läßt (vgl. Abb. 100). Wegen der geringen Abtragsmengen war eine Korngrößenanalyse bei Proben von den anderen Parzellen bislang nicht möglich. Es ist jedoch anzunehmen, daß sich die Korngrößenverteilung nicht erheblich von den in Abbildung 100 wiedergegebenen Analysen unterscheidet.

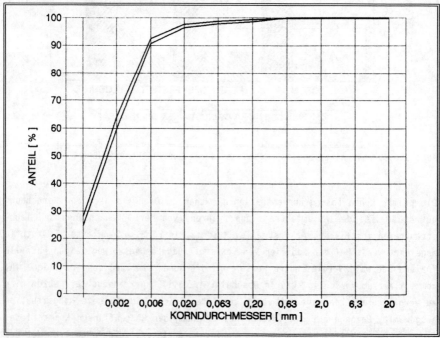

Abb. 100 Kornsummenkurven des Feststoffinhalts zweier Oberflächenabflußproben

6.1.2 Interflow

Die Dynamik des Bodenwasserhaushalts der Pseudogleye, die in beiden Arbeitsgebieten durch den Schuttdeckenaufbau mitbeeinflußt wird, begünstigt unter bestimmten hydro-meteorologischen Bedingungen das Auftreten von Interflow. Eine gesonderte Erfassung und Beprobung des Zwischenabflusses war im Arbeitsprogramm nicht vorgesehen. Daher gelang der quantitative Nachweis nur unter günstigen Umständen.

In Abbildung 101 ist ein solcher Fall für das Arbeitsgebiet Odenwald dargestellt.

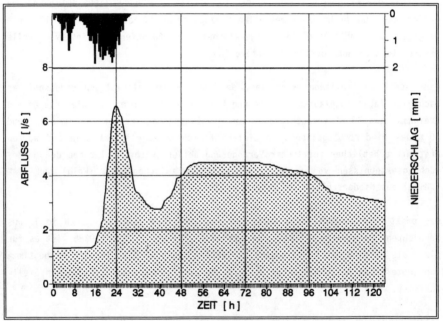

Abb. 101 Niederschlags-Abfluß-Ereignis vom 21./22.04.1989 (Meßstelle Odenwald)

Nach niederschlagsreichem Vorwetter führte am 21./22.04.1989 ein über 28 Stunden anhaltender Niederschlag mit einer Gesamthöhe von 44,4 mm nach rund 24 Stunden im Gerinne zu einem Scheitelabfluß von 6,6 $l \cdot s^{-1}$. In dieser Abflußspitze liefen innerhalb eines Tages mit 5,5 mm erst 12,5 % des Niederschlags ab. Das erneute Ansteigen des Pegels ohne weiteren Niederschlagsinput ist auf den Zutritt von Interflow zum Gerinneabfluß zurückzuführen, wie sich bei einem Geländeaufenthalt während des Wiederanstiegs der Ganglinie beobachten ließ.

In den sonst trockenen Tiefenlinien der kurzen Seitenrunsen (vgl. Abb. 6) schütteten verschiedentlich punktuelle Interflowaustritte etwa auf Höhe der in diesen Situationen angeschnittenen Schichtgrenze zwischen kolluvialer Überdeckung und liegendem Lößlehm (Grenze M- zu B_t-Horizont).

Wie die Ganglinie zeigt, geht die Abflußkonzentration, wohl auch durch den Zutritt von Oberflächenabfluß, derart rasch vonstatten, daß die "Interflow-Welle" nicht wie gewöhnlich von der Ganglinie des Direktabflusses überlagert wird, sondern mit zeitlichem Versatz dieser nachfolgt. Daß dies kein Einzelfall ist, kann aus einer Darstellung bei ERNSTBERGER & SOKOLLEK & WOHLRAB (1983:29) entnommen werden. Dort wurde im experimentellen Einzugsgebiet "Krodorf C" im Mai 1980 ein vergleichbares Abflußereignis aufgezeichnet. Das Ablaufen der Interflow-Welle erstreckte sich auch dort über mehrere Tage.

Der Anteil am Freilandniederschlag, der aus dem mittelfristigen Bodenspeicher nach vier Tagen abgelaufen war, betrug bei dem in Abbildung 101 wiedergegebenen Ereignis etwa 43 %. Vernachlässigt man die Evapotranspiration, so müssen rund 50 % des Niederschlagsinputs in tiefere Schichten abgesickert sein und wurden erst mit erheblicher zeitlicher Verzögerung abflußwirksam. Folgt man den Untersuchungsergebnissen von FLÜGEL (1988b) können zwischen 10 % (Wald) und 70 % (Weide) des Niederschlags als Interflow abfließen.

Das punktuelle konzentrierte Austreten von Interflow läßt sich auch im Taunus beobachten. Nach Untersuchungen von WEYMAN (1970) und FLÜGEL (1988b) ist es für diese als "piping" zu bezeichnende Abflußform typisch, daß sie sich an bestimmten subterranen Abflußbahnen orientiert und immer wieder an der gleichen Stelle austritt.

Interflow findet aber nur statt, wenn die Speicher- bzw. Versickerungskapazität der Schuttdecken und des unterlagernden Gesteins erschöpft ist und die Wassersättigung der Böden die Grenze der Feldkapazität erreicht hat (FLÜGEL & SCHWARZ 1988:186, 190). In Abhängigkeit vom Vorwetter sind in beiden Arbeitsgebieten dann aber immer noch Niederschlagshöhen von 30 bis 40 mm erforderlich, um überhaupt Interflow in größerem Umfang zu aktivieren (ähnliche Werte auch bei FLÜGEL & SCHWARZ 1988:190). Solche Situationen sind in den Arbeitsgebieten bei eingeschränkter Verdunstung vor allem im Winterhalbjahr gegeben (vgl. 6.1.1.1.1.1).

Zwar kann auch schon in den Pseudogleyen bei entsprechendem Feuchtezustand eine laterale Wasserbewegung einsetzen (KNEIDL & BENECKE 1990:68), aber erst ein Bodenprofilanschnitt oder eine starke Gefällsversteilung bewirken den oberflächlichen Austritt des Zwischenabflusses. Gerade solche speziellen pedo-morphologischen Konstellationen sind in den Arbeitsgebieten durch die scharfen, kerbenförmigen Runseneinschnitte vielfach vorhanden. Berücksichtigt man in diesem Zusammenhang den in Abbildung 8 (Abschn. 3.3.3) wiedergegebenen Geländebefund im Taunus, so ist eine Wasserbewegung innerhalb des Mittelschutts, entlang der Unstetigkeitsflächen zwischen den in der Materialzusammensetzung stark wechselnden Schuttkörpern oder in ihnen selbst, nicht nur möglich, sondern sogar wahrscheinlich.

In Verbindung mit den kurzen, nur wenige Meter betragenden Fließstrecken, die durch die geringe seitliche Ausdehnung der Riedel zwischen den Runsen bedingt sind, ergibt sich ein hydrogeologisches Potential, welches diese Standorte für die Entstehung von Interflow und den Austritt an die Oberfläche geradezu prädestiniert.

Nach eigenen, provisorisch arrangierten, volumetrischen Abflußmessungen bewegt sich die Interflowschüttung in einer Größenordnung um 0,05 l $\cdot$ s^{-1}. Parallel dazu durchgeführte Messungen der elektrischen Leitfähigkeit zeigten zumindest im Arbeitsgebiet Taunus dem Gerinneabfluß vergleichbare Werte.

Mit Einschränkungen bedeutet dies, daß der Lösungsinhalt des Interflows in einer ähnlich niedrigen Größenordnung wie der der perennierenden und intermittierenden Quellaustritte liegt. Obwohl sicherlich auch mit Feststoffen belastet, ist das Ausmaß der subterranen Erosion durch "piping" und Interflow nicht abzuschätzen. Daß aber eine Materialabfuhr vonstatten geht, kann bei genauerer Untersuchung einer Austrittsstelle (pipe) gefolgert werden. Manchmal läßt sich ein wenige Zentimeter messender Hohlraum erkennen, aus dem das Wasser ausfließt. WEYMAN (1970) gibt sogar Durchmesser von 5 cm an. Häufig strömt der Interflow nach dem Austritt als konzentrierter, linearer Abfluß oberflächlich ab. Wie sich im Odenwald beobachten ließ, werden dabei bevorzugt feinere Korngrößen (Schluff und Ton) aufgenommen und verfrachtet, so daß sich die schmale Abflußrinne auch noch einige Zeit nach Versiegen des Abflusses durch die freigespülten und so relativ angehäuften Granodioritgruspartikel identifizieren läßt. Auch die Feuchtstellen, die am Fuß der Runsenflanken entlang der Gerinne vielfach auftreten, dürften zumindest zeitweise durch Interflow gespeist werden. Durch die Auflage einer jungen Hangschuttschleppe sind hier oftmals die gekappten wasserwegsamen

Schichten oder Horizonte verhüllt, weshalb der Abfluß an diesen Stellen nicht zutage tritt.

Wenn auch für den unmittelbaren Stofftransport weniger bedeutsam, so beeinflußt der Interflow, wie das Beispiel aus dem Odenwald zeigt, infolge der raschen Dränung der Schuttdecken das Abflußverhalten der Quellgerinne doch nachhaltig und trägt somit zumindest zeitweilig zu einer Veränderung der dort herrschenden Transportbedingungen bei.

6.2. Gravitative Prozesse

Hierunter sind vornehmlich schwerkraftbedingte Verlagerungen von Lockermaterial zu verstehen. In den beiden Arbeitsgebieten laufen derartige Prozesse jedoch nur durch das Hinzutreten verschiedener unterstützender Faktoren wie Bodenfeuchte, Temperatur oder den Aufprall abtropfenden Niederschlagswassers ab.

Von der Hangneigung als Grundvoraussetzung einmal abgesehen, ist theoretisch vor allen Dingen der Wassergehalt des Bodens von Bedeutung, da er sich mindernd auf den Reibungskoeffizienten zwischen den Materialteilchen auswirkt. Gerade die durch ihre Körnigkeit hervorgerufene Porosität, und die damit einhergehende gute Wasseraufnahmefähigkeit, macht Lockermaterialdecken besonders anfällig für gravitative Denudationsprozesse (LESER & PANZER 1981; RATHJENS 1979).

In den Einzugsgebieten lassen sich je nach Reliefposition und Witterung verschiedene Prozesse mit unterschiedlicher Dynamik erkennen. So sind einmal episodische und räumlich begrenzte Rutschungen von den relativ langsamen und flächenhaft wirkenden Fließ- und Gleitprozessen der obersten Bodenschichten zu trennen (vgl. KARRENBERG 1963:13f.). Zudem lassen sich während ausgeprägter Bodenfrostperioden, jahreszeitlich bedingt, gravitativ-kryogene Prozesse beobachten.

6.2.1 Indikatoren gravitativer Denudationsprozesse in den Arbeitsgebieten

Infolge der großen Hangneigung (überwiegend >30°) treten an stark durchfeuchteten Bereichen, die häufig auch bevorzugte Interflowaustrittsstellen sind, vielerorts junge Rutschungen in Form von kleinen Massenbewegungen auf. Auch KRONFELLNER-KRAUS (1981:117) weist aufgrund eigener Untersuchungen auf den engen Zusammenhang solcher Massenbewegungen mit dem Ausmaß der Hangdurchfeuchtung hin.

An vielen Stellen reichen die korrelaten Akkumulationen bis an die Fließgerinne heran. An diesen Punkten findet dann ein unmittelbarer Eintrag unsortierten Verwitterungsmaterials in den Vorfluter statt. Auf Abbildung 102 (a) ist die Abrißnische einer solchen Rutschung im Arbeitsgebiet Odenwald zu sehen. Die verlagerte Schuttmasse wurde an dieser Stelle aber schon weitgehend durch das Gerinne abgeführt. Dennoch können derartige Akkumulationen, insbesondere bei steigenden Wasserständen, über längere Zeiträume immer wieder als temporäre Schwebstoffquellen in Erscheinung treten (KRONFELLNER-KRAUS 1981:26, 38; BECHT 1986:113).

Auch in den weniger stark geneigten Reliefpositionen der episodisch durchflossenen Seitenrunsen finden sich vereinzelt Rutschloben. Für einen aktuellen Materialeintrag in die Quellgerinne sind sie jedoch von untergeordneter Bedeutung, zeigen aber, daß auch die gerinnefernen Bereiche längerfristig morphodynamisch instabil sind.

Auf den steilsten Bereichen der laubfreien Runsenflanken kann der Tropfenschlag des Kronentraufs regelrechte Erdpyramiden im Lößlehm erzeugen. Die "Decksteine" werden dabei von kleineren, aus der Schuttdecke ausgewaschenen Gesteinsbruchstücken gebildet, durch die die darunter befindliche nur Milli- bis Zentimeter messende Lößlehmsäule eine Zeitlang vor dem Abtrag bewahrt wird. Bricht ein solches Gebilde zusammen, werden Agglomerate und Gesteinsbröckchen gravitativ hangabwärts verlagert; dabei sollte die Wirkung dieses eher kleinflächigen Abtrags nach KARRENBERG (1963:13) nicht unterschätzt werden. Derartige Kleinformen sind oftmals in dem besser sortierten feinkörnigen Hangschuttmaterial im Odenwald sehr deutlich entwickelt und weisen eine gewisse Persistenz auf.

Bei den Materialverlagerungen, die in unmittelbarer Nähe zu den Gewässerläufen stattfinden, spielen auch die eingangs erwähnten gravitativ-kryogenen Prozesse eine Rolle. So konnte 1986 im Odenwald nach ca. vier Wochen strengem Frost, parallel zum Ufer des Quellgerinnes verlaufend, eine streifenartig angeordnete Sedimentanhäufung auf dem zugefrorenen Gewässerlauf beobachtet werden, wie das Foto vom 02.03.1986 (Abb. 102 b) zeigt. Das Material wurde hier kryoklastisch auf die Eisdecke in der Tiefenlinie verlagert und stammt von der benachbarten bewuchsfreien Uferbank.

Diese Form der Mikrosolifluktion wird durch die Entstehung von Kammeis hervorgerufen (LESER & PANZER 1981:111). Kammeis bildet sich bevorzugt bei hohen Bodenwassergehalten und Frosttemperaturen. Da eine vorhandene Schneedecke als isolierende Schicht wirkt und damit ein Gefrieren des Bodenwassers verhindert, treten

Abb. 102 Unmittelbarer Sedimenteintrag in das Gerinne im Odenwald infolge gravitativer Prozesse

Bodenfrost und Kammeis nur bei geringen Schneehöhen und sehr tiefen Lufttemperaturen auf. Gerade in den permanent durchfeuchteten Unterhangbereichen der Runsenflanken muß also in Verbindung mit geringen Schneedeckenmächtigkeiten verstärkt mit diesen gravitativ-kryogenen Materialverlagerungen gerechnet werden, insbesondere an solchen Stellen, die sich durch geringen Humusgehalt des Bodens und fehlende Laubstreuauflage auszeichnen (RATHJENS 1979:71). Auch WEYER (1972: 82) beobachtete während strenger Frostperioden ausgeprägte Kammeisbildungen an den Rändern von Bachläufen.

Die Dynamik dieser Prozesse wirkt in den Einzugsgebieten in zwei Richtungen. Zum einen wird durch den Materialversatz am Ufer das Gerinnebett ohne die Einwirkung fluvialer Erosion verbreitert, zum anderen vollzieht sich auch hierbei nach dem Abtauen der Eisdecke ein unmittelbarer Sedimenteintrag in das Gerinne. Über langsame Kriechprozesse werden dem Gerinne ebenfalls Sedimente zugeführt, unklar ist aber, in welcher Größenordnung dies geschieht. Von großem Interesse ist daher die Frage, wie rasch und in welchem Umfang gravitative Materialbewegungen auf den Runsenflanken vonstatten gehen können. Hierfür wurde das in Abschnitt 4.2.3.2 beschriebene Tracing-Verfahren entwickelt, das zu einer genaueren Vorstellung über die Größenordnung der Bewegungsgeschwindigkeit führen sollte.

6.2.2 Ergebnisse der Tracer-Versuche

Im Odenwald wurden seit 1985 mehrfach Tracing-Kampagnen durchgeführt. Dabei zeigte sich, daß an unter 30° geneigten Hängen, insbesondere wenn diese auch noch konkav eingemuldet sind, der Durchtransport von Laubstreu während der erforderlichen mehrmonatigen Beobachtungszeit ein derart großes Ausmaß erreicht, daß der Nachweis des Tracermaterials nach wenigen Wochen nicht mehr möglich ist. Die nachstehend diskutierten Beispiele für die ersten Versuchsergebnisse, die mit Hilfe dieser Methode bisher gewonnen wurden, besitzen daher auch nur Gültigkeit für relativ steile und überwiegend laubfreie Reliefbereiche.

Die aufgestreute Schlufffraktion bewegte sich bei allen Versuchen und in beiden Arbeitsgebieten deutlich langsamer als die Sandfraktionen, wie sich aus den Abbildungen 103 und 104 entnehmen läßt.

Hierfür verantwortlich ist der mit der Materialdichte wechselnde Einfluß der auf die Körner einwirkenden Gravitationskräfte. Je größer das Materialteilchen bei einer gegebenen Dichte ist, desto stärker setzt sich die Gleit- gegenüber der

Haftkomponente durch und bestimmt so letztendlich die in einem bestimmten Zeitraum zurückgelegte Bewegungsstrecke. Ließen sich alle steuernden Randbedingungen konstant setzen, wäre die Geschwindigkeit einer definierten Korngröße nur mehr eine Funktion des Gefälles.

Im Diagramm für den Versuch auf der steilen Fläche TA2 zeigt sich sehr gut diese Differenzierung der Bewegungsbeträge in Abhängigkeit von der Korngröße. Die große Hangneigung überdeckt hier alle weiteren Einflußfaktoren. Dagegen ist bei dem ca. 30° geneigten Testhang im Odenwald beim Grobsand die Auflagerungsfläche schon wieder so groß, daß die Haftkomponente überwiegt und sich Fein- und Mittelsand schneller bewegen. Auf sehr viel schwächer geneigten Parzellen traf MOTZER (1988:120) nach Versuchen mit gefärbtem Sand daher die gegenteilige Feststellung: Die gröbsten Körner waren dort am langsamsten.

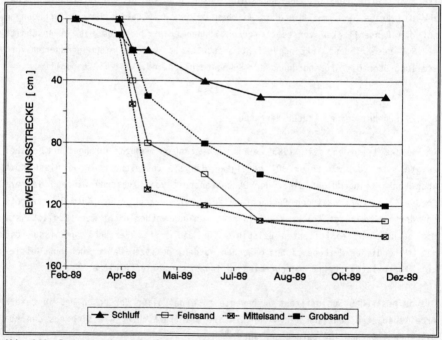

Abb. 103 Bewegung des Scheelit-Tracers an der Meßparzelle im Odenwald

Die aus Abbildung 103 ersichtliche Verlangsamung der Tracerbewegung nach mehreren Monaten ist auf die mit der Zeit zunehmende starke Verstreuung des Tracers zurückzuführen, die im Gelände einen sicheren Nachweis erschwert (vgl. 4.2.3.2). Einen Hinweis auf die permanent auf den Tracer einwirkenden Bewegungskräfte gibt hier die Materialkonzentration am Tracerstartpunkt. So lag bspw. bei dem Versuch im Odenwald im Herbst 1989 kaum noch Grob- und Mittelsand am ursprünglichen Ausgangspunkt, während sich beim Feinsand und vor allem beim Schluff rein visuell noch ein deutlicher Streifen unter der UV-Beleuchtung erkennen ließ.

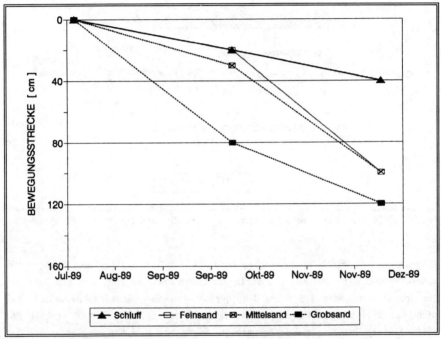

Abb. 104 Bewegung des Scheelit-Tracers an der Meßparzelle Taunus TA2

Ein Vergleich der Bewegungsgeschwindigkeiten aus drei Tracing-Kampagnen, die zu verschiedenen Jahren und Jahreszeiten im Odenwald und Taunus durchgeführt wurden, zeigt trotz unterschiedlicher Witterungsbedingungen für Zeitspannen mit einwandfreien Nachweisbedingungen von etwa 120 Tagen fast identische Geschwindigkeitsbeträge der Schluff- und Sandfraktionen (vgl. Abb. 105). In der Abbildung sind wegen der besseren Übersichtlichkeit für den Sand allerdings die berechneten mittleren Geschwindigkeiten aus allen drei Unterfraktionen zusammengefaßt worden, wodurch das Ergebnis nicht wesentlich verfälscht wird, da sie nahe beeinanderliegen.

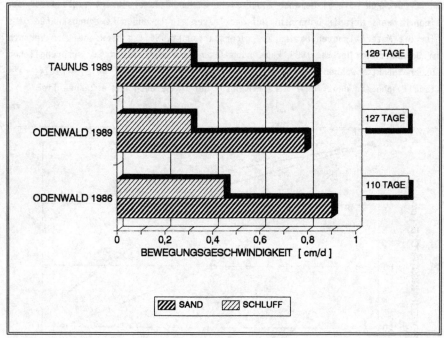

Abb. 105   Vergleich der Verlagerungsbeträge des Tracers aus drei Meßkampagnen

Aufgrund dieses recht erstaunlichen Befundes muß auf steilen Runsenhängen für sandkorngroße Bodenteilchen mit Verlagerungsbeträgen von rund 3 m pro Jahr und für Schluffe mit etwa 1,5 m pro Jahr gerechnet werden. Geht man davon aus, daß sich das silikatische Hangschuttmaterial wie der Scheelit-Tracer verhält und keine längere Zwischendeposition erfolgt, würde bei üblichen Hanglängen von 5-6 m (vgl. BAUER 1993:33) ein an der Oberkante erodiertes Mineralkorn die Tiefenlinie binnen 2-4 Jahren erreichen.

Die auffällige Konstanz der Bewegungsgeschwindigkeiten unter ganz verschiedenen Niederschlags- und Bodenfeuchteverhältnissen kann hier nur auf den alle anderen Faktoren überdeckenden großen Einfluß der Hangneigung zurückgeführt werden. Wie stark sich durch Feuchte unterstützte Adhäsionskräfte dabei bemerkbar machen können, zeigen augenfällig die Schluffpartikel. Sie haften bevorzugt feuchtem Laub an und werden mit diesem auch hangabwärts verlagert, bewegen sich also nicht in jedem Fall unmittelbar über die Bodenoberfläche.

Selbstverständlich gelten die ermittelten Bewegungsgeschwindigkeiten nicht für die gesamte Mächtigkeit der Hangschuttauflage, sondern nur für lose an der Oberfläche liegende Partikel. Auch dienen die Ergebnisse nur als Nachweis für das Vorhandensein aktueller flächenhafter Materialverlagerungen von den Hängen in die Tiefenlinien, über abgetragene Mengen sagen sie nichts aus.

Aus diesem Grund wird die Auffangrinne an Testparzelle TA2 in größeren Abständen gereinigt und vom Oberflächenabfluß nicht ausgespültes Material entnommen. Diese Proben enthalten neben sehr viel Bestandsabfall immer auch etwas mineralische Substanz. Sie setzt sich überwiegend aus Schluffagglomeraten mit vereinzelten Gesteinsbruchstücken, die aus der Schuttdecke "ausgewittert" oder ausgewaschen sind, zusammen. Diese Proben werden zusätzlich auf enthaltene Scheelitanteile untersucht. Jedoch machen die bisher darin festgestellten Tracermengen nur wenige Prozent am gesamten Probenumfang von jeweils einigen hundert Gramm aus, so daß sich hier noch keine weiterführenden Interpretationen anbieten.

Unabhängig vom Entnahmeturnus errechnen sich aus den im Zeitraum 1989-1990 entnommenen Proben immer Abtragsmengen von 1,3-1,5 g pro Tag. Bei der gegebenen Rinnenlänge von drei Metern entspräche dies einer jährlich in die Tiefenlinie wandernden Abtragsmenge von rund 170 Gramm je Meter Hanglänge. Problematisch für ein rechnerisches Umlegen dieser Mengen auf die Hangfläche ist aber, daß das Material nicht von der gesamten Testparzelle stammen muß, sondern nur aus dem rinnennahen Bereich verlagert worden sein kann (vgl. MOTZER 1988:103). Die enthaltenen Scheelitpartikel sprechen zwar dagegen, dennoch ist es nicht möglich, hier befriedigende Angaben über den tatsächlichen Transportweg zu machen. Aus den Tracer-Versuchen ist aber klar ableitbar, daß als Ursprungsort für das akkumulierte Material der gesamte Hang in Frage kommen kann.

Auch in bezug auf die den Transport verursachenden Faktoren ergeben sich Deutungsschwierigkeiten. Denn es bleibt nach wie vor unklar, wie groß der Einfluß des Oberflächenabflusses bei der Verlagerung gröberer Sedimentpartikel tatsächlich ist. Daher besteht durchaus die Möglichkeit, daß ein Teil des ermittelten Abtrags durch abfließendes Wasser oder starken Tropfenschlag während Starkregenphasen zustande kommt, und somit definitionsgemäß nicht ausschließlich Folge rein gravitativer Materialverlagerungen ist.

6.3 Stellenwert hangfluvialer und gravitativer Prozesse im Gesamtsystem

Beide Prozeßbereiche wirken sich, wenn auch in unterschiedlichem Umfang, sowohl auf den unmittelbaren Materialabtrag an den Runsenflanken als auch über die Veränderung der Stoffbelastung und die Beeinflussung der Abflußcharakteristik auf die Output-Größen Sedimentfracht und Abfluß aus. Die jeweiligen steuernden Faktoren sind dabei, obwohl in beiden Arbeitsgebieten etwas anders gewichtet, prinzipiell die gleichen.

Die morphodynamische Wirksamkeit dieser Prozesse beschränkt sich im wesentlichen auf die steilen, nahe an das Gerinne herantretenden Hänge. Die weitgehend ebenen, schwach geneigten Flächen neben oder zwischen den Runsen sind nur insofern betroffen, als die Hänge sich in diese Flächen zurückschneiden können, sobald auf ihnen entsprechender Abtrag stattfindet (vgl. GOSSMANN 1970).

Zur genaueren Bewertung der Outputgröße Sedimentfracht ist die Kenntnis über den Anteil, den die Einzelprozesse am gesamten Prozeßgefüge haben, unerläßlich. Damit läßt sich nämlich auch klären, ob die derzeitige Abtragstendenz im Systemkompartiment "Hang" eher zur Erhaltung der vorhandenen Böschungswinkel beiträgt, oder ob eine Verflachung stattfindet. Bezogen auf die Tiefenlinie ergeben sich daraus die Möglichkeiten einer allmählichen Verfüllung, eines weiteren Einschneidens, oder, falls der Materialinput von den Runsenflanken in das Gerinne sich mit dem Output die Waage hält, einer stabilen Lage der Gerinnesohle.

Zunächst müssen daher die auf den Testparzellen gewonnenen und teilweise schon bilanzierten Ergebnisse auf den gesamten engeren Runsenbereich hochgerechnet werden. Daß hier eine Übertragbarkeit auf vergleichbare Reliefpositionen statthaft ist, zeigen die folgenden Beobachtungen: Nach besonders erosionsaktiven Niederschlägen lassen die Nadeln in der Streuauflage bspw. im Arbeitsgebiet Odenwald eine deutliche Orientierung ihrer Längsachsen in Gefällsrichtung erkennen. Diese auffällige Einregelung kann nur durch oberflächlich abfließendes Niederschlagswasser hervorgerufen werden, woraus sich schließen läßt, daß Oberflächenabfluß auf der gesamten Länge der Runsenflanken stattfindet. Darauf, und auf den großen Einfluß des Stammabflusses, weisen auch die am Hang vielerorts freigespülten Baumwurzeln hin. Die vom Oberflächenabfluß bei jedem Ereignis von einem Quadratmeter Hangfläche abgeführte Feststoff- und Lösungsfracht gilt daher auch für den gesamten steilen Flächenanteil, den die Flanken in beiden Arbeitsgebieten haben.

Weil in die Kalkulation einzig die das Gerinne begleitenden Hangpartien Eingang finden, läßt sich die Berechnung mittels der Lauflänge der perennierenden Abflußrinne und einer vorsichtshalber mit durchschnittlich 4 Metern angenommenen vertikalen Hanglänge vornehmen. Da sich die Wirksamkeit der Oberflächenabflüsse jedoch nur auf Basis probabilistischer Mittelwerte angeben läßt, sind der exakten Quantifizierung allerdings Grenzen gesetzt. Einer groben Abschätzung im eingangs gesetzten Rahmen mögen die Berechnungen jedoch genügen.

Die in Abschnitt 6.1.1.1.3 bilanzierte Gesamtstoffbelastung von 0,18 g $\cdot$ m^2 je Ereignis läßt sich mit der durchschnittlichen jährlichen Ereignishäufigkeit in Jahresmengen umrechnen. Für den Odenwald ergeben sich im vierjährigen Mittel 24 Oberflächenabflußereignisse pro Jahr. Während der bisherigen Beobachtungszeit ließen sich im Taunus in etwa zwei Ereignisse im Monat nachweisen, was ebenfalls 24 Ereignissen im Jahr entspricht. In der nachstehenden Tabelle sind die derart errechneten Ergebnisse für die Einzugsgebiete Odenwald, Taunus "A" und "B" zusammengestellt.

Tab. 19   Jahresmengen des Feststoff- und Lösungsabtrags durch Oberflächenabfluß

EINZUGSGEBIET	ODENWALD	TAUNUS A	TAUNUS B
Ao-ABTRAG [kg/a]	5,5	6,9	11,8

Die Einzugsgebiete Odenwald und Taunus "A", die in etwa über die gleiche Gerinnelänge verfügen (vgl. Abschn. 3.4), weisen relativ ähnliche Abtragsmengen auf. Für Gebiet Taunus "B" ergeben sich aufgrund des längeren Gerinnes größere Hangflächen, die wiederum die höhere Abtragsmenge bedingen.

Addiert man, auch wieder auf Basis der Gerinnelängen, die in Abschnitt 6.2.2 ermittelten gravitativ verlagerten Materialmengen hinzu, so ergibt sich für das Einzugsgebiet Taunus "A" ein Stoffeintrag in das Gerinne von insgesamt 75 kg jährlich. Für Taunus "B" beträgt der entsprechende Wert 128 kg/a.

Überträgt man die Ergebnisse aus dem Taunus auf das Gebiet im Odenwald, aus dem zur gravitativen Materialverlagerung keine Meßwerte vorliegen, sind zu den 5,5 kg des vom Ao bewirkten Abtrags rund 40 kg hinzuzurechnen, womit das dortige Quellgerinne mit jährlich 46 kg Hangmaterial in fester und gelöster Form belastet wird.

Gemessen am gesamten Sedimentaustrag eines Jahres (vgl. 5.4.1.4.3) beläuft sich der Anteil dieser Mengen bei allen drei Einzugsgebieten auf weniger als ein Prozent. Dies bedeutet rein rechnerisch, daß in der Tiefenlinie zur Zeit die Ausräumung den Zuschub bei weitem überwiegt. Selbst wenn die Menge des Materialeintrags von den Hängen in das Gerinne, die mit sehr viel Vorbehalt kalkuliert wurde, tatsächlich um eine Zehnerpotenz höher liegt, wäre in den Tiefenlinien immer noch eine sehr starke Tendenz zur Einschneidung vorhanden.

Wie anhand der Messungen gezeigt werden konnte, ist der größte Teil des Stoffumsatzes in den Einzugsgebieten an wenige besonders erosionsaktive Witterungskonstellationen gebunden und folgt daher einem ausgeprägten jahreszeitlichen Rhythmus. Wenn auch nicht bis ins Detail geklärt, so kann doch allgemein formuliert werden, daß sowohl Interflow als auch große Oberflächenabflüsse in der Regel bei Starkregen und Schneeschmelzen auftreten und dabei auch ihre größte morphodynamische Wirksamkeit entfalten. Dabei wächst die mittlere Abtragsmenge mit steigender Ereignishäufigkeit an. Dies geht auch aus den Untersuchungsergebnissen von SCHMIDT (1982), SEILER (1982) und DIKAU (1986) hervor.

Es erstaunt, daß, unabhängig von den teilweise recht unterschiedlichen Bedingungen an den Testflächen, eine vergleichende Betrachtung der Meßergebnisse immer wieder zu sehr ähnlichen Werten für beide Arbeitsgebiete führt. Offenbar ist die Kombination aus bestehender morphologischer Situation und der Erodibilität des Hangschuttmaterials in dieser Form im Odenwald und Taunus nicht nur vergleichbar, sondern bildet in Verbindung mit der gegebenen Erosivität des Niederschlags bei ähnlichen Wiedereintrittswahrscheinlichkeiten die bei den untersuchten Prozessen als Auslöser und Regulativ wirkende, wichtigste Faktorenkonstellation. Unter diesen Bedingungen wird der mögliche Einfluß anderer steuernder Parameter so nachhaltig zurückgedrängt, daß ein Nachweis mit der eingesetzten Meß- und Analysetechnik nicht gelingen kann und sie sich somit einer Bewertung im Zusammenhang mit dem morphodynamischen Prozeßgefüge entziehen.

7 Genese und Entwicklungstendenz der Gerinnesysteme

7.1 Runsengenese

Obwohl sich für beide Arbeitsgebiete ein genauer Zeitpunkt nicht angeben läßt, kommen für die Entstehung der Runsen im Taunus nach Untersuchungen von BAUER (1993) vor allem zwei Zeitabschnitte in Betracht. Zum einen die hochmittelalterliche Rodungsperiode und die, für das Arbeitsgebiet wahrscheinlichere, zweite Hälfte des 18. Jahrhunderts. Dies fügt sich sehr gut in das zeitliche Schema von RICHTER & SPERLING (1967) ein, deren Ergebnissen zufolge, die intensive Zerrunsung weiter Flächen des Vorderen Odenwaldes etwa auf die Zeitwende zwischen dem 17. und 18. Jahrhundert zu datieren ist. Damit kann für die untersuchten Hohlformen ein Alter von ca. 200-250 Jahren angenommen werden.

Wie die durch Bohrungen gewonnenen Geländebefunde im Odenwald und Taunus zeigen, muß der Eintiefungsprozeß in mehreren Phasen erfolgt sein, denn an günstigen Positionen lassen sich unter den jungen Hangschuttakkumulationen der Runsenflanken schmale, einer Talleiste vergleichbare, Verebnungen und fossile, mit Grobmaterial verfüllte, Rinnen finden. Dies trifft zwar nicht generell auf alle Runsen zu, denn wie BAUER (1993) ausführt, ist für nahezu jedes Runsensystem eine eigenständige Entwicklung anzunehmen, für die stark eingetieften und von einem perennierenden Gerinne entwässerten Runsen scheint es jedoch die Regel zu sein (vgl. KNIGHTON 1984:181f.). Die Anlage der Runsensysteme orientiert sich bevorzugt an pleistozänen Vorformen, wie Mulden- oder Dellentälchen, so daß auch im weiter gesteckten Zeitrahmen der Entwicklung eine Mehrphasigkeit zugrunde liegt.

Im Arbeitsgebiet Odenwald kann dies beispielhaft gezeigt werden, da die hier weit fortgeschrittenen Untersuchungen eine recht gute Rekonstruktion der Formengenese ermöglichen. Die beiden Profilschnitte in Abbildung 106, die auf zwei im engeren Runsenbereich engständig niedergebrachten Bohrreihen unterhalb der dortigen Meßstelle beruhen, lassen erkennen, daß schon vor der letztkaltzeitlichen Lößakkumulation eine tiefgreifende Hangzerschneidung in den kristallinen Gesteinen vorhanden war. Während der anschließenden Akkumulationsphase wurde die entstandene Abflußhohlform teilweise wieder verfüllt, wobei sich die fluvialen Sedimente in der Tiefenlinie mit dem von den Hängen eingetragenen Granodioritgrus verzahnten.

In diese muldenartige Vorform wurde vermutlich während der letzten Kaltzeit kalkhaltiger Löß eingeweht, der aufgrund solifluidaler Umlagerungsprozesse vor allem am steileren Südhang als Lößlehm vorliegt.

Im Holozän konnte sich dann unter morphodynamisch stabilen Verhältnissen im hangenden Lößlehm eine Parabraunerde entwickeln, die offenbar über die heutige Tiefenlinie hinwegzog, wie sich aus der Verteilung der B_t-Horizontreste erschließen läßt. Daher ist es unwahrscheinlich, daß zu dieser Zeit eine konzentrierte linienhafte Entwässerung wie heute bestanden hat.

Die neuerliche Zerschneidung muß in Verbindung mit der starken Bodenerosion erfolgt sein, die im Arbeitsgebiet durch agrarische Nutzung ausgelöst wurde. Während sich das Quellgerinne unter teilweiser Ausräumung der pleistozänen Verfüllung bis auf den in situ liegenden kristallinen Gesteinszersatz einschnitt, wurden von den Hängen granodioritgrushaltige Kolluvien aus Lößlehm in die Tiefenlinie verlagert.

Mit der Anlage des Fischteichs, die nach der Historischen Karte von KUHN (etwa um 1816) - in der sie erstmals verzeichnet ist - vor rund 200 Jahren vorgenommen wurde, setzte im unteren Abschnitt der Runse erneut Sedimentation ein. Großen Raum nimmt hier eine rund 1 Meter mächtige Ablagerung von stark vertorftem, überwiegend organischen Material ein, die mit 5-10 cm starken, schluffig-sandigen, teilweise kiesigen Einschaltungen durchsetzt ist. Nach C-14-Analysen, die an einigen Proben aus dieser Torflage durchgeführt wurden, ist die Ablagerung in die Zeit zwischen 1425 und 1660 b. p. zu datieren. Die fluvialen, durchweg mineralischen Sedimente im Liegenden sind also älter, höchstwahrscheinlich präholozän.

Eine weitere Probe, die von der Basis der anmoorigen Talfüllung in Profil 2 aus ca. 40 cm Tiefe stammt, weist ein Alter von 145 ±75 Jahren auf, und belegt die verhältnismäßig junge Akkumulationsphase im Unterlauf der Runse.

Bei einer im Herbst 1989 vorgenommenen Entleerung des Teichs konnte der sonst unter dem Wasserspiegel liegende Schwemmfächer genauer untersucht werden. Die Schichtenabfolge in dem etwa 10 Meter weit in den Teich vorgebauten Schwemmfächer entspricht recht gut den Verhältnissen, die in Profil 1 (Abb. 106) dargestellt sind. Jedoch besitzt das Material unter der 1 Meter mächtigen Torflage eher eine schluffig-tonige Ausprägung. Die Basis aus kristallinem Gesteinszersatz liegt hier in rund 2 Meter Tiefe und wird stellenweise von einer 20 cm mächtigen Torflage, die sehr viel Koniferenreste enthält, überlagert.

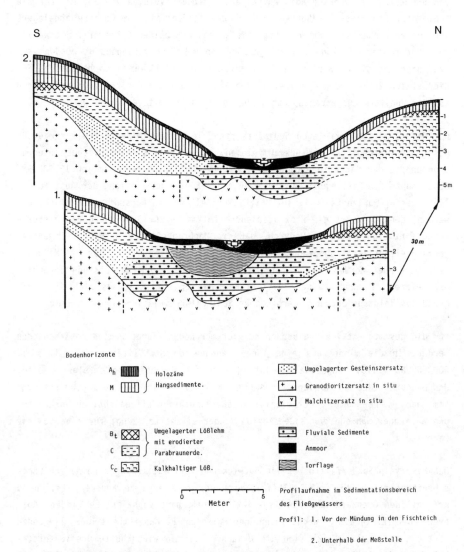

Abb. 106 Geologisch-pedologische Querprofile durch den Akkumulationsbereich der Runse im Arbeitsgebiet Odenwald

Vom Top bis zur Basis ergibt sich bei einer mittleren Breite des Schwemmfächers von 5 Metern, ein überschlägig kalkuliertes Sedimentvolumen von 150 m³. Für die Sedimente, die schon im Mündungsbereich der Tiefenlinie vom Gerinne abgelagert wurden, errechnen sich mit den Ergebnissen aus den beiden Bohrprofilen etwa 175 m³. Da der Teich im Zuge von Pflegemaßnahmen mehrfach ausgebaggert worden ist, läßt sich mit diesen Werten nur eine Mindestsedimentakkumulation berechnen. Für die letzten 200 Jahre ergeben sich rund 325 m³, die vom Gerinne zwar weitgehend aus der Hohlform ausgetragen, dabei aber nicht sehr weit verlagert wurden.

Der Umfang dieser korrelaten Sedimente steht in krassem Mißverhältnis zur Größe des Runseneinschnitts. Das Ausraumvolumen, daß mittels planimetrischer Integration anhand der Karte in Abbildung 6 bestimmt wurde, beträgt nämlich 12 000 m³. Dabei mußte die Festlegung der Obergrenze der Eintiefung entlang der Ausstreichlinie des B_t-Horizonts (vgl. THIEMEYER 1988:141) an den Runsenflanken orientiert werden, denn dies ist die einzige sichere Zeitmarke zur Bestimmung des historischen Eintiefungsbetrags. Dadurch, daß die Mächtigkeit des ursprünglich auflagernden Al-Horizonts unbekannt ist, kann aber auch hier wieder nur ein Mindestwert berechnet werden. Jedoch wird deutlich, daß die Abtragsleistung innerhalb der letzten Jahrhunderte sehr viel größer gewesen sein muß, als sich dies aufgrund des Volumens der noch vorhandenen Sedimentakkumulation vermuten läßt.

Für die gesamte Entwicklung können so vier morphodynamische Phasen unterschieden werden, in die mindestens eine länger andauernde Stabilitätsperiode i. S. v. ROHDENBURG (1970) eingeschaltet ist, in der die Bodenbildung erfolgen konnte. Das bedeutet, daß der linienhafte Abfluß im Arbeitsgebiet zeitweise zum Erliegen kam; daß er aber vor der periglazialen Lößakkumulation offensichtlich vorhanden, und nach oder während der Bodenerosion wieder einsetzte, zeugt für eine gewisse Persistenz.

Daß hier kein Sonderfall der Reliefentwicklung vorliegt, zeigt eine Aufschlußbeschreibung bei SEMMEL (1961:135ff.), nach der sich auch an anderen Stellen im Kristallinen Odenwald dem Arbeitsgebiet vergleichbare Verhältnisse finden. Aufgrund der kleinräumig wechselnden geologischen Beschaffenheit des liegenden Festgesteins (vgl. 3.2.2) sind die Ursachen für die wiederholte Quellenentstehung in den spezifischen geologisch-tektonischen Verhältnissen (starke Klüftung, tiefgreifende Vergrusung) des tieferen Untergrundes zu sehen. Mit der ursprünglich wohl mehrere Meter mächtigen Lößanwehung sind also nicht nur die morphologischen Gegebenheiten am Standort verändert worden, sondern auch das präholozäne hydrographische Netz.

Abb. 107 Ansicht der episodisch durchflossenen Runse an Meßstelle
Taunus "C"

Die neuerliche Initiierung ging jedoch von der Oberfläche aus, denn häufig sind
größere Runsen oder Runsensysteme in charakteristischer Weise mit trockenen Seitenrunsen vergesellschaftet. Diese Seitenrunsen münden, sofern es die Reliefsituation zuläßt, meist beidseitig in spitzem Winkel in die Hauptrunsen ein, die
damit die Abtragungshohlform nächsthöherer Ordnung bilden. Wenngleich die Tiefenlinien dieser Seitenrunsen infolge des fehlenden oder nur episodischen Abflusses auch nur schwach auf die Sohle der Gerinne in der Hauptrunse eingestellt
sind, so daß die Mündungen der Seitenrunsen über die jeweilige Tiefenlinie hinweg ausstreichen, dürften Haupt- und Seitenrunsen doch ziemlich zeitgleich entstanden sein und gehören vom hydrologischen Standpunkt her funktional zusammen,
wobei die Eintiefungsdifferenz natürlich aus dem fortwährenden Sedimentaustrag
durch die Quellgerinne resultiert.

Gleiches gilt prinzipiell auch für das Runsensystem im Taunus, jedoch fanden sich hier bisher keine Hinweise auf eine pleistozäne Vorform, wenn man einmal von der pleistozän überformten, weit gespannten Quellmulde absieht. Eine detaillierte Rekonstruktion der Genese ist mangels eindeutiger pedologischer Befunde leider nicht möglich (vgl. 3.3.3), aber eine ähnlich komplexe Entwicklung wie sie sich für das Arbeitsgebiet im Odenwald ergibt, beschreibt auch BAUER (1993:165) für ein Runsensystem im Vordertaunus. Alle diese Runsen entstanden durch massive anthropogene Eingriffe in den Landschaftshaushalt (BAUER 1993:163ff.), wobei die primär gegebene hydrogeologische Situation das Entstehen der Quellen und damit die Entwicklung einer dauerhaften linienhaften oberirdischen Entwässerung begünstigte.

7.2 Vergleich der aktuellen Meßergebnisse mit den historischen Daten

In Abschnitt 6.3 konnte nachgewiesen werden, daß in den Tiefenlinien, unter den seit mindestens hundert Jahren stabilen Vegetationsverhältnissen, auch gegenwärtig eine Tendenz zur Eintiefung besteht. Weil der über die Testparzellen ermittelte Materialeintrag von den Hängen nur sehr gering ist, muß der gemessene Feststoffaustrag überwiegend dem Gerinnebettbereich entstammen. Jedoch können dem Gerinne, über episodische Massenbewegungen an den Hängen und durch Uferanbrüche infolge von Lateralerosion, diskontinuierlich größere Sedimentmengen zugeführt werden, so daß auch die Hänge aktueller Prozeßdynamik unterworfen sind. Das tatsächliche Ausmaß dieser stochastischen Prozesse läßt sich aber mangels geeigneter Meßmethoden nicht beziffern.

In Abbildung 108, die einer Arbeit von DUYSINGS (1986:238) entnommen ist und deren Inhalt auch auf die Verhältnisse in den eigenen Untersuchungsgebieten zutrifft, sind die wesentlichen Prozeßbereiche der Materialfreisetzung im engeren Gerinnebereich noch einmal zusammenfassend dargestellt.

Trotz des Sedimenteintrags von den Hängen überwiegt aber die Eintiefung, was sich darin äußert, daß alle drei untersuchten Gerinne stellenweise bis auf das anstehende Festgestein eingeschnitten sind. Es läßt sich zwar nicht angeben, seit wann das so ist, aber daß die Eintiefung kein kontinuierlicher Prozeß gewesen sein kann und mindestens seit dem Erreichen der Schuttdeckenbasis langsamer verläuft als zuvor, wird deutlich, wenn die aktuell ausgetragenen Sedimentmengen in Beziehung zur Größe des Runseneinschnitts und dem Gewicht des darin ehemals enthaltenen Sedimentvolumens gesetzt werden.

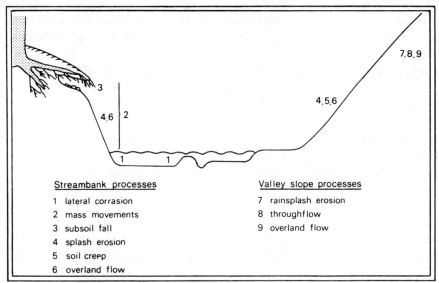

Abb. 108 Schematische Darstellung der in den Runsen wirksamen morphodynamischen Prozeßbereiche (n. DUYSINGS 1986; verändert)

Unter Zugrundelegung der Lagerungsdichte der quartären Schuttdecken, die sich für beide Arbeitsgebiete zu durchschnittlich 1,5 g·cm^{-3} bestimmen ließ, können mit dem Ausraumvolumen die zugehörigen Sedimentmengen berechnet werden (vgl. SCHMIDT-WITTE & EINSELE 1986:385). Für die Runse im Odenwald ergibt sich mit einem Volumen von 12 000 m^3 ein Gesamtgewicht von 18 000 t. Analog dazu errechnen sich für die Runse im Teileinzugsgebiet Taunus "A" 9 000 m^3 und 10 000 t und für Runse "B" 13 000 m^3, was rund 20 000 t entspricht.

Das gegenüber dem Taunus recht große Ausraumvolumen der Runse im Odenwald kommt dadurch zustande, daß im Odenwald bei vergleichbaren Eintiefungsbeträgen die Distanz der Hangoberkanten größer ist (vgl. 3.4), so daß diese Hohlform eine wesentlich stärkere Ausräumung aufweist als die beiden schärfer eingeschnittenen Runsen im Taunus.

Bei einer Kalkulation mit den mittleren jährlichen Sedimentgesamtausträgen sind im Odenwald 2 800 Jahre, im Taunus etwa 2 600 Jahre nötig, um die Hohlform in ihrer derzeitigen Ausprägung enstehen zu lassen. Da der Ursprung der Lösungsbelastung heute weitgehend geogener Natur ist, die aktuelle oberflächliche Ausräumung also hauptsächlich durch den Feststoffaustrag bewältigt wird, müßte dieser in die Berechnung eingehen. Die dann für die Runsenentstehung benötigte Zeitspanne steigt so aber im Odenwald auf 26 000 und im Taunus auf 14 000 Jahre an. Die aktuellen Austragsmengen reichen also keinesfalls aus, um die Entwicklung der Runsen im gegebenen historischen Zeitrahmen zu erklären. Somit muß der Stoffaustrag zeitweilig sehr viel größer gewesen sein als heute. Das bedeutet aber auch, daß sich die Runsen in relativ kurzer Zeit eingeschnitten haben müssen.

Der Eintiefungsprozeß folgt also in der zeitlichen Dimension der Form einer Exponentialfunktion, wobei die Reduktion der Eintiefungsgeschwindigkeit eher im Erreichen des gegenüber den Schuttdecken sehr viel abtragungsresistenteren Festgesteins begründet ist als in einer eventuellen Verringerung der Abflußmengen. Das weniger steile und stärker ausgeräumte Gerinnelängsprofil der Runse im Odenwald ist dann als eine Folge der Kristallinvergrusung zu sehen, die, im Gegensatz zu den nahezu saiger stehenden, widerständigeren Tonschiefern im Taunus wegen der leichteren Erodierbarkeit eine schnellere Eintiefung des Gerinnes ermöglicht hat.

Die relativ kurzfristige Entstehung wirft natürlich die Frage nach den auslösenden Umständen auf. Dies soll hier zwar nicht im Detail diskutiert werden, aber besonders BORK (1983b) vertritt die Ansicht, daß die Runsenbildung auf den zuvor devastierten "Extremstandorten" auf eine Reihe von schweren Unwettern zurückzuführen ist, die er anhand historischer Aufzeichnungen benennt. Den Untersuchungen von BAUER (1993) zufolge, ist für die Bildungszeit der Runsen im Taunus die erforderliche Zeitgleichheit mit diesen Ereignissen in der Regel aber nicht gegeben. Wenn die Zerrunsung auch nicht einem einzigen besonders starken Unwetter zugeordnet werden kann, so müssen doch extreme Witterungsereignisse in relativ kurzer Folge für die Initiierung verantwortlich gewesen sein. Denn ebenso wie bei der aktuell zu beobachtenden Dynamik, die durch eine sehr starke Zunahme der Prozeßwirksamkeit infolge intensiver Niederschlagseinzelereignisse gekennzeichnet ist, müssen sich solche Ereignisse natürlich auch in der Vergangenheit am stärksten ausgewirkt haben. Dabei sind durch die kurze Beobachtungszeit mit Sicherheit noch nicht einmal die möglichen Extrema im Witterungsablauf erfaßt worden (vgl. FLOHN in v. RUDLOFF 1967:83); die Folgen eines "Jahrhundertniederschlags" auf den aktuellen Austrag lassen sich so nur erahnen.

Aber durch die einmal initiierte Entwicklung eines spezifisches Abfluß- und Abtragsmusters, in dem die darin eingebundenen, auch rezent zu beobachtenden Prozesse, eine stete Zunahme ihrer morphodynamischen Wirksamkeit erfuhren, wurde die Zerschluchtung natürlich fortschreitend intensiviert. Das wirkte wiederum verstärkend auf die Prozesse zurück. Somit sind der derzeit zu beobachtende Systemzustand und die ermittelten Spannweiten der jeweiligen Prozeßleistung als Folge eines Selbstverstärkungsprozesses zu sehen, der, wenn in seiner Leistung nicht durch innere oder äußere Einflüsse gebremst, auch weiterhin eine Einschneidungstendenz besitzen wird.

Die festgestellte Diskontinuität des Prozeßgefüges und die große Bedeutung, die singulären Ereignissen dabei zukommt, ist also nicht nur für die rezent zu beobachtenden Prozesse bestimmend, sondern muß auch bei einer genetischen Betrachtung unbedingt Berücksichtigung finden.

7.3 Auswirkungen auf den Landschaftshaushalt

Wie die Untersuchungsergebnisse zeigen, werden nicht nur die aktuellen Stoffflüsse und -austräge in Abhängigkeit von der wechselnden Zustandsgröße der steuernden hydro-meteorologischen Parameter in ihrem Ablauf maßgeblich von der bestehenden pedologischen und morphologischen Situation beeinflußt, sondern auch im gesamten Wasserhaushaltsgefüge wurde durch den mittelalterlichen Erosionsschaden eine nachhaltige Veränderung herbeigeführt. Dabei bewirkte vor allem die Entwicklung einer dauerhaften oberirdischen Entwässerung in Verbindung mit dem Anschnitt bevorzugter Interflowleitbahnen eine starke Zunahme des Direktabflusses, was sich in den schlechten Retentionseigenschaften niederschlägt. Unterstützt durch die engräumige Zerschneidung, entstanden so im Bereich der schmalen Zwischenriedel edaphisch sehr trockene Standorte. Der organische Anteil in den Sedimentfrachtproben macht zudem eine gegenüber ungestörten Standorten sehr viel höhere Nährstoffabfuhr wahrscheinlich, so daß sich die Bedingungen für das gesamte Ökosystem verschlechtert haben.

Selbstverständlich ist es schwer, eine Prognose über die zukünftige Entwicklungstendenz zu geben, ob also letztendlich eine weitere Tieferlegung oder eher eine Verfüllung der Runsenhohlform anzunehmen ist. Aber bei umsichtiger Interpretation der vorliegenden Ergebnisse ist auch bei abgeschwächter Einschneidung zumindest von einem Erhalt der bestehenden Formen auszugehen. Denn wie der Vergleich von Einzugsgebiet Taunus "A" und "B" deutlich macht (vgl. 5.2.1.2 und 5.4.1.5), erfahren der Direktabfluß und die daran gekoppelten Abtragsprozesse durch anthropogene Maßnahmen, wie bspw. die unsachgemäße Einleitung der Waldwegdrainage, eine enorme Verstärkung. Wird dabei nun die Runse nicht unmittelbar tiefergelegt, weil das Anstehende erreicht ist, so kommt es doch zu einer verstärkten Unterschneidung der Hänge, wodurch die Form verbreitert, und der bestehende Landschaftsschaden vergrößert wird. Das besonders durch den episodischen Zutritt von konzentrierten Oberflächenabflüssen die lineare Erosion in bestehenden Abflußleitbahnen beschleunigt wird, zeigen auch die Untersuchungen von GEROLD & MOLDE (1989:89).

Die aktuellen Meßergebnisse und die Resultate der topographischen Aufnahmen lassen sich nur dahingehend interpretieren, daß in den Systemen zum gegenwärtigen Zeitpunkt kein "stady-state"-Zustand erreicht ist. Dies gilt insbesondere für die steilen Runsen im Arbeitsgebiet Taunus. Die Folgen auch nur geringfügiger Eingriffe in den derzeitigen Zustand, die die Konzentration oberflächlicher Abflüsse fördern, dürften durch die hochempfindliche positive Rückkoppelungsbereitschaft der Systeme unmittelbar zu einer Verstärkung aller Prozesse und damit zu einer weiteren Verschlechterung der Standortqualität führen.

Wie die Beobachtungen in den episodisch durchflossenen Seitenrunsen zeigen, sind die Prozesse infolge der Wiederaufforstung auch hier nicht zum Erliegen gekommen. So finden sich bspw. in Einzugsgebiet Taunus "C" deutliche Hinweise für eine episodische Weiterbildung der Form in jüngerer Zeit. In Abbildung 107 ist zu erkennen, daß im unteren, stärker eingeschnittenen Bereich der Seitenrunse, freigespülte Baumwurzeln über die Tiefenlinie hinwegziehen. Dieses sichtbare Zeichen einer jungen Eintiefung läßt nur den Schluß zu, daß trotz des stabilisierend wirkenden Wurzelfilzes eine rezente Ausräumung der Tiefenlinie durch episodischen Abfluß stattfindet, was auch durch die gemessenen Materialausträge bestätigt wird (vgl. 5.4.2).

Dabei läßt die Stärke der freigelegten Wurzeln (2-5 cm) vermuten, daß die Intensität des Austrags in jüngerer Zeit eher zu- als abgenommen hat, worauf schon LINKE (1976:315) auf Basis von zehnjährigen Beobachtungen in bewaldeten, lößbedeckten Buntsandsteingebieten (Bl. Osterfeld, ehem. DDR) hinweist.

Als ein Indiz, daß möglicherweise auch Subrosionsprozesse an der aktuellen linienhaften Tieferlegung beteiligt sind, können die schon beschriebenen "Abflußschwinden" gewertet werden. Wenn aufgrund der vorliegenden Untersuchungen das Ausmaß der subterranen Materialabfuhr auch nicht näher zu bestimmen ist, so muß doch damit gerechnet werden, daß der Gebietsabfluß durch die bessere Wasserwegsamkeit in diesen schwach eingemuldeten Tiefenlinien im Laufe der Zeit zunehmend konzentriert und beschleunigt wird (vgl. BARSCH & WIMMER 1988), was in der allmählichen Herausbildung eines ganzjährigen Abflusses mit allen daran geknüpften negativen Folgeerscheinungen gipfeln kann.

Eine genauere Erforschung der Ursachen, die für die Reaktivierung oder Beschleunigung der episodischen Abtragsprozesse in diesem von anthropogenen Störungen weitgehend unbeeinflußten Teileinzugsgebiet verantwortlich sind, war im Rahmen vorliegender Arbeit allerdings nicht zu leisten; sie muß einer zukünftigen Detailstudie vorbehalten bleiben.

Die in der Literatur öfter vertretene Ansicht, daß die Waldvegetation größtmöglichen Erosionsschutz bietet (z. B. KRONFELLNER-KRAUS 1981:114), sollte nach diesen Ergebnissen zumindest in bezug auf die lineare Erosion revidiert werden, insbesondere, wenn man die Tatsache in Rechnung stellt, daß sich bei einer längerfristigen Beobachtung die größten Feststoffaustragsmengen und eine Zunahme der Prozeßintensivität regelmäßig während der Sommermonate feststellen lassen, wenn die Vegetationsentwicklung ihren alljährlichen Höhepunkt erreicht hat.

8 Zusammenfassung

Im Rahmen des von der Deutschen Forschungsgemeinschaft eingerichteten Schwerpunktprogramms "Fluviale Geomorphodynamik im jüngeren Quartär" wurden quantitative Untersuchungen zur fluvialen Morphodynamik in den Mittelgebirgsregionen von Odenwald und Taunus durchgeführt. Als Untersuchungsobjekte wurden die Einzugsgebiete von Hangrunsen ausgewählt, deren Tiefenlinien von perennierenden und intermittierenden Quellgerinnen entwässert werden, die damit potentielle Leitformen für den Ablauf aktueller morphodynamischer Prozesse darstellen.

Von zentraler Bedeutung für die Untersuchungen war die Frage nach der Größe des gegenwärtigen fluvialen Sedimentaustrags unter der Dauervegetation eines Kulturforstes. Menge und Varianz der von den Gerinnen mitgeführten Feststoff- und Lösungsfracht wurden dabei als Maß und Indikator für den Umfang der Erosionsprozesse in den jeweiligen Einzugsgebieten herangezogen.

Durch die geringe Größe der Einzugsgebiete (7-14 ha) ergab sich eine weitgehend homogene Geofaktorenkonstellation, so daß sich der sehr komplexe Vorgang des Sedimentaustrags, der im wesentlichen von den hydro-meteorologischen Input- und Outputgrößen Niederschlag und Abfluß gesteuert wird, durch Anwendung des "Systemanalytisch-geomorphologischen Ansatzes" quantifizieren ließ.

Zur numerischen Erfassung der beteiligten Prozeßvariablen (Niederschlag, Abfluß, Sedimentaustrag) wurde jedes Untersuchungsgebiet mit entsprechend instrumentierten Meßstellen ausgestattet. Um weitergehende Erklärungshinweise auf die jahreszeitliche Dynamik von Abflußgenerierung und Sedimentaustrag zu erhalten, erfolgte eine ergänzende Beobachtung systeminterner Teilprozesse und deren steuernde Faktoren anhand von Testflächen. Der mögliche Einfluß naturräumlicher Parameter wurde aus Gebietsvergleichen abgeleitet, wozu geologisch und hydrologisch verschiedene Gebiete untersucht wurden, eines im Kristallinen Odenwald, drei im Bereich der unterdevonischen Taunusschiefer.

Bei Jahresniederschlägen von rund 800 mm erreichen die mittleren Abflußspenden in beiden Arbeitsgebieten 0,1-0,3 l/s•km^2. Der damit verbundene Sedimentaustrag bewegt sich unabhängig von der etwas unterschiedlichen Geofaktorenkonstellation im Odenwald und Taunus zwischen 5 und 10 t pro Jahr.

Den größten Anteil an der Gesamtfracht haben mit etwa 90 % die gelösten Stoffe, deren Konzentration im Abfluß auffallend konstant ist, da sie überwiegend geogenen Ursprungs sind. Durch die verschiedene petrochemische Beschaffenheit des anstehenden Festgesteins erreicht der Lösungsaustrag im Arbeitsgebiet Odenwald dreimal höhere Werte als im Taunus. Hingegen ist die Menge des Feststoffaustrags, insbesondere des Geschiebeaustrags, in beiden Gebieten annähernd gleich.

Die jährliche Dynamik des Sedimentaustrags wird durch wenige besonders erosive Niederschlags-Abfluß-Ereignisse (Starkregen, ergiebige Dauerregen, Schneeschmelze) gesteuert. Dies führt zu einer ausgeprägten Diskontinuität des Feststoffexports, der in Verbindung mit der spezifischen Geofaktorenkonstellation regelmäßig im Sommer Höchstwerte erreicht, zu einer Zeit in der die erosionsmindernde Schutzwirkung des Bestands am größten sein müßte.

Der Vergleich mit den zusätzlich durchgeführten historisch-genetischen Untersuchungen legt den Schluß nahe, daß der frühere Sedimentaustrag sehr viel größer gewesen sein muß als der aktuelle, dennoch zeigen die Meßergebnisse, daß in den Runsen auch gegenwärtig eine Tendenz zu weiterer Einschneidung besteht.

Durch die extrem hohe positive Rückkoppelungsbereitschaft der Gerinnesysteme äußert sich der Einfluß forstwirtschaftlicher Maßnahmen, die zu einer Beschleunigung des Direktabflusses führen (Wegenetzentwässerung, Drainage), in einer enormen Verstärkung des morphodynamischen Prozeßgeschehens, wodurch der bestehende Landschaftsschaden vergrößert und die bestehenden ökologischen Bedingungen weiter verschlechtert werden.

9 Literaturverzeichnis

AGSTER, G. (1986): Wasser- und Grundwasserhaushalt der Einzugsgebiete des Schönbuchs in Abhängigkeit von Waldbestand und Untergrund. - In: EINSELE, G. (Hrsg.): Das landschaftsökologische Forschungsprojekt Naturpark Schönbuch - Forschungsbericht, DFG: 85-112; Weinheim.

AHNERT, F. (1981): Über die Beziehung zwischen quantitativen, semiquantitativen und qualitativen Methoden in der Geomorphologie. - Z. Geomorph. N. F., Suppl. 39: 1-28; Berlin, Stuttgart.

ALBERTSON, M. L. & SIMONS, D. B. (1964): Fluid mechanics. - In: CHOW, V. T. (Hrsg): Handbook of applied hydrology, Sect. 7: 7-1 - 7-49; New York, London.

ALBERT, W. & GONSOWSKI, P. (1987): Einsatz von Tensiometern zur Steuerung der Beregnung. - Wasser u. Boden, 39. Jg., 12: 637-642; Hamburg, Berlin.

ANDERLE, H.-J. (1987): Entwicklung und Stand der Unterdevon-Stratigraphie im südlichen Taunus. - Geol. Jb. Hessen, 115: 81-98; Wiesbaden.

ANDERSON, H. W. (1981): Normalized suspended sediment discharge related to watershed attributes and landslide potential. - In: FORSTLICHE BUNDESVERSUCHSANSTALT WIEN (Hrsg.): Beitr. z. Wildbacherosions- u. Lawinenforschung. - Mitt. d. Forstl. Bundesversuchsanstalt Wien, 138: 11-22; Wien.

ARBEITSGEMEINSCHAFT BODENKUNDE (1981): Bodenkundliche Kartieranleitung. - 2. Aufl.: 169 S.; Hannover.

BALAZS, A. & LIEBSCHER, H. J. & WAGENHOFF, A. (1974): Forstlich-hydrologische Untersuchungen in bewaldeten Versuchsgebieten im Oberharz. - Aus dem Walde, 22: 9-34; Hannover.

BAMBERG, G. & BAUER, F. (1987): Statistik. - 5. Aufl.: 334 S.; München, Wien.

BARNER, J. (1983): Experimentelle Landschaftsökologie: Lehrbuch d. Umweltforschung. - 1. Aufl.: 196 S.; Stuttgart.

BARSCH, D. (1982): Experimente und Messungen in der Geomorphologie. - Z. Geomorph. N. F., Suppl. 43: 1-4; Berlin, Stuttgart.

BARSCH, D. & WIMMER, H. (1988): Hangrunsen in Mitteleuropa - die Bedeutung der Subrosion aufgrund der Untersuchungen am Hollmuth bei Heidelberg. - Heidelberger Geogr. Arb., 66: 251-263; Heidelberg.

BATHURST, J. C. & GRAF, W. H. & CAO, H. H. (1982): Bedforms and flow resistance in steep gravel bed channels. - In: SUMER, M. & MÜLLER, A. (Hrsg.): Proc. Euromech., 156 Istanbul; Mechanics of sediment transport: 215-221; Rotterdam.

BAUER, A. (1993): Bodenerosion in den Waldgebieten des östlichen Taunus in historischer und heutiger Zeit. - Diss., Inst. Phys. Geogr., Univ. Frankfurt, 14: 194 S.; Frankfurt a. M.

BAUER, B. (1985): Faktoren der Bodenerosion durch Wasser - Ergebnisse von Regensimulationen im nordöstlichen Flach- und Hügelland Niederösterreichs. - Mitt. Österr. Geogr. Ges., 127: 23-44; Wien.

BAYAZIT, M. (1982): Flow structure and sediment transport mechanics in steep channels - In: SUMER, M. & MÜLLER, A. (Hrsg.): Proc. Euromech., 156 Istanbul; Mechanics of sediment transport: 197-206; Rotterdam.

BECHT, M. (1986): Die Schwebstofführung der Gewässer im Lainbachtal bei Benediktbeuren/Obb. - Münchner Geogr. Abh., B2:201 S.; München.

BECHT, M. (1990): Auswirkungen der Schneeschmelze auf die Schwebstofführung von Wildbächen. - Beitr. z. Hydrologie, 11,2: 1-27; Kirchzarten.

BECHT, M. & KOPP, M. (1988): Aktuelle Geomorphodynamik in einem randalpinen Wildbacheinzugsgebiet und deren Beeinflussung durch die Wirtschaftsweise des Menschen. - In: BECKER, H. & HÜTTEROTH, W.-D. (Hrsg.): Aktuelle Geomorphodynamik und ihre Bedeutung für die Praxis - Tagungsbericht (Sonderdr.) zum 46. Dt. Geographentag München 1987: 526-534; Stuttgart.

BENECKE, P. (1984): Der Wasserumsatz eines Buchen- und eines Fichtenwaldökosystems im Hochsolling. - Schr. Forstl. Fak. Univ. Göttingen u. Niedersächs. Forstl. Versuchsanst., 77: 158 S.; Frankfurt a. M.

BENECKE, P. & PLOEG, R. v. d. (1978): Wald und Wasser. I: Komponenten des Wasserhaushaltes von Waldökosystemen. II: Quantifizierung des Wasserumsatzes am Beispiel eines Buchen- und eines Fichtenaltbestandes im Solling. - Forstarchiv, 49, 1: 1-7, 2, 26-32; Hannover.

BENTZ, A. & MARTINI, H.-J. (Hrsg.) (1969): Lehrbuch der angewandten Geologie, 1. Aufl., Bd. II: 1357-2151; Stuttgart.

BERGQUIST, E. (1986): Swedish terrace- and gully landscapes - Processes and Forms., Survey and Proposal for Nature Reserves. - Naturvardsverket Rapport, 3156: 171 S.; Stockholm.

BORCHARDT, D. (1983): Zur Quantifizierung des Abflußverhaltens von Kleineinzugsgebieten. - Geogr. Ber., Jg. 28, 107: 93-101; Gotha.

BORK, H.- R. (1980): Oberflächenabfluß und Infiltration. - Landschaftsgenese und Landschaftsökologie, 6: 104 S.; Cremlingen-Destedt.

BORK, H.- R. (1983a): Die quantitative Untersuchung des Oberflächenabflusses und der Bodenerosion. - Geomethodica, 8: 117-147; Basel.

BORK, H.- R. (1983b): Die holozäne Relief- und Bodenentwicklung in Lößgebieten. - Catena Suppl. 3: 1-93; Braunschweig.

BORK, H.- R. (1989): Soil erosion during the past millennium in Central Europe and its significance within the geomorphodynamics of the holocene. - Catena Suppl. 15: 121-131; Cremlingen.

BOSSEL, H. (1987): Systemdynamik. - 1. Aufl.: 310 S.; Braunschweig, Wiesbaden.

BRANDT, J. (1987): The effect of different types of forrest management on the transformation of rainfall energy by the canopy in relation to soil erosion. - IAHS Publ., 167 Forest Hydrology and Watershed Management: 213-222; Wallingford.

BRECHTEL, H.-M. (1970): Wald und Retention - Einfache Methoden zur Bestimmung der lokalen Bedeutung des Waldes für die Hochwasserdämpfung. - Dt. Gewässerkdl. Mitt., Jg. 14, 4: 91-103.; Koblenz.

BRECHTEL, H.-M. & DÖRING, K. W. (1974): Die Steuerung des Schneereservoirs durch forstliche Maßnahmen. - Allg. Forstz., 29: 1089-1102; München.

BRECHTEL, H.-M. (1982): Quantifizierung des Niederschlagsinputs von bewaldeten Einzugsgebieten. - DVWK 14. Fortbildungslehrgang Hydrologie, Hydrometrie (4.-8. Okt. 1982 in Andernach): 1-37; Bonn.

BREHM, J. (1982): Fließgewässerkunde. Einführung in die Limnologie der Quellen, Bäche und Flüsse. - 1. Aufl.: 311 S.; Heidelberg.

BREMER, H. (1982): Abtragungsgeschwindigkeit in den feuchten Tropen. - Z. Geomorph. N. F., Suppl. 43: 19-27; Berlin, Stuttgart.

BREMER, H. (1989): Allgemeine Geomorphologie. - 1. Aufl.: 450 S.; Berlin, Stuttgart.

BÜDEL, J. (1981): Die großen Prozeßgefüge und die Haupttypen subaerischer Reliefbildung. - Z. Geomorph. N. F., Suppl. 39: 51-57; Berlin, Stuttgart.

BURT, T. P. (1979): The relationship between throughflow generation and the solute concentration of soil and stream water. - Earth-surface-processes and landforms, 4: 257-266; Chichester.

BUSCH, K.-F. & LUCKNER, L. (1974): Geohydraulik. - 2. Aufl.: 442 S.; Stuttgart.

CHORLEY, R. J. (1987): The hillslope hydrological cycle. - In: KIRKBY, M. J. (Hrsg.): Hillslope Hydrology, 1. Aufl.: 1-42; New York.

DEMUTH, S. & MAUSER, W. (1983): Messung und Bilanzierung der Schwebstofffracht - Untersuchungen im Ostkaiserstuhl 1981. - Beitr. z. Hydrologie, Jg. 9, 2: 33-55; Kirchzarten.

DELFS, J. (1955): Die Niederschlagsrückhaltung im Walde (Interception). - Mitt. Arbeitskr. "Wald und Wasser", 2: 54 S.; Koblenz.

DEUTSCHES IHP/OHP NATIONALKOMITEE (Hrsg.) (1985): Empfehlung für die Auswertung der Meßergebnisse von kleinen Einzugsgebieten. - IHP/OHP-Berichte, 5: 28 S.; Koblenz.

DEUTSCHER VERBAND FÜR WASSERWIRTSCHAFT UND KULTURBAU e. V. (Hrsg.) (1982): Arbeitsanleitung zur Anwendung von Niederschlag-Abfluß-Modellen in kleinen Einzugsgebieten, Teil I: Analyse - DVWK Fachausschuß "Niederschlag-Abfluß-Modelle", 112: 37 S.; Bonn.

DEUTSCHER VERBAND FÜR WASSERWIRTSCHAFT UND KULTURBAU e. V. (Hrsg.) (1984): Arbeitsanleitung zur Anwendung von Niederschlag-Abfluß-Modellen in kleinen Einzugsgebieten, Teil II: Synthese - DVWK Fachausschuß "Niederschlag-Abfluß-Modelle", 113: 40 S.; Bonn.

DEUTSCHER VERBAND FÜR WASSERWIRTSCHAFT UND KULTURBAU e. V. (Hrsg.) (1986): Schwebstoffmessungen - DVWK Fachausschuß "Geschiebe und Schwebstoffe", 125: 52 S.; Bonn.

DEUTSCHER VERBAND FÜR WASSERWIRTSCHAFT UND KULTURBAU e. V. (Hrsg.) (1986): Ermittlung des Interzeptionsverlustes in Waldbeständen bei Regen - DVWK Fachausschuß "Wald und Wasser", 211: 15 S.; Bonn.

DIKAU, R. (1982): Oberflächenabfluß und Bodenabtrag von Meßparzellen im Versuchsgebiet "Hollmuth" im Vergleich zu natürlichen Standorten. - Z. Geomorph. N. F., Suppl. 43: 55-65; Berlin, Stuttgart.

DIKAU, R. (1986): Experimentelle Untersuchungen zu Oberflächenabfluß und Bodenabtrag von Meßparzellen und Landwirtschaftlichen Nutzflächen. - Heidelberger Geogr. Arb., 81: 195 S.; Heidelberg.

DONGUS, H. (1980): Die geomorphologischen Grundstrukturen der Erde. - 1. Aufl.: 200 S.; Stuttgart.

DRACOS, T. A. (1980): Hydrologie. - 1. Aufl.: 194 S.; Wien, New York.

DUYSINGS, J. J. H. (1986): The sediment supply by streambank erosion in a forested catchment. - Z. Geomorph. N. F., Suppl. 60: 233-244; Berlin, Stuttgart.

EINSELE, G. (1986): Das landschaftsökologische Forschungsprojekt "Naturpark Schönbuch" - Einordnung, Konzeption und Teilvorhaben. - In: EINSELE, G. (Hrsg.): Das landschaftsökologische Forschungsprojekt Naturpark Schönbuch - Forschungsbericht, DFG: 75-84; Weinheim.

EINSELE, G. & AGSTER, G. & BÜCKING, W. & EVERS, F. H. (1986): Zur Problematik der Trennung "externer" und "interner" Stoffflüsse sowie der Lösungsverwitterung im "Schönbuch". - In: EINSELE, G. (Hrsg.): Das landschaftsökologische Forschungsprojekt Naturpark Schönbuch - Forschungsbericht, DFG: 357-368; Weinheim.

ENDLICHER, W. (1986): Geoökologische Feldforschung in Übersee: Vorerkundung, Komplexe Standortanalysen und Quantifizierungen in verschiedenen Dimensionen exemplifiziert am Problem der Landschaftsdegradation im Küstenbergland von Concepción/Chile. - Geomethodica, 11: 79-107; Basel.

EPEMA, G. & RIEZEBOS, H. T. (1983): Fall velocity of Waterdrops at different heights as a factor influencing erosivity of simulated rain. - Catena Suppl. 4: 6-14; Braunschweig.

ERGENZINGER, P. (1985): Messung der Geschiebebewegung und des Geschiebetransportes unter Naturbedingungen. - Landschaftsökologisches Messen und Auswerten, 1.2/3: 141-157; Braunschweig.

ERNSTBERGER, H. & SOKOLLEK, V. & WOHLRAB, B. (1983): Einfluß der Nutzung auf Grundwasserneubildung und Abfluß in Mittelgebirgslagen. - In: DEUTSCHER VERBAND FÜR WASSERWIRTSCHAFT UND KULTURBAU (Hrsg.): Abflußbildung und Wasserbewegung in der ungesättigten Bodenzone, XXII: 39 S.; Bonn.

ERNSTBERGER, H. & SOKOLLEK, V. (1984): Wie beeinflußt die Vegetation die Gebietsverdunstung. - Geowiss. in unserer Zeit, 2: 59-65; Weinheim.

FELIX, R. & GRASER, D. & VOGT, H. & WAGNER, O. & WILHELM, F. (1985): Hydrologische Untersuchungen im Lainbachgebiet bei Benediktbeuren/Obb. - Münchner Geogr. Abh., B1: 116 S.; München.

FELIX, R. & PRIESMEIER, K. & WAGNER, O. & VOGT, H. & WILHELM, F. (1988): Abfluß in Wildbächen. Untersuchungen im Einzugsgebiet des Lainbaches bei Benediktbeuren/Obb. - Münchner Geogr. Abh., B6: 549 S.; München.

FICKEL, W. (1974): Erl. Bodenkt. Hessen 1:25 000, Bl. 5816 Königstein i. T. - 113 S.; Wiesbaden.

FICKEL, W. (1984): Erl. Bodenkt. Hessen 1:25 000, Bl. 6118 Darmstadt-Ost. - 107 S.; Wiesbaden.

FLECK, W. (1986): Bodenwasserbilanz, Streuverdunstung und Wasserverbrauch von Buche und Fichte auf Standorten und in Einzugsgebieten des Schönbuchs. - In: EINSELE, G. (Hrsg.): Das landschaftsökologische Forschungsprojekt Naturpark Schönbuch - Forschungsbericht, DFG: 133-160; Weinheim.

FLIEDNER, D. (1957): Geomorphologische Untersuchungen im nördlichen Odenwald. - Selbstverlag d. Bundesanst. f. Landeskde., 1. Aufl.: 115 S.; Remagen.

FLÜGEL, W.-A. (1979): Untersuchungen zum Problem des Interflow. - Heidelberger Geogr. Arb., 56: 170 S.; Heidelberg.

FLÜGEL, W.-A. (1982): Untersuchungen zum mineralischen Feststoffaustrag eines Lößeinzugsgebietes am Beispiel der Elsenz, Kleiner Odenwald. - Z. Geomorph. N. F. Suppl., 43: 103-120; Berlin, Stuttgart.

FLÜGEL, W.-A. (1988): Interzeptionsverluste und Niederschlagsbilanzen für Fichten- und Buchenbestände auf dem "Hollmuth", Kleiner Odenwald. - Heidelberger Geogr. Arb., 66: 83-100; Heidelberg.

FLÜGEL, W.-A. (1988): Hydrochemische Untersuchungen von Niederschlag, Hangwasser, Grundwasser und Oberflächenabfluß im Bereich des "Hollmuth", Kleiner Odenwald. - Heidelberger Geogr. Arb., 66: 201-228; Heidelberg.

FLÜGEL, W.-A. & SCHWARZ, O. (1988): Beregnungsversuche zur Erzeugung von Oberflächenabfluß, Interflow und Grundwassererneuerung.- Heidelberger Geogr. Arb., 66: 169-200; Heidelberg.

FREDE, H.- G. & WEINZIERL, W. & MEYER, B. (1984). Kurzmitteilung - Ein tragbares elektronisches Einstich-Tensiometer. - Zeitschr. Pflanzenernährung u. Bodenkde., 147: 131-134; Weinheim.

GARSTKA, W. U. (1964): Snow and snow survey. - In: CHOW, V. T. (Hrsg.): Handbook of applied hydrology, Sect. 10; New York, London.

GEGENWART, W. (1952): Die ergiebigen Stark- und Dauerregen im Rhein-Main-Gebiet und die Gefährdung der landwirtschaftlichen Nutzfläche durch die Bodenzerstörung. - Rhein-Mainische Forsch., 36: 52 S.; Frankfurt a. M.

GEROLD, G. & MOLDE, P. (1989): Einfluß der pedo-hydrologischen Einzugsgebietsvarianz auf Oberflächenabfluß und Stoffaustrag im Einzugsgebiet des Wendebaches. - Göttinger Geogr. Abh., 86: 81-93; Göttingen.

GEWÄSSERKUNDLICHE ANSTALTEN DES BUNDES UND DER LÄNDER (Hrsg.) (1971): Richtlinien für Abflußmessung. - 5. Aufl.: 40 S.; Koblenz.

GOSSMANN, H. (1970): Theorien zur Hangentwicklung in verschiedenen Klimazonen. - Würzburger Geogr. Arb., 31: 146 S.; Würzburg.

GOTTSCHALK, L. C. (1964): Reservoir sedimentation. - In: CHOW, V. T. (Hrsg.): Handbook of applied hydrology, Sect. 17-1: 17-1 - 17-67; New York, London.

HARTGE, K.-H. (1971): Die physikalische Untersuchung von Böden. - 1. Aufl.: 168 S.; Stuttgart.

HARTGE, K.-H. (1978): Einführung in die Bodenphysik. - 1. Aufl.: 364 S.;

Stuttgart.

HARTKE, W. & RUPPERT, K. (1959): Die ergiebigen Stark- und Dauerregen in Süddeutschland nördlich der Alpen. - Forsch. dt. Landeskde., 115: 39 S.; Remagen.

HEMPEL, Le. (1954): Tilken und Sieke - ein Vergleich. - Erdkunde, 8: 198-202; Bonn.

HEMPEL, Lu. (1968): Bodenerosion in Süddeutschland. - Forsch. dt. Landeskde., 179: 12 S.; Bad Godesberg.

HENNINGSEN, D. (1981): Einführung in die Geologie der Bundesrepublik Deutschland. - 2. Aufl.: 123 S.; Stuttgart.

HERRMANN, A. (1974a): Bedeutung der Variabilität von Schneedeckenparametern für die Messung der mittleren Wasserrücklage in der Schneedecke am Beispiel kleiner Testflächen. - Dt. Gewässerkdl. Mitt., Jg. 18, 1: 17-22; Koblenz.

HERRMANN, A. (1974b): Grundzüge der Wasservorratsentwicklung in der Schneedecke einer nordalpinen Tallage und ihre Bedeutung für Schneedeckenaufnahmen. - Mitt. d. Geogr. Ges. München, 59: 117-145; München.

HERRMANN, A. (1975): Ablation einer temperierten alpinen Schneedecke unter besonderer Berücksichtigung des Schmelzwasserabflusses, Teil 2: Schneedecke eines randalpinen Niederschlagsgebietes. - Dt. Gewässerkdl. Mitt., Jg. 19, 6: 158-167; Koblenz.

HERRMANN, A. & RAU, R. G. (1985): Instrumentierungs- und Organisationskonzept für ein tracerhydrologisches Forschungsvorhaben in den Oberharzer Untersuchungsgebieten. - Lanschaftsökologisches Messen und Auswerten, 1.2/3: 209-241; Braunschweig.

HERRMANN, R. (1965): Vergleichende Hydrogeographie des Taunus und seiner südlichen und südöstlichen Randgebiete. - Giessener Geogr. Schr., 5: 152 S.; Gießen.

HERRMANN, R. (1977): Einführung in die Hydrologie. - 1. Aufl.: 151 S.; Stuttgart.

HÜTTER, L. A. (1979): Wasser und Wasseruntersuchung. - Reihe Laborbücher Chemie, 1. Aufl.: 223 S.; Frankfurt a. M.

HÖLTING, B. (1982): Geogene Konzentration von Spurenstoffen, insbesondere Schwermetallen, in Grundwässern ausgewählter Gebiete Hessens und vergleichende Auswertung mit Grund-(Mineral-) Wässern anderer Gebiete. - Geol. Jb. Hessen, 110: 137-214; Wiesbaden.

HÖLTING, B. (1984): Hydrogeologie. - 2. Aufl.: 370 S.; Stuttgart.

JACKSON, W. L. & BESCHTA, R. L. (1982): A model of two-phase bedload transport in an Oregon coast range stream. - Earth-surface-processes and landforms, 7: 517-527; Chichester.

JAKOBY, E. (1959): Die Bodenverhältnisse im oberen Modautal (Odenwald) mit besonderer Berücksichtigung von Bodenabtrag und Bodenerhaltung. - Diss. Justus-Liebig Univ.: 198 S.; Gießen.

JUNG, L. & BRECHTEL, R. (1980): Messungen von Oberflächenabfluß und Bodenabtrag auf verschiedenen Böden der Bundesrepublik Deutschland. - Schr.-R. DVWK, 48: 139 S.; Hamburg, Berlin.

KALB, M. & VENT-SCHMIDT, V. (1981): Das Klima von Hessen. Standortkarte im Rahmen der Agrarstrukturellen Vorplanung, Teil I - Deutscher Wetterdienst: 85 S.; Offenbach a. M.

KARL, J. & PORZELT, M. & BUNZA, G. (1985): Oberflächenabfluß und Bodenerosion bei künstlichen Starkniederschlägen. - Schr.-R. DVWK, 71: 37-102; Hamburg, Berlin.

KARL, J. & TOLDRIAN, H. (1973): Eine transportable Beregnungsanlage für die Messung von Oberflächenabfluß und Bodenabtrag. - Wasser und Boden, 25: 63-65; Hamburg, Berlin.

KARRENBERG, H. (1963): Geologische und bodenmechanische Ursachen von Rutschungen, Gleitungen und Bodenfließen. - Forschungsber. d. Landes Nordrhein-Westfalen, 1138: 89 S.; Köln, Opladen.

KELLER, R. (1961): Gewässer und Wasserhaushalt des Festlandes. - 1. Aufl.: 520 S.; Berlin.

KELLER, R. & HAAR, U. DE & LIEBSCHER, H.-J. & RICHTER, W. & SCHIRMER, H. (Hrsg.) (1978): Hydrologischer Atlas der Bundesrepublik Deutschland - Karten und Erläuterungen. - 71 S.; Boppard.

KELLER, R. & HAAR, U. DE & LIEBSCHER, H.-J. & RICHTER, W. & SCHIRMER, H. (Hrsg.) (1979): Hydrologischer Atlas der Bundesrepublik Deutschland - Textband. - 365 S.; Boppard.

KIRKBY, M. J. (1978): Implications for sediment transport. - In: KIRKBY, M. J. (Hrsg.): Hillslope hydrology: 325-363; New York.

KLAUSING, O. & WEISS, A. (1986): Standortkarte der Vegetation in Hessen 1:200 000. - Schr.-R. d. Hess. Landesanst. f. Umwelt: 43 S., 1 Kt.; Wiesbaden.

KLEE, O. (1976): Praktikum der Wasser und Abwasseruntersuchung. - 3. Aufl.: 77 S.; Stuttgart.

KLEIN, M. (1984): Anti clockwise hysteresis in suspendet sediment concentration during individual storms. - Catena, 11: 251-257; Cremlingen-Destedt.

KLEMM, G. (1918): Erl. Geol. Kt. d. Großherzogtums Hessen 1:25 000, Bl. 6218 Neunkirchen. - 2. Aufl.: 81 S.; Darmstadt.

KLUG, H. & LANG, R. (1983): Einführung in die Geosystemlehre. - 1. Aufl.: 187 S.; Darmstadt.

KNAUF, D. (1975): Die Abflußbildung in schneebedeckten Einzugsgebieten des Mittelgebirges. - Diss. TH-Darmstadt: 155 S., Darmstadt.

KNEIDL, V. & BENECKE, P. (1990): Wasserhaushaltsuntersuchungen an Pseudogleyen unter Fichte im Vorderhunsrück (Soonwald). - Beitr. z. Hydrologie, Jg. 11, 2: 53-100; Kirchzarten.

KNIGHTON, D. (1984): Fluvial forms and processes. - 1. Aufl.: 218 S.; London.

KÖLLA, E. (1986): Zur Abschätzung von Hochwässern in Fließgewässern an Stellen ohne Direktmessung. - Diss. Nr. 7998 ETH-Zürich: 165 S.; Zürich.

KÖSTER, H. M. (1979): Die chemische Silikatanalyse. - 1. Aufl.: 196 S.; Berlin, Heidelberg, New York.

KRONFELLNER-KRAUS, G. (1981): Über die Einschätzung der Wildbacherosion unter Berücksichtigung der forstlichen und technischen Maßnahmen. - In: FORSTLICHE BUNDESVERSUCHSANSTALT WIEN (Hrsg.): Beitr. z. Wildbacherosions- u. Lawinenforschung. - Mitt. d. Forstl. Bundesversuchsanstalt Wien, 138: 111-124; Wien.

KUBINIOK, J. (1988): Kristallinvergrusung an Beispielen aus Südostaustralien und deutschen Mittelgebirgen. - Kölner Geogr. Arb., 48: 178 S.; Köln.

LAMBRECHT, K. & RAMERS, H. & REGER, G. & SOKOLLEK, V. & WOHLRAB, B. (1979): Einfluß der Bodennutzung auf Grundwasserneubildung und Grundwassergüte. - Ber. Landeskultur, 1: 199 S.; Gießen.

LANG, R. (1989): Spatial differences of solute load output in Middle Bavaria. - Catena Suppl., 15: 297-309; Cremlingen.

LEHNARDT, F. (1985): Einfluß morpho-pedologischer Eigenschaften auf Infiltration und Abflußverhalten von Waldstandorten. - Schr.-R. DVWK, 71: 231-260; Hamburg, Berlin.

LEHNARDT, F. & BRECHTEL, H. M. & BONESS, M. (1983): Chemische Beschaffenheit und Nährstofftransport aus kleinen Einzugsgebieten unterschiedlicher Landnutzung im Nordhessischen Buntsandsteingebiet. - Schr.-R. DVWK, 57: 177-298; Hamburg, Berlin.

LEPPLA, A. (1924): Erl. Geol. Kt. v. Preußen und benachbarten Bundesstaaten, Bl. 49 Königstein. - 2. Aufl., Lfg. 15: 56 S.; Berlin.

LESER, H. & PANZER, W. (1981): Geomorphologie. - Das Geogr. Seminar, 1. Aufl.: 216 S.; Braunschweig.

LEIBUNDGUT, C. (1984): Zur Erfassung hydrologischer Meßwerte und deren Übertragung auf Einzugsgebiete verschiedener Dimensionen. - Geomethodica, 9: 141-170; Basel.

LIEBER, W. (1972): Leuchtende Kristalle. - In: VETTER GMBH (Hrsg.), 1. Aufl.: 51 S.; Wiesloch.

LINKE, M. (1963): Ein Beitrag zur Erklärung des Kleinreliefs unserer Kulturlandschaft. - In: RICHTER, G. (Hrsg.) (1976): Bodenerosion in Mitteleuropa. - Wege d. Forsch., 430: 278-330; Darmstadt.

LOUIS, H. (1975): Abtragungshohlformen mit konvergierend-linearem Abflußsystem. Zur Theorie des fluvialen Abtragungsreliefs. - Münchner Geogr. Abh., 17: 45 S.; München.

LUFT, G. (1980): Abfluß und Retention im Löß, dargestellt am Beispiel des hydrologischen Versuchsgebietes Rippach, Ostkaiserstuhl. - Beitr. z. Hydrologie, Sonderh. 1: 241 S.; Kirchzarten.

MAGGETTI, M. & NICKEL, E. (1976): Konvergenzen zwischen Metamorphiten und Magmatiten (Gesichtspunkte zu Gefügestudien in Odenwaldgneisen). - Geol. Jb.

Hessen, 104: 147-160; Wiesbaden.

MAQSUD, N. ((1970): Die quartäre Entwicklung der Oberflächenformen des zentralen Kristallinen Odenwaldes. - Diss. Univ. Heidelberg: 358 S.; Heidelberg.

MAXEY, G. B. (1964): Hydrogeology. - In: CHOW, V. T. (Hrsg.): Handbook of applied hydrology, Sect. 4-1: 4-1 - 4-75; New York, London.

MAYER, H. (1976): Gebirgswaldbau und Schutzwaldpflege. - 1. Aufl.: 436 S.; Stuttgart.

MITSCHERLICH, G. (1971): Wald, Wachstum und Umwelt, Bd. II Waldklima und Wasserhaushalt. - 1. Aufl.: 365 S.; Frankfurt a. M.

MOLDE, P. & PÖRTGE, K.- H. (1989): Aktuelle und jungholozäne Erosion und Akkumulation im Einzugsgebiet des Wendebaches. - Bayreuther Geowiss. Arb., 14: 79-85; Bayreuth.

MOLDENHAUER, K.- M. (1987): Quantifizierung des Sedimentaustrags eines bewaldeten Einzugsgebietes am Beispiel eines Kerbtälchens im Kristallinen Odenwald. - Unveröff. Dipl.-Arbeit, Inst. Phys. Geogr., Univ. Frankfurt: 126 S.; Frankfurt a. M.

MOLDENHAUER, K.- M. & NAGEL, G. (1989):Aktuelle Abtragungsvorgänge in Kerbtälchen und Runsen unter Wald. - Göttinger Geogr. Abh., 86: 105-114; Göttingen.

MOLLENHAUER, K. & MÜLLER, S. & WOHLRAB, B. (1985): Oberflächenabfluß und Stoffabtrag von landwirtschaftlich genutzten Flächen - Untersuchungsergebnisse aus dem Einzugsgebiet einer Trinkwassertalsperre. - Schr.-R. DVWK, 71: 103-183; Hamburg, Berlin.

MORAWETZ, S. (1962): Beobachtungen an Rinnen, Racheln und Tobeln. - Z. f. Geomorphologie, 6: 260-278; Berlin.

MORTENSEN, H. (1954/55): Die "quasinatürliche" Oberflächenformung als Forschungsproblem. - In: RICHTER, G. (Hrsg.) (1976): Bodenerosion in Mitteleuropa. - Wege d. Forsch., 430: 270-277; Darmstadt.

MOSLEY, M. P. (1982): The effect of a New Zealand beech forest canopy on the kinetic energy of water drops and on surface erosion. - Earth-surface-processes and landforms, 7: 103-107; Chichester.

MOTZER, H. (1988): Niederschlagsdifferenzierung und Bodenerosion - Untersuchungen auf Meßparzellen in Südsardinien und ihre regionale und grundsätzliche Aussagekraft, - Darmstädter Geogr. Studien, 8: 205 S.; Darmstadt.

MÜLLER, H. E. (1986-89): Beziehung zwischen Abfluß und Konzentration gelöster Stoffe in kleinen Fließgewässern Südbadens. - Beitr. z. Hydrologie, Jg. 11, 1: 59-70; Kirchzarten.

NAGEL, G. & BAUER, A. & MOLDENHAUER, K.- M. (1989): Field Trip F 3 - Taunus Mountains. (Exkursionsführer z. 2. Internat. Konferenz f. Geomorphologie). - Geoöko-Forum, 1: 303-306; Darmstadt.

NEWSON, M. (1980): The erosion of drainage ditches and its effect on bed load-yield in Mid-Wales. - Earth-surface-processes, 5: 275-289; Chichester.

NICKEL, E. (1979): Odenwald. Vorderer Odenwald zwischen Darmstadt und Heidelberg. - Sammlung Geol. Führer, 1. Aufl., 65: 202 S.; Berlin, Stuttgart.

NIPPES, K.- R. (1986-89): Dynamik der Schwebstofführung im Schwarzwald. - Beitr. z. Hydrologie, Jg. 11, 1: 39-49; Kirchzarten.

NORMENAUSSCHUSS WASSERWESEN (NAW) (1979): DIN 4049, Teil 1, Hydrologie. Begriffe, quantitativ. - 1. Aufl.: 1-53; Berlin.

OTTO, A. & BRAUKMANN, V. (1983): Gewässertypologie im ländlichen Raum. - Schr.-R. d. Bundesministers für Ernährung, Landwirtschaft u. Forsten, Reihe A, H. 288: 61 S.; Münster-Hiltrup.

PAPE, H. (1981): Leitfaden zur Gesteinsbestimmung. - 4. Aufl.: 152 S.; Stuttgart.

PÖRTGE, K.- H. & RIENÄCKER, I. (1989): Beziehungen zwischen Abfluß und Ionengehalt in kleinen Einzugsgebieten des Südniedersächsischen Berglandes. - Erdkunde, 43: 58-68; Bonn.

RATHJENS, C. (1979): Die Formung der Erdoberfläche unter dem Einfluß des Menschen. - 1. Aufl.: 160 S.; Stuttgart.

RAT VON SACHVERSTÄNDIGEN FÜR UMWELTFRAGEN (1983): Waldschäden und Luftverunreinigungen (Sondergutachten). - 171 S.; Stuttgart, Mainz.

RAUDKIVI, A. J. (1981): Bodenerosion. - SFB 80, der Univ. Karlsruhe "Ausbreitungs- und Transportvorgänge in Strömungen" II: 50 S.; Karlsruhe.

RAUDKIVI, A. J. (1982): Grundlagen des Sedimenttransports. - 1. Aufl.: 248 S.; Berlin, Heidelberg.

RENGER, M. & GIESEL, W. & STREBEL, O. & LORCH, S. (1970): Erste Ergebnisse zur quantitativen Erfassung der Wasserhaushaltskomponenten in der ungesättigten Bodenzone. - Z. f. Pflanzenernährung u. Bodenkde., 126: 15-32; Weinheim.

RIBBERNIK, J. S. (1982): An experimental study of bed-load transport with nonuniform sediment. - In: SUMER, M. & MÜLLER, A. (Hrsg.): Proc. Euromech., 156 Istanbul, Mechanics of sediment transport: 143-150; Rotterdam.

RICHARDS, K. (1982): Rivers, form and process in alluvial channels. - 1. Aufl.: 357 S.; London.

RICHTER, G. (1965): Bodenerosion. Schäden und gefährdete Gebiete in der Bundesrepublik Deutschland. - Forsch. dt. Landeskunde., 152: 592 S.; Bad Godesberg.

RICHTER, G. (Hrsg.) (1976): Bodenerosion in Mitteleuropa. - Wege d. Forsch., 430: 559 S.; Darmstadt.

RICHTER, G. (1982): Quasinatürliche Hangformung in Rebsteilhängen und ihre Quantifizierung: Das Beispiel Mertesdorfer Lorenzberg/Ruwertal. - Z. Geomorph. N. F., Suppl. 43: 41-54; Berlin, Stuttgart.

RICHTER, G. & SPERLING, W. (1967): Anthropogen bedingte Dellen und Schluchten in der Lößlandschaft. Untersuchungen im nördlichen Odenwald. - Mainzer Naturwiss. Archiv., 5/6: 136-176; Mainz.

ROHDENBURG, H. (1970): Morphodynamische Aktivitäts- und Stabilitätszeiten statt Pluvial- und Interpluvialzeiten. - Eiszeitalter und Gegenwart, 21: 81-96; Öhringen.

ROHDENBURG, H. (1971): Einführung in die klimagenetische Geomorphologie anhand eines Systems von Modellvorstellungen am Beispiel des fluvialen Abtragungsreliefs. - 350 S.; Gießen.

ROHDENBURG, H. & DIEKKRÜGER, B. (1984): Zur Beschreibung von Hysterese-Schleifen bei der Bodenwassermodellierung. - Landschaftsökologisches Messen u. Auswerten, 1/84: 31-60; Braunschweig.

ROHDENBURG, H. & MEYER, B. (1963): Rezente Mikroformung in Kalkgebieten durch inneren Abtrag und die Rolle der periglazialen Gesteinsverwitterung. - Z. f. Geomorph. N. F., 7: 121-146; Berlin, Stuttgart.

RUDLOFF, H. VON (Hrsg.) (1967): Die Schwankungen und Pendelungen des Klimas seit Beginn der regelmäßigen Instrumenten-Beobachtungen. - 1. Aufl.: 370 S.; Braunschweig.

SCHEFFER, F. & SCHACHTSCHABEL, P. (1984): Lehrbuch der Bodenkunde. - 11. Aufl.: 442 S.; Stuttgart.

SCHERHAG, R. & LAUER, W. (1982): Klimatologie. - Das Geogr. Seminar, 10. Aufl.: 199 S.; Braunschweig.

SCHMIDT, K.- H. (1978): Gleichgewichtszustände in geomorphologischen Systemen. - Geogr. Z., 66: 183-196; Wiesbaden.

SCHMIDT, K.- H. (1981): Der Sedimenthaushalt der Ruhr. - Z. Geomorph. N. F., Suppl. 39: 59-70; Berlin, Stuttgart.

SCHMIDT, K.- H. (1984): Der Fluß und sein Einzugsgebiet. - 1. Aufl.: 108 S.; Wiesbaden.

SCHMIDT, R. G. (1982): Bodenerosionsversuche unter künstlicher Beregnung. - Z. Geomorph. N. F., Suppl. 43: 67-79; Berlin, Stuttgart.

SCHMIDT-WITTE, H. & EINSELE, G. (1986): Rezenter und holozäner Feststoffaustrag aus den Keuper-Lias-Einzugsgebieten des Naturparks Schönbuch. - In: EINSELE, G. (Hrsg.): Das landschaftsökologische Forschungsprojekt Naturpark Schönbuch - Forschungsbericht, DFG: 369-392; Weinheim.

SCHRAMM, E. (1989): Bodenerosion und holozäne Dellenentwicklung in deutschen Mittelgebirgen. - Diss., Inst. Phys. Geogr., Univ. Frankfurt: 135 S.; Frankfurt a. M. (Mikrof.).

SCHWARZ, O. (1974): Hydrogeographische Studien zum Abflußverhalten von Mittelgebirgsflüssen am Beispiel von Bieber und Salz (Hessen). - Rhein-Mainische Forsch., 76: 128 S.; Frankfurt a. M.

SCHWARZ, O. (1982): Forsthydrologische Schneemessungen im deutschsprachigen Raum. - Beitr. z. Hydrologie, Sonderh., 4: 145-163; Kirchzarten.

SCHWARZ, O. (1984): Schneeschmelze und Hochwasser - Ergebnisse eines forstlichen Schneemeßdienstes im Schwarzwald. - Mitt. DVWK, 7: 355-372; Hamburg, Berlin.

SCHWARZ, O. (1985): Direktabfluß, Versickerung und Bodenabtrag in Waldbeständen. Messungen mit einer transportablen Beregnungsanlage in Baden-Würtemberg. - Schr.-R. DVWK, 71: 185-230; Hamburg, Berlin.

SEILER, W. (1980): Meßeinrichtungen zur quantitativen Bestimmung des Geoökofaktors Bodenerosion in der topologischen Dimension auf Ackerflächen im Schweizer Jura. - Catena, 7: 233-250; Braunschweig.

SEILER, W. (1982): Erosionsanfälligkeit und Erosionsschädigung verschiedener Geländeeinheiten in Abhängigkeit von Nutzung, Niederschlagsart und Bodenfeuchte. - Z. Geomorph. N. F., Suppl. 43: 81-102; Berlin, Stuttgart.

SEMMEL, A. (1961): Beobachtungen zur Genese von Dellen und Kerbtälchen im Löß. - Rhein-Mainische Forsch., 50: 135-140; Frankfurt a. M.

SEMMEL, A. (1968): Studien über den Verlauf jungpleistozäner Formung in Hessen. - Frankfurter Geogr. H., 45: 133 S.; Frankfurt a. M.

SEMMEL, A. (1977): Grundzüge der Bodengeographie. - 1. Aufl.: 119 S.; Stuttgart.

SEMMEL, A. (1980): Geomorphologie der Bundesrepublik Deutschland. - 4. Aufl., Geogr. Z., Beih., 30: 149 S.; Wiesbaden.

SEMMEL, A. (1989): Bodenerosion: Umwelteinflüsse verändern das Relief der Erde. - Forsch. Frankfurt, 7/2: 49-54; Frankfurt a. M.

SEUNA, P. (1985): Small basin as a tool to study human impacts. - Beitr. z. Hydrologie, Sonderh., 5/2: 527-544; Kirchzarten.

SIMONS, D. B. (1969): Open channel flow. - In: CHORLEY, R. J. (Hrsg.): Water, Earth and Man. - 1. Aufl.: 297-317; London.

SMART, G. M. & JAEGGI, M. N. (1983): Sedimenttransport in steilen Gerinnen. - In: VISCHER, D. (Hrsg.): Mitt. der Versuchsanstalt für Wasserbau, Hydrologie und Glaziologie der ETH-Zürich, 64: 191 S.; Zürich.

SOKOLLEK, V. & HAAMANN, H. (1986): Probleme einer Bestimmung der wahren Niederschlagshöhe in kleinen Mittelgebirgs-Einzugsgebieten. - Landschaftsökologisches Messen und Auswerten, 2.1: 55-70; Braunschweig.

STÄBLEIN, G. (1970): Grobsedimentanalyse. - Würzburger Geogr. Arb., 27: 203 S.; Würzburg.

STENGER, B. (1961): Stratigraphische und gefügetektonische Untersuchungen in der metamorphen Taunus-Südrand-Zone (Rheinisches Schiefergebirge). - Abh. Hess. L.-Amt Bodenforsch., 36: 68 S.; Wiesbaden.

STOCKER, E. (1985): Zur Morphodynamik von "Plaiken" - Erscheinungsformen beschleunigter Hangabtragung in den Ostalpen anhand von Messungsergebnissen aus der Kreuzeckgruppe, Kärnten. - Mitt. Österr. Geogr. Ges., 127: 44-71; Wien.

STOREY, C. H. & HOBBA, R. L. & ROSA, J. M. (1964): Hydrology of forestlands and rangelands. - In: CHOW, V. T. (Hrsg.): Handbook of applied hydrology, Sect. 22: 22-1 - 22-52; New York, London.

STRUNK, H. (1986): Episodische Materialverlagerungen und die Fragwürdigkeit von Bilanzierungen. - Darmstädter Geogr. Studien, 7: 45-57; Darmstadt.

TABORSZKY, F. K. (1968): Petrographisch - mikroskopische Untersuchungen im Odenwaldkristallin. - Notizbl. Hess. L.-Amt Bodenforsch., 96: 197-213; Wiesbaden.

TABORSZKY, F. K. (1976): Gesichtspunkte zur Petrogenese des Odenwaldes. - Geol. Jb. Hessen, 104: 161-165; Wiesbaden.

TAGUNGSBERICHTE DER 4. SUWT-FACHTAGUNG (1981): Tracermethoden in der Hydrologie. - Beitr. z. Geologie d. Schweiz - Hydrologie, 28, I u. II: 552 S.; Bern.

THEWS, J.- D. (1972): Zur Typologie der Grundwasserbeschaffenheit im Taunus und Taunusvorland. - Abh. Hess. L.-Amt Bodenforsch., 63: 42 S.; Wiesbaden.

THIEMEYER, H. (1988): Bodenerosion und holozäne Dellenentwicklung in hessischen Lößgebieten. - Rhein-Mainische Forsch., 105: 174 S.; Frankfurt a. M.

TOLDRIAN, H. (1974): Wasserabfluß und Bodenabtrag in verschiedenen Waldbeständen. - Allg. Forstz., Sonderh. Wald und Wasser, 29: 1107-1109; München.

TRETER, U. (1970): Untersuchungen zum Jahresgang der Bodenfeuchte in Abhängigkeit von Niederschlägen, topographischer Situation und Bodenbedeckung an ausgewählten Punkten in den Hüttener Bergen (Schleswig-Holstein). - Schr. Geogr. Inst. Univ. Kiel, 33: 144 S.; Kiel.

ULTRA VIOLET PRODUCT INC. (Hrsg.) (1975): Flourescent analyses with ultra violet rays. - Bull., 13: 1-6; San Gabriel.

VORNDRAN, G. (1979): Geomorphodynamische Massenbilanzen. - Augsburger Geogr. H., 1: 139 S.; Augsburg.

WEBB, B. W. & WALLING, D. E. (1982): The magnitude and frequency characteristics of fluvial transport in a devon drainage basin and some geomorphological implications. - Catena, 9: 9-23; Braunschweig.

WERNER, R. (1977): Geomorphologische Kartierung 1:25000 erläutert am Beispiel des Blattes 5816 Königstein i. T. - Rhein-Mainische Forsch., 86: 164 S.; Frankfurt a. M.

WEYER, K. U. (1972): Ermittlung der Grundwassermengen in den Festgesteinen der Mittelgebirge aus Messungen des Trockenwetterabflusses. - Geol. Jb., 3C: 19-114; Hannover.

WEYMAN, D. R. (1970): Throughflow on hillslopes and its relation to the stream hydrograph. - Bull. Int. Ass. Hydrol. Sci., 15/2: 25-33; Nelle.

WHITING, P. J. & WILLIAM, E. D. & LEOPOLD, L. B. (1988): Bedload sheets in heterogeneous sediment. - Geology, Vol. 16: 105-108; Boulder/Colorado.

WILHELM, F. (1975): Schnee- und Gletscherkunde. - Lehrbuch der Allgemeinen Geographie, 1. Aufl., Bd. 3: 238 S.; Berlin, New York.

WORLD METEOROLOGICAL ORGANIZATION (1980) (Hrsg.): Manual on stream gauging. Volume I Fieldwork. - Operational Hydrology Rep. 13: 308 S.; Genf.

WORLD METEOROLOGICAL ORGANIZATION (1980) (Hrsg.): Manual on stream gauging. Volume II Computation of discharge. - Operational Hydrology Rep. 13: 258 S.; Genf.

WORLD METEOROLOGICAL ORGANIZATION (1981) (Hrsg.): Measurement of river sediments. - Operational Hydrology Rep. 16: 61 S.; Genf.

WUNDT, W. (1953): Gewässerkunde. - 1. Aufl.: 320 S.; Berlin, Heidelberg.

ZANKE, U. (1982): Grundlagen der Sedimentbewegung. - 1. Aufl.: 402 S.; Berlin, New York.

ZEINO-MAHMALAT, H. (1973): Hydrologie der Sackmulde bei Alfeld/Leine (unter besonderer Berücksichtigung von Wasserhaushalt und Hydrochemie). - Geol. Jb., 6C: 3-63; Hannover.

10 Kartenverzeichnis

Topographische Karte 1:5 000

   Bl. 2-5660 Ruppertshain-Nord
   Bl. 2-8041L Ernsthofen

Topographische Karte 1:25 000

   Bl. 5816 Königstein im Taunus
   Bl. 6118 Darmstadt-Ost
   Bl. 6218 Neunkirchen

Geologische Karte 1:25 000

   Bl. 5816 Königstein a. Taunus (LEPPLA, 1922)
   Bl. 6118 Darmstadt-Ost (KLEMM, 1934)
   Bl. 6218 Neunkirchen (KLEMM, 1918)

Bodenkarte 1:25 000

   Bl. 5816 Königstein im Taunus (FICKEL, 1969-71)
   Bl. 6118 Darmstadt-Ost (Fickel, 1984)

Geomorphologische Karte 1:25 000

   Bl. 5816 Königstein im Taunus (WERNER, 1977)

11 Anhang

Tab. 20   Niederschlag und Abfluß - Odenwald 1985/86 WHJ

Datum	NB [mm]	NF [mm]	NF O.-R. [mm]	Q [l/s]	Datum	NB [mm]	NF [mm]	NF O.-R. [mm]	Q [l/s]	Datum	NB [mm]	NF [mm]	NF O.-R. [mm]	Q [l/s]
01.11.85		0,2	0,8	16282,7	01.01.86		2,6	2,7	45748,4	01.03.86		0,0	0,0	12513,3
02.11.85		3,7	6,9	20191,1	02.01.86		0,4	0,3	20191,1	02.03.86		0,0	0,0	12513,3
03.11.85	2,9	0,0	0,0	28352,3	03.01.86		7,3	7,5	20191,1	03.03.86		0,0	0,0	12513,3
04.11.85		2,6	2,7	24219,1	04.01.86		0,6	0,0	16282,7	04.03.86		11,3	9,7	16282,7
05.11.85		8,7	39,3	28352,3	05.01.86		0,9	0,7	12513,3	05.03.86		10,6	10,0	50279,9
06.11.85		0,0	0,0	28352,3	06.01.86		2,1	2,0	12513,3	06.03.86		18,7	15,8	73818,2
07.11.85		0,1	0,3	28352,3	07.01.86		0,0	0,3	12513,3	07.03.86		0,0	0,0	64239,7
08.11.85		2,3	2,8	24219,1	08.01.86		0,4	0,4	12513,3	08.03.86		0,8	1,2	45748,4
09.11.85		2,7	2,0	24219,1	09.01.86		0,2	0,0	12513,3	09.03.86	31,8	0,0	0,0	32579,8
10.11.85	8,1	1,4	1,5	24219,1	10.01.86		8,6	10,8	12513,3	10.03.86		0,0	0,0	32579,8
11.11.85		0,3	0,5	24219,1	11.01.86		11,1	10,3	28352,3	11.03.86		0,0	0,0	28352,3
12.11.85		0,5	0,1	20191,1	12.01.86	37,5	3,6	2,5	113922,7	12.03.86		0,0	0,0	24219,1
13.11.85		0,0	0,0	20191,1	13.01.86		16,4	12,4	28352,3	13.03.86		0,0	0,0	24219,1
14.11.85		0,0	0,0	20191,1	14.01.86		5,8	5,4	28352,3	14.03.86		0,0	0,0	24219,1
15.11.85		0,0	0,0	20191,1	15.01.86		3,7	5,6	50279,9	15.03.86		0,0	0,0	24219,1
16.11.85		0,0	0,0	20191,1	16.01.86		1,9	1,4	36892,8	16.03.86		0,0	0,0	20191,1
17.11.85	0,0	0,3	0,1	16282,7	17.01.86		0,0	0,0	36892,8	17.03.86		0,0	0,0	20191,1
18.11.85		0,0	0,0	20191,1	18.01.86		42,1	46,6	50279,9	18.03.86		0,0	0,0	20191,1
19.11.85		0,0	0,0	20191,1	19.01.86	27,7	2,6	2,1	64239,7	19.03.86	0,0	0	0,0	16282,7
20.11.85		2,5	2,7	16282,7	20.01.86		0,0	0,0	45748,4	20.03.86		11,2	14,9	16282,7
21.11.85		8,8	9,0	16282,7	21.01.86		5,8	6,3	45748,4	21.03.86		8,2	11,5	45748,4
22.11.85		1,3	1,5	16282,7	22.01.86		1,4	1,3	54874,8	22.03.86		1,7	2,6	32579,8
23.11.85		0,0	0,0	16282,7	23.01.86		19,7	16,9	50279,9	23.03.86		18,2	9,4	41284,3
24.11.85		0,0	0,0	16282,7	24.01.86		3,9	3,9	50279,9	24.03.86		10,5	11,2	73818,2
25.11.85		0,0	0,0	16282,7	25.01.86		4,4	3,6	50279,9	25.03.86	35,2	0,0	0,0	69003,5
26.11.85		0,0	0,0	16282,7	26.01.86	12,6	1,7	1,1	50279,9	26.03.86		5,9	7,2	78681,2
27.11.85		2,5	2,5	16282,7	27.01.86		0,9	0,6	50279,9	27.03.86		3,4	2,7	93540,6
28.11.85		3,3	3,3	16282,7	28.01.86		0,0	0,0	50279,9	28.03.86		0,0	0,0	83590,5
29.11.85		5,7	5,6	16282,7	29.01.86		0,0	0,0	45748,4	29.03.86		6,3	3,7	78681,2
30.11.85		6,9	6,9	28352,3	30.01.86		0,0	0,0	45748,4	30.03.86	10,2	10,3	9,5	73818,2
01.12.85	8,9	0,0	0,0	24219,1	31.01.86		0,0	0,0	36892,8	31.03.86		10,2	12,7	88544,3
02.12.85		0,0	0,0	24219,1	01.02.86	1,0	0,0	0,0	32579,8	01.04.86		0,0	0,0	88544,3
03.12.85		0,0	0,0	20191,1	02.02.86		0,0	0,0	32579,8	02.04.86		5,1	5,6	93540,6
04.12.85		0,0	0,0	20191,1	03.02.86		0,0	0,0	32579,8	03.04.86		7,5	11,1	98578,1
05.12.85		2,5	2,4	20191,1	04.02.86		0,0	0,0	32579,8	04.04.86		3,1	0,8	103655,1
06.12.85		0,6	0,6	20191,1	05.02.86		0,7	0,5	32579,8	05.04.86		0,0	0,0	93540,6
07.12.85		16,9	16,8	24219,1	06.02.86		0,3	0,0	24219,1	06.04.86	21,7	0,0	0,0	93540,6
08.12.85	13,7	0,6	0,6	24219,1	07.02.86		0,0	0,0	24219,1	07.04.86		0,0	0,0	93540,6
09.12.85		4,8	4,7	20191,1	08.02.86		1,1	0,0	20191,1	08.04.86		0,0	0,0	93540,6
10.12.85		0,0	0,0	20191,1	09.02.86		6,2	6,1	20191,1	09.04.86		0,2	0,3	83590,5
11.12.85		0,0	0,0	16282,7	10.02.86		1,8	1,3	16282,7	10.04.86		4,5	7,1	73818,2
12.12.85		0,0	0,0	16282,7	11.02.86		0,0	0,0	16282,7	11.04.86		0,0	0,0	73818,2
13.12.85		1,6	1,6	16282,7	12.02.86		0,0	0,0	12513,3	12.04.86		0,0	0,0	64239,7
14.12.85		1,5	1,5	16282,7	13.02.86		0,0	0,0	12513,3	13.04.86	4,5	0,2	0,4	59529,1
15.12.85	4,9	0,0	0,0	16282,7	14.02.86		0,0	0,0	12513,3	14.04.86		10,5	9,6	54874,8
16.12.85		0,0	0,0	16282,7	15.02.86		0,0	0,0	12513,3	15.04.86		0,0	0,0	54874,8
17.12.85		0,8	0,8	16282,7	16.02.86		0,0	0,0	12513,3	16.04.86		2,1	2,7	54874,8
18.12.85		7,7	9,2	20191,1	17.02.86		0,0	0,0	12513,3	17.04.86		7,9	6,2	50279,9
19.12.85		0,0	0,0	20191,1	18.02.86		0,1	0,0	12513,3	18.04.86		10,9	7,0	54874,8
20.12.85		1,7	1,9	20191,1	19.02.86		0,0	0,0	12513,3	19.04.86		2,2	2,3	69003,5
21.12.85	5,2	0,0	0,0	16282,7	20.02.86		0,1	0,3	12513,3	20.04.86	27,2	7,1	7,7	73818,2
22.12.85		0,0	0,0	16282,7	21.02.86		0,0	0,0	12513,3	21.04.86		11,4	13,4	93540,6
23.12.85		0,0	0,0	16282,7	22.02.86		0,0	0,0	12513,3	22.04.86		4,6	4,0	124333,5
24.12.85		1,7	2,1	16282,7	23.02.86		0,0	0,0	12513,3	23.04.86		2,5	3,4	129589,9
25.12.85		4,8	4,9	16282,7	24.02.86		0,0	0,0	12513,3	24.04.86		0,6	0,7	150934,3
26.12.85		1,4	1,4	16282,7	25.02.86		0,0	0,0	12513,3	25.04.86		0,5	0,6	145552,1
27.12.85		1,6	1,6	16282,7	26.02.86		0,0	0,0	12513,3	26.04.86		7,5	7,8	140200,1
28.12.85		14,6	10,3	20191,1	27.02.86		0,0	0,0	12513,3	27.04.86	22,5	0,0	0,0	119110,7
29.12.85		0,0	0,0	20191,1	28.02.86		0,0	0,0	12513,3	28.04.86		0,0	0,0	98578,1
30.12.85		0,0	0,0	20191,1						29.04.86		0,0	0,0	93540,6
31.12.85		0,0	0,0	50279,9						30.04.86		0,0	0,0	88544,3

O.-R. = Klimastation des DWD Ober-Ramstadt

Tab. 21 Niederschlag und Abfluß - Odenwald 1985/86 SHJ

Datum	NB [mm]	NF [mm]	NF O.-R. [mm]	Q [l/s]	Datum	NB [mm]	NF [mm]	NF O.-R. [mm]	Q [l/s]	Datum	NB [mm]	NF [mm]	NF O.-R. [mm]	Q [l/s]
01.05.86		0,0	0,0	78681,2	01.07.86		0,0	0,0	36892,8	01.09.86	5,6	0,8	1,7	16282,7
02.05.86		0,0	0,0	78681,2	02.07.86		0,0	0,0	32579,8	02.09.86		1,3	1	12513,3
03.05.86		4,4	0,4	78681,2	03.07.86		1,2	0,0	32579,8	03.09.86		3,3	5,2	12513,3
04.05.86	3,2	6,2	5,3	73818,2	04.07.86		0,0	0,0	32579,8	04.09.86		0	0	12513,3
05.05.86		0,0	0,5	73818,2	05.07.86		9,8	8,3	32579,8	05.09.86		0	0	12513,3
06.05.86		5,6	3,5	69003,5	06.07.86	5,6	13,3	16,4	36892,8	06.09.86		2	3,7	12513,3
07.05.86		0,6	1,0	54874,8	07.07.86		3,2	2,0	36892,8	07.09.86		0	0	12513,3
08.05.86		2,5	1,1	54874,8	08.07.86		6,8	15,2	36892,8	08.09.86	1,9	0	0	12513,3
09.05.86		0,7	2,2	54874,8	09.07.86		1,4	2,1	32579,8	09.09.86		0	0	12513,3
10.05.86		5,6	5,9	54874,8	10.07.86		1,0	1,6	32579,8	10.09.86		0	0	12513,3
11.05.86	9,1	0,0	0,0	54874,8	11.07.86		3,4	3,6	32579,8	11.09.86		0	0	12513,3
12.05.86		0,0	0,0	45748,4	12.07.86		0,0	0,0	28352,3	12.09.86		17,4	17,1	12513,3
13.05.86		10,4	13,6	45748,4	13.07.86	14,2	0,0	0,0	28352,3	13.09.86		9,1	9,1	16282,7
14.05.86		2,5	3,0	45748,4	14.07.86		0,0	0,0	24219,1	14.09.86	18,3	0	0	16282,7
15.05.86		0,5	0,7	45748,4	15.07.86		0,0	0,0	24219,1	15.09.86		11,1	8,3	28352,3
16.05.86		0,8	0,0	41284,3	16.07.86		0,0	0,0	24219,1	16.09.86		26	27,8	28352,3
17.05.86		0,0	0,0	41284,3	17.07.86		40,1	14,3	24219,1	17.09.86		3,5	5,5	32579,8
18.05.86		6,5	18,2	41284,3	18.07.86		0,0	0,0	69003,5	18.09.86		0	0,4	24219,1
19.05.86	11,5	5,4	5,6	45748,4	19.07.86	27,6	0,0	0,0	28352,3	19.09.86		0	0	24219,1
20.05.86		0,0	0,0	32579,8	20.07.86		0,0	0,0	28352,3	20.09.86		0	0	24219,1
21.05.86		0,8	0,3	32579,8	21.07.86		0,0	0,0	24219,1	21.09.86	28,8	0	0	24219,1
22.05.86		0,0	0,0	32579,8	22.07.86		9,6	7,8	20191,1	22.09.86		0	0	20191,1
23.05.86		0,3	0,5	32579,8	23.07.86		9,5	13,4	36892,8	23.09.86		0	0	20191,1
24.05.86		7,3	7,2	36892,8	24.07.86		0,3	6,2	28352,3	24.09.86		0	0	20191,1
25.05.86		0,0	0,0	32579,8	25.07.86		1,2	1,2	28352,3	25.09.86		0	0	16282,7
26.05.86	7,9	0,0	0,0	32579,8	26.07.86		2,8	1,8	28352,3	26.09.86		0	0	16282,7
27.05.86		22,4	6,1	36892,8	27.07.86	10,6	0,0	0,0	28352,3	27.09.86		0	0	12513,3
28.05.86		2,9	11,9	64239,7	28.07.86		0,0	0,0	24219,1	28.09.86	0,0	0	0	8911,4
29.05.86		2,5	10,1	41284,3	29.07.86		0,0	0,0	24219,1	29.09.86		0	0	5522,8
30.05.86		0,2	0,5	36892,8	30.07.86		0,0	0,0	24219,1	30.09.86		0	0	5522,8
31.05.86		0,0	0,0	36892,8	31.07.86		1,2	0,5	24219,1	01.10.86		0	0	12513,3
01.06.86		0,0	0,0	36892,8	01.08.86		0	0	24219,1	02.10.86		0	0	12513,3
02.06.86	16,2	1,7	2,8	36892,8	02.08.86		0	0	20191,1	03.10.86		0	0	12513,3
03.06.86		30,6	33,9	36892,8	03.08.86	0,6	0	0	20191,1	04.10.86		0	0	12513,3
04.06.86		4,4	3,5	69003,5	04.08.86		0,6	0,5	20191,1	05.10.86	0,0	0	0	12513,3
05.06.86		7,2	6,7	54874,8	05.08.86		0,1	0	20191,1	06.10.86		0	0	12513,3
06.06.86		18,7	14,3	64239,7	06.08.86		0	0	20191,1	07.10.86		0	0	12513,3
07.06.86		22,7	20,3	140200,1	07.08.86		0	0	16282,7	08.10.86		0	0	12513,3
08.06.86	59,4	0,0	0,0	134879,1	08.08.86		0	0	16282,7	09.10.86		0	0	12513,3
09.06.86		0,0	0,0	189396,7	09.08.86		0	0	16282,7	10.10.86		0	0	12513,3
10.06.86		1,6	1,9	183822,2	10.08.86	0,0	0,2	0,5	12513,3	11.10.86		0	0	12513,3
11.06.86		3,0	3,3	156346,0	11.08.86		0	0	12513,3	12.10.86		0	0	12513,3
12.06.86		0,0	0,0	119110,7	12.08.86		3,4	12,9	12513,3	13.10.86	0,0	0	0	12513,3
13.06.86		0,0	0,0	103655,1	13.08.86		1,2	1,4	12513,3	14.10.86		0	0	12513,3
14.06.86		0,0	0,0	83590,5	14.08.86		0	0	12513,3	15.10.86		0	0	12513,3
15.06.86	0,9	0,0	0,0	73818,2	15.08.86		3,6	4,4	12513,3	16.10.86		0	0	12513,3
16.06.86		0,0	0,0	64239,7	16.08.86	2,7	0	0	12513,3	17.10.86		0	0	12513,3
17.06.86		1,9	1,0	64239,7	17.08.86		0,4	0	12513,3	18.10.86	0,0	0,3	0,6	12513,3
18.06.86		0,0	0,0	59529,1	18.08.86		1	2,3	12513,3	19.10.86		5,7	3,3	8911,4
19.06.86		0,0	0,0	54874,8	19.08.86		11,1	9,2	16282,7	20.10.86		19,4	19,8	16282,7
20.06.86		7,0	6,4	54874,8	20.08.86		1,8	0,6	16282,7	21.10.86		21,6	21,6	12513,3
21.06.86		0,0	0,0	50279,9	21.08.86		0,1	0,3	16282,7	22.10.86		22,2	39,4	41284,3
22.06.86	1,9	0,0	0,0	45748,4	22.08.86		14,3	16,6	16282,7	23.10.86		3,5	3,7	28352,3
23.06.86		10,1	12,6	45748,4	23.08.86		12	10,5	24219,1	24.10.86		0	0	24219,1
24.06.86		0,0	0,0	45748,4	24.08.86		21,4	31,2	36892,8	25.10.86		4	5,5	24219,1
25.06.86		0,0	0,0	45748,4	25.08.86		0	0,6	28352,3	26.10.86	54,0	0	0	20191,1
26.06.86		0,0	0,0	41284,3	26.08.86		1	4,6	16282,7	27.10.86		0	0	16282,7
27.06.86	6,3	0,0	0,0	36892,8	27.08.86	39,8	0	0	16282,7	28.10.86		2,8	2,2	16282,7
28.06.86		0,0	0,0	36892,8	28.08.86		6,3	2,1	16282,7	29.10.86		2,7	2	16282,7
29.06.86		0,0	0,0	36892,8	29.08.86		0,6	5,4	20191,1	30.10.86		0	0	16282,7
30.06.86		0,0	0,0	36892,8	30.08.86		0,7	1,6	16282,7	31.10.86		3,7	4,6	16282,7
					31.08.86		9,8	3,3	20191,1					

O.-R. = Klimastation des DWD Ober-Ramstadt

Tab. 22 Niederschlag und Abfluß - Odenwald 1986/87 WHJ

Datum	NB [mm]	NF [mm]	NF O.-R. [mm]	Q [l/s]	Datum	NB [mm]	NF [mm]	NF O.-R. [mm]	Q [l/s]	Datum	NB [mm]	NF [mm]	NF O.-R. [mm]	Q [l/s]
01.11.86		11,6	15,2	16282,7	01.01.87		22,2	23,6	59529,1	01.03.87		15,1	17,9	167254,8
02.11.86	12,9	0,1	0,0	24219,1	02.01.87		2,9	1,6	83590,5	02.03.87		25,7	27,6	391412,8
03.11.86		0,0	0,0	20191,1	03.01.87		1,0	0,1	78681,2	03.03.87		0,6	0,9	493114,5
04.11.86		0,0	0,0	16282,7	04.01.87		0,1	15,0	78681,2	04.03.87		0,0	0,0	499586,2
05.11.86		1,4	1,2	16282,7	05.01.87	20,4	0,6	7,1	73818,2	05.03.87		0,0	0,0	460952,3
06.11.86		0,2	0,0	12513,3	06.01.87		4,5	4,3	59529,1	06.03.87		3,3	0,0	372757,6
07.11.86		0,0	0,0	8911,4	07.01.87		0,0	0,0	54874,8	07.03.87		0,0	0,0	269877,2
08.11.86		0,8	0,6	5522,8	08.01.87		0,0	1,1	45748,4	08.03.87		0,0	0,0	189396,7
09.11.86	0,4	0,0	0,0	5522,8	09.01.87		0,0	0,0	36892,8	09.03.87		0,0	0,0	108770,4
10.11.86		0,0	0,0	8911,4	10.01.87		0,0	1,0	32579,8	10.03.87		0,0	0,0	64239,7
11.11.86		0,0	0,0	8911,4	11.01.87		0,0	0,6	28352,3	11.03.87		0,0	0,0	36892,8
12.11.86		0,0	0,0	8911,4	12.01.87		0,0	0,0	20191,1	12.03.87		0,0	0,0	28352,3
13.11.86		1,0	1,0	8911,4	13.01.87		0,0	0,0	12513,3	13.03.87		0,0	0,0	20191,1
14.11.86		0,0	0,0	8911,4	14.01.87		0,0	0,1	8911,4	14.03.87		0,0	0,0	12513,3
15.11.86		2,2	2,4	8911,4	15.01.87		0,0	2,4	73818,2	15.03.87		2,5	2,3	12513,3
16.11.86	0,3	0,9	1,4	8911,4	16.01.87		0,0	0,0	64239,7	16.03.87		3,3	3,4	12513,3
17.11.86		1,5	1,3	5522,8	17.01.87		0,0	0,0	59529,1	17.03.87		11,1	10,6	73818,2
18.11.86		1,9	1,4	5522,8	18.01.87		0,0	0,0	59529,1	18.03.87		6,1	5,0	78681,2
19.11.86		2,5	2,6	5522,8	19.01.87		0,0	0,0	59529,1	19.03.87		2,1	1,9	88544,3
20.11.86		3,8	4,4	5522,8	20.01.87		0,0	0,0	59529,1	20.03.87		0,5	0,3	83590,5
21.11.86		6,6	6,5	8911,4	21.01.87		0,0	0,0	54874,8	21.03.87		2,1	12,4	83590,5
22.11.86		8,2	10,0	16282,7	22.01.87		0,0	0,0	54874,8	22.03.87		9,9	3,6	88544,3
23.11.86	14,0	1,8	2,6	16282,7	23.01.87		0,0	0,0	54874,8	23.03.87		23,6	28,1	113922,7
24.11.86		0,1	0,3	16282,7	24.01.87		1,0	0,0	36892,8	24.03.87		11,5	14,6	385179,0
25.11.86		0,0	0,0	12513,3	25.01.87		0,0	0,7	28352,3	25.03.87	?	6,1	3,5	512568,0
26.11.86		5,0	4,8	12513,3	26.01.87		0,0	0,6	20191,1	26.03.87		0,0	0,0	538681,8
27.11.86		0,0	0,0	8911,4	27.01.87		0,0	1,4	16282,7	27.03.87		3,9	3,0	493114,5
28.11.86		0,0	0,0	8911,4	28.01.87		0,0	0,0	12513,3	28.03.87		2,9	3,2	435465,7
29.11.86		0,0	0,0	8911,4	29.01.87		0,0	0,5	12513,3	29.03.87		0,0	0,0	348104,7
30.11.86	4,6	0,0	0,0	8911,4	30.01.87		0,0	0,0	12513,3	30.03.87		0,8	0,4	281710,8
01.12.86		0,0	0,0	8911,4	31.01.87		0,0	0,0	12513,3	31.03.87		0,0	0,0	217636,8
02.12.86		0,8	0,5	8911,4	01.02.87		0,0	0,0	12513,3	01.04.87	4,4	0,0	0,8	178273,3
03.12.86		0,0	0,0	8911,4	02.02.87		0,0	0,0	12513,3	02.04.87		0,0	0,0	178273,3
04.12.86		0,0	0,0	8911,4	03.02.87		0,0	0,0	12513,3	03.04.87		0,0	0,0	172750,6
05.12.86		0,0	0,0	5522,8	04.02.87		0,0	0,0	12513,3	04.04.87		0,2	0,0	167254,8
06.12.86		1,5	6,3	5522,8	05.02.87		2,1	0,0	12513,3	05.04.87		0,0	0,0	150934,3
07.12.86	4,1	1,2	1,8	5522,8	06.02.87		9,6	15,2	20191,1	06.04.87		5,5	5,3	134879,1
08.12.86		0,0	0,0	5522,8	07.02.87		2,3	0,2	28352,3	07.04.87		3,7	4,6	119110,7
09.12.86		1,0	1,5	5522,8	08.02.87		4,0	4,4	36892,8	08.04.87		0,0	0,0	113922,7
10.12.86		0,0	0,0	5522,8	09.02.87		3,3	3,1	59529,1	09.04.87		0,6	0,5	108770,4
11.12.86		0,0	0,0	5522,8	10.02.87	32,5	2,8	2,9	73818,2	10.04.87		4,1	3,8	108770,4
12.12.86		1,3	1,7	5522,8	11.02.87		0,0	0,0	73818,2	11.04.87		3,9	6,9	103655,1
13.12.86		0,0	0,0	5522,8	12.02.87		3,5	4,2	73818,2	12.04.87		4,5	1,9	93540,6
14.12.86	1,2	1,0	2,5	5522,8	13.02.87		0,6	0,6	73818,2	13.04.87		0,0	0,0	88544,3
15.12.86		9,8	12,3	8911,4	14.02.87		2,7	1,9	64239,7	14.04.87		0,0	0,0	78681,2
16.12.86		2,2	2,5	5522,8	15.02.87		5,1	6,7	64239,7	15.04.87	7,0	0,0	0,0	73818,2
17.12.86		5,8	5,5	5522,8	16.02.87		3,0	2,8	59529,1	16.04.87		0,0	0,0	73818,2
18.12.86		13,5	15,6	8911,4	17.02.87		3,5	3,0	59529,1	17.04.87		0,0	0,0	73818,2
19.12.86		0,4	1,0	20191,1	18.02.87		4,0	3,5	59529,1	18.04.87		0,0	0,0	73818,2
20.12.86		1,2	1,1	12513,3	19.02.87		3,0	2,9	54874,8	19.04.87		6,0	5,2	73818,2
21.12.86	18,4	0,0	1,3	8911,4	20.02.87		2,8	2,5	45748,4	20.04.87		8,9	6,0	78681,2
22.12.86		0,5	0,4	8911,4	21.02.87		1,1	0,9	36892,8	21.04.87		0,7	0,7	78681,2
23.12.86		0,0	0,0	8911,4	22.02.87		0,7	0,6	28352,3	22.04.87	5,7	0,0	0,0	64239,7
24.12.86		0,0	0,0	8911,4	23.02.87		0,0	0,0	20191,1	23.04.87		0,0	0,0	64239,7
25.12.86		0,0	4,1	8911,4	24.02.87		0,0	0,0	16282,7	24.04.87		0,0	0,0	64239,7
26.12.86		1,4	4,5	8911,4	25.02.87		0,0	0,0	12513,3	25.04.87		6,1	5,2	64239,7
27.12.86		3,3	0,4	8911,4	26.02.87		15,2	14,1	12513,3	26.04.87		3,5	2,2	69003,5
28.12.86		9,8	1,6	8911,4	27.02.87		11,8	13,8	103655,1	27.04.87		0,0	0,0	73818,2
29.12.86		5,9	14,6	16282,7	28.02.87		1,1	0,8	134879,1	28.04.87		0,0	0,0	69003,5
30.12.86	19,2	18,1	25,5	41284,3						29.04.87	6,4	0,0	0,0	69003,5
31.12.86		1,2	1,2	36892,8						30.04.87		0,8	1,3	36892,8

O.-R. = Klimastation des DWD Ober-Ramstadt

Tab. 23 Niederschlag und Abfluß - Odenwald 1986/87 SHJ

Datum	NB [mm]	NF [mm]	NF O.-R. [mm]	Q [l/s]	Datum	NB [mm]	NF [mm]	NF O.-R. [mm]	Q [l/s]	Datum	NB [mm]	NF [mm]	NF O.-R. [mm]	Q [l/s]
01.05.87		0,0	0,0	36892,8	01.07.87			0,0	83590,5	01.09.87		4,9	2,9	54874,8
02.05.87		0,0	0,0	36892,8	02.07.87	8,0	0,0	0,0	83590,5	02.09.87		0,3	0,0	64239,7
03.05.87		17,3	21,7	36892,8	03.07.87		0,0	0,0	83590,5	03.09.87	3,2	0,0	0,0	41284,3
04.05.87		4,6	5,8	64239,7	04.07.87		0,4	0,0	83590,5	04.09.87		14,8	11,5	41284,3
05.05.87		7,7	3,8	64239,7	05.07.87		0,0	0,0	83590,5	05.09.87		3,8	2,5	73818,2
06.05.87	21,0	0,0	0,0	59529,1	06.07.87		0,0	0,0	83590,5	06.09.87		0,1	0,9	69003,5
07.05.87		0,0	0,0	59529,1	07.07.87		4,7	2,6	78681,2	07.09.87		33,9	41,3	78681,2
08.05.87		0,0	0,0	59529,1	08.07.87		5,4	29,5	119110,7	08.09.87		0,0	0,0	93540,6
09.05.87		0,0	0,0	59529,1	09.07.87			0,0	83590,5	09.09.87		0,0	0,0	83590,5
10.05.87		17,7	15,7	83590,5	10.07.87			0,0	83590,5	10.09.87		0,0	0,0	83590,5
11.05.87		0,8	0,3	78681,2	11.07.87			0,0	83590,5	11.09.87		11,1	10,0	93540,6
12.05.87		22,0	32,2	93540,6	12.07.87			0,0	83590,5	12.09.87	46,2	0,0	0,0	78681,2
13.05.87	30,1	0,8	0,0	108770,4	13.07.87			0,0	83590,5	13.09.87		0,0	0,0	73818,2
14.05.87		10,5	10,5	98578,1	14.07.87			0,0	83590,5	14.09.87		0,2	2,8	73818,2
15.05.87		2,4	2,3	119110,7	15.07.87			0,0	83590,5	15.09.87		0,0	0,0	73818,2
16.05.87		2,0	1,6	113922,7	16.07.87			5,6	83590,5	16.09.87		0,0	0,0	73818,2
17.05.87		0,0	0,0	113922,7	17.07.87			4,9	78681,2	17.09.87		0,0	0,0	69003,5
18.05.87		0,0	0,0	113922,7	18.07.87			3,9	78681,2	18.09.87		0,0	0,0	69003,5
19.05.87	11,5	5,0	4,7	103655,1	19.07.87			3,0	78681,2	19.09.87	0,0	0,0	0,0	69003,5
20.05.87		3,3	3,4	108770,4	20.07.87			8,5	73818,2	20.09.87		0,0	0,0	69003,5
21.05.87		10,0	7,9	103655,1	21.07.87			0,9	134879,1	21.09.87		0,0	0,0	69003,5
22.05.87		1,2	1,6	103655,1	22.07.87			10,4	93540,6	22.09.87		0,0	0,0	69003,5
23.05.87		0,0	0,0	103655,1	23.07.87			0,0	134879,1	23.09.87		15,0	15,2	73818,2
24.05.87		0,0	0,0	103655,1	24.07.87			0,0	103655,1	24.09.87		11,8	6,0	78681,2
25.05.87		0,0	0,0	98578,1	25.07.87			10,3	93540,6	25.09.87	16,9	0,0	0,0	59529,1
26.05.87		0,0	0,0	88544,3	26.07.87			0,0	93540,6	26.09.87		0,0	0,0	54874,8
27.05.87		0,9	1,8	88544,3	27.07.87			37,7	93540,6	27.09.87		0,0	0,0	54874,8
28.05.87		6,3	5,8	88544,3	28.07.87			1,2	93540,6	28.09.87		0,0	0,0	54874,8
29.05.87		9,4	8,9	93540,6	29.07.87			8,7	88544,3	29.09.87		0,0	0,0	54874,8
30.05.87		0,5	0,6	83590,5	30.07.87			7,8	88544,3	30.09.87		0,0	0,0	45748,4
31.05.87		17,9	3,5	93540,6	31.07.87	65,0		0,2	88544,3	01.10.87		0,0	0,0	45748,4
01.06.87			2,7	88544,3	01.08.87		0,0	2,9	83590,5	02.10.87	0,0	0,0	0,0	41284,3
02.06.87			6,6	83590,5	02.08.87		10,4	9,3	93540,6	03.10.87		0,0	0,0	41284,3
03.06.87			11,7	83590,5	03.08.87		3,9	6,5	98578,1	04.10.87		0,0	0,0	41284,3
04.06.87	34,3		3,8	78681,2	04.08.87		6,6	4,0	98578,1	05.10.87		0,0	0,0	41284,3
05.06.87			18,9	98578,1	05.08.87		6,2	10,2	98578,1	06.10.87		14,6	11,6	45748,4
06.06.87			5,8	93540,6	06.08.87		0,0	0,0	103655,1	07.10.87		0,8	1,3	78681,2
07.06.87			1,4	108770,4	07.08.87	16,4	0,5	0,0	93540,6	08.10.87		8,8	3,6	59529,1
08.06.87			0,8	108770,4	08.08.87		0,0	0,0	88544,3	09.10.87	14,0	0,0	0,0	45748,4
09.06.87			0,6	119110,7	09.08.87		10,7	5,3	98578,1	10.10.87		0,0	0,0	45748,4
10.06.87	22,0		0,0	113922,7	10.08.87		0,0	0,0	93540,6	11.10.87		7,6	12,3	45748,4
11.06.87			12,9	103655,1	11.08.87		0,0	0,0	88544,3	12.10.87		13,8	12,4	69003,5
12.06.87			9,0	73818,2	12.08.87		0,0	0,0	83590,5	13.10.87		9,0	9,3	64239,7
13.06.87			4,1	36892,8	13.08.87		0,0	0,0	78681,2	14.10.87		6,1	7,5	59529,1
14.06.87			9,3	32579,8	14.08.87	6,6	0,0	0,0	73818,2	15.10.87	24,0	3,2	2,5	54874,8
15.06.87			6,1	28352,3	15.08.87		0,0	0,0	73818,2	16.10.87		2,7	3,3	54874,8
16.06.87			9,4	36892,8	16.08.87		0,0	0,0	69003,5	17.10.87		2,6	2,9	54874,8
17.06.87			2,3	45748,4	17.08.87		0,3	0,3	69003,5	18.10.87		0,0	0,0	64239,7
18.06.87	26,0		4,8	83590,5	18.08.87		2,0	16,4	64239,7	19.10.87		0,0	0,0	59529,1
19.06.87			5,7	103655,1	19.08.87		0,0	0,0	54874,8	20.10.87		0,0	0,0	54874,8
20.06.87			0,0	124333,5	20.08.87		0,0	0,0	50279,9	21.10.87		7,0	6,8	54874,8
21.06.87			5,1	119110,7	21.08.87	0,1	0,0	0,0	45748,4	22.10.87	11,5	5,3	11,4	59529,1
22.06.87			2,1	108770,4	22.08.87		0,1	0,8	36892,8	23.10.87		3,3	4,2	54874,8
23.06.87			1,6	108770,4	23.08.87		14,7	16,8	64239,7	24.10.87		0,0	0,0	54874,8
24.06.87			0,0	103655,1	24.08.87	10,0	0,7	1,6	59529,1	25.10.87		0,5	0,2	54874,8
25.06.87			8,8	98578,1	25.08.87		3,6	9,7	54874,8	26.10.87		0,2	0,4	54874,8
26.06.87	11,4		0,0	167254,8	26.08.87	5,6	6,9	2,1	59529,1	27.10.87		0,0	0,0	54874,8
27.06.87			0,0	108770,4	27.08.87		2,2	8,2	54874,8	28.10.87		0,7	0,5	54874,8
28.06.87			0,0	103655,1	28.08.87		1,2	1,1	54874,8	29.10.87	1,9	0,0	0,0	54874,8
29.06.87			0,0	103655,1	29.08.87		0,1	0,3	54874,8	30.10.87		0,0	0,0	54874,8
30.06.87			0,0	93540,6	30.08.87		0,0	0,0	54874,8	31.10.87		0,0	0,3	54874,8
					31.08.87		0,0	0,0	54874,8					

O.-R. = Klimastation des DWD Ober-Ramstadt

Tab. 24 Niederschlag und Abfluß - Odenwald 1987/88 WHJ

Datum	NB [mm]	NF [mm]	NF O.-R. [mm]	Q [l/s]	Datum	NB [mm]	NF [mm]	NF O.-R. [mm]	Q [l/s]	Datum	NB [mm]	NF [mm]	NF O.-R. [mm]	Q [l/s]
01.11.87		4,8	6,7	59529,1	01.01.88		7,5	7,4	59529,1	01.03.88	3,6	4,9	4,4	103655,1
02.11.87		0,0	0,2	64239,7	02.01.88	8,9	4,3	5,1	59529,1	02.03.88		0,0	0,0	98578,1
03.11.87		0,0	0,0	59529,1	03.01.88		3,1	3,0	59529,1	03.03.88		1,7	1,8	93540,6
04.11.87		0,0	0,0	54874,8	04.01.88		1,9	2,2	64239,7	04.03.88	0,6	2,1	1,5	88544,3
05.11.87		0,0	0,0	54874,8	05.01.88		1,2	2,0	64239,7	05.03.88		0,0	0,0	88544,3
06.11.87	3,5	0,0	0,0	54874,8	06.01.88		3,4	3,7	64239,7	06.03.88		21,4	22,6	88544,3
07.11.87		0,0	0,0	54874,8	07.01.88		6,1	6,2	64239,7	07.03.88		0,3	0,6	93540,6
08.11.87		0,1	0,0	54874,8	08.01.88	4,9	1,0	1,3	64239,7	08.03.88		0,0	0,0	93540,6
09.11.87		0,0	0,0	54874,8	09.01.88		0,1	0,4	64239,7	09.03.88		0,0	0,0	93540,6
10.11.87		4,8	5,1	54874,8	10.01.88		6,3	6,7	64239,7	10.03.88		4,0	3,8	93540,6
11.11.87		0,0	0,0	54874,8	11.01.88		3,3	3,1	69003,5	11.03.88	27,8	2,2	2,3	108770,4
12.11.87		9,6	5,5	59529,1	12.01.88		0,0	0,0	69003,5	12.03.88		8,4	10,5	124333,5
13.11.87	7,4	5,7	4,6	50279,9	13.01.88		0,0	0,0	69003,5	13.03.88		8,3	7,9	183822,2
14.11.87		0,0	0,0	50279,9	14.01.88		0,0	0,0	64239,7	14.03.88		9,3	19,5	287656,3
15.11.87		3,8	3,5	50279,9	15.01.88	5,6	2,6	2,1	64239,7	15.03.88		12,2	5,1	378960,5
16.11.87		3,1	0,7	50279,9	16.01.88		3,2	2,4	64239,7	16.03.88		7,4	8,6	493114,5
17.11.87		0,1	0,0	50279,9	17.01.88		4,4	6,8	69003,5	17.03.88		0,2	0,0	499586,2
18.11.87		0,0	0,0	45748,4	18.01.88		0,0	0,0	69003,5	18.03.88	32,7	0,0	0,0	467358,1
19.11.87		5,0	6,2	45748,4	19.01.88		0,0	0,0	69003,5	19.03.88		0,0	0,0	385179,0
20.11.87	10,4	2,7	1,7	45748,4	20.01.88		0,0	1,1	69003,5	20.03.88		9,0	10,4	311623,9
21.11.87		6,2	6,2	45748,4	21.01.88		0,0	0,0	69003,5	21.03.88		5,5	5,0	293620,7
22.11.87		7,9	6,5	50279,9	22.01.88	5,5	5,5	9,1	69003,5	22.03.88		8,9	10,2	252275,1
23.11.87		0,0	0,0	64239,7	23.01.88		3,8	6,2	73818,2	23.03.88		11,2	14,8	240642,9
24.11.87		6,1	5,2	64239,7	24.01.88		19,7	12,6	73818,2	24.03.88		6,0	5,1	240642,9
25.11.87		7,0	7,2	69003,5	25.01.88		1,1	1,2	98578,1	25.03.88		19,3	19,4	323715,5
26.11.87		0,0	0,0	69003,5	26.01.88		1,5	1,5	93540,6	26.03.88	32,7	3,7	4,7	341982,2
27.11.87	22,1	0,0	0,0	73818,2	27.01.88		0,6	0,0	108770,4	27.03.88		4,5	3,6	385179,0
28.11.87		0,0	0,0	73818,2	28.01.88		4,5	3,3	113922,7	28.03.88		2,7	1,6	378960,5
29.11.87		0,0	0,0	73818,2	29.01.88	21,5	4,8	4,5	124333,5	29.03.88		1,9	1,3	335876,3
30.11.87		0,0	0,0	69003,5	30.01.88		3,9	5,6	124333,5	30.03.88		3,1	2,6	299603,6
01.12.87		0,0	0,0	64239,7	31.01.88		0,3	0,5	119110,7	31.03.88		30,4	31,5	281710,8
02.12.87		0,0	0,0	59529,1	01.02.88		6,9	8,0	113922,7	01.04.88		1,1	1,5	341982,2
03.12.87		0,0	0,0	59529,1	02.02.88		11,0	10,6	119110,7	02.04.88		3,2	0,0	360399,0
04.12.87		0,0	0,0	59529,1	03.02.88		1,3	1,2	129589,9	03.04.88		0,0	0,0	410204,7
05.12.87	0,0	0,0	0,0	54874,8	04.02.88		2,0	1,7	140200,1	04.04.88	28,0	0,0	0,0	385179,0
06.12.87		0,0	0,0	54874,8	05.02.88	13,5	8,8	8,9	145552,1	05.04.88		0,0	0,0	335876,3
07.12.87		0,0	0,0	45748,4	06.02.88			0,0	150934,3	06.04.88		0,1	0,0	293620,7
08.12.87		0,0	0,0	45748,4	07.02.88		2,9		140200,1	07.04.88		0,0	0,0	246448,5
09.12.87		0,0	0,0	36892,8	08.02.88			14,5	134879,1	08.04.88	0,1	4,8	4,4	211941,4
10.12.87		0,0	0,0	32579,8	09.02.88			5,2	140200,1	09.04.88		2,6	2,6	178273,3
11.12.87	0,0	0,0	0,0	28352,3	10.02.88			3,3	156346,0	10.04.88		0,0	0,0	172750,6
12.12.87		0,0	0,0	28352,3	11.02.88			4,9	156346,0	11.04.88		0,0	0,0	150934,3
13.12.87		0,0	0,0	28352,3	12.02.88			11,5	172750,6	12.04.88		1,2	1,0	145552,1
14.12.87		0,0	0,0	28352,3	13.02.88	29,5	0,0	0,0	178273,3	13.04.88			0,1	140200,1
15.12.87		4,4	3,6	28352,3	14.02.88		0,0	0,0	183822,2	14.04.88			0,0	134879,1
16.12.87		7,2	6,1	36892,8	15.02.88		0,0	0,0	200620,7	15.04.88			0,0	134879,1
17.12.87	12,8	7,6	7,8	54874,8	16.02.88		0,0	0,0	194996,4	16.04.88			1,7	124333,5
18.12.87		19,5	19,4	64239,7	17.02.88		0,6	2,9	183822,2	17.04.88			3,2	124333,5
19.12.87		0,0	0,0	83590,5	18.02.88		1,5	0,7	178273,3	18.04.88		0,0	0,0	129589,9
20.12.87		4,1	5,7	73818,2	19.02.88	0,7	1,9	2,5	167254,8	19.04.88		0,0	0,0	113922,7
21.12.87		2,0	1,1	83590,5	20.02.88		0,0	0,0	150934,3	20.04.88		11,1	7,8	108770,4
22.12.87		0,1	0,3	83590,5	21.02.88		0,0	0,0	145552,1	21.04.88	10,4	0,0	0,0	103655,1
23.12.87		0,0	0,0	83590,5	22.02.88		0,0	0,0	134879,1	22.04.88		0,0	0,0	103655,1
24.12.87		0,0	0,0	78681,2	23.02.88		3,0	4,4	134879,1	23.04.88		0,0	0,0	103655,1
25.12.87	16,4	0,0	0,0	78681,2	24.02.88		0,9	0,5	124333,5	24.04.88		0,0	0,0	103655,1
26.12.87		0,0	0,0	78681,2	25.02.88		6,0	6,0	119110,7	25.04.88		0,0	0,0	103655,1
27.12.87		0,2	0,3	73818,2	26.02.88		2,5	2,9	119110,7	26.04.88		0,0	0,0	98578,1
28.12.87		0,0	0,0	73818,2	27.02.88		3,9	3,4	113922,7	27.04.88		2,0	2,5	98578,1
29.12.87		5,8	6,0	69003,5	28.02.88		0,7	0,5	108770,4	28.04.88		5,2	5,4	98578,1
30.12.87		0,6	0,4	64239,7	29.02.88		2,0	1,5	103655,1	29.04.88		0,0	0,0	98578,1
31.12.87		0,0	0,0	64239,7						30.04.88		0,0	0,0	93540,6

O.-R. = Klimastation des DWD Ober-Ramstadt

Tab. 25 Niederschlag und Abfluß - Odenwald 1987/88 SHJ

Datum	NB [mm]	NF [mm]	NF O.-R. [mm]	Q [l/s]	Datum	NB [mm]	NF [mm]	NF O.-R. [mm]	Q [l/s]	Datum	NB [mm]	NF [mm]	NF O.-R. [mm]	Q [l/s]
01.05.88		0,0	0,0	93540,6	01.07.88		15,4	17,6	41284,3	01.09.88		17,2	14,9	36892,8
02.05.88		7,8	8,5	88544,3	02.07.88	10,0	1,2	1,2	41284,3	02.09.88	11,8	0,1	0,6	24219,1
03.05.88		1,6	1,2	88544,3	03.07.88		3,4	3,4	41284,3	03.09.88		11,1	15,7	28352,3
04.05.88		0,3	0,3	83590,5	04.07.88		1,6	1,3	41284,3	04.09.88		0,0	0,0	32579,8
05.05.88		0,0	0,0	83590,5	05.07.88		0,1	0,0	41284,3	05.09.88		3,1	3,4	28352,3
06.05.88	8,6	0,0	0,0	83590,5	06.07.88		3,5	4,6	41284,3	06.09.88		0,0	0,0	28352,3
07.05.88		0,0	0,0	78681,2	07.07.88		1,5	1,4	41284,3	07.09.88		0,0	0,0	28352,3
08.05.88		0,0	0,0	78681,2	08.07.88	3,7	8,0	4,5	41284,3	08.09.88		0,0	0,0	24219,1
09.05.88		0,0	0,0	78681,2	09.07.88		1,6	0,2	50279,9	09.09.88	10,0	0,0	0,0	24219,1
10.05.88		1,8	1,8	73818,2	10.07.88		0,0	0,0	50279,9	10.09.88		0,0	0,0	24219,1
11.05.88		0,0	0,0	73818,2	11.07.88		0,0	0,5	45748,4	11.09.88		0,3	0,4	24219,1
12.05.88		0,0	0,0	69003,5	12.07.88		0,0	3,7	45748,4	12.09.88		1,4	2,4	20191,1
13.05.88	0,0	0,0	0,0	69003,5	13.07.88		3,5	7,6	41284,3	13.09.88		0,0	0,0	20191,1
14.05.88		0,0	0,0	69003,5	14.07.88		2,5	7,8	41284,3	14.09.88		5,0	7,0	20191,1
15.05.88		0,0	0,0	64239,7	15.07.88		8,1	16,3	41284,3	15.09.88		0,0	0,0	20191,1
16.05.88		11,0	7,0	64239,7	16.07.88	18,5	13,0	12,4	45748,4	16.09.88		2,1	1,5	20191,1
17.05.88		2,6	4,2	64239,7	17.07.88		21,6	0,3	36892,8	17.09.88		0,0	0,0	16282,7
18.05.88		2,6	4,4	64239,7	18.07.88		0,0	0,0	59529,1	18.09.88	3,0	0,0	0,0	16282,7
19.05.88		7,7	3,2	54874,8	19.07.88		0,0	0,0	54874,8	19.09.88		0,0	0,0	16282,7
20.05.88	15,5	0,1	0,0	54874,8	20.07.88		0,0	0,0	50279,9	20.09.88		0,0	0,0	16282,7
21.05.88		0,0	0,0	54874,8	21.07.88		0,0	0,0	45748,4	21.09.88		0,0	0,0	16282,7
22.05.88		0,0	0,0	54874,8	22.07.88	12,5	0,0	0,0	45748,4	22.09.88	0,0	0,0	0,0	16282,7
23.05.88		0,3	0,4	54874,8	23.07.88		5,6	6,3	45748,4	23.09.88		8,5	9,4	16282,7
24.05.88		3,8	2,2	59529,1	24.07.88		5,0	3,2	54874,8	24.09.88		0,0	0,0	16282,7
25.05.88		0,0	0,0	64239,7	25.07.88		0,1	0,0	45748,4	25.09.88		9,8	9,6	16282,7
26.05.88		0,0	0,0	54874,8	26.07.88		1,7	1,6	45748,4	26.09.88		0,0	0,0	16282,7
27.05.88	1,1	4,0	8,6	50279,9	27.07.88		0,0	0,0	45748,4	27.09.88		0,0	0,0	16282,7
28.05.88		0,0	0,0	50279,9	28.07.88	5,5	0,0	0,2	45748,4	28.09.88	6,3	0,7	0,6	16282,7
29.05.88		1,2	1,1	50279,9	29.07.88		5,6	6,1	45748,4	29.09.88		0,5	0,5	16282,7
30.05.88		4,1	6,3	50279,9	30.07.88		0,0	0,0	41284,3	30.09.88		0,0	0,0	16282,7
31.05.88		5,4	4,7	54874,8	31.07.88		0,0	0,0	41284,3	01.10.88		0,0	0,0	20191,1
01.06.88		11,1	14,3	59529,1	01.08.88		0,6	0,3	41284,3	02.10.88		0,0	0,0	20191,1
02.06.88		3,4	1,1	59529,1	02.08.88		0,2	0,0	41284,3	03.10.88		0,0	0,0	20191,1
03.06.88	13,6	0,1	0,4	54874,8	03.08.88		0,0	0,0	41284,3	04.10.88		0,0	0,0	20191,1
04.06.88		1,6	0,0	54874,8	04.08.88		0,0	0,0	41284,3	05.10.88		10,8	11,0	20191,1
05.06.88		0,3	0,3	54874,8	05.08.88		0,0	0,0	41284,3	06.10.88		22,6	26,1	28352,3
06.06.88		19,3	17,1	54874,8	06.08.88		0,0	0,0	36892,8	07.10.88		4,4	3,8	41284,3
07.06.88		3,8	4,9	59529,1	07.08.88	2,7	0,0	0,0	36892,8	08.10.88	20,9	2,7	1,2	24219,1
08.06.88		2,4	1,6	54874,8	08.08.88		4,3	7,6	36892,8	09.10.88		0,6	0,4	24219,1
09.06.88		6,2	7,4	50279,9	09.08.88		0,0	0,0	36892,8	10.10.88		0,0	0,0	24219,1
10.06.88	18,5	1,8	0,4	50279,9	10.08.88		0,2	0,0	36892,8	11.10.88		12,4	11,9	24219,1
11.06.88		7,9	7,9	50279,9	11.08.88		0,0	2,1	36892,8	12.10.88		3,1	3,3	20191,1
12.06.88		0,0	0,6	50279,9	12.08.88		0,0	0,0	36892,8	13.10.88		0,0	0,0	20191,1
13.06.88		0,0	0,0	50279,9	13.08.88		0,0	0,0	28352,3	14.10.88	6,8	0,4	0,2	20191,1
14.06.88		0,0	0,0	50279,9	14.08.88		0,0	0,0	28352,3	15.10.88		0,0	0,1	20191,1
15.06.88		0,0	0,0	50279,9	15.08.88		0,0	0,0	28352,3	16.10.88		0,0	0,0	20191,1
16.06.88		0,0	0,0	50279,9	16.08.88		0,0	0,0	28352,3	17.10.88		0,0	0,0	20191,1
17.06.88		0,0	0,0	45748,4	17.08.88		0,0	0,0	28352,3	18.10.88		0,0	0,0	20191,1
18.06.88		0,0	0,0	45748,4	18.08.88	2,4	0,0	0,0	20191,1	19.10.88		0,9	0,5	20191,1
19.06.88	2,9	0,0	0,0	45748,4	19.08.88		13,2	10,2	24219,1	20.10.88		4,7	5,2	20191,1
20.06.88		0,0	0,0	45748,4	20.08.88		0,2	0,8	32579,8	21.10.88	4,0	0,0	0,0	20191,1
21.06.88		0,1	0,4	45748,4	21.08.88		1,1	1,0	28352,3	22.10.88		0,0	0,0	20191,1
22.06.88		9,4	12,8	45748,4	22.08.88		10,6	11,1	36892,8	23.10.88		1,2	0,6	20191,1
23.06.88		0,0	0,0	41284,3	23.08.88		0,0	0,0	32579,8	24.10.88		0,0	0,3	20191,1
24.06.88	1,2	0,0	0,0	41284,3	24.08.88		14,2	4,7	32579,8	25.10.88		0,1	0,0	20191,1
25.06.88		0,0	0,0	41284,3	25.08.88		8,6	7,3	36892,8	26.10.88		0,0	0,0	20191,1
26.06.88		0,0	0,0	41284,3	26.08.88	27,8	0,0	0,0	28352,3	27.10.88		4,6	3,4	20191,1
27.06.88		0,0	0,0	41284,3	27.08.88		0,0	3,9	28352,3	28.10.88		4,1	5,3	20191,1
28.06.88		8,1	10,6	41284,3	28.08.88		0,4	1,2	28352,3	29.10.88		0,0	0,0	20191,1
29.06.88		4,7	8,5	41284,3	29.08.88		0,0	0,0	28352,3	30.10.88	4,3	0,0	0,0	20191,1
30.06.88		0,0	0,0	41284,3	30.08.88		0,0	0,0	28352,3	31.10.88		0,0	0,0	20191,1
					31.08.88		0,0	0,0	28352,3					

O.-R. = Klimastation des DWD Ober-Ramstadt

Tab. 26   Niederschlag und Abfluß - Odenwald 1988/89 WHJ

Datum	NB [mm]	NF [mm]	NF O.-R. [mm]	Q [l/s]	Datum	NB [mm]	NF [mm]	NF O.-R. [mm]	Q [l/s]	Datum	NB [mm]	NF [mm]	NF O.-R. [mm]	Q [l/s]
01.11.88		0,0	0,0	16282,7	01.01.89		0,0	0,0	28352,3	01.03.89		0,5	0,5	28352,3
02.11.88		2,1	2,0	16282,7	02.01.89		0,0	0,0	24219,1	02.03.89		12,8	13,1	28352,3
03.11.88		0,0	0,0	16282,7	03.01.89		0,0	0,0	24219,1	03.03.89	15,1	3,5	4,7	32579,8
04.11.88	1,6	0,0	0,0	16282,7	04.01.89		3,0	7,0	24219,1	04.03.89		0,5	1,1	50279,9
05.11.88		0,0	0,0	16282,7	05.01.89		16,6	14,5	24219,1	05.03.89		0,0	0,0	41284,3
06.11.88		0,0	0,0	16282,7	06.01.89	15,0	3,3	3,2	45748,4	06.03.89		0,0	0,0	36892,8
07.11.88		0,0	0,0	16282,7	07.01.89		0,9	2,2	36892,8	07.03.89		3,8	2,4	45748,4
08.11.88		0,0	0,0	16282,7	08.01.89		0,3	2,0	32579,8	08.03.89		2,7	6,5	45748,4
09.11.88		0,0	0,0	16282,7	09.01.89		4,0	1,0	32579,8	09.03.89		0,0	0,0	45748,4
10.11.88		0,0	0,0	16282,7	10.01.89		0,0	0,0	28352,3	10.03.89	7,1	0,0	0,0	45748,4
11.11.88	0,0	0,0	0,0	16282,7	11.01.89		0,0	0,0	36892,8	11.03.89		2,6	2,6	45748,4
12.11.88		0,0	0,0	16282,7	12.01.89		8,4	7,1	36892,8	12.03.89		0,0	0,6	45748,4
13.11.88		1,5	1,2	16282,7	13.01.89	5,4	0,8	0,6	36892,8	13.03.89		0,0	0,4	45748,4
14.11.88		0,1	0,3	16282,7	14.01.89		0,0	0,0	36892,8	14.03.89		1,1	2,0	45748,4
15.11.88		0,0	0,0	16282,7	15.01.89		0,0	0,0	36892,8	15.03.89		7,2	8,6	45748,4
16.11.88		0,3	0,4	16282,7	16.01.89		0,5	1,4	36892,8	16.03.89		15,5	15,4	54874,8
17.11.88		1,3	1,0	16282,7	17.01.89		0,0	0,0	32579,8	17.03.89		3,6	2,5	78681,2
18.11.88		4,0	4,1	16282,7	18.01.89		0,0	0,0	28352,3	18.03.89		0,0	0,0	73818,2
19.11.88		0,9	1,2	16282,7	19.01.89	0,0	0,0	0,0	28352,3	19.03.89	14,7	0,0	0,0	69003,5
20.11.88		12,3	11,6	16282,7	20.01.89		5,6	3,8	28352,3	20.03.89		0,0	0,0	64239,7
21.11.88		0,0	0,0	16282,7	21.01.89		0,0	0,0	28352,3	21.03.89		1,4	1,2	64239,7
22.11.88		4,5	5,8	16282,7	22.01.89		0,0	0,0	28352,3	22.03.89		3,3	0,9	64239,7
23.11.88		0,0	0,0	16282,7	23.01.89		0,0	0,0	24219,1	23.03.89	1,4	0,0	0,0	64239,7
24.11.88		0,4	0,5	16282,7	24.01.89		0,0	0,0	24219,1	24.03.89		23,5	21,3	64239,7
25.11.88		0,0	0,0	16282,7	25.01.89		0,0	0,0	20191,1	25.03.89		5,1	4,7	88544,3
26.11.88		0,0	0,0	16282,7	26.01.89		0,0	0,0	20191,1	26.03.89		0,0	0,0	83590,5
27.11.88		0,0	0,0	16282,7	27.01.89	3,3	0,0	0,0	20191,1	27.03.89		0,0	0,0	83590,5
28.11.88		7,3	5,9	16282,7	28.01.89		0,0	0,0	20191,1	28.03.89		0,0	0,0	83590,5
29.11.88		9,5	9,4	20191,1	29.01.89		0,0	0,3	20191,1	29.03.89		0,0	0,1	78681,2
30.11.88		28,3	26,5	28352,3	30.01.89		0,0	0,0	20191,1	30.03.89	9,0	0,0	0,0	78681,2
01.12.88	44,0	0,0	0,0	36892,8	31.01.89		0,0	0,1	20191,1	31.03.89		0,7	1,4	73818,2
02.12.88		1,2	1,0	28352,3	01.02.89		0,0	0,0	20191,1	01.04.89		0,0	0,0	78681,2
03.12.88		4,8	5,0	24219,1	02.02.89		0,0	0,0	20191,1	02.04.89		1,5	1,2	73818,2
04.12.88		23,7	25,1	108770,4	03.02.89	0,0	0,0	0,0	20191,1	03.04.89		1,1	2,4	78681,2
05.12.88		1,5	0,8	59529,1	04.02.89		0,0	0,0	20191,1	04.04.89		0,8	0,5	73818,2
06.12.88	32,2	1,9	0,4	41284,3	05.02.89		5,6	6,4	20191,1	05.04.89		19,5	23,6	78681,2
07.12.88		0,1	0,3	45748,4	06.02.89		3,0	2,7	16282,7	06.04.89		0,6	0,8	83590,5
08.12.88		10,0	10,1	45748,4	07.02.89		0,0	0,2	16282,7	07.04.89		2,6	2,0	83590,5
09.12.88		3,4	3,3	50279,9	08.02.89		0,0	0,0	16282,7	08.04.89		0,0	0,0	78681,2
10.12.88		0,1	0,6	45748,4	09.02.89	2,6	0,0	0,0	16282,7	09.04.89		0,0	0,0	73818,2
11.12.88		4,9	5,0	45748,4	10.02.89		0,0	0,0	16282,7	10.04.89		0,0	0,0	69003,5
12.12.88		5,7	5,2	45748,4	11.02.89		0,0	0,0	16282,7	11.04.89	14,7	0,1	0,0	64239,7
13.12.88		0,9	0,6	45748,4	12.02.89		4,4	6,5	16282,7	12.04.89		3,8	5,8	64239,7
14.12.88		6,4	6,7	41284,3	13.02.89		4,7	5,6	20191,1	13.04.89		9,5	7,7	73818,2
15.12.88		9,6	9,3	41284,3	14.02.89		2,2	1,6	20191,1	14.04.89		16,2	14,5	88544,3
16.12.88	12,5	0,5	0,5	41284,3	15.02.89		5,2	5,6	20191,1	15.04.89		0,4	1,5	93540,6
17.12.88		2,2	2,1	36892,8	16.02.89		0,0	0,0	20191,1	16.04.89		0,0	0,6	93540,6
18.12.88		0,3	0,2	32579,8	17.02.89		1,3	2,3	20191,1	17.04.89		4,4	4,2	93540,6
19.12.88		4,8	5,1	32579,8	18.02.89		15,2	19,4	28352,3	18.04.89		0,0	0,0	98578,1
20.12.88		12,0	13,6	32579,8	19.02.89	20,7	3,2	0,4	24219,1	19.04.89		8,5	3,7	108770,4
21.12.88		1,2	0,0	28352,3	20.02.89		2,0	2,3	24219,1	20.04.89		0,3	0,5	113922,7
22.12.88	9,5	0,0	0,0	28352,3	21.02.89		0,0	0,0	24219,1	21.04.89		22,0	34,8	113922,7
23.12.88		8,5	0,0	28352,3	22.02.89		0,0	0,2	24219,1	22.04.89		23,6	25,4	305604,7
24.12.88		5,7	0,0	36892,8	23.02.89		0,9	0,9	24219,1	23.04.89	67,0	0,0	0,0	323715,5
25.12.88		0,0	0,0	54874,8	24.02.89	0,5	3,7	2,4	24219,1	24.04.89		0,0	0,0	391412,8
26.12.88		0,0	0,0	41284,3	25.02.89		6,5	6,7	24219,1	25.04.89	0,0	0,1	0,0	341982,2
27.12.88		0,0	0,0	36892,8	26.02.89		2,9	2,8	24219,1	26.04.89		1,8	1,8	275784,3
28.12.88		0,0	0,0	32579,8	27.02.89		6,6	5,9	24219,1	27.04.89		0,2	0,7	200620,7
29.12.88		0,0	0,0	28352,3	28.02.89		7,5	8,3	28352,3	28.04.89		1,3	1,5	178273,3
30.12.88	8,5	0,0	0,0	28352,3						29.04.89		0,0	0,0	167254,8
31.12.88		0,0	0,0	28352,3						30.04.89		0,0	0,0	156346,0

O.-R. = Klimastation des DWD Ober-Ramstadt

Tab. 27 Niederschlag und Abfluß - Odenwald 1988/89 SHJ

Datum	NB [mm]	NF [mm]	NF O.-R. [mm]	Q [l/s]	Datum	NB [mm]	NF [mm]	NF O.-R. [mm]	Q [l/s]	Datum	NB [mm]	NF [mm]	NF O.-R. [mm]	Q [l/s]
01.05.89		0,0	0,0	150934,3	01.07.89		4,0	3,5	59529,1	01.09.89		0,0	0,0	16282
02.05.89		0,0	0,0	145552,1	02.07.89		0,0	0,0	59529,1	02.09.89		0,0	0,0	16282,7
03.05.89		0,0	0,0	134879,1	03.07.89		0,0	0,0	59529,1	03.09.89		0,2	0,9	16282,7
04.05.89		0,0	0,0	124333,5	04.07.89		0,0	0,0	59529,1	04.09.89		0,0	0,0	16282,7
05.05.89		0,0	0,0	113922,7	05.07.89		0,0	0,0	59529,1	05.09.89		0,0	0,0	16282,7
06.05.89		0,0	0,0	103655,1	06.07.89		0,0	0,0	59529,1	06.09.89		0,0	0,0	16282,7
07.05.89	0,4	0,0	0,0	93540,6	07.07.89		23,1	21,6	59529,1	07.09.89		0,0	0,0	16282,7
08.05.89		0,0	0,0	88544,3	08.07.89	20,4	3,5	3,3	73818,2	08.09.89		0,0	0,0	16282,7
09.05.89		2,5	2,0	83590,5	09.07.89		2,4	4,5	69003,5	09.09.89		0,0	0,0	16282,7
10.05.89		11,7	12,2	98578,1	10.07.89		0,0	0,0	64239,7	10.09.89		0,0	0,0	16282,7
11.05.89		12,1	9,5	140200,1	11.07.89		0,0	0,0	59529,1	11.09.89		0,0	0,0	16282,7
12.05.89	23,7	4,3	5,8	93540,6	12.07.89		0,0	0,0	54874,8	12.09.89		17,1	35,7	32579,8
13.05.89		1,2	1,0	83590,5	13.07.89		0,0	0,0	50279,9	13.09.89		0,6	1,2	36892,8
14.05.89		0,4	0,6	83590,5	14.07.89	1,1	0,0	0,0	45748,4	14.09.89	15,8	3,8	5,4	28352,3
15.05.89		0,0	0,0	83590,5	15.07.89		0,0	0,0	41284,3	15.09.89		9,3	6,5	16282,7
16.05.89		0,0	0,0	78681,2	16.07.89		0,0	0,0	41284,3	16.09.89		0,2	0,6	20191,1
17.05.89		0,0	0,0	78681,2	17.07.89		4,1	2,2	41284,3	17.09.89		0,0	0,0	16282,7
18.05.89		0,0	0,0	73818,2	18.07.89		0,0	0,0	45748,4	18.09.89		0,0	1,2	16282,7
19.05.89		0,0	0,0	73818,2	19.07.89		0,0	0,0	36892,8	19.09.89		0,4	0,0	16282,7
20.05.89	1,1	0,0	0,0	69003,5	20.07.89		0,0	0,0	32579,8	20.09.89		0,0	0,0	16282,7
21.05.89		0,0	0,0	69003,5	21.07.89		0,0	0,0	28352,3	21.09.89		0,0	0,0	16282,7
22.05.89		0,0	0,0	59529,1	22.07.89		1,0	0,0	24219,1	22.09.89		0,0	0,0	16282,7
23.05.89		0,0	0,0	59529,1	23.07.89	4,5	19,1	33,1	28352,3	23.09.89		2,5	5,0	16282,7
24.05.89		0,0	0,0	50279,9	24.07.89		7,3	7,0	50279,9	24.09.89		2,1	2,4	20191,1
25.05.89		0,0	0,0	50279,9	25.07.89		15,2	17,5	78681,2	25.09.89		0,0	0,0	20191,1
26.05.89		0,0	0,0	45748,4	26.07.89		0,0	0,0	88544,3	26.09.89		3,0	3,6	20191,1
27.05.89		0,0	0,0	45748,4	27.07.89		0,0	0,0	59529,1	27.09.89		0,1	0,5	20191,1
28.05.89		0,0	0,0	45748,4	28.07.89	22,3	0,0	0,0	28352,3	28.09.89		0,0	0,0	20191,1
29.05.89	0,0	0,0	2,9	41284,3	29.07.89		0,0	0,0	28352,3	29.09.89		0,0	0,0	20191,1
30.05.89		12,9	17,6	59529,1	30.07.89		1,7	2,4	32579,8	30.09.89		0,0	0,0	20191,1
31.05.89		0,0	0,0	83590,5	31.07.89		1,4	11,8	32579,8	01.10.89		0,0	0,0	20191,1
01.06.89		0,0	0,0	78681,2	01.08.89		5,2	2,8	36892,8	02.10.89		0,0	0,0	20191,1
02.06.89		0,0	3,0	73818,2	02.08.89		3,6	1,9	36892,8	03.10.89		0,1	0,0	20191,1
03.06.89		2,7	0,9	69003,5	03.08.89	11,6	0,0	0,0	36892,8	04.10.89	9,6	0,0	0,0	20191,1
04.06.89		2,2	2,1	59529,1	04.08.89		0,6	1,2	36892,8	05.10.89		0,0	0,0	20191,1
05.06.89		0,6	2,4	59529,1	05.08.89		0,0	0,0	32579,8	06.10.89		23,1	18,7	24219,1
06.06.89		3,1	2,8	45748,4	06.08.89		7,5	7,8	36892,8	07.10.89		4,0	2,9	24219,1
07.06.89		5,5	5,4	50279,9	07.08.89		0,6	2,1	36892,8	08.10.89		0,9	0,9	20191,1
08.06.89		5,3	2,5	45748,4	08.08.89		13,4	7,9	36892,8	09.10.89		5,2	4,1	16282,7
09.06.89		0,0	0,0	45748,4	09.08.89		0,0	0,0	45748,4	10.10.89		0,4	0,0	20191,1
10.06.89		2,6	10,6	41284,3	10.08.89		0,1	0,0	36892,8	11.10.89		5,3	2,8	20191,1
11.06.89		0,0	0,0	36892,8	11.08.89		5,7	5,0	36892,8	12.10.89	24,4	0,0	0,0	20191,1
12.06.89	17,8	0,0	0,0	36892,8	12.08.89	12,3	0,4	0,5	36892,8	13.10.89		0,0	0,0	20191,1
13.06.89		0,0	0,0	36892,8	13.08.89		0,0	0,0	32579,8	14.10.89		2,5	4,1	20191,1
14.06.89		0,0	0,0	36892,8	14.08.89		0,0	0,0	24219,1	15.10.89		0,0	0,0	16282,7
15.06.89		0,0	0,0	36892,8	15.08.89		0,0	0,0	20191,1	16.10.89		0,0	0,0	16282,7
16.06.89		0,0	0,0	36892,8	16.08.89		2,8	2,7	20191,1	17.10.89		0,0	0,0	16282,7
17.06.89		0,0	0,0	36892,8	17.08.89		0,0	0,5	24219,1	18.10.89		0,0	0,0	16282,7
18.06.89		0,0	0,0	36892,8	18.08.89	1,2	0,0	0,0	20191,1	19.10.89		0,0	0,0	16282,7
19.06.89		0,0	0,0	36892,8	19.08.89		0,0	0,0	20191,1	20.10.89		2,0	1,1	16282,7
20.06.89		0,0	0,0	36892,8	20.08.89		0,0	0,0	20191,1	21.10.89		0,0	0,0	20191,1
21.06.89		14,8	13,9	50279,9	21.08.89		1,2	4,4	16282,7	22.10.89		0,0	0,0	16282,7
22.06.89		18,3	17,2	45748,4	22.08.89		0,0	0,5	16282,7	23.10.89		0,0	0,0	16282,7
23.06.89		2,5	2,5	59529,1	23.08.89		0,0	0,0	16282,7	24.10.89		0,0	0,0	16282,7
24.06.89	12,9	0,0	0,0	59529,1	24.08.89	0,0	0,0	0,0	16282,7	25.10.89	1,1	0,0	0,0	16282,7
25.06.89		0,0	0,0	59529,1	25.08.89		0,1	4,6	16282,7	26.10.89		0,0	0,0	16282,7
26.06.89		0,0	0,0	54874,8	26.08.89		0,5	0,7	16282,7	27.10.89		0,0	0,0	16282,7
27.06.89		15,8	14,6	54874,8	27.08.89		4,1	4,8	16282,7	28.10.89		8,7	7,6	20191,1
28.06.89		0,1	0,0	64239,7	28.08.89		0,9	1,6	16282,7	29.10.89		14,8	13,4	24219,1
29.06.89		0,0	0,6	59529,1	29.08.89		0,0	0,0	16282,7	30.10.89		1,1	0,3	28352,3
30.06.89	5,7	0,0	0,0	59529,1	30.08.89		0,0	0,0	16282,7	31.10.89		12,4	8,4	24219,1
					31.08.89		0,0	0,0	16282,7					

O.-R. = Klimastation des DWD Ober-Ramstadt

Tab. 28 Niederschlag und Abfluß - Taunus A 1987/88 WHJ

Datum	NB [mm]	NF [mm]	NF KGST [mm]	Q [l/s]	Datum	NB [mm]	NF [mm]	NF KGST [mm]	Q [l/s]	Datum	NB [mm]	NF [mm]	NF KGST [mm]	Q [l/s]
01.11.87			1,8	482157,8	01.01.88	7,0		7,8	214033,8	01.03.88	0,5		1,3	378832,1
02.11.87			1,4	451128,1	02.01.88	4,3		4,3	273034,0	02.03.88	1,3		0,5	356378,3
03.11.87			0,0	441055,5	03.01.88	2,2		2,8	236893,3	03.03.88	2,7		4,0	326297,1
04.11.87			0,0	436069,5	04.01.88	2,8		3,9	224620,3	04.03.88	0,4		3,7	322127,5
05.11.87			0,0	431117,1	05.01.88	0,5		1,8	224620,3	05.03.88	0,7		0,0	317989,6
06.11.87			0,0	421312,5	06.01.88	0,6		1,7	217968,3	06.03.88	5,8		10,6	305765,3
07.11.87			0,0	392695,8	07.01.88	0,9		1,7	217968,3	07.03.88	11,0		1,0	360804,2
08.11.87			0,9	356378,3	08.01.88	0,0		0,2	217968,3	08.03.88	0,9		0,0	309808,6
09.11.87			0,0	322127,5	09.01.88	0,0		0,1	217968,3	09.03.88	1,7		0,1	282162,4
10.11.87			3,2	282162,4	10.01.88	5,4		5,3	214686,6	10.03.88	7,2		4,6	278337,3
11.11.87			0,2	259673,2	11.01.88	0,5		1,5	245290,9	11.03.88	5,2		1,7	317989,6
12.11.87			11,8	245290,9	12.01.88	0,0		0,0	227990,7	12.03.88	7,4		8,9	892468,9
13.11.87			24,6	224620,3	13.01.88	0,0		0,0	221279,5	13.03.88	6,7		2,2	390830,2
14.11.87			0,0	211434,3	14.01.88	0,0		0,0	214686,6	14.03.88	11,3		17,1	531011,0
15.11.87			3,7	198717,8	15.01.88	3,7		4,4	230708,5	15.03.88	1,4		4,0	532128,4
16.11.87			5,1	198717,8	16.01.88	2,1		1,8	227990,7	16.03.88	3,0		6,7	688122,8
17.11.87			0,0	198717,8	17.01.88	0,1		0,4	224620,3	17.03.88	0,0		0,1	681631,7
18.11.87			0,0	195611,4	18.01.88	0,0		0,1	221279,5	18.03.88	0,0		0,0	643447,1
19.11.87			7,0	211434,3	19.01.88	0,5		0,2	217968,3	19.03.88	0,0		0,0	594547,5
20.11.87			5,9	260405,1	20.01.88	1,0		1,6	214686,6	20.03.88	0,4		12,7	582678,7
21.11.87			6,3	245290,9	21.01.88	0,0		0,2	211434,3	21.03.88	5,0		4,8	746822,5
22.11.87			10,3	346754,9	22.01.88	1,3		13,9	211434,3	22.03.88	10,0		1,1	631007,5
23.11.87			0,0	338996,9	23.01.88	3,2		14,8	211434,3	23.03.88	3,0		6,1	612617,0
24.11.87			0,0	301753,5	24.01.88	19,3		18,8	326297,1	24.03.88	1,2		2,3	600535,1
25.11.87			7,7	305765,3	25.01.88	0,0		3,7	903135,5	25.03.88	11,6		15,6	768875,9
26.11.87			0,0	322127,5	26.01.88	0,0		9,1	730531,2	26.03.88	3,2		5,3	668758,7
27.11.87			0,1	317989,6	27.01.88	1,1		2,0	592162,4	27.03.88	2,4		5,6	649720,8
28.11.87			0,0	301753,5	28.01.88	0,6		2,4	553624,1	28.03.88	1,3		2,5	624841,6
29.11.87			0,0	293823,6	29.01.88	8,2		9,5	628536,8	29.03.88	3,5		4,4	595742,2
30.11.87			0,0	286018,4	30.01.88	0,7		2,1	612617,0	30.03.88	0,7		0,5	600535,1
01.12.87	0,0		0,0	282162,4	31.01.88	0,0		0,0	536612,0	31.03.88	10,3		9,5	606558,3
02.12.87	0,0		0,0	270779,6	01.02.88	10,6		11,9	568622,7	01.04.88	0,8		0,6	680337,9
03.12.87	0,0		0,0	259673,2	02.02.88	6,5		11,2	617489,7	02.04.88	0,0		0,0	588595,4
04.12.87	0,0		0,0	252421,4	03.02.88	0,0		0,3	626071,9	03.04.88	0,0		0,0	568622,7
05.12.87	0,0		0,0	245290,9	04.02.88	2,7		2,9	559364,7	04.04.88	0,0		0,0	547918,4
06.12.87	0,0		0,0	231390,9	05.02.88	4,1		6,6	561670,8	05.04.88	0,0		0,0	514416,3
07.12.87	0,0		0,0	224620,3	06.02.88	0,1		0,3	601736,9	06.04.88	0,0		0,0	471678,7
08.12.87	0,0		0,0	211434,3	07.02.88	0,0		8,2	519913,2	07.04.88	0,0		0,0	461335,7
09.12.87	0,0		0,0	205017,7	08.02.88	2,0		3,8	514416,3	08.04.88	0,3		0,6	451128,1
10.12.87	0,0		0,6	192533,9	09.02.88	0,4		8,3	561670,8	09.04.88	2,4		1,0	441055,5
11.12.87	0,0		0,8	186465,4	10.02.88	3,6		10,9	535489,0	10.04.88	0,2		0,0	406855,2
12.12.87	0,4		0,0	205017,7	11.02.88	12,4		7,0	514416,3	11.04.88	0,0		0,0	374276,3
13.12.87	0,0		0,0	198717,8	12.02.88	7,0		6,3	604144,7	12.04.88	3,1		4,5	370655,2
14.12.87	0,0		0,4	192533,9	13.02.88	0,6		0,0	508953,9	13.04.88	0,0		0,0	360804,2
15.12.87	0,0		2,9	186465,4	14.02.88	1,2		0,0	461335,7	14.04.88	0,0		0,0	327134,9
16.12.87	4,6		12,1	190701,3	15.02.88	0,1		0,0	451128,1	15.04.88	0,0		0,0	305765,3
17.12.87	7,8		8,2	246707,3	16.02.88	0,0		0,0	441055,5	16.04.88	1,2		1,8	252421,4
18.12.87	13,2		20,1	338141,3	17.02.88	2,6		3,1	431117,1	17.04.88	2,1		1,7	259673,2
19.12.87	1,4		0,4	316343,3	18.02.88	1,2		2,7	478999,7	18.04.88	0,1		0,0	245290,9
20.12.87	0,2		0,2	231390,9	19.02.88	3,1		5,0	533247,2	19.04.88	0,0		0,0	224620,3
21.12.87	0,0		0,3	221279,5	20.02.88	0,0		0,0	466490,3	20.04.88	1,7		1,1	211434,3
22.12.87	0,4		0,0	224620,3	21.02.88	0,0		0,0	441055,5	21.04.88	0,1		0,0	205017,7
23.12.87	0,0		0,0	211434,3	22.02.88	0,0		0,0	441055,5	22.04.88	0,0		0,0	186465,4
24.12.87	0,0		0,4	205017,7	23.02.88	0,4		1,7	441055,5	23.04.88	0,0		0,0	180511,6
25.12.87	0,2		0,3	205017,7	24.02.88	1,2		1,0	440055,2	24.04.88	0,0		0,0	174671,8
26.12.87	0,0		0,0	205017,7	25.02.88	0,5		2,1	435076,4	25.04.88	0,0		0,0	174671,8
27.12.87	0,0		0,0	205017,7	26.02.88	0,0		0,7	421312,5	26.04.88	0,0		0,0	168945,3
28.12.87	0,0		0,0	205017,7	27.02.88	0,0		0,0	397382,6	27.04.88	0,0		0,2	168945,3
29.12.87	0,0		3,5	205017,7	28.02.88	1,5		6,5	383420,6	28.04.88	0,9		3,0	166124,3
30.12.87	3,6		0,7	224620,3	29.02.88	1,3		0,0	383420,6	29.04.88	0,1		0,0	163331,4
31.12.87	0,9		0,2	211434,3						30.04.88	0,0		0,0	157829,4

KGST = Klimastation des DWD Königstein

Tab. 29 Niederschlag und Abfluß - Taunus A 1987/88 SHJ

Datum	NB [mm]	NF [mm]	NF KGST [mm]	Q [l/s]	Datum	NB [mm]	NF [mm]	NF KGST [mm]	Q [l/s]	Datum	NB [mm]	NF [mm]	NF KGST [mm]	Q [l/s]
01.05.88	0,0		0,0	152438,7	01.07.88	3,3		12,9	49418,5	01.09.88	7,4		14,0	35460,4
02.05.88	2,7		3,7	155120,2	02.07.88	6,7		7,3	54495,6	02.09.88	0,2		0,2	39890,5
03.05.88	0,0		0,5	152438,7	03.07.88	0,1		2,4	60794,0	03.09.88	0,2		22,4	46459,5
04.05.88	0,4		1,9	149784,8	04.07.88	2,9		4,9	53055,8	04.09.88	0,1		0,0	39890,5
05.05.88	0,0		0,0	141988,1	05.07.88	0,1		0,0	53055,8	05.09.88	0,1		3,8	38694,7
06.05.88	0,0		0,0	136926,7	06.07.88	0,0		0,3	50244,3	06.09.88	0,1		0,0	37520,4
07.05.88	0,0		0,0	134436,8	07.07.88	0,0		2,3	47523,0	07.09.88	0,2		0,0	34125,2
08.05.88	0,0		0,0	127128,4	08.07.88	1,6		0,0	49145,0	08.09.88	0,1		0,0	29891,4
09.05.88	0,0		0,0	117757,7	09.07.88	0,0		0,0	48330,0	09.09.88	0,0		0,0	29891,4
10.05.88	0,0		0,0	117757,7	10.07.88	0,0		0,0	46195,8	10.09.88	0,0		0,0	29891,4
11.05.88	0,0		0,0	115481,1	11.07.88	0,0		0,0	46195,8	11.09.88	0,6		0,0	29891,4
12.05.88	0,0		0,0	113230,8	12.07.88	0,0		0,0	44890,9	12.09.88	0,4		0,4	29891,4
13.05.88	0,0		0,0	111006,7	13.07.88	0,2		7,3	43862,8	13.09.88	2,1		3,3	29891,4
14.05.88	0,0		0,0	108808,6	14.07.88	0,0		3,5	44890,9	14.09.88	4,2		3,7	37288,1
15.05.88	0,0		0,0	104490,2	15.07.88	0,0		2,4	43608,0	15.09.88	1,9		0,7	47523,0
16.05.88	0,4		0,0	102369,7	16.07.88	0,0		4,4	43608,0	16.09.88	0,3	0,8	0,8	42347,0
17.05.88	0,1		3,4	100274,9	17.07.88	3,2		12,3	48330,0	17.09.88	0,0	0,0	0,0	35235,8
18.05.88	2,7		15,3	100274,9	18.07.88	0,0		0,0	44375,1	18.09.88	0,0	0,0	0,0	34125,2
19.05.88	0,2		0,2	96162,0	19.07.88	0,0		0,0	42347,0	19.09.88	0,0	0,0	0,1	33035,6
20.05.88	0,0		0,0	94143,7	20.07.88	0,0		0,0	41107,9	20.09.88	0,1	0,0	0,0	29891,4
21.05.88	0,0		0,0	92150,6	21.07.88	0,0		0,0	38694,7	21.09.88	0,0	0,0	0,0	27897,9
22.05.88	0,0		0,0	90182,8	22.07.88	0,0		0,0	38694,7	22.09.88	0,0	0,0	0,0	25985,3
23.05.88	0,0		0,7	88240,0	23.07.88	6,4		5,0	38694,7	23.09.88	1,3	3,7	4,0	27315,7
24.05.88	0,0		0,0	86322,3	24.07.88	0,7		1,8	48600,8	24.09.88	0,0	0,5	0,8	28884,5
25.05.88	0,0		0,0	84429,4	25.07.88	0,0		0,0	43608,0	25.09.88	0,1	1,4	2,0	29891,4
26.05.88	0,0		0,0	84429,4	26.07.88	3,3		3,2	44118,5	26.09.88	0,0	0,1	0,0	29891,4
27.05.88	2,6		9,6	86322,3	27.07.88	2,6		3,5	45150,1	27.09.88	0,0	0,0	0,0	27897,9
28.05.88	0,5		3,1	89014,1	28.07.88	0,0		0,2	42347,0	28.09.88	1,7	3,4	5,0	28685,5
29.05.88	1,7		0,9	80717,9	29.07.88	0,0		0,0	41107,9	29.09.88	0,0	0,0	0,0	29891,4
30.05.88	0,2		3,4	84806,0	30.07.88	0,0		0,0	41107,9	30.09.88	0,0	0,0	0,0	26931,6
31.05.88	0,0		0,7	78899,0	31.07.88	0,0		0,0	39890,5	01.10.88	0,0	0,0	0,0	25985,3
01.06.88	0,0		4,9	77104,7	01.08.88	0,0		0,7	39890,5	02.10.88	0,0	0,0	0,0	25985,3
02.06.88	0,2		0,2	77104,7	02.08.88	0,1		0,4	38694,7	03.10.88	0,0	0,0	0,0	25985,3
03.06.88	0,2		0,0	73589,0	03.08.88	0,0		0,0	38694,7	04.10.88	0,0	0,0	0,0	25985,3
04.06.88	0,2		0,0	73589,0	04.08.88	0,0		0,0	38694,7	05.10.88	1,9	4,4	7,0	27509,0
05.06.88	0,0		0,0	71867,5	05.08.88	0,0		0,0	38694,7	06.10.88	9,4	23,5	35,3	52770,6
06.06.88	3,8		4,1	87086,4	06.08.88	0,0		0,0	38694,7	07.10.88	1,5	4,7	7,1	47255,8
07.06.88	0,2		0,1	88240,0	07.08.88	0,0		0,0	38694,7	08.10.88	0,9	4,1	0,4	46195,8
08.06.88	1,0		1,2	80717,9	08.08.88	0,0		0,3	37520,4	09.10.88	0,6	2,7	0,2	42347,0
09.06.88	0,9		2,2	75334,7	09.08.88	0,0		0,0	37520,4	10.10.88	4,5	10,7	0,0	38694,7
10.06.88	0,1		0,0	73589,0	10.08.88	0,1		0,0	36367,5	11.10.88	0,3	3,9	14,5	49692,9
11.06.88	0,3		1,7	71867,5	11.08.88	0,0		0,0	36367,5	12.10.88	0,9	6,6	1,5	36367,5
12.06.88	0,0		0,0	70170,1	12.08.88	0,0		0,0	35235,8	13.10.88	0,0	0,0	0,0	34125,2
13.06.88	0,0		0,0	66846,9	13.08.88	0,0		0,0	35235,8	14.10.88	0,0	0,0	0,2	29891,4
14.06.88	0,0		0,0	66846,9	14.08.88	0,0		0,0	34125,2	15.10.88	0,0	0,1	0,2	27897,9
15.06.88	0,1		0,0	66846,9	15.08.88	0,0		0,0	34125,2	16.10.88	0,0	0,0	0,0	24152,6
16.06.88	0,0		0,0	66846,9	16.08.88	0,0		0,0	33035,6	17.10.88	0,0	0,0	0,0	24152,6
17.06.88	0,0		0,0	66846,9	17.08.88	0,0		0,0	33035,6	18.10.88	0,0	0,0	0,0	22398,7
18.06.88	0,0		0,0	66846,9	18.08.88	0,0		0,0	31966,8	19.10.88	0,2	0,4	1,2	23441,6
19.06.88	0,0		0,0	63618,8	19.08.88	0,3		2,1	31966,8	20.10.88	1,6	2,3	3,9	39649,6
20.06.88	0,0		0,0	60484,8	20.08.88	1,9		2,3	32820,1	21.10.88	0,0	0,0	0,0	34125,2
21.06.88	0,0		0,2	57444,0	21.08.88	0,4		2,4	36367,5	22.10.88	0,0	0,2	0,0	26931,6
22.06.88	0,0		0,0	54495,6	22.08.88	3,1		0,6	35235,8	23.10.88	0,0	0,0	0,0	25985,3
23.06.88	0,0		0,0	54495,6	23.08.88	0,0		0,0	34125,2	24.10.88	0,0	0,0	0,8	24152,6
24.06.88	0,0		0,0	54495,6	24.08.88	1,8		3,5	33035,6	25.10.88	0,0	0,1	0,0	23265,9
25.06.88	0,0		0,0	54495,6	25.08.88	1,1		1,3	34125,2	26.10.88	0,1	0,1	0,0	24152,6
26.06.88	0,0		0,0	54495,6	26.08.88	0,0		0,0	33035,6	27.10.88	1,2	2,2	2,1	29891,4
27.06.88	8,0		9,4	58346,5	27.08.88	1,4		3,4	31966,8	28.10.88	0,1	0,1	0,2	22398,7
28.06.88	0,0		1,7	55958,3	28.08.88	0,1		0,8	31966,8	29.10.88	0,0	0,0	0,0	20722,5
29.06.88	2,3		5,2	54495,6	29.08.88	0,0		0,3	30918,8	30.10.88	0,0	0,0	0,0	20722,5
30.06.88	0,0		0,7	51638,7	30.08.88	0,0		0,0	30918,8	31.10.88	0,0	0,0	0,0	20722,5
					31.08.88	0,0		0,0	29891,4					

KGST = Klimastation des DWD Königstein

Tab. 30 Niederschlag und Abfluß - Taunus A 1988/89 WHJ

Datum	NB [mm]	NF [mm]	NF KGST [mm]	Q [l/s]	Datum	NB [mm]	NF [mm]	NF KGST [mm]	Q [l/s]	Datum	NB [mm]	NF [mm]	NF KGST [mm]	Q [l/s]
01.11.88	0,0	0,0	0,0	20722	01.01.89	0,0	0,0	0,1	66847	01.03.89	1,7	2,0	3,1	180512
02.11.88	0,8	0,2	1,3	21551	02.01.89	0,0	0,0	0,0	66847	02.03.89	5,8	9,8	10,8	175831
03.11.88	0,0	0,0	0,0	20722	03.01.89	0,0	0,0	0,0	66847	03.03.89	1,3	0,1	1,8	217968
04.11.88	0,0	0,0	0,0	20722	04.01.89	0,0	0,0	1,6	66847	04.03.89	0,0	0,0	1,4	174672
05.11.88	0,0	0,0	0,0	20722	05.01.89	2,1	9,0	15,4	60485	05.03.89	1,2	1,0	0,0	168945
06.11.88	0,0	0,0	0,0	20722	06.01.89	13,1	12,8	4,6	161669	06.03.89	0,0	0,0	0,0	168945
07.11.88	0,0	0,0	0,0	20722	07.01.89	0,8	0,8	0,8	104490	07.03.89	1,0	1,2	1,8	168945
08.11.88	0,0	0,0	0,0	20722	08.01.89	0,4	1,6	0,2	90183	08.03.89	1,1	0,2	0,4	171794
09.11.88	0,0	0,0	0,0	20722	09.01.89	0,8	0,2	1,1	88240	09.03.89	0,0	0,0	0,0	168945
10.11.88	0,3	0,8	0,6	22399	10.01.89	1,0	2,5	0,9	88240	10.03.89	0,0	0,0	0,0	168945
11.11.88	0,1	0,1	0,3	21551	11.01.89	0,6	0,1	0,2	86322	11.03.89	0,0	0,0	4,2	163331
12.11.88	0,3	1,4	0,4	22399	12.01.89	1,0	0,3	2,0	84429	12.03.89	3,3	3,7	0,0	171794
13.11.88	1,1	1,4	1,5	25243	13.01.89	0,0	0,0	0,0	80718	13.03.89	0,2	0,2	0,4	168945
14.11.88	1,5	0,6	2,1	27898	14.01.89	0,0	0,0	0,3	78899	14.03.89	0,0	0,0	2,5	163331
15.11.88	0,0	0,0	0,3	31967	15.01.89	0,0	0,0	0,0	77105	15.03.89	4,1	6,5	5,8	174672
16.11.88	0,0	0,0	0,0	29891	16.01.89	0,0	0,0	0,0	77105	16.03.89	7,2	15,4	11,8	243879
17.11.88	0,1	0,1	0,4	29891	17.01.89	0,0	0,3	0,2	77105	17.03.89	3,6	1,6	5,6	223280
18.11.88	3,6	4,8	2,0	38458	18.01.89	0,0	0,0	0,0	77105	18.03.89	0,0	0,0	0,0	177577
19.11.88	0,3	0,0	1,2	38695	19.01.89	0,0	0,0	0,0	77105	19.03.89	0,0	0,0	0,0	174672
20.11.88	1,7	2,3	9,1	39891	20.01.89	0,0	0,0	0,0	77105	20.03.89	0,0	0,0	0,0	174672
21.11.88	0,0	0,0	0,0	36367	21.01.89	1,0	1,7	2,8	77105	21.03.89	0,0	0,0	0,5	171794
22.11.88	0,0	0,0	7,4	34125	22.01.89	0,6	0,0	0,0	77105	22.03.89	0,2	1,3	2,4	168945
23.11.88	0,0	0,0	0,5	31967	23.01.89	0,0	0,0	0,0	77105	23.03.89	1,6	8,3	0,0	168945
24.11.88	7,4	11,3	0,5	54496	24.01.89	0,0	0,0	0,0	77105	24.03.89	4,5	6,7	11,2	185266
25.11.88	3,4	4,0	0,0	51639	25.01.89	0,0	0,0	0,0	73589	25.03.89	4,6	0,0	0,5	198718
26.11.88	0,1	0,0	0,0	43608	26.01.89	0,0	0,0	0,0	66847	26.03.89	0,0	0,0	0,0	171794
27.11.88	0,0	0,0	0,0	42347	27.01.89	0,0	0,0	0,0	57444	27.03.89	0,0	0,0	0,0	163331
28.11.88	3,4	4,6	5,5	38695	28.01.89	0,0	0,0	0,0	57444	28.03.89	0,0	0,0	0,0	155120
29.11.88	7,1	10,9	9,6	36367	29.01.89	0,0	0,0	0,0	57444	29.03.89	0,0	0,0	0,0	152439
30.11.88	24,0	33,2	25,0	116844	30.01.89	0,0	0,2	0,0	55958	30.03.89	0,0	0,0	0,0	149785
01.12.88	0,1	0,1	0,6	156742	31.01.89	0,0	0,1	0,0	55958	31.03.89	0,0	1,4	2,5	147158
02.12.88	0,2	0,5	4,3	73589	01.02.89	0,0	0,0	0,0	55958	01.04.89	0,1	0,0	0,0	147158
03.12.88	8,7	5,5	6,8	66847	02.02.89	0,0	0,0	0,0	55958	02.04.89	0,2	0,3	0,8	141988
04.12.88	26,1	42,5	37,1	474808	03.02.89	0,0	0,0	0,0	55958	03.04.89	0,7	0,5	2,1	149488
05.12.88	0,0	0,0	0,2	1227361	04.02.89	0,0	0,0	0,0	55958	04.04.89	0,6	0,8	1,0	141988
06.12.88	0,0	0,0	1,8	273788	05.02.89	0,0	0,0	0,0	55958	05.04.89	10,1	20,3	17,2	183474
07.12.88	0,0	0,0	0,3	42347	06.02.89	9,5	10,9	8,6	94144	06.04.89	4,5	1,2	0,6	211434
08.12.88	1,8	2,4	3,3	43608	07.02.89	0,1	0,2	0,0	84429	07.04.89	4,2	5,0	2,5	178162
09.12.88	2,7	3,3	3,9	46196	08.02.89	0,2	0,4	0,0	78899	08.04.89	0,0	0,0	0,0	171794
10.12.88	1,7	1,8	4,3	49145	09.02.89	0,2	0,3	0,0	77105	09.04.89	0,0	0,0	0,0	163331
11.12.88	2,3	2,7	4,3	54496	10.02.89	0,0	0,0	0,0	73589	10.04.89	0,0	0,0	0,0	163331
12.12.88	1,9	2,2	2,9	66847	11.02.89	0,0	0,0	0,0	70170	11.04.89	1,6	0,0	2,4	163331
13.12.88	0,3	0,3	0,0	55958	12.02.89	4,7	5,4	7,0	77462	12.04.89	0,0	3,5	3,8	164445
14.12.88	3,0	3,0	2,7	50244	13.02.89	2,3	2,5	4,4	88240	13.04.89	10,8	12,5	2,6	218628
15.12.88	0,0	0,0	0,0	48872	14.02.89	2,9	3,0	1,7	110565	14.04.89	2,0	2,0	4,5	192534
16.12.88	0,0	0,0	0,0	46196	15.02.89	0,3	0,5	4,3	98206	15.04.89	5,5	7,6	0,2	219289
17.12.88	0,0	0,0	1,9	46196	16.02.89	1,8	2,0	0,3	96162	16.04.89	0,1	0,0	0,6	192534
18.12.88	5,3	5,9	4,7	48872	17.02.89	0,0	0,0	1,6	94144	17.04.89	0,1	0,1	0,2	180512
19.12.88	6,7	7,2	10,9	105775	18.02.89	8,4	9,5	11,7	123800	18.04.89	0,0	0,0	0,6	157829
20.12.88	0,0	0,0	0,0	87470	19.02.89	0,6	0,8	0,4	133942	19.04.89	3,4	4,6	3,8	160566
21.12.88	0,8	1,0	2,1	66847	20.02.89	2,1	2,4	0,0	113231	20.04.89	0,2	0,7	0,3	180512
22.12.88	0,2	0,3	0,5	63619	21.02.89	0,0	0,0	0,0	106636	21.04.89	12,0	12,5	23,7	219951
23.12.88	3,4	4,9	4,7	65221	22.02.89	0,1	0,1	0,6	104490	22.04.89	21,4	28,1	7,2	553624
24.12.88	3,4	4,5	1,2	70846	23.02.89	0,4	0,4	0,4	100275	23.04.89	0,0	0,0	0,0	286018
25.12.88	1,4	2,1	2,2	80718	24.02.89	4,1	4,5	5,4	112338	24.04.89	0,0	0,0	0,0	274543
26.12.88	0,0	0,1	0,0	77105	25.02.89	3,3	3,5	3,7	144043	25.04.89	0,0	0,0	0,3	282162
27.12.88	0,2	0,5	0,6	70170	26.02.89	3,4	3,6	3,0	163331	26.04.89	7,1	8,7	6,2	289905
28.12.88	0,0	0,0	0,0	66847	27.02.89	5,8	6,1	8,2	152439	27.04.89	0,3	0,2	0,6	274543
29.12.88	0,0	0,0	0,0	63619	28.02.89	4,0	4,3	3,7	161117	28.04.89	0,3	0,7	0,6	259673
30.12.88	0,0	0,0	0,0	60485						29.04.89	0,1	0,0	0,0	252421
31.12.88	0,0	0,0	0,0	60485						30.04.89	0,0	0,0	0,0	245291

KGST = Klimastation des DWD Königstein

Tab. 31 Niederschlag und Abfluß - Taunus A 1988/89 SHJ

Datum	NB [mm]	NF [mm]	NF KGST [mm]	Q [l/s]	Datum	NB [mm]	NF [mm]	NF KGST [mm]	Q [l/s]	Datum	NB [mm]	NF [mm]	NF KGST [mm]	Q [l/s]
01.05.89	0,1	0,0	0,0	238281	01.07.89	0,0	0,0		48872	01.09.89	1,7	3,8		25985
02.05.89	0,1	0,0	0,0	231391	02.07.89	0,2	0,6		48872	02.09.89	0,1	0,0		25985
03.05.89	0,0	0,0	0,0	231391	03.07.89	0,0	0,0		48872	03.09.89	0,1	0,2		25059
04.05.89	0,0	0,0	0,0	224620	04.07.89	1,1	2,7		48872	04.09.89	0,0	0,0		24153
05.05.89	0,0	0,0	0,0	205018	05.07.89	1,5	2,9		48872	05.09.89	0,0	0,0		24153
06.05.89	0,0	0,0	0,0	205018	06.07.89	0,1	0,0		44891	06.09.89	0,1	0,0		23266
07.05.89	0,0	0,0	0,0	205018	07.07.89	0,0	0,0		43608	07.09.89	0,0	0,0		22399
08.05.89	0,0	0,0	0,0	231391	08.07.89	11,4	17,0		50244	08.09.89	0,0	0,0		22399
09.05.89	0,0	0,0	0,5	211434	09.07.89	3,6	5,2		48872	09.09.89	0,0	0,0		22399
10.05.89	5,1	9,8	5,7	218628	10.07.89	0,2	1,3		47523	10.09.89	0,0	0,0		22399
11.05.89	8,4	10,8	5,3	197472	11.07.89	0,0	0,0		43608	11.09.89	0,0	0,0		22399
12.05.89	0,0	3,4	2,6	183474	12.07.89	0,2	0,0		38695	12.09.89	0,0	0,4		22399
13.05.89	0,7	1,3	5,4	168945	13.07.89	0,0	0,0		38695	13.09.89	4,1	6,5		31127
14.05.89	1,3	4,8	1,6	177577	14.07.89	0,0	0,0		38695	14.09.89	1,1	2,1		29891
15.05.89	0,2	0,0	0,0	155120	15.07.89	0,0	0,0		38695	15.09.89	10,4	15,0		33687
16.05.89	0,0	0,0	0,0	141988	16.07.89	0,0	0,0		36367	16.09.89	0,2	0,4		29891
17.05.89	0,0	0,0	0,0	127128	17.07.89	0,0	0,0		35236	17.09.89	0,0	0,0		27898
18.05.89	0,1	0,0	0,0	127128	18.07.89	0,1	0,7		34125	18.09.89	0,0	0,0		27898
19.05.89	0,0	0,0	0,0	122390	19.07.89	0,0	0,0		29891	19.09.89	5,2	8,1		29891
20.05.89	0,0	0,0	0,0	122390	20.07.89	0,0	0,0		25985	20.09.89	0,1	0,1		29891
21.05.89	0,0	0,0	0,0	120061	21.07.89	0,0	0,0		25985	21.09.89	0,0	0,0		27898
22.05.89	0,0	0,0	0,0	115481	22.07.89	0,0	0,0		25985	22.09.89	0,0	0,0		27898
23.05.89	0,0	0,0	0,0	108809	23.07.89	17,5	41,1		54496	23.09.89	4,7	7,5		31336
24.05.89	0,0	0,0	0,0	104490	24.07.89	1,8	2,8		58045	24.09.89	1,1	1,7		29891
25.05.89	0,0	0,0	0,0	100275	25.07.89	15,7	19,9		54496	25.09.89	0,0	0,0		27898
26.05.89	0,0	0,0	0,0	98206	26.07.89	0,1	0,1		41108	26.09.89	0,0	0,0		27898
27.05.89	0,1	0,5	0,0	98206	27.07.89	0,1	0,0		29891	27.09.89	0,0	0,1		25985
28.05.89	0,0	0,0	0,0	98206	28.07.89	0,0	0,0		27898	28.09.89	0,0	0,0		25985
29.05.89	0,0	0,0	0,0	96162	29.07.89	0,0	0,0		27898	29.09.89	0,0	1,1		25985
30.05.89	0,6	2,9	3,5	92151	30.07.89	0,1	1,6		27898	30.09.89	0,1	0,2		24153
31.05.89	0,0	0,0	0,0	90183	31.07.89	0,0	2,1		27898	01.10.89	0,0	0,0		24153
01.06.89	0,0	0,0	0,0	88240	01.08.89	1,5	2,6		29891	02.10.89	0,0	0,1		24153
02.06.89	1,2	1,9	1,6	88240	02.08.89	0,7	0,0		29891	03.10.89	0,0	0,1		24153
03.06.89	5,7	8,6	13,6	94545	03.08.89	0,0	0,6		31967	04.10.89	0,0	0,0		24153
04.06.89	1,5	2,1	2,8	84429	04.08.89	0,7	1,3		29891	05.10.89	0,0	0,0		24153
05.06.89	2,9	4,1	0,4	86322	05.08.89	0,0	0,0		27898	06.10.89	4,9	7,7		25059
06.06.89	3,8	8,2	9,1	79261	06.08.89	4,1	8,7		28884	07.10.89	6,1	9,0		35236
07.06.89	3,1	4,8	5,2	105346	07.08.89	0,2	0,0		29891	08.10.89	3,1	4,8		27898
08.06.89	8,5	12,6	4,1	118216	08.08.89	15,1	19,1		38695	09.10.89	1,8	2,2		24153
09.06.89	0,0	0,0	0,0	130023	09.08.89	0,3	1,0		43608	10.10.89	0,0	0,5		24153
10.06.89	0,1	1,5	0,0	77105	10.08.89	0,0	0,0		31967	11.10.89	0,0	0,1		24153
11.06.89	0,5	0,3	0,0	73589	11.08.89	0,2	1,7		30919	12.10.89	0,0	0,0		24153
12.06.89	0,0	0,0	0,0	70170	12.08.89	0,3	0,2		30919	13.10.89	0,0	0,0		25985
13.06.89	0,0	0,0	0,0	68497	13.08.89	0,0	0,0		29891	14.10.89	1,2	2,3		37520
14.06.89	0,0	0,0	0,0	66847	14.08.89	0,0	0,0		29891	15.10.89	0,0	0,0		29891
15.06.89	0,0	0,0	0,0	60485	15.08.89	0,0	0,0		29891	16.10.89	0,0	0,0		29891
16.06.89	0,0	0,0	0,0	58953	16.08.89	3,9	7,0		29891	17.10.89	0,0	0,0		29891
17.06.89	0,0	0,0	0,0	57444	17.08.89	1,5	2,6		29891	18.10.89	0,0	0,0		29891
18.06.89	0,0	0,0	0,0	55958	18.08.89	0,1	0,0		28884	19.10.89	0,0	0,0		29891
19.06.89	0,0	0,0	0,0	54496	19.08.89	0,0	0,0		27898	20.10.89	2,8	4,1		34125
20.06.89	0,0	0,0	0,0	54496	20.08.89	0,0	0,0		27898	21.10.89	0,0	0,0		
21.06.89	0,0	0,0	0,0	54496	21.08.89	0,1	0,0		27509	22.10.89	0,0	0,0		
22.06.89	29,0	34,7	15,9	123800	22.08.89	1,1	2,1		26932	23.10.89	0,1	0,0		
23.06.89	0,5	0,8	0,0	77105	23.08.89	0,0	0,0		25985	24.10.89	0,0	0,0		
24.06.89	0,0	0,0	0,0	51639	24.08.89	0,0	0,0		25985	25.10.89	0,0	0,0		
25.06.89	0,0	0,0	0,0	50244	25.08.89	0,4	1,4		25985	26.10.89	0,0	0,0		
26.06.89	0,0	0,0	0,0	48872	26.08.89	0,6	1,3		26932	27.10.89	0,0	0,0		
27.06.89	0,0	0,0	1,0	46196	27.08.89	6,2	9,3		34125	28.10.89	5,8	9,5		
28.06.89	0,1	0,2	0,0	44891	28.08.89	0,3	0,7		27898	29.10.89	10,5	15,1		
29.06.89	0,1	0,6	0,5	43608	29.08.89	0,0	0,0		26932	30.10.89	4,3	6,9		
30.06.89	3,6	6,1	7,0	48872	30.08.89	0,0	0,0		25985	31.10.89	4,5	5,8		
					31.08.89	0,0	0,0		25985					

KGST = Klimastation des DWD Königstein

Tab. 32 Niederschlag und Abfluß - Taunus B 1988/89 WHJ

Datum	NB [mm]	NF [mm]	NF KGST [mm]	Q [l/s]	Datum	NB [mm]	NF [mm]	NF KGST [mm]	Q [l/s]	Datum	NB [mm]	NF [mm]	NF KGST [mm]	Q [l/s]
01.11.88	0,0	0,0	0,0		01.01.89	0,0	0,0	0,1	73589	01.03.89	1,7	2,0	3,1	322128
02.11.88	0,8	0,2	1,3		02.01.89	0,0	0,0	0,0	70170	02.03.89	5,8	9,8	10,8	299361
03.11.88	0,0	0,0	0,0		03.01.89	0,0	0,0	0,0	66847	03.03.89	1,3	0,1	1,8	411641
04.11.88	0,0	0,0	0,0		04.01.89	0,0	0,0	1,6	73589	04.03.89	0,0	0,0	1,4	330499
05.11.88	0,0	0,0	0,0		05.01.89	2,1	9,0	15,4	66847	05.03.89	1,2	1,0	0,0	301753
06.11.88	0,0	0,0	0,0		06.01.89	13,1	12,8	4,6	258213	06.03.89	0,0	0,0	0,0	289905
07.11.88	0,0	0,0	0,0		07.01.89	0,8	0,8	0,8	192534	07.03.89	1,0	1,2	1,8	297773
08.11.88	0,0	0,0	0,0		08.01.89	0,4	1,6	0,2	152439	08.03.89	1,1	0,2	0,4	282162
09.11.88	0,0	0,0	0,0	13468	09.01.89	0,8	0,2	1,1	147158	09.03.89	0,0	0,0	0,0	267047
10.11.88	0,3	0,8	0,6	13468	10.01.89	1,0	2,5	0,9	136927	10.03.89	0,0	0,0	0,0	248841
11.11.88	0,1	0,1	0,3	13468	11.01.89	0,6	0,1	0,2	127128	11.03.89	0,0	0,0	4,2	258213
12.11.88	0,3	1,4	0,4	13468	12.01.89	1,0	0,3	2,0	117758	12.03.89	3,3	3,7	0,0	252421
13.11.88	1,1	1,4	1,5	16865	13.01.89	0,0	0,0	0,0	111007	13.03.89	0,2	0,2	0,4	234821
14.11.88	1,5	0,6	2,1	21551	14.01.89	0,0	0,0	0,3	104490	14.03.89	0,0	0,0	2,5	224620
15.11.88	0,0	0,0	0,3	19123	15.01.89	0,0	0,0	0,0	104490	15.03.89	4,1	6,5	5,8	246707
16.11.88	0,0	0,0	0,0	17599	16.01.89	0,0	0,0	0,0	104490	16.03.89	7,2	15,4	11,8	359916
17.11.88	0,1	0,1	0,4	17599	17.01.89	0,0	0,3	0,2	100275	17.03.89	3,6	1,6	5,6	372463
18.11.88	3,6	4,8	2,0	21217	18.01.89	0,0	0,0	0,0	96162	18.03.89	0,0	0,0	0,0	282162
19.11.88	0,3	0,0	1,2	19123	19.01.89	0,0	0,0	0,0	92151	19.03.89	0,0	0,0	0,0	252421
20.11.88	1,7	2,3	9,1	19913	20.01.89	0,0	0,0	0,0	88240	20.03.89	0,0	0,0	0,0	238281
21.11.88	0,0	0,0	0,0	19123	21.01.89	1,0	1,7	2,8	88240	21.03.89	0,0	0,0	0,5	234821
22.11.88	0,0	0,0	7,4	16149	22.01.89	0,6	0,0	0,0	92151	22.03.89	0,2	1,3	2,4	231391
23.11.88	0,0	0,0	0,5	9973	23.01.89	0,0	0,0	0,0	88240	23.03.89	1,6	8,3	0,0	231391
24.11.88	7,4	11,3	0,5	11297	24.01.89	0,0	0,0	0,0	80718	24.03.89	4,5	6,7	11,2	242472
25.11.88	3,4	4,0	0,0	27898	25.01.89	0,0	0,0	0,0	75335	25.03.89	4,6	0,0	0,5	289905
26.11.88	0,1	0,0	0,0	25985	26.01.89	0,0	0,0	0,0	70170	26.03.89	0,0	0,0	0,0	241771
27.11.88	0,0	0,0	0,0	19123	27.01.89	0,0	0,0	0,0	70170	27.03.89	0,0	0,0	0,0	211434
28.11.88	3,4	4,6	5,5	13468	28.01.89	0,0	0,0	0,0	66847	28.03.89	0,0	0,0	0,0	198718
29.11.88	7,1	10,9	9,6	22057	29.01.89	0,0	0,0	0,0	66847	29.03.89	0,0	0,0	0,0	195611
30.11.88	24,0	33,2	25,0	133448	30.01.89	0,0	0,2	0,0	65221	30.03.89	0,0	0,0	0,0	192534
01.12.88	0,1	0,1	0,6	209497	31.01.89	0,0	0,1	0,0	63619	31.03.89	1,0	1,4	2,5	186465
02.12.88	0,2	0,5	4,3	70170	01.02.89	0,0	0,0	0,0	62040	01.04.89	0,1	0,0	0,0	180512
03.12.88	8,7	5,5	6,8	53056	02.02.89	0,0	0,0	0,0	60485	02.04.89	0,2	0,3	0,8	160566
04.12.88	26,1	42,5	37,1	761943	03.02.89	0,0	0,0	0,0	58953	03.04.89	0,7	0,5	2,1	149785
05.12.88	0,0	0,0	0,2	1438958	04.02.89	0,0	0,0	0,0	57444	04.04.89	0,6	0,8	1,0	141988
06.12.88	0,0	0,0	1,8	529895	05.02.89	0,0	0,0	0,0	57444	05.04.89	10,1	20,3	17,2	184070
07.12.88	0,0	0,0	0,3	80718	06.02.89	9,5	10,9	8,6	99444	06.04.89	4,5	1,2	0,6	305765
08.12.88	1,8	2,4	3,3	80718	07.02.89	0,1	0,2	0,0	104490	07.04.89	4,2	5,0	2,5	245291
09.12.88	2,7	3,3	3,9	73589	08.02.89	0,2	0,4	0,0	96162	08.04.89	0,0	0,0	0,0	217968
10.12.88	1,7	1,8	4,3	77105	09.02.89	0,2	0,3	0,0	88240	09.04.89	0,0	0,0	0,0	192534
11.12.88	2,3	2,7	4,3	80718	10.02.89	0,0	0,0	0,0	84429	10.04.89	0,0	0,0	0,0	192534
12.12.88	1,9	2,2	2,9	96162	11.02.89	0,0	0,0	0,0	77105	11.04.89	1,6	0,0	2,4	192534
13.12.88	0,3	0,3	0,0	80718	12.02.89	4,7	5,4	7,0	83306	12.04.89	0,0	3,5	3,8	211434
14.12.88	3,0	3,0	2,7	70170	13.02.89	2,3	2,5	4,4	102370	13.04.89	10,8	12,5	2,6	309809
15.12.88	0,0	0,0	0,0	66847	14.02.89	2,9	3,0	1,7	131484	14.04.89	2,0	2,0	4,5	297773
16.12.88	0,0	0,0	0,0	57444	15.02.89	0,3	0,5	4,3	117758	15.04.89	5,5	7,6	0,2	359930
17.12.88	0,0	0,0	1,9	54496	16.02.89	1,8	2,0	0,3	113231	16.04.89	0,1	0,0	0,6	317990
18.12.88	5,3	5,9	4,7	180512	17.02.89	0,0	0,0	1,6	106636	17.04.89	0,1	0,1	0,2	297773
19.12.88	6,7	7,2	10,9	160017	18.02.89	8,4	9,5	11,7	146116	18.04.89	0,0	0,0	0,6	267047
20.12.88	0,0	0,0	0,0	96162	19.02.89	0,6	0,8	0,4	224620	19.04.89	3,4	4,6	3,8	267047
21.12.88	0,8	1,0	2,1	88240	20.02.89	2,1	2,4	0,0	174672	20.04.89	0,2	0,7	0,3	252421
22.12.88	0,2	0,3	0,3	92547	21.02.89	0,0	0,0	0,0	174672	21.04.89	12,0	12,5	23,7	292253
23.12.88	3,4	4,9	4,7	114128	22.02.89	0,1	0,1	0,6	174672	22.04.89	21,4	28,1	7,2	1264357
24.12.88	3,4	4,5	1,2	122390	23.02.89	0,4	0,4	0,4	174672	23.04.89	0,0	0,0	0,0	730531
25.12.88	1,4	2,1	2,2	111007	24.02.89	4,1	4,5	5,4	190701	24.04.89	0,0	0,0	0,0	606558
26.12.88	0,0	0,1	0,0	100275	25.02.89	3,3	3,5	3,7	247417	25.04.89	0,0	0,0	0,3	559365
27.12.88	0,2	0,5	0,6	88240	26.02.89	3,4	3,6	3,0	300157	26.04.89	7,1	8,7	6,2	580322
28.12.88	0,0	0,0	0,0	84429	27.02.89	5,8	6,1	8,2	282162	27.04.89	0,3	0,2	0,6	525445
29.12.88	0,0	0,0	0,0	80718	28.02.89	4,0	4,3	3,7	297773	28.04.89	0,3	0,7	0,6	431117
30.12.88	0,0	0,0	0,0	77105						29.04.89	0,1	0,0	0,0	392696
31.12.88	0,0	0,0	0,0	73589						30.04.89	0,0	0,0	0,0	351985

KGST = Klimastation des DWD Königstein

Tab. 33 Niederschlag und Abfluß - Taunus B 1988/89 SHJ

Datum	NB [mm]	NF [mm]	NF KGST [mm]	Q [l/s]	Datum	NB [mm]	NF [mm]	NF KGST [mm]	Q [l/s]	Datum	NB [mm]	NF [mm]	NF KGST [mm]	Q [l/s]
01.05.89	0,1	0,0	0,0	330499	01.07.89	0,0	0,0		25985	01.09.89	1,7	3,8		11069
02.05.89	0,1	0,0	0,0	282162	02.07.89	0,2	0,6		22399	02.09.89	0,1	0,0		13468
03.05.89	0,0	0,0	0,0	263345	03.07.89	0,0	0,0		19123	03.09.89	0,1	0,2		12234
04.05.89	0,0	0,0	0,0	238281	04.07.89	1,1	2,7		19123	04.09.89	0,0	0,0		11069
05.05.89	0,0	0,0	0,0	211434	05.07.89	1,5	2,9		20722	05.09.89	0,0	0,0		11069
06.05.89	0,0	0,0	0,0	195611	06.07.89	0,1	0,0		22399	06.09.89	0,1	0,0		9973
07.05.89	0,0	0,0	0,0	168945	07.07.89	0,0	0,0		19123	07.09.89	0,0	0,0		9973
08.05.89	0,0	0,0	0,0	157829	08.07.89	11,4	17,0		45671	08.09.89	0,0	0,0		9450
09.05.89	0,0	0,0	0,5	157829	09.07.89	3,6	5,2		33036	09.09.89	0,0	0,0		9450
10.05.89	5,1	9,8	5,7	194994	10.07.89	0,2	1,3		27898	10.09.89	0,0	0,0		9450
11.05.89	8,4	10,8	5,3	166124	11.07.89	0,0	0,0		22399	11.09.89	0,0	0,0		9450
12.05.89	0,4	3,4	2,6	141988	12.07.89	0,2	0,0		19123	12.09.89	0,0	0,4		9450
13.05.89	0,7	1,3	5,4	115029	13.07.89	0,0	0,0		19123	13.09.89	4,1	6,5		14506
14.05.89	1,3	4,8	1,6	113231	14.07.89	0,0	0,0		19123	14.09.89	1,1	2,1		12842
15.05.89	0,2	0,0	0,0	100275	15.07.89	0,0	0,0		18351	15.09.89	10,4	15,0		25985
16.05.89	0,0	0,0	0,0	92151	16.07.89	0,0	0,0		17599	16.09.89	0,2	0,4		16865
17.05.89	0,0	0,0	0,0	77105	17.07.89	0,0	0,0		16865	17.09.89	0,0	0,0		14111
18.05.89	0,1	0,0	0,0	73589	18.07.89	0,1	0,7		16149	18.09.89	0,0	0,0		12234
19.05.89	0,0	0,0	0,0	71868	19.07.89	0,0	0,0		16149	19.09.89	5,2	8,1		15451
20.05.89	0,0	0,0	0,0	70170	20.07.89	0,0	0,0		16149	20.09.89	0,1	0,1		14111
21.05.89	0,0	0,0	0,0	66847	21.07.89	0,0	0,0		16149	21.09.89	0,0	0,0		12234
22.05.89	0,0	0,0	0,0	63619	22.07.89	0,0	0,0		16149	22.09.89	0,0	0,0		12234
23.05.89	0,0	0,0	0,0	54496	23.07.89	17,5	41,1		79261	23.09.89	4,7	7,5		16149
24.05.89	0,0	0,0	0,0	51639	24.07.89	1,8	2,8		49968	24.09.89	1,1	1,7		14111
25.05.89	0,0	0,0	0,0	48872	25.07.89	15,7	19,9		53342	25.09.89	0,0	0,0		13468
26.05.89	0,0	0,0	0,0	48872	26.07.89	0,1	0,1		48872	26.09.89	0,0	0,0		13468
27.05.89	0,1	0,5	0,0	46196	27.07.89	0,1	0,0		29891	27.09.89	0,0	0,1		13468
28.05.89	0,0	0,0	0,0	43608	28.07.89	0,0	0,0		24153	28.09.89	0,0	0,0		13468
29.05.89	0,0	0,0	0,0	43608	29.07.89	0,0	0,0		22399	29.09.89	0,0	1,1		13468
30.05.89	0,6	2,9	3,5	42347	30.07.89	0,1	1,6		20722	30.09.89	0,1	0,2		12234
31.05.89	0,0	0,0	0,0	42347	31.07.89	0,0	2,1		20722	01.10.89	0,0	0,0		12234
01.06.89	0,0	0,0	0,0	41108	01.08.89	1,5	2,6		19913	02.10.89	0,0	0,1		12234
02.06.89	1,2	1,9	1,6	41108	02.08.89	0,7	0,0		19913	03.10.89	0,0	0,1		12234
03.06.89	5,7	8,6	13,6	55370	03.08.89	0,0	0,6		19123	04.10.89	0,0	0,0		9973
04.06.89	1,5	2,1	2,8	50244	04.08.89	0,7	1,3		17599	05.10.89	0,0	0,0		8944
05.06.89	2,9	4,1	0,4	55958	05.08.89	0,0	0,0		16865	06.10.89	4,9	7,7		9348
06.06.89	3,8	8,2	9,1	48601	06.08.89	4,1	8,7		23266	07.10.89	6,1	9,0		44375
07.06.89	3,1	4,8	5,2	71186	07.08.89	0,2	0,0		30095	08.10.89	3,1	4,8		13468
08.06.89	8,5	12,6	4,1	93343	08.08.89	15,1	19,1		48060	09.10.89	1,8	2,2		14242
09.06.89	0,0	0,0	0,0	60485	09.08.89	0,3	1,0		25985	10.10.89	0,0	0,5		13468
10.06.89	0,1	1,5	0,5	48872	10.08.89	0,0	0,0		22399	11.10.89	0,0	0,1		13468
11.06.89	0,5	0,3	0,0	46196	11.08.89	0,2	1,7		19913	12.10.89	0,0	0,0		13468
12.06.89	0,0	0,0	0,0	42347	12.08.89	0,3	0,2		19123	13.10.89	0,0	0,0		13468
13.06.89	0,0	0,0	0,0	36367	13.08.89	0,0	0,0		18351	14.10.89	1,2	2,3		14772
14.06.89	0,0	0,0	0,0	31967	14.08.89	0,0	0,0		17599	15.10.89	0,0	0,0		19123
15.06.89	0,0	0,0	0,0	29891	15.08.89	0,0	0,0		17599	16.10.89	0,0	0,0		13468
16.06.89	0,0	0,0	0,0	29891	16.08.89	3,9	7,0		20722	17.10.89	0,0	0,0		13468
17.06.89	0,0	0,0	0,0	27898	17.08.89	1,5	2,6		19123	18.10.89	0,0	0,0		13468
18.06.89	0,0	0,0	0,0	25985	18.08.89	0,1	0,0		17599	19.10.89	0,0	0,0		13468
19.06.89	0,0	0,0	0,0	25985	19.08.89	0,0	0,0		16149	20.10.89	2,8	4,1		21551
20.06.89	0,0	0,0	0,0	24153	20.08.89	0,0	0,0		16149	21.10.89	0,0	0,0		13468
21.06.89	0,0	0,0	0,0	23266	21.08.89	0,1	0,0		13468	22.10.89	0,0	0,0		13468
22.06.89	29,0	34,7	15,9	136927	22.08.89	1,1	2,1		12234	23.10.89	0,1	0,0		13468
23.06.89	0,5	0,8	0,0	55958	23.08.89	0,0	0,0		11069	24.10.89	0,0	0,0		13468
24.06.89	0,0	0,0	0,0	36367	24.08.89	0,0	0,0		11069	25.10.89	0,0	0,0		13468
25.06.89	0,0	0,0	0,0	31967	25.08.89	0,4	1,4		12234	26.10.89	0,0	0,0		13468
26.06.89	0,0	0,0	0,0	29891	26.08.89	0,6	1,3		19123	27.10.89	0,0	0,0		13468
27.06.89	0,0	0,0	1,0	27898	27.08.89	6,2	9,3		28487	28.10.89	5,8	9,5		13468
28.06.89	0,1	0,2	0,0	25985	28.08.89	0,3	0,7		26932	29.10.89	10,5	15,1		39891
29.06.89	0,1	0,6	0,5	24153	29.08.89	0,0	0,0		19123	30.10.89	4,3	6,9		49693
30.06.89	3,6	6,1	7,0	30505	30.08.89	0,0	0,0		13468	31.10.89	4,5	5,8		
					31.08.89	0,0	0,0		11069					

KGST = Klimastation des DWD Königstein

Tab. 34 Niederschlag und Abfluß - Taunus C April bis Oktober 1989

Datum	NB [mm]	NF [mm]	Q-C [l/s]	Datum	NB [mm]	NF [mm]	Q-C [l/s]	Datum	NB [mm]	NF [mm]	Q-C [l/s]	Datum	NB [mm]	NF [mm]	Q-C [l/s]
01.04.89	0,1	0,0		01.06.89	0,0	0,0	0,00	01.08.89	1,5	2,6	0,01	01.10.89	0,0	0,0	0,00
02.04.89	0,2	0,3		02.06.89	1,2	1,9	0,05	02.08.89	0,7	0,0	0,01	02.10.89	0,0	0,1	0,00
03.04.89	0,7	0,5		03.06.89	5,7	8,6	0,07	03.08.89	0,0	0,6	0,00	03.10.89	0,0	0,1	0,00
04.04.89	0,6	0,8		04.06.89	1,5	2,1	0,05	04.08.89	0,7	1,3	0,00	04.10.89	0,0	0,0	0,00
05.04.89	10,1	20,3		05.06.89	2,9	4,1	0,03	05.08.89	0,0	0,0	0,00	05.10.89	0,0	0,0	0,00
06.04.89	4,5	1,2		06.06.89	3,8	8,2	0,01	06.08.89	4,1	8,7	0,02	06.10.89	4,9	7,7	0,02
07.04.89	4,2	5,0		07.06.89	3,1	4,8	0,05	07.08.89	0,2	0,0	0,01	07.10.89	6,1	9,0	0,02
08.04.89	0,0	0,0		08.06.89	8,5	12,6	0,06	08.08.89	15,1	19,1	0,05	08.10.89	3,1	4,8	0,02
09.04.89	0,0	0,0		09.06.89	0,0	0,0	0,05	09.08.89	0,3	1,0	0,01	09.10.89	1,8	2,2	0,01
10.04.89	0,0	0,0		10.06.89	0,1	1,5	0,05	10.08.89	0,0	0,0	0,00	10.10.89	0,0	0,5	0,00
11.04.89	1,6	0,0		11.06.89	0,5	0,3	0,03	11.08.89	0,2	1,7	0,00	11.10.89	0,0	0,1	0,00
12.04.89	0,0	3,5		12.06.89	0,0	0,0	0,02	12.08.89	0,3	0,2	0,00	12.10.89	0,0	0,0	0,00
13.04.89	10,8	12,5		13.06.89	0,0	0,0	0,02	13.08.89	0,0	0,0	0,00	13.10.89	0,0	0,0	0,00
14.04.89	2,0	2,0		14.06.89	0,0	0,0	0,01	14.08.89	0,0	0,0	0,00	14.10.89	1,2	2,3	0,00
15.04.89	5,5	7,6		15.06.89	0,0	0,0	0,01	15.08.89	0,0	0,0	0,00	15.10.89	0,0	0,0	0,00
16.04.89	0,1	0,0		16.06.89	0,0	0,0	0,01	16.08.89	3,9	7,0	0,01	16.10.89	0,0	0,0	0,00
17.04.89	0,1	0,1		17.06.89	0,0	0,0	0,01	17.08.89	1,5	2,6	0,02	17.10.89	0,0	0,0	0,00
18.04.89	0,0	0,0		18.06.89	0,0	0,0	0,00	18.08.89	0,1	0,0	0,05	18.10.89	0,0	0,0	0,00
19.04.89	3,4	4,6		19.06.89	0,0	0,0	0,00	19.08.89	0,0	0,0	0,00	19.10.89	0,0	0,0	0,00
20.04.89	0,2	0,7	0,08	20.06.89	0,0	0,0	0,00	20.08.89	0,0	0,0	0,00	20.10.89	2,8	4,1	0,01
21.04.89	12,0	12,5	0,63	21.06.89	0,0	0,0	0,00	21.08.89	0,1	0,0	0,00	21.10.89	0,0	0,0	0,00
22.04.89	21,4	28,1	0,98	22.06.89	29,0	34,7	0,09	22.08.89	1,1	2,1	0,00	22.10.89	0,0	0,0	0,00
23.04.89	0,0	0,0	0,75	23.06.89	0,5	0,8	0,06	23.08.89	0,0	0,0	0,00	23.10.89	0,1	0,0	0,00
24.04.89	0,0	0,0	0,45	24.06.89	0,0	0,0	0,03	24.08.89	0,0	0,0	0,00	24.10.89	0,0	0,0	0,00
25.04.89	0,0	0,0	0,38	25.06.89	0,0	0,0	0,01	25.08.89	0,4	1,4	0,00	25.10.89	0,0	0,0	0,00
26.04.89	7,1	8,7	0,61	26.06.89	0,0	0,0	0,01	26.08.89	0,6	1,3	0,00	26.10.89	0,0	0,0	0,00
27.04.89	0,3	0,2	0,63	27.06.89	0,0	0,0	0,00	27.08.89	6,2	9,3	0,04	27.10.89	0,0	0,0	0,00
28.04.89	0,3	0,7	0,35	28.06.89	0,1	0,2	0,00	28.08.89	0,3	0,7	0,01	28.10.89	5,8	9,5	0,02
29.04.89	0,1	0,0	0,29	29.06.89	0,1	0,6	0,00	29.08.89	0,0	0,0	0,00	29.10.89	10,5	15,1	0,05
30.04.89	0,0	0,0	0,27	30.06.89	3,6	6,1	0,04	30.08.89	0,0	0,0	0,00	30.10.89	4,3	6,9	0,02
01.05.89	0,1	0,0	0,22	01.07.89	0,0	0,0	0,02	31.08.89	0,0	0,0	0,00	31.10.89	4,5	5,8	0,01
02.05.89	0,1	0,0	0,18	02.07.89	0,2	0,6	0,01	01.09.89	1,7	3,8	0,01				
03.05.89	0,0	0,0	0,16	03.07.89	0,0	0,0	0,01	02.09.89	0,1	0,0	0,01				
04.05.89	0,0	0,0	0,14	04.07.89	1,1	2,7	0,01	03.09.89	0,1	0,2	0,00				
05.05.89	0,0	0,0	0,11	05.07.89	1,5	2,9	0,01	04.09.89	0,0	0,0	0,00				
06.05.89	0,0	0,0	0,10	06.07.89	0,1	0,0	0,01	05.09.89	0,0	0,0	0,00				
07.05.89	0,0	0,0	0,08	07.07.89	0,0	0,0	0,01	06.09.89	0,1	0,0	0,00				
08.05.89	0,0	0,0	0,06	08.07.89	11,4	17,0	0,09	07.09.89	0,0	0,0	0,00				
09.05.89	0,0	0,0	0,05	09.07.89	3,6	5,2	0,08	08.09.89	0,0	0,0	0,00				
10.05.89	5,1	9,8	0,09	10.07.89	0,2	1,3	0,04	09.09.89	0,0	0,0	0,00				
11.05.89	8,4	10,8	0,55	11.07.89	0,0	0,0	0,02	10.09.89	0,0	0,0	0,00				
12.05.89	0,4	3,4	0,25	12.07.89	0,2	0,0	0,01	11.09.89	0,0	0,0	0,00				
13.05.89	0,7	1,3	0,15	13.07.89	0,0	0,0	0,01	12.09.89	0,0	0,4	0,00				
14.05.89	1,3	4,8	0,30	14.07.89	0,0	0,0	0,00	13.09.89	4,1	6,5	0,01				
15.05.89	0,2	0,0	0,18	15.07.89	0,0	0,0	0,00	14.09.89	1,1	2,1	0,01				
16.05.89	0,0	0,0	0,10	16.07.89	0,0	0,0	0,00	15.09.89	10,4	15,0	0,05				
17.05.89	0,0	0,0	0,05	17.07.89	0,0	0,0	0,00	16.09.89	0,2	0,4	0,01				
18.05.89	0,1	0,0	0,02	18.07.89	0,1	0,7	0,00	17.09.89	0,0	0,0	0,00				
19.05.89	0,0	0,0	0,02	19.07.89	0,0	0,0	0,00	18.09.89	0,0	0,0	0,00				
20.05.89	0,0	0,0	0,01	20.07.89	0,0	0,0	0,00	19.09.89	5,2	8,1	0,02				
21.05.89	0,0	0,0	0,00	21.07.89	0,0	0,0	0,00	20.09.89	0,1	0,1	0,00				
22.05.89	0,0	0,0	0,00	22.07.89	0,0	0,0	0,00	21.09.89	0,0	0,0	0,00				
23.05.89	0,0	0,0	0,00	23.07.89	17,5	41,1	0,15	22.09.89	0,0	0,0	0,00				
24.05.89	0,0	0,0	0,00	24.07.89	1,8	2,8	0,01	23.09.89	4,7	7,5	0,02				
25.05.89	0,0	0,0	0,00	25.07.89	15,7	19,9	0,08	24.09.89	1,1	1,7	0,01				
26.05.89	0,0	0,0	0,00	26.07.89	0,1	0,1	0,01	25.09.89	0,0	0,0	0,00				
27.05.89	0,1	0,5	0,00	27.07.89	0,1	0,0	0,01	26.09.89	0,0	0,0	0,00				
28.05.89	0,0	0,0	0,00	28.07.89	0,0	0,0	0,00	27.09.89	0,0	0,1	0,00				
29.05.89	0,0	0,0	0,00	29.07.89	0,0	0,0	0,00	28.09.89	0,0	0,0	0,00				
30.05.89	0,6	2,9	0,02	30.07.89	0,1	1,6	0,00	29.09.89	0,0	1,1	0,00				
31.05.89	0,0	0,0	0,01	31.07.89	0,0	2,1	0,00	30.09.89	0,1	0,2	0,00				

Tab. 35 Schneedeckenparameter für Odenwald und Taunus

MONAT	ODENWALD 1985/86 HÖHE [cm]	WSÄQ [mm]	1986/87 HÖHE [cm]	WSÄQ [mm]	1987/88 HÖHE [cm]	WSÄQ [mm]	TAUNUS 1987/88 HÖHE [cm]	WSÄQ [mm]	1988/89 HÖHE [cm]	WSÄQ [mm]
NOV	0,0		0,0		0,0		0,0		0,0	
NOV	0,0		0,0		0,0		0,0		0,0	
NOV	0,0		0,0		0,0		0,0		0,0	
NOV	0,0		0,0		0,0		0,0		0,0	
NOV	9,6	12,7	0,0		0,0		0,0		4,5	
NOV	7,0	13,5	0,0		0,0		0,0		5,0	
DEZ	0,0		0,0		0,0		0,0		0,0	
DEZ	0,0		0,0		0,0		0,0		0,0	
DEZ	0,0		0,0		0,0		0,0		0,0	
DEZ	0,0		0,0		0,0		0,0		0,0	
DEZ	0,0		0,0		0,0		0,0		0,0	
DEZ	3,0		3,0		0,0		0,0		0,0	
JAN	5,0		0,0		0,0		0,0		0,0	
JAN	3,0		9,0	12,2	0,0		0,0		0,0	
JAN	0,0		10,0	14,4	0,0		0,0		0,0	
JAN	0,0		8,9	15,7	0,0		0,0		0,0	
JAN	0,0		7,6	16,8	0,0		0,0		0,0	
JAN	2,0		6,8	18,1	0,0		4,0		0,0	
FEB	1,0		2,0		0,0		0,0		0,0	
FEB	0,0		0,0		0,0		6,0	9,8	0,0	
FEB	6,7	6,9	0,0		3,0		1,0		0,0	
FEB	5,0	6,8	2,0		0,0		0,0		0,0	
FEB	3,0		9,0	11,2	0,0		0,0		0,0	
FEB	2,0		1,0		6,6	12,1	11,1	13,1	0,0	
MAR	1,0		0,0		10,0	16,8	9,6	15,0	0,0	
MAR	0,0		0,0		7,0	21,2	8,9	20,3	0,0	
MAR	0,0		0,0		0,0		4,0		0,0	
MAR	0,0		4,0		0,0		1,0		0,0	
MAR	0,0		0,0		0,0		0,0		0,0	
MAR	0,0		0,0		0,0		0,0		0,0	

Tab. 36 Parameter von Ao-Auslösenden Freilandniederschlägen im Odenwald

DATUM	DAUER [min]	NF [mm]	INTENS. [mm/min]	INT. MAX [mm/min]	12 min INTENS.	N-SUMME v I-MAX	DAUER I-MAX	AO [mm]	Ao [% I-MAX]	Ao [% NF]	Ao [% NB]
24.05.86	180	6,7	0,037	0,200	0,200	2,4	12	0,1	4,2	1,5	1,3
23.06.86	150	9,8	0,065	0,220	0,330	4,0	18	0,0	0,3	0,1	0,3
06.07.86	330	9,6	0,029	0,230	0,345	4,1	18	0,1	2,0	0,8	1,5
12.09.86	485	9,3	0,019	0,025	0,083	1,0	40	0,2	21,0	2,3	1,1
20.04.87	140	8,1	0,059	0,340	0,510	6,1	18	0,0	0,5	0,4	0,4
09.08.87	55	7,1	0,130	0,130	0,596	7,1	55	0,1	1,5	1,5	1,7
23.08.87	305	14,5	0,048	0,180	0,360	4,4	24	0,1	3,0	0,9	1,3
01.09.87	70	3,2	0,046	0,170	0,128	1,5	9	0,1	8,7	4,1	3,9
11.06.88	720	5,9	0,008	0,037	0,182	2,2	59	0,0	1,4	0,5	0,9
18.07.88	30	10,9	0,360	0,360	0,900	10,9	30	0,9	8,3	8,3	7,2
08.08.88	90	5,2	0,058	0,058	0,435	5,2	90	0,0	0,6	0,6	1,0
01.09.88	408	16,8	0,041	0,220	0,880	10,5	48	1,0	9,5	6,0	8,5
03.09.88	480	10,9	0,023	0,130	0,195	2,4	18	1,1	45,8	10,1	11,0
23.07.89	54	12,2	0,226	0,880	0,880	10,6	12	0,5	4,7	4,1	11,1
12.09.89	30	8,9	0,300	0,680	0,340	4,1	6	2,7	65,4	30,1	16,9
18.07.86	130	39,5	0,304	1,080	2,700	32,3	30	0,6	1,8	1,4	2,1

Tab. 37   Parameter der Niederschlagsstruktur im Taunus

DATUM	DAUER [mm]	NF [mm]	INTENS. [mm/min]	STARTDIFF. NB [min]	DAUER [min]	NB [mm]	INTENS. [mm/min]	NB-MENGE [% v. NF]
28.09.88	42	2,7	0,064	22	51	1,2	0,024	44,4
18.11.88	30	4,2	0,140	0	30	3,3	0,110	78,6
19.12.88	120	6,6	0,055	0	120	4,7	0,039	71,2
05.01.89	21	2,1	0,100	5	60	1,3	0,022	61,9
12.03.89	126	3,7	0,029	0	126	3,2	0,025	86,5
15.03.89	48	2,3	0,048	0	48	1,5	0,031	65,2
17.03.89	75	3,9	0,052	12	66	2,6	0,039	66,7
07.04.89	42	4,1	0,098	0	54	3,1	0,057	75,6
13.04.89	48	3,6	0,075	0	50	3,0	0,060	83,3
19.04.89	30	2,5	0,083	0	30	2,0	0,067	80,0
10.05.89	18	3,6	0,200	0	27	2,2	0,081	61,1
03.06.89	130	8,8	0,068	0	135	5,3	0,039	60,2
06.06.89	54	7,3	0,135	0	45	3,8	0,084	52,1
08.06.89	24	4,4	0,183	0	35	2,9	0,083	65,9
22.06.89	108	19,7	0,182	0	126	18,9	0,150	95,9
23.06.89	72	11,5	0,160	0	90	8,6	0,096	74,8
08.07.89	125	11,8	0,094	0	135	7,4	0,055	62,7
23.07.89	33	31,8	0,964	0	43	14,8	0,344	46,5
25.07.89	84	16,8	0,200	0	90	12,2	0,136	72,6
08.08.89	60	10,8	0,180	0	60	8,8	0,147	81,5
16.08.89	78	3,3	0,042	32	54	2,1	0,039	63,6
27.08.89	48	7,3	0,152	10	52	5,0	0,096	68,5
13.09.89	36	5,3	0,147	3	43	3,8	0,088	71,7
19.09.89	42	8,0	0,190	0	45	5,5	0,122	68,8
23.09.89	48	7,1	0,148	0	60	3,6	0,060	50,7
20.10.89	105	3,8	0,036	15	90	2,5	0,028	65,8

Tab. 38   Starkregenparameter Odenwald

DATUM	DAUER [min]	NF [mm]	INTENS. [mm/min]	INT. MAX [mm/min]
27.05.86	25	3,8	0,150	0,190
28.05.86	40	17,5	0,440	-
20.06.86	12	5	0,420	-
06.07.86	65	9,3	0,140	0,830
18.07.86	130	39,5	0,300	1,080
23.07.86	35	9,2	0,260	0,540
18.08.86	9	7	0,780	-
23.08.86	10	7,2	0,720	-
24.08.86	65	10,1	0,160	1,170
19.10.86	15	4,5	0,300	-
22.10.86	150	19,4	0,130	1,250
19.12.86	20	2,7	0,140	0,600
06.04.87	15	1,9	0,130	-
10.05.87	65	17,6	0,270	0,680
05.08.87	30	3,3	0,110	-
09.08.87	55	7,1	0,130	-
04.09.87	130	14	0,110	0,370
24.09.87	35	3,8	0,110	-
06.10.87	70	8,8	0,130	0,350
22.10.87	30	3,7	0,120	0,330
24.05.88	30	3,8	0,130	0,300
01.07.88	18	5,3	0,290	-
18.07.88	42	10,9	0,260	-
24.07.88	27	5,2	0,190	-
24.08.88	42	9,4	0,220	-
25.08.88	35	5,7	0,160	0,670
11.05.89	90	9,3	0,100	0,250
30.05.89	35	5,7	0,160	-
23.07.89	55	12,2	0,220	0,690
24.07.89	60	13,2	0,220	0,360
25.07.89	25	14,2	0,570	0,860
02.08.89	30	3,5	0,120	-
08.08.89	42	6,5	0,150	-
12.09.89	35	8,8	0,250	0,670

Tab. 39 Monatliche Sedimentfracht Odenwald und Taunus

LÖSUNG [kg]	ODENWALD				TAUNUS-A	
MONAT	1985/86	1986/87	1987/88	1988/89	1987/88	1988/89
NOV	161,8	85,8	449,8	131,7	478,0	51,6
DEZ	161,1	83,0	470,0	327,5	360,1	196,3
JAN	311,0	356,6	619,2	231,5	516,2	122,9
FEB	129,7	333,0	1107,2	154,1	718,8	141,0
MÄR	347,3	1817,5	1970,6	469,2	854,0	279,9
APR	707,3	756,5	1370,3	1075,3	261,9	330,3
MAI	398,9	695,1	542,4	680,2	173,9	249,7
JUN	575,1	721,0	381,1	393,1	102,8	111,4
JUL	247,0	726,8	364,6	405,4	73,0	63,9
AUG	142,7	587,7	266,4	211,0	55,8	21,4
SEP	126,9	533,1	165,2	148,4	51,2	41,1
OKT	126,0	437,5	175,2	156,4	48,6	28,5
WHJ	1818,2	3432,4	5987,1	2389,3	3189,0	1122,0
SHJ	1616,6	3701,2	1894,9	1994,5	505,3	516,0
SUMME	3434,8	7133,6	7882,0	4383,8	3694,3	1638,0
SCHWEB [kg]	ODENWALD				TAUNUS-A	
MONAT	1985/86	1986/87	1987/88	1988/89	1987/88	1988/89
NOV	3,1	1,6	8,6	2,5	67,8	7,3
DEZ	3,1	1,6	36,7	12,3	51,0	473,3
JAN	6,0	10,7	44,4	4,4	73,2	17,4
FEB	2,5	25,1	169,7	3,0	101,9	20,0
MÄR	24,0	272,0	302,0	29,2	121,1	70,1
APR	92,2	95,8	210,0	158,1	37,1	46,8
MAI	18,1	89,8	42,1	100,2	24,7	301,4
JUN	51,6	104,2	7,3	16,9	14,6	28,9
JUL	4,7	111,4	7,0	49,3	10,4	45,2
AUG	2,7	58,5	5,1	4,0	7,9	3,0
SEP	2,4	38,5	3,2	8,6	7,3	5,8
OKT	2,4	8,4	3,4	2,9	6,9	5,0
WHJ	130,9	406,8	771,5	209,6	452,1	634,9
SHJ	82,0	410,7	68,0	181,9	71,8	389,3
SUMME	212,9	817,5	839,4	391,4	523,9	1024,2
GESCHIEBE [kg]	ODENWALD				TAUNUS-A	
MONAT	1985/86	1986/87	1987/88	1988/89	1987/88	1988/89
NOV	1,7	5,6	5,1	3,2	2,4	0,5
DEZ	1,7	5,2	6,2	3,6	3,3	26,2
JAN	1,2	5,2	5,9	3,2	26,2	0,9
FEB	0,6	10,2	8,7	3,4	10,9	1,2
MÄR	2,3	14,7	25,9	5,4	14,4	1,8
APR	8,8	10,9	11,8	23,1	5,7	18,9
MAI	9,1	5,6	4,4	14,2	1,0	2,8
JUN	10,4	8,3	6,0	14,4	0,6	3,4
JUL	23,4	13,1	7,2	23,7	0,5	32,5
AUG	8,8	9,4	6,9	7,8	0,6	2,8
SEP	4,1	9,7	6,1	7,8	0,7	2,6
OKT	6,9	10,9	5,3	5,9	1,1	3,3
WHJ	16,2	51,7	63,5	41,9	62,9	49,5
SHJ	62,8	57,0	35,8	73,8	10,2	66,4
SUMME	79,0	108,7	99,3	115,7	67,4	97,0

Tab. 40 Monatliche Geschiebefrachtmengen

JAHR	MONAT	ODENWALD GESCH [g]	A [mm]	TAUNUS A GESCH [g]	A [mm]	TAUNUS B GESCH [g]	A [mm]
1985	JAN	8118,3	-	-	-	-	-
1985	FEB	7332,7	-	-	-	-	-
1985	MÄR	8118,3	-	-	-	-	-
1985	APR	7856,4	-	-	-	-	-
1985	MAI	8118,3	-	-	-	-	-
1985	JUN	22899,9	-	-	-	-	-
1985	JUL	17662,3	16,5	-	-	-	-
1985	AUG	15760,9	24,6	-	-	-	-
1985	SEP	8836,3	12,3	-	-	-	-
1985	OKT	6005,6	8,2	-	-	-	-
1985	NOV	1679,7	8,2	-	-	-	-
1985	DEZ	1735,7	8,1	-	-	-	-
1986	JAN	1162,4	15,7	-	-	-	-
1986	FEB	564,5	6,6	-	-	-	-
1986	MÄR	2266,7	17,5	-	-	-	-
1986	APR	8813,4	35,7	-	-	-	-
1986	MAI	9067,0	20,1	-	-	-	-
1986	JUN	10448,9	29,0	-	-	-	-
1986	JUL	23388,3	12,5	-	-	-	-
1986	AUG	8849,2	7,2	-	-	-	-
1986	SEP	4078,5	6,4	-	-	-	-
1986	OKT	6929,3	6,4	-	-	-	-
1986	NOV	5611,0	4,3	-	-	-	-
1986	DEZ	5174,2	4,2	-	-	-	-
1987	JAN	5174,2	18,0	-	-	-	-
1987	FEB	10199,3	16,8	-	-	-	-
1987	MÄR	14690,9	91,6	-	-	-	-
1987	APR	10885,0	38,1	-	-	-	-
1987	MAI	5615,3	35,0	-	-	-	-
1987	JUN	8321,5	63,3	-	-	-	-
1987	JUL	13074,3	36,6	-	-	-	-
1987	AUG	9371,9	29,6	-	-	-	-
1987	SEP	9739,1	26,9	-	-	-	-
1987	OKT	10874,2	22,1	-	-	-	-
1987	NOV	5130,0	22,7	2381,0	101,4	-	-
1987	DEZ	6190,5	23,7	3333,9	75,8	-	-
1988	JAN	5852,9	31,2	26203,6	109,8	-	-
1988	FEB	8701,1	55,8	10893,5	158,1	-	-
1988	MÄR	25911,8	99,3	14378,7	178,9	-	-
1988	APR	11756,1	69,3	5733,3	107,4	-	-
1988	MAI	4361,0	27,3	1009,9	36,1	-	-
1988	JUN	5972,5	19,2	577,1	21,1	-	-
1988	JUL	7152,5	18,4	453,7	14,9	-	-
1988	AUG	6949,9	13,4	611,1	11,3	-	-
1988	SEP	6096,5	8,3	689,0	10,4	-	-
1988	OKT	5266,2	8,8	1141,9	9,8	-	-
1988	NOV	3222,1	6,6	496,7	10,5	122,1	3,3
1988	DEZ	3571,5	16,5	26160,8	41,4	119898,6	37,1
1989	JAN	3227,5	11,7	919,3	25,3	1489,4	21,1
1989	FEB	3351,7	7,8	1230,0	29,2	1908,4	26,6
1989	MÄR	5420,2	23,7	1769,6	58,6	2520,5	56,8
1989	APR	23088,6	54,2	18925,6	69,5	68927,4	73,0
1989	MAI	14241,7	34,3	2815,2	52,2	1345,6	25,8
1989	JUN	14401,6	19,8	3412,6	22,9	4423,8	8,7
1989	JUL	23742,9	20,4	32503,3	13,0	74523,5	5,4
1989	AUG	7845,1	10,7	2797,1	9,6	1077,4	4,0
1989	SEP	7753,4	7,5	2592,3	8,3	494,0	2,5
1989	OKT	5865,3	7,9	3343,2	4,2	823,3	3,3
1989	NOV	1832,0	-	2424,2	-	1052,2	-
1989	DEZ	1565,2	-	7700,2	-	4530,4	-

Tab. 41 d-90 der Geschiebefrachtproben und HQ der Sed.-Periode

PROBEN Nr.	HQ [l/s]	d-90 [mm]	PROBEN Nr.	HQ [l/s]	d-90 [mm]
OD-6	3,75	1,05	TA-1	6,22	9,00
OD-9	2,00	0,23	TA-2	5,01	16,00
OD-10	4,80	1,05	TA-3	11,71	10,05
OD-11	2,80	1,10	TA-4	4,87	3,50
OD-12	9,65	2,40	TA-5	3,34	3,60
OD-13	0,80	0,06	TA-7	8,54	4,40
OD-14	4,00	0,75	TA-8	6,09	2,20
OD-15	0,64	0,03	TA-9	10,05	2,40
OD-16	0,15	0,03	TA-10	13,73	3,80
OD-17	4,14	0,93	TA-11	8,87	6,50
OD-18	2,05	0,24	TA-12	2,74	0,25
OD-19	6,03	1,00	TA-13	1,87	0,38
OD-22	2,25	0,27	TA-14	1,15	0,31
OD-23	3,10	0,31	TA-15	2,00	0,14
OD-24	0,85	0,03	TA-16	0,92	0,11
OD-28	1,37	0,42	TA-17	1,24	0,36
OD-29	2,18	0,63	TA-18	0,59	0,04
OD-30	2,31	0,82	TA-19	1,05	0,02
OD-32	6,48	0,95	TA-20	0,59	0,05
OD-33	4,71	1,55	TA-21	3,62	0,40
OD-36	1,20	0,53	TA-22	0,24	0,02
OD-43	1,56	0,60	TA-23	0,24	0,02
OD-45	1,68	0,42	TA-24	0,92	0,03
OD-58	6,63	1,15	TA-25	17,90	17,50
OD-63	6,18	1,46			

Tab. 42 Korngrößenverteilung der Geschiebefrachtproben Odenwald

FRAKTION NR.	T	fU	mU	gU	fS	mS	gS	fG	mG	gG	fX
OD-1	4,12	1,06	9,71	31,52	21,61	12,63	16,10	3,19	0,06	-	-
OD-2	3,38	1,25	5,51	23,53	15,02	21,28	25,28	4,50	0,25	-	-
OD-3	8,13	3,63	12,01	42,55	11,64	8,63	9,51	1,13	0,03	-	-
OD-4	6,46	0,66	7,28	7,95	17,20	22,35	31,65	6,29	0,16	-	-
OD-5	6,36	2,78	23,18	25,70	13,64	10,46	15,63	1,85	0,13	-	-
OD-6	6,23	3,35	13,42	11,82	17,41	8,63	30,47	7,83	0,84	-	-
OD-7	9,38	6,16	21,85	36,31	17,69	4,15	4,00	0,46	0,00	-	-
OD-8	9,00	2,68	17,58	30,52	13,50	10,83	13,22	2,53	0,14	-	-
OD-9	10,31	3,11	18,63	39,24	14,55	6,21	6,92	0,99	0,04	-	-
OD-10	4,57	0,69	6,09	5,92	23,82	22,30	29,22	7,34	0,05	-	-
OD-11	4,51	1,17	5,67	20,02	13,31	18,75	27,78	8,33	0,46	-	-
OD-12	3,38	0,45	4,62	9,02	10,05	19,50	29,42	19,05	4,28	0,23	-
OD-13	12,48	10,27	25,12	39,07	6,23	2,31	3,31	1,21	0,00	-	-
OD-14	11,28	4,95	19,13	22,34	9,02	13,57	14,40	5,31	0,00	-	-
OD-15	16,39	11,17	28,01	37,55	3,90	0,87	1,99	0,12	0,00	-	-
OD-16	16,02	10,06	34,42	32,21	3,02	1,50	2,07	0,70	0,00	-	-
OD-17	6,83	5,23	12,73	27,06	10,12	10,64	20,81	5,85	0,73	-	-
OD-18	7,56	3,04	14,88	38,84	20,26	7,59	6,32	1,46	0,05	-	-
OD-19	2,42	2,00	7,07	17,53	12,54	20,26	31,88	6,27	0,03	-	-
OD-20	9,78	6,17	22,28	41,50	12,75	0,50	6,46	0,54	0,02	-	-
OD-21	6,19	7,41	18,90	34,45	12,28	9,55	9,80	1,40	0,02	-	-
OD-22	11,94	6,74	24,30	34,56	7,80	5,85	7,90	0,90	0,01	-	-
OD-23	11,52	7,73	24,79	37,34	4,60	4,45	8,80	0,77	0,00	-	-
OD-24	16,21	8,02	25,60	44,90	1,27	1,08	2,87	0,05	0,00	-	-
OD-28	17,02	17,00	33,68	1,12	12,45	6,98	10,54	1,18	0,03	-	-
OD-29	9,66	10,25	23,98	4,39	26,33	7,16	15,83	2,35	0,05	-	-
OD-30	4,54	4,22	11,27	4,54	31,35	14,72	25,87	3,42	0,07	-	-
OD-32	2,14	2,27	5,22	3,34	25,60	23,03	32,58	5,76	0,06	-	-
OD-33	0,74	1,22	2,61	4,67	19,16	21,76	35,00	14,66	0,18	-	-
OD-36	17,96	12,42	29,93	7,88	14,84	4,42	8,75	3,74	0,06	-	-
OD-38	12,65	12,65	22,50	11,46	19,32	7,22	11,60	2,60	0,00	-	-
OD-43	16,35	16,79	25,60	8,38	8,41	7,72	13,92	2,83	0,00	-	-
OD-45	16,40	18,66	25,52	7,74	8,60	4,89	16,89	1,24	0,06	-	-
OD-58	1,87	0,62	3,46	37,32	16,04	5,66	24,61	10,32	0,11	-	-

Tab. 43 Korngrößenverteilung der Geschiebefrachtproben Taunus A und B

FRAKTION NR.	T	fU	mU	gU	fS	mS	gS	fG	mG	gG	fX
TA-1	1,26	0,73	3,99	2,69	4,30	16,14	19,26	21,20	24,58	5,85	-
TA-2	6,10	3,95	9,75	6,43	5,39	14,12	20,52	7,00	11,66	15,08	-
TA-3	2,48	1,24	0,76	2,97	7,43	22,56	22,77	16,62	14,03	9,14	-
TA-4	14,53	7,98	19,03	4,91	9,39	12,08	15,13	6,90	8,20	1,85	-
TA-5	16,85	11,32	23,57	12,89	8,29	4,96	5,89	5,96	6,88	3,39	-
TA-6	8,60	7,65	9,85	15,47	10,34	4,89	3,69	19,35	14,06	6,10	-
TA-7	2,49	2,15	3,94	3,27	4,82	20,85	32,79	17,45	11,13	1,11	-
TA-8	6,25	4,26	10,10	8,71	11,15	18,23	25,35	10,30	5,65	-	-
TA-9	2,33	1,92	3,77	3,77	10,71	38,13	21,14	11,95	5,56	0,72	-
TA-10	1,67	1,30	2,89	1,95	6,89	24,45	33,41	16,32	10,19	0,93	-
TA-11	2,91	1,70	2,30	1,02	9,41	20,19	22,08	20,47	17,62	2,30	-
TA-12	5,33	4,64	6,00	2,73	52,07	26,23	1,86	0,74	0,40	-	-
TA-13	29,94	19,58	18,81	4,61	10,30	5,96	7,49	2,77	0,54	-	-
TA-14	29,74	19,03	15,47	7,54	7,66	11,87	3,52	3,36	1,81	-	-
TA-15	31,17	25,12	22,07	2,17	7,79	7,29	4,02	0,37	-	-	-
TA-16	35,59	28,90	17,78	2,97	4,40	4,48	5,30	0,58	-	-	-
TA-17	33,89	24,73	21,18	4,95	2,39	2,52	6,86	1,59	1,89	-	-
TA-18	35,94	26,82	19,14	7,95	6,16	1,91	1,70	0,38	-	-	-
TA-19	39,26	28,82	18,97	7,92	0,53	1,64	2,31	0,42	0,13	-	-
TA-20	32,63	29,30	18,31	7,32	7,77	1,42	2,04	1,21	-	-	-
TA-21	21,82	15,22	33,74	11,37	3,76	3,12	5,42	3,12	1,67	0,76	-
TA-22	24,15	18,54	41,86	12,50	1,42	0,42	0,73	0,38	-	-	-
TA-23	22,11	16,36	43,49	13,65	3,02	0,50	0,72	0,15	-	-	-
TA-24	21,92	13,84	31,32	25,55	2,39	0,49	0,75	0,18	1,04	2,52	-
TA-25	2,46	0,67	1,83	2,11	6,71	22,11	19,35	12,63	16,79	12,88	2,46
TA-26	8,19	4,25	9,37	7,57	3,34	5,39	14,80	23,80	12,60	10,69	-
TA-27	1,98	0,62	5,05	7,65	3,77	12,72	29,94	22,12	15,12	1,03	-
TA-28	2,68	0,94	2,28	1,67	8,22	32,63	37,65	11,53	2,40	-	-
TA-29	9,03	3,00	15,67	47,66	4,12	4,50	8,47	3,54	4,01	-	-
TAS-1	12,71	6,14	13,53	8,69	35,63	21,51	1,79	-	-	-	-
TAS-2	2,16	1,77	3,90	7,50	39,72	43,28	1,67	-	-	-	-
TAS-3	33,90	28,85	25,30	3,55	3,55	3,65	0,95	-	-	-	-
TAS-4	28,17	22,38	23,20	1,93	20,04	3,18	1,10	-	-	-	-
TAS-5	0,12	0,45	0,90	4,53	12,54	47,91	33,54	-	-	-	-
TB-1	13,12	9,38	22,28	8,71	6,02	9,05	13,21	17,32	0,91	-	-
TB-2	1,79	1,09	2,11	2,09	12,71	26,71	17,32	14,44	13,44	5,71	-
TB-3	1,63	0,84	2,56	3,14	6,05	18,29	19,56	21,50	21,01	5,42	-
TB-4	3,93	1,13	4,09	3,63	6,48	15,98	19,77	18,55	19,10	7,34	-
TB-5	4,37	4,08	12,07	20,20	32,06	3,46	6,04	8,86	3,82	5,04	-
TB-6	2,63	1,88	4,03	16,58	0,82	0,91	0,84	29,29	38,38	4,64	-
TB-7	1,23	0,85	3,12	6,66	6,39	15,75	17,25	18,55	25,89	4,31	-
TB-8	2,73	0,95	4,40	14,58	7,74	13,50	14,57	16,76	20,98	3,79	-
TB-10	0,14	0,56	1,06	3,08	6,71	21,35	16,74	18,77	21,69	8,69	1,21
TB-11	1,67	1,90	7,04	21,68	10,14	11,00	10,98	11,48	17,74	6,37	-
TC-1	3,22	2,01	4,22	8,54	12,80	23,62	18,52	11,79	13,84	-	-
TC-3	1,46	1,06	2,85	2,98	5,11	19,57	17,75	15,55	32,75	-	-
TC-4	0,62	1,00	2,40	3,02	3,00	4,48	8,25	19,78	31,42	26,03	-
TAo-201	28,00	36,10	28,40	5,20	1,10	0,50	0,50	-	-	-	-
TAo-202	24,60	35,20	30,90	5,70	1,40	0,60	1,60	-	-	-	-

Tab. 44   Analysen der Wasserproben - Schöpfproben (I)

PROBEN Nr.	DATUM	Q [l/s]	EL.-LF. [µS/cm]	Ca^{++} [mg/l]	Mg^{++} [mg/l]	K^+ [mg/l]	Na^+ [mg/l]	Si [mg/l]	SUMME [mg/l]
1	30.06.85	0,58	360	28,88	6,63	1,89	10,00	-	47,40
2	07.07.85	0,53	365	51,75	6,25	2,90	10,00	-	70,90
3	14.07.85	0,69	377	53,38	6,25	2,55	10,00	-	72,18
4	21.07.85	0,43	379	51,88	6,25	2,38	10,00	-	70,51
5	28.07.85	0,43	371	51,13	6,13	2,65	8,75	-	68,66
6	15.08.85	0,69	379	57,63	6,50	2,68	10,00	-	76,81
7	19.08.85	0,53	380	54,38	6,13	2,45	10,00	-	72,96
8	26.08.85	0,43	377	54,75	6,13	2,35	10,00	-	73,23
9	28.08.85	0,19	379	56,38	6,25	2,35	8,75	-	73,73
10	01.09.85	0,19	376	54,50	6,00	2,45	8,75	-	71,70
11	02.09.85	0,19	378	55,75	6,13	2,38	8,75	-	73,01
12	09.09.85	0,43	377	38,50	6,13	2,45	8,75	-	55,83
13	12.09.85	0,43	377	55,00	6,00	2,70	10,00	-	73,70
14	16.09.85	0,43	376	54,13	6,13	2,63	8,75	-	71,64
15	23.09.85	0,43	377	59,63	6,50	2,38	10,00	-	78,51
16	30.09.85	0,27	374	41,25	5,75	2,50	8,75	9,11	67,36
17	07.10.85	0,27	373	39,75	5,75	2,35	8,75	7,52	64,12
18	14.10.85	0,25	371	40,63	5,75	2,48	8,75	7,61	65,22
19	20.10.85	0,25	373	35,88	5,50	2,88	7,50	6,91	58,67
20	27.10.85	0,24	373	40,63	5,75	2,35	10,00	7,81	66,54
21	03.11.85	0,24	371	41,88	5,57	2,38	10,00	7,75	67,58
22	10.11.85	0,24	372	45,00	6,00	2,35	10,00	7,75	71,10
23	17.11.85	0,23	371	40,88	5,75	2,33	8,75	7,61	65,32
24	24.11.85	0,23	367	49,75	6,13	2,28	11,25	7,77	77,18
25	01.12.85	0,32	335	39,25	5,75	2,45	8,75	7,61	63,81
26	08.12.85	0,24	-	39,00	8,00	2,78	11,30	12,63	73,71
27	10.12.85	0,23	-	37,88	7,50	2,58	10,00	12,71	70,67
28	15.12.85	0,22	-	39,88	7,75	2,38	10,00	13,12	73,13
29	21.12.85	0,22	-	35,13	6,63	2,35	8,80	12,98	65,89
30	04.01.86	0,23	-	32,63	6,25	2,30	8,80	12,39	62,37
31	12.01.86	0,31	-	30,75	6,13	2,30	10,00	11,81	60,99
33	15.01.86	0,32	-	37,75	8,75	2,28	10,00	13,76	72,54
34	19.01.86	0,48	-	28,13	6,13	2,23	10,00	11,36	57,85
35	26.01.86	0,44	372	27,63	7,50	0,88	5,00	7,62	48,63
36	01.02.86	0,33	379	27,00	7,50	0,75	5,00	7,51	47,76
37	09.02.86	0,24	180	28,63	7,25	0,75	3,75	7,10	47,48
38	06.03.86	0,45	273	18,88	4,88	0,75	3,75	4,67	32,93
39	09.03.86	0,38	382	26,38	7,50	0,75	5,00	6,96	46,59
40	16.03.86	0,23	379	25,50	7,25	0,75	5,00	7,82	46,32
41	25.03.86	0,77	339	21,00	6,50	0,75	5,00	6,82	40,07
42	30.03.86	0,88	365	22,50	7,75	0,75	5,00	7,16	43,16
43	31.03.86	1,17	314	18,50	6,13	0,75	5,00	6,38	36,76
44	06.04.86	1,06	348	21,00	7,25	0,75	5,00	6,99	40,99
45	13.04.86	0,66	353	22,75	7,00	0,63	5,00	7,47	42,85
46	20.04.86	0,77	-	21,88	6,75	0,63	5,00	5,74	40,00
47	27.04.86	1,45	342	20,25	6,50	0,88	5,00	2,80	35,43
48	04.05.86	0,80	358	22,50	7,00	0,63	5,00	6,81	41,94
49	11.05.86	0,58	368	17,38	2,38	3,50	7,50	17,20	47,96
50	19.05.86	0,47	377	39,50	7,75	2,88	15,00	18,40	83,53
51	26.05.86	0,42	379	31,00	5,75	2,38	11,25	19,00	69,38
52	02.06.86	0,48	385	40.13	8.00	3.13	15.00	18,20	84,46

Tab. 45 Analysen der Wasserproben - Schöpfproben (II)

PROBEN Nr.	DATUM	Q [l/s]	EL.-LF. [µS/cm]	Ca++ [mg/l]	Mg++ [mg/l]	K+ [mg/l]	Na+ [mg/l]	Si [mg/l]	SUMME [mg/l]
53	08.06.86	1,73	298	28,25	6,50	2,75	15,00	17,50	70,00
54	15.06.86	0,86	348	36,00	7,25	3,00	16,25	18,10	80,60
55	23.06.86	0,52	373	41,38	5,25	3,00	15,00	17,70	82,33
56	27.06.86	0,45	379	41,25	8,00	3,25	15,00	18,90	86,40
57	06.07.86	0,41	381	41,50	7,75	3,25	13,75	18,20	84,45
58	13.07.86	0,37	385	44,38	8,00	2,88	15,00	18,30	88,56
59	19.07.86	0,33	382	43,38	7,75	3,00	18,75	17,80	90,68
60	27.07.86	0,36	385	38,13	6,75	2,63	12,50	17,00	77,01
61	03.08.86	0,33	385	43,88	8,00	3,00	15,00	18,50	88,38
62	10.08.86	0,32	384	44,25	8,00	3,25	13,75	19,00	88,25
63	16.08.86	0,15	383	42,50	8,00	3,00	13,75	17,30	84,55
64	24.08.86	3,51	155	15,63	2,75	2,75	6,25	8,40	35,78
65	24.08.86	3,51	155	16,00	2,88	2,50	5,00	8,20	34,58
66	27.08.86	0,31	378	43,00	7,75	2,88	13,75	17,10	84,48
67	01.09.86	0,19	384	42,63	7,75	3,25	13,75	18,50	85,88
68	08.09.86	0,28	384	44,00	8,00	3,00	13,75	19,00	87,75
69	14.09.86	0,19	372	26,38	7,00	2,30	10,00	7,04	52,72
70	21.09.86	0,23	383	25,88	6,63	2,25	8,75	6,72	50,23
71	28.09.86	0,15	384	27,75	6,88	2,15	8,75	7,30	52,83
72	05.10.86	0,06	383	28,25	7,00	2,23	8,75	7,17	53,40
73	13.10.86	0,26	383	26,00	6,50	2,35	8,75	6,91	50,51
74	18.10.86	0,10	379	27,25	6,75	2,10	8,75	7,04	51,89
75	26.10.86	0,28	379	27,63	6,75	2,18	8,75	7,23	52,54
76	02.11.86	0,28	353	27,25	6,75	2,15	8,75	7,74	52,64
77	09.11.86	0,15	384	26,75	6,75	2,18	8,75	8,45	52,88
78	16.11.86	0,15	381	15,88	4,50	2,00	6,25	7,10	35,73
79	23.11.86	0,19	359	19,63	5,88	1,80	8,75	8,00	44,06
80	30.11.86	0,15	378	23,13	6,88	2,00	10,00	8,13	50,14
81	07.12.86	0,06	377	26,50	6,88	2,10	10,00	8,45	53,93
82	14.12.86	0,06	-	24,25	6,25	2,13	8,75	7,42	48,80
83	21.12.86	0,10	368	22,88	6,63	2,03	10,00	7,49	49,03
84	30.12.86	0,06	239	15,88	4,75	1,98	7,50	5,25	35,36
85	05.01.87	0,85	349	33,50	8,50	1,90	14,13	13,89	71,92
86	11.01.87	-	140	52,88	8,25	2,08	14,25	14,06	91,52
87	25.01.87	-	370	31,75	8,50	2,10	17,13	12,56	72,04
88	07.02.87	0,43	344	36,50	9,00	2,00	15,88	14,10	77,48
89	17.02.87	0,69	354	30,63	8,00	2,12	15,00	13,08	68,83
90	27.02.87	1,17	252	31,63	8,00	2,08	13,75	12,41	67,87
91	09.03.87	-	346	30,13	7,75	2,08	13,75	11,66	65,37
92	18.03.87	0,81	360	31,25	7,75	2,08	13,75	12,50	67,33
93	25.03.87	6,03	358	30,88	7,75	2,08	13,75	12,62	67,08
94	01.04.87	2,05	368	25,25	6,50	1,98	15,00	12,04	60,77
95	15.04.87	0,85	388	27,00	7,75	1,98	16,25	12,87	65,85
96	18.04.87	0,85	-	27,00	6,63	2,02	15,00	12,96	63,61
97	22.04.87	0,74	390	25,63	7,50	1,95	15,00	12,96	63,04
98	29.04.87	0,37	388	25,38	6,25	1,95	13,75	12,71	60,04
99	06.05.87	0,53	380	26,88	6,63	1,92	13,75	13,12	62,30
100	13.05.87	0,97	350	28,38	7,50	2,00	13,75	13,33	64,96
101	19.05.87	1,02	366	28,37	7,00	2,33	11,25	12,08	61,03
102	04.06.87	0,85	368	28,75	7,25	2,18	11,25	14,87	64,30
103	10.06.87	1,26	357	31,25	7,25	2,15	11,25	15,42	67,32
104	18.06.87	0,97	341	38,50	7,50	2,25	11,25	11,68	71,18
105	26.06.87	0,97	353	34,37	7,38	2,30	10,00	11,81	65,86

Tab. 46 Analysen der Wasserproben - Schöpfproben (III)

PROBEN Nr.	DATUM	Q [l/s]	EL.-LF. [µS/cm]	Ca++ [mg/l]	Mg++ [mg/l]	K+ [mg/l]	Na+ [mg/l]	Si [mg/l]	SUMME [mg/l]
106	02.07.87	0,85	363	35,87	7,13	2,30	10,00	11,50	66,80
107	02.08.87	1,02	355	34,50	7,50	2,33	10,00	12,52	66,85
108	07.08.87	1,08	352	35,37	7,25	2,33	11,25	11,66	67,86
109	14.08.87	0,85	364	33,00	7,38	2,45	11,25	12,21	66,29
110	21.08.87	0,53	377	41,50	7,25	2,43	11,25	12,28	74,71
111	24.08.87	0,64	-	36,12	7,50	2,25	10,00	12,25	68,12
112	27.08.87	0,64	364	39,62	7,38	2,28	10,00	10,42	69,70
113	03.09.87	0,43	380	30,62	7,00	2,25	10,00	9,24	59,11
114	12.09.87	0,91	366	29,50	6,88	2,45	10,00	12,62	61,45
115	19.09.87	0,64	376	28,75	7,88	2,30	12,50	4,48	55,91
116	25.09.87	0,64	374	31,00	8,13	2,33	12,50	4,64	58,60
117	02.10.87	0,48	383	30,00	7,88	2,35	12,50	4,28	57,01
118	09.10.87	0,53	382	29,25	7,88	2,35	12,50	5,50	57,48
119	15.10.87	0,64	365	26,38	7,63	2,25	12,50	7,50	56,26
120	22.10.87	0,64	358	28,38	7,75	2,25	12,50	8,30	59,18
121	29.10.87	0,64	-	29,50	7,75	2,50	12,50	8,15	60,40
122	06.11.87	0,64	-	28,38	7,50	2,33	11,25	7,78	57,24
123	13.11.87	0,48	-	25,13	7,38	2,08	12,50	6,70	53,79
124	20.11.87	0,53	375	26,75	7,38	2,25	12,50	7,22	56,10
125	27.11.87	0,85	358	27,76	6,50	2,20	11,25	8,37	56,08
126	05.12.87	0,54	364	27,88	6,50	2,18	11,25	7,96	55,77
127	11.12.87	0,33	-	28,38	6,63	2,18	11,25	7,53	55,97
128	18.12.87	0,58	362	23,13	6,38	2,13	12,50	7,72	51,86
129	25.12.87	0,91	347	21,63	6,13	2,05	12,50	7,69	50,00
130	02.01.88	0,69	353	22,13	6,25	2,05	12,50	7,72	50,65
131	08.01.88	0,74	368	24,13	6,63	2,03	12,50	7,26	52,55
132	15.01.88	0,74	357	29,38	7,00	2,08	12,50	7,97	58,93
133	22.01.88	0,74	359	22,25	7,00	2,03	13,75	11,33	56,36
134	29.01.88	1,49	334	22,50	6,75	2,00	13,75	11,47	56,47
135	05.02.88	1,68	328	23,00	7,13	2,00	15,00	11,37	58,50
136	13.02.88	2,05	321	26,25	7,13	2,08	13,60	12,78	61,84
137	19.02.88	1,93	337	30,13	7,25	2,20	13,75	12,02	65,35
138	04.03.88	1,02	371	30,88	7,13	2,20	12,50	12,64	65,35
139	18.03.88	5,00	339	30,75	7,13	2,30	12,50	11,78	64,46
140	26.03.88	4,21	339	36,37	7,88	2,23	12,50	12,50	71,48
141	04.04.88	4,50	350	34,50	7,63	2,20	11,25	12,40	67,98
142	08.04.88	2,44	359	37,00	7,88	2,18	12,50	12,30	71,86
143	21.04.88	1,31	386	37,25	7,88	2,08	12,50	12,20	71,91
144	06.05.88	0,97	386	36,50	7,63	2,28	11,25	12,20	69,86
145	13.05.88	0,80	388	37,13	7,75	2,25	11,25	12,30	70,68
146	27.05.88	0,58	393	36,00	7,50	2,38	11,25	12,10	69,23
147	10.06.88	0,58	376	37,50	7,75	2,53	11,25	12,30	71,33
148	19.06.88	0,53	386	37,88	7,75	2,28	11,25	12,20	71,36
149	24.06.88	0,48	390	38,75	7,75	2,30	11,25	12,30	72,35
150	02.07.88	0,48	380	35,63	8,13	2,33	11,25	-	57,34
151	08.07.88	0,48	390	34,88	8,00	2,38	11,25	-	56,51
152	17.07.88	0,43	380	35,75	8,25	2,33	12,50	-	58,83
153	22.07.88	0,53	386	37,63	8,50	2,33	11,25	-	59,71
154	28.07.88	0,53	388	35,13	8,00	2,35	11,25	-	56,73
155	08.08.88	-	390	39,50	9,00	2,38	12,50	-	63,38
156	18.08.88	0,23	392	36,63	8,15	2,33	11,25	-	58,36
157	26.08.88	0,33	389	38,63	8,34	2,38	10,75	8,70	68,80
158	02.09.88	0,28	383	39,88	7,44	2,38	10,63	9,46	69,79

Tab. 47 Analysen der Wasserproben - Schöpfproben (IV)

PROBEN Nr.	DATUM	Q [l/s]	EL.-LF. [μS/cm]	Ca++ [mg/l]	Mg++ [mg/l]	K+ [mg/l]	Na+ [mg/l]	Si [mg/l]	SUMME [mg/l]
159	09.09.88	0,33	391	39,63	7,41	2,38	12,00	9,07	70,49
160	18.09.88	0,19	390	38,63	7,49	2,38	10,88	9,18	68,56
161	23.09.88	0,19	391	37,13	7,35	2,25	11,25	9,18	67,16
162	28.09.88	0,19	394	37,38	7,35	3,38	14,75	7,14	70,00
163	08.10.88	0,28	383	28,00	7,32	2,76	12,76	8,47	59,31
164	14.10.88	0,23	392	32,88	6,70	2,38	10,25	9,81	62,02
165	21.10.88	0,23	388	35,75	6,87	3,38	10,25	9,17	65,42
166	30.10.88	0,23	389	34,63	6,85	2,50	10,38	11,58	65,94
167	04.11.88	-	388	34,63	6,90	2,25	10,00	9,08	62,86
168	11.11.88	0,15	403	39,50	6,87	2,38	10,13	9,93	68,81
169	23.11.88	0,23	391	34,88	6,99	2,50	10,00	8,07	62,44
170	01.12.88	0,33	348	29,38	6,37	4,25	11,25	8,01	59,26
171	06.12.88	-	375	31,50	7,16	2,63	12,50	7,78	61,57
172	16.12.88	0,48	374	36,38	7,00	2,88	12,50	9,76	68,52
173	23.12.88	0,33	381	41,50	7,00	3,25	12,50	10,89	75,14
174	30.12.88	0,33	371	36,88	6,75	2,88	12,38	9,56	68,45
175	06.01.89	-	326	32,88	6,25	2,63	10,63	9,73	62,12
176	13.01.89	0,39	367	38,25	6,88	2,75	12,13	10,09	70,10
177	20.01.89	0,33	375	39,13	7,00	2,88	11,88	10,77	71,66
178	27.01.89	0,23	379	37,25	6,75	2,75	11,88	10,82	69,45
179	09.02.89	0,19	384	41,88	7,00	2,75	11,63	9,67	72,93
180	19.02.89	-	342	36,63	6,63	2,88	10,88	9,81	66,83
181	24.02.89	0,23	369	37,00	8,38	2,63	12,50	10,23	70,74
182	03.03.89	0,85	340	17,50	1,63	1,13	2,63	10,49	33,38
183	10.03.89	0,53	353	36,13	6,75	2,75	12,88	10,32	68,83
184	19.03.89	0,74	350	33,25	6,75	2,88	12,75	9,73	65,36
185	24.03.89	0,74	335	24,13	4,25	2,13	7,50	9,23	47,24
186	30.03.89	-	354	22,88	3,75	1,75	6,38	10,48	45,24
187	11.04.89	0,69	355	40,00	6,88	2,63	12,75	10,24	72,50
188	23.04.89	3,93	261	22,38	5,75	2,63	11,63	9,60	51,99
189	25.04.89	3,38	312	25,00	6,50	2,63	13,63	10,14	57,90
190	07.05.89	0,85	368	35,00	6,88	3,00	13,50	10,51	68,89
191	12.05.89	0,91	348	32,63	6,50	2,88	12,75	10,79	65,55
192	20.05.89	0,80	375	36,25	6,88	2,63	12,38	10,59	68,73
193	29.05.89	-	388	30,63	6,50	2,63	11,50	10,24	61,50
194	12.06.89	-	391	40,00	7,00	2,75	11,88	9,63	71,26
195	30.06.89	-	388	63,70	19,40	5,00	15,00	-	103,10
196	09.07.89	-	364	61,20	18,80	7,00	14,50	-	101,50
197	24.07.89	-	-	66,20	21,20	5,50	15,00	-	107,90
198	28.07.89	-	-	61,30	21,20	6,00	66,00	-	154,50
199	03.08.89	-	322	38,80	16,90	4,00	15,50	-	75,20
200	12.08.89	-	119	45,00	20,00	9,00	15,50	-	89,50
201	18.08.89	-	-	47,50	20,60	5,00	15,00	-	88,10
202	24.08.89	-	-	46,30	20,00	5,00	15,00	-	86,30
203	14.09.89	-	-	45,00	19,40	4,50	14,00	-	82,90
204	04.10.89	-	-	47,50	21,20	4,00	14,00	-	86,70
205	12.10.89	-	-	47,50	20,00	4,00	14,50	-	86,00
206	25.10.89	-	-	47,50	18,80	5,00	15,00	-	86,30
207	09.11.89	-	-	46,30	19,40	4,00	14,00	-	83,70
208	17.11.89	-	-	48,70	20,00	3,00	14,50	-	86,20

Tab. 48 Analysen der Wasserproben - Abfüllanlage Odenwald
(Entnahmehöhe 2 cm)

PROBEN Nr.	DATUM	HQ [l/s]	Ca++ [mg/l]	Na+ [mg/l]	Mg++ [mg/l]	K+ [mg/l]	Si [mg/l]	SUMME [mg/l]	ADR [mg/l]	SC [mg/l]
1	11.01.86	1,26	31,1	10,0	6,6	2,3	12,3	62,3	232,5	-
2	26.03.86	2,25	18,9	3,8	4,9	0,6	8,3	36,4	135,9	66,0
3	19.04.86	1,20	20,8	5,0	6,0	0,8	8,6	41,1	153,3	-
4	26.04.86	2,38	17,9	5,0	4,5	0,6	3,1	31,1	116,0	823,0
5	28.05.86	4,78	22,3	5,0	6,0	1,1	5,3	39,7	148,0	41,0
6	04.06.86	1,93	20,5	3,8	5,3	0,8	9,0	39,3	146,4	30,0
7	20.06.86	1,02	38,6	11,3	6,8	2,5	11,0	70,1	261,6	103,0
8	06.07.86	1,08	36,3	8,8	6,1	2,6	9,8	63,6	237,1	167,0
9	18.07.86	11,14	40,0	10,0	6,5	2,6	10,4	69,5	259,3	721,0
10	23.07.86	1,02	32,8	8,8	5,6	2,3	9,3	58,7	218,9	112,0
11	23.08.86	1,74	38,0	10,0	6,5	3,0	10,1	67,6	252,1	555,0
12	31.08.86	4,07	36,4	10,0	6,1	2,3	11,3	66,1	246,5	110,0
14	30.12.86	1,14	17,8	6,3	4,8	2,1	15,2	46,0	171,7	50,0
15	01.01.87	2,18	17,1	6,3	4,8	2,1	15,6	45,8	170,9	20,0
16	?.03.87	6,03	40,5	18,1	7,8	2,2	11,8	80,4	299,7	80,0
17	01.04.87	2,25	30,8	9,6	8,3	1,3	9,4	59,3	221,2	20,0
18	20.04.87	2,12	5,1	2,5	1,6	9,5	1,0	19,8	73,7	10,0
19	14.05.87	1,26	24,8	13,8	6,3	2,3	8,9	55,9	208,5	186,0
20	20.05.87	1,02	26,5	13,8	7,5	1,9	10,1	59,8	223,0	12,0
21	04.06.87	1,56	22,3	11,3	5,8	1,9	3,9	45,1	168,1	90,0
22	10.06.87	1,26	26,9	15,0	7,8	2,1	8,7	60,4	225,3	16,0
23	18.06.87	1,08	23,6	12,5	5,9	1,9	9,1	53,0	197,7	121,0
24	26.06.87	5,22	24,8	12,5	6,3	2,0	8,9	54,3	202,6	393,0
25	02.08.87	2,25	23,0	11,3	5,8	2,0	7,6	49,6	185,0	122,0
26	23.08.87	1,08	24,4	10,0	6,3	2,4	12,3	55,3	206,4	155,0
27	02.09.87	1,02	28,9	8,8	6,3	2,5	12,6	59,1	220,3	121,0
28	04.09.87	2,25	25,0	8,8	6,0	2,4	12,0	54,1	201,8	745,0
29	23.09.87	1,49	24,5	8,8	4,3	2,4	9,5	49,3	184,0	687,0
30	07.10.87	2,51	24,6	7,5	5,5	2,4	8,8	48,8	181,8	488,0
31	12.10.87	1,08	24,5	7,5	5,3	2,2	11,0	50,4	187,9	84,0
32	22.10.87	1,20	23,5	8,8	5,9	2,4	4,1	44,6	166,2	298,0
33	12.11.87	1,20	25,9	8,8	6,1	3,1	-	43,8	163,4	239,0
34	18.12.87	2,31	21,4	10,0	6,0	2,4	3,6	43,4	161,9	102,0
35	02.01.88	1,02	25,5	13,8	7,6	2,1	5,1	54,1	201,8	10,0
36	25.01.88	1,08	22,6	11,3	6,4	2,2	5,7	48,1	179,6	23,0
37	29.01.88	1,49	21,9	13,8	7,3	2,1	5,6	50,6	188,7	80,0
38	05.02.88	1,68	20,8	13,8	7,0	2,1	4,8	48,4	180,7	26,0
39	13.02.88	2,05	20,9	13,8	7,3	2,0	0,1	44,0	164,0	53,0
40	04.03.88	1,02	28,0	12,5	8,0	2,3	3,9	54,7	204,1	2,0
41	25.03.88	4,21	22,9	12,5	6,8	2,1	7,2	51,3	191,5	143,0
42	21.04.88	1,31	29,9	12,5	7,1	2,3	8,3	60,1	224,2	33,0
43	16.05.88	0,97	27,8	10,0	6,3	2,3	6,2	52,5	195,8	44,0
44	01.07.88	1,08	27,6	10,0	6,3	2,5	11,7	58,1	216,6	291,0
45	09.07.88	0,97	24,6	8,8	5,6	2,2	9,3	50,5	188,2	79,0
46	18.07.88	1,93	23,6	8,7	5,6	2,0	9,3	49,3	183,7	307,0
47	19.08.88	1,31	25,8	8,1	5,2	2,3	0,5	41,8	156,0	518,0
48	01.09.88	1,20	32,8	8,1	5,2	3,6	5,4	55,1	205,6	241,0
49	07.10.88	1,68	23,8	7,3	4,7	2,1	5,7	43,6	162,6	452,0
50	04.12.88	2,97	21,9	7,6	5,0	3,4	5,8	43,7	162,9	16,0
51	24.12.88	1,02	20,3	9,0	5,0	2,4	6,2	42,8	163,3	91,0
52	16.03.89	1,02	22,6	10,9	5,5	3,9	6,0	48,9	193,3	117,0
53	25.03.89	1,31	25,3	10,0	5,4	2,0	5,3	47,9	163,3	106,0
54	22.04.89	6,56	27,1	10,4	5,5	2,4	9,0	54,3	213,3	196,0
55	25.04.89	3,45	35,1	13,6	6,8	1,9	10,1	67,5	230,0	40,0
56	11.05.89	6,33	29,4	11,6	6,4	3,1	9,0	59,6	256,7	100,0
57	30.05.89	1,56	32,1	11,3	6,3	4,8	5,3	59,7	240,0	828,0
58	23.06.89	3,51	19,9	8,4	4,6	3,4	6,6	42,9	126,7	576,0
59	27.06.89	1,02	46,5	9,4	7,0	2,9	8,5	74,3	190,0	977,0
60	08.07.89	1,26	45,5	8,5	6,6	2,9	8,5	72,0	183,3	994,0
61	23.07.89	1,43	48,5	9,0	6,8	3,3	8,4	76,0	206,7	1052,0
62	24.07.89	6,11	29,8	5,9	4,5	2,9	5,7	48,7	120,0	1032,0
63	12.09.89	3,51	50,6	9,3	7,4	2,9	2,7	72,8	213,3	1392,0
64	31.10.89	1,02	13,5	13,4	8,0	3,5	20,3	58,7	313,3	1833,0

Fortsetzung von Tab. 48

PROBEN Nr.	DATUM	HQ [l/s]	Ca++ [mg/l]	Na+ [mg/l]	Mg++ [mg/l]	K+ [mg/l]	Si [mg/l]	SUMME [mg/l]	ADR [mg/l]	SC [mg/l]
65	22.01.90	1,02	13,5	9,0	4,9	3,0	12,5	42,9	176,7	103,0
66	10.02.90	2,25	6,5	10,0	6,2	4,0	10,0	36,7	203,3	31,0
67	?.03.90	1,20	26,3	10,5	11,1	4,0	10,0	61,9	183,3	35,0
68	06.05.90	1,26	-	-	-	-	-	0,0	160,0	479,0
MITTELWERT			26,5	9,8	6,1	2,5	8,1	53,0	196,5	554,6
STANDARDABWEICHUNG			8,6	2,9	1,3	1,2	3,6	11,2	44,8	538,5
V %			32,4	29,6	20,4	46,2	44,6	21,7	22,8	22,8
n			62	62	62	62	60	62	19	66

Tab. 49 Analysen der Wasserproben - Abfüllanlage Odenwald
(Entnahmehöhe 4 cm)

PROBEN Nr.	DATUM	HQ [l/s]	Ca++ [mg/l]	Na+ [mg/l]	Mg++ [mg/l]	K+ [mg/l]	Si [mg/l]	SUMME [mg/l]	ADR [mg/l]	SC [mg/l]
1	11.01.86	1,26	-	-	-	-	-	-	-	-
2	26.03.86	2,25	18,3	3,8	4,9	0,8	9,2	36,8	130,9	108,0
3	19.04.86	1,20	-	-	-	-	-	-	-	-
4	26.04.86	2,38	18,4	5,0	5,9	0,6	9,4	39,3	139,6	-
5	28.05.86	4,78	14,1	2,5	3,6	0,6	0,3	21,2	75,3	0,0
6	04.06.86	1,93	15,3	3,8	4,1	0,6	8,5	32,3	114,6	49,0
7	20.06.86	1,02	-	-	-	-	-	-	-	-
8	06.07.86	1,08	-	-	-	-	-	-	-	-
9	18.07.86	11,14	33,0	10,0	5,3	2,8	9,0	60,0	213,2	705,0
10	23.07.86	1,02	-	-	-	-	-	-	-	-
11	23.08.86	1,74	24,4	7,5	4,1	3,0	7,5	46,5	165,3	413,0
12	31.08.86	4,07	-	-	-	-	-	-	-	-
14	30.12.86	1,14	-	-	-	-	-	-	-	-
15	01.01.87	2,18	16,2	6,3	4,5	1,9	13,7	42,5	151,0	20,0
16	?.03.87	6,03	39,5	14,6	8,5	2,2	13,5	78,3	278,3	117,0
17	01.04.87	2,25	36,1	10,3	8,3	1,3	9,9	65,9	234,0	4,0
18	20.04.87	2,12	-	-	-	-	-	-	-	-
19	14.05.87	1,26	-	-	-	-	-	-	-	-
20	20.05.87	1,02	18,8	10,0	4,9	1,8	10,8	46,2	164,3	58,0
21	04.06.87	1,56	18,5	10,0	4,9	1,7	1,3	36,4	129,4	300,0
22	10.06.87	1,26	-	-	-	-	-	-	-	-
23	18.06.87	1,08	-	-	-	-	-	-	-	-
24	26.06.87	5,22	20,6	10,0	5,4	1,9	7,2	45,1	160,3	663,0
25	02.08.87	2,25	18,4	10,0	4,9	1,9	6,0	41,1	146,2	96,0
26	23.08.87	1,08	-	-	-	-	-	-	-	-
27	02.09.87	1,02	-	-	-	-	-	-	-	-
28	04.09.87	2,25	22,4	6,3	4,5	2,7	13,1	49,0	174,0	352,0
29	23.09.87	1,49	17,8	6,3	4,6	2,0	10,8	41,5	147,4	1294,0
30	07.10.87	2,51	16,9	6,3	3,8	2,1	10,0	39,0	138,7	614,0
31	12.10.87	1,08	-	-	-	-	-	-	-	-
32	22.10.87	1,20	-	-	-	-	-	-	-	-
33	12.11.87	1,20	-	-	-	-	-	-	-	-
34	18.12.87	2,31	-	-	-	-	-	-	-	-
35	02.01.88	1,02	-	-	-	-	-	-	-	-
36	25.01.88	1,08	-	-	-	-	-	-	-	-
37	29.01.88	1,49	-	-	-	-	-	-	-	-
38	05.02.88	1,68	19,3	12,5	6,8	2,0	1,6	42,1	149,5	8,0
39	13.02.88	2,05	20,9	13,8	7,3	2,0	4,6	48,5	172,3	3,0
40	04.03.88	1,02	21,3	13,8	7,4	2,1	4,5	49,0	174,1	1,0
41	25.03.88	4,21	23,5	12,5	6,8	2,1	7,4	52,2	185,3	204,0
42	21.04.88	1,31	-	-	-	-	-	-	-	-
43	16.05.88	0,97	-	-	-	-	-	-	-	-
44	01.07.88	1,08	-	-	-	-	-	-	-	-
45	09.07.88	0,97	-	-	-	-	-	-	-	-
46	18.07.88	1,93	-	-	-	-	-	-	-	-
47	19.08.88	1,31	-	-	-	-	-	-	-	-

Fortsetzung von Tab. 49

PROBEN Nr.	DATUM	HQ [l/s]	Ca++ [mg/l]	Na+ [mg/l]	Mg++ [mg/l]	K+ [mg/l]	Si [mg/l]	SUMME [mg/l]	ADR [mg/l]	SC [mg/l]
48	01.09.88	1,20	-	-	-	-	-	-	-	-
49	07.10.88	1,68	-	-	-	-	-	-	-	-
50	04.12.88	2,97	15,9	7,0	3,9	2,4	5,1	34,3	121,7	333,0
51	24.12.88	1,02	-	-	-	-	-	-	-	-
52	16.03.89	1,02	-	-	-	-	-	-	-	-
53	25.03.89	1,31	-	-	-	-	-	-	-	-
54	22.04.89	6,56	21,0	8,6	4,6	1,8	7,4	43,4	176,7	35,0
55	25.04.89	3,45	26,6	13,8	6,6	1,8	10,2	59,0	233,3	54,0
56	11.05.89	6,33	-	-	-	-	-	-	-	-
57	30.05.89	1,56	-	-	-	-	-	-	-	-
58	23.06.89	3,51	18,8	7,5	4,3	3,0	5,8	39,3	133,3	1779,0
59	27.06.89	1,02	-	-	-	-	-	-	-	-
60	08.07.89	1,26	-	-	-	-	-	-	-	-
61	23.07.89	1,43	-	-	-	-	-	-	-	-
62	24.07.89	6,11	35,9	6,4	5,0	3,1	6,3	56,7	130,0	1322,0
63	12.09.89	3,51	34,6	6,4	5,0	3,3	0,3	49,5	150,0	1643,0
64	31.10.89	1,02	-	-	-	-	-	-	-	-
65	22.01.90	1,02	-	-	-	-	-	-	-	-
66	10.02.90	2,25	26,3	8,5	11,1	4,5	-	-	156,7	140,0
67	?.03.90	1,20	-	-	-	-	-	-	-	-
68	06.05.90	1.26	-	-	-	-	-	-	-	-
MITTELWERT			22,7	8,6	5,6	2,1	7,4	46,0	160,9	403,9
STANDARDABWEICHUNG			7,0	3,3	1,7	0,9	3,7	11,3	40,7	514,4
V %			30,9	38,2	30,6	41,8	50,3	24,6	25,3	127,4
n			27	27	27	27	26	26	27	29

Tab. 50 Analysen der Wasserproben - Abfüllanlage Odenwald
(Entnahmehöhe 6 cm)

PROBEN Nr.	DATUM	HQ [l/s]	Ca++ [mg/l]	Na+ [mg/l]	Mg++ [mg/l]	K+ [mg/l]	Si [mg/l]	SUMME [mg/l]	ADR [mg/l]	SC [mg/l]
1	11.01.86	1,26	-	-	-	-	-	-	-	-
2	26.03.86	2,25	-	-	-	-	-	-	-	-
3	19.04.86	1,20	-	-	-	-	-	-	-	-
4	26.04.86	2,38	-	-	-	-	-	-	-	-
5	28.05.86	4,78	16,8	3,8	4,1	0,8	4,8	30,2	113,6	169,0
6	04.06.86	1,93	-	-	-	-	-	-	-	-
7	20.06.86	1,02	-	-	-	-	-	-	-	-
8	06.07.86	1,08	-	-	-	-	-	-	-	-
9	18.07.86	11,14	24,1	5,0	3,8	2,9	6,2	42,0	157,9	1314,0
10	23.07.86	1,02	-	-	-	-	-	-	-	-
11	23.08.86	1,74	21,4	6,3	3,5	2,4	6,4	39,9	150,2	780,0
12	31.08.86	4,07	-	-	-	-	-	-	-	880,0
14	30.12.86	1,14	-	-	-	-	-	-	-	-
15	01.01.87	2,18	-	-	-	-	-	-	-	-
16	?.03.87	6,03	33,6	15,6	7,8	2,1	12,3	71,4	268,6	125,0
17	01.04.87	2,25	-	-	-	-	-	-	-	-
18	20.04.87	2,12	-	-	-	-	-	-	-	-
19	14.05.87	1,26	-	-	-	-	-	-	-	-
20	20.05.87	1,02	-	-	-	-	-	-	-	-
21	04.06.87	1,56	-	-	-	-	-	-	-	-
22	10.06.87	1,26	-	-	-	-	-	-	-	-
23	18.06.87	1,08	-	-	-	-	-	-	-	-
24	26.06.87	5,22	18,1	8,8	4,6	1,8	6,0	39,4	148,1	585,0
25	02.08.87	2,25	-	-	-	-	-	-	-	-
26	23.08.87	1,08	-	-	-	-	-	-	-	-
27	02.09.87	1,02	-	-	-	-	-	-	-	-
28	04.09.87	2,25	-	-	-	-	-	-	-	-
29	23.09.87	1,49	-	-	-	-	-	-	-	-

Fortsetzung von Tab. 50

PROBEN Nr.	DATUM	HQ [l/s]	Ca++ [mg/l]	Na+ [mg/l]	Mg++ [mg/l]	K+ [mg/l]	Si [mg/l]	SUMME [mg/l]	ADR [mg/l]	SC [mg/l]
30	07.10.87	2,51	-	-	-	-	-	-	-	-
31	12.10.87	1,08	-	-	-	-	-	-	-	-
32	22.10.87	1,20	-	-	-	-	-	-	-	-
33	12.11.87	1,20	-	-	-	-	-	-	-	-
34	18.12.87	2,31	-	-	-	-	-	-	-	-
35	02.01.88	1,02	-	-	-	-	-	-	-	-
36	25.01.88	1,08	-	-	-	-	-	-	-	-
37	29.01.88	1,49	-	-	-	-	-	-	-	-
38	05.02.88	1,68	-	-	-	-	-	-	-	-
39	13.02.88	2,05	-	-	-	-	-	-	-	-
40	04.03.88	1,02	21,4	13,8	7,8	2,2	2,8	47,9	180,1	26,0
41	25.03.88	4,21	22,4	13,8	6,8	2,0	7,6	52,5	197,4	64,0
42	21.04.88	1,31	-	-	-	-	-	-	-	-
43	16.05.88	0,97	-	-	-	-	-	-	-	-
44	01.07.88	1,08	-	-	-	-	-	-	-	-
45	09.07.88	0,97	-	-	-	-	-	-	-	-
46	18.07.88	1,93	-	-	-	-	-	-	-	-
47	19.08.88	1,31	-	-	-	-	-	-	-	-
48	01.09.88	1,20	-	-	-	-	-	-	-	-
49	07.10.88	1,68	-	-	-	-	-	-	-	-
50	04.12.88	2,97	-	-	-	-	-	-	-	-
51	24.12.88	1,02	-	-	-	-	-	-	-	-
52	16.03.89	1,02	-	-	-	-	-	-	-	-
53	25.03.89	1,31	-	-	-	-	-	-	-	-
54	22.04.89	6,56	20,3	7,4	4,0	2,5	7,9	42,0	176,7	135,0
55	25.04.89	3,45	-	-	-	-	-	-	-	-
56	11.05.89	6,33	20,5	10,3	4,3	4,8	2,5	42,2	186,7	2488,0
57	30.05.89	1,56	-	-	-	-	-	-	-	-
58	23.06.89	3,51	16,4	7,4	3,9	3,0	5,3	36,0	120,0	1416,0
59	27.06.89	1,02	-	-	-	-	-	-	-	-
60	08.07.89	1,26	-	-	-	-	-	-	-	-
61	23.07.89	1,43	-	-	-	-	-	-	-	-
62	24.07.89	6,11	30,3	7,3	4,6	3,8	-	45,9	156,7	2102,0
63	12.09.89	3,51	7,0	3,0	1,5	9,5	-	21,0	160,0	1529,0
64	31.10.89	1,02	-	-	-	-	-	-	-	-
65	22.01.90	1,02	-	-	-	-	-	-	-	-
66	10.02.90	2,25	-	-	-	-	-	-	-	-
67	? .03.90	1,20	-	-	-	-	-	-	-	-
68	06.05.90	1,26	-	-	-	-	-	-	-	-
MITTELWERT			21,0	8,5	4,7	3,1	6,2	42,5	168,0	893,3
STANDARDABWEICHUNG			6,5	3,9	1,8	2,1	2,6	11,7	38,5	789,2
V %			30,8	45,9	37,3	68,6	42,7	27,6	22,9	88,3
n			12	12	12	12	10	12	12	14

Tab. 51 Analysen der Wasserproben - Abfüllanlage Odenwald
(Entnahmehöhe 8 cm)

PROBEN Nr.	DATUM	HQ [l/s]	Ca++ [mg/l]	Na+ [mg/l]	Mg++ [mg/l]	K+ [mg/l]	Si [mg/l]	SUMME [mg/l]	ADR [mg/l]	SC [mg/l]
1	11.01.86	1,26	-	-	-	-	-	-	-	-
2	26.03.86	2,25	-	-	-	-	-	-	-	-
3	19.04.86	1,20	-	-	-	-	-	-	-	-
4	26.04.86	2,38	-	-	-	-	-	-	-	-
5	28.05.86	4,78	-	-	-	-	-	-	-	-
6	04.06.86	1,93	-	-	-	-	-	-	-	-
7	20.06.86	1,02	-	-	-	-	-	-	-	-
8	06.07.86	1,08	-	-	-	-	-	-	-	-
9	18.07.86	11,14	21,1	5,0	3,3	2,5	2,3	34,2	111,0	1743,0

Fortsetzung von Tab. 51

PROBEN Nr.	DATUM	HQ [l/s]	Ca^{++} [mg/l]	Na$^+$ [mg/l]	Mg^{++} [mg/l]	K$^+$ [mg/l]	Si [mg/l]	SUMME [mg/l]	ADR [mg/l]	SC [mg/l]
10	23.07.86	1,02	-	-	-	-	-	-	-	-
11	23.08.86	1,74	-	-	-	-	-	-	-	-
12	31.08.86	4,07	-	-	-	-	-	-	-	-
14	30.12.86	1,14	-	-	-	-	-	-	-	-
15	01.01.87	2,18	-	-	-	-	-	-	-	-
16	?.03.87	6,03	32,6	17,5	8,3	2,3	12,2	72,8	236,5	335,0
17	01.04.87	2,25	-	-	-	-	-	-	-	-
18	20.04.87	2,12	-	-	-	-	-	-	-	-
19	14.05.87	1,26	-	-	-	-	-	-	-	-
20	20.05.87	1,02	-	-	-	-	-	-	-	-
21	04.06.87	1,56	-	-	-	-	-	-	-	-
22	10.06.87	1,26	-	-	-	-	-	-	-	-
23	18.06.87	1,08	-	-	-	-	-	-	-	-
24	26.06.87	5,22	14,9	7,5	4,1	1,8	5,3	33,6	109,1	946,0
25	02.08.87	2,25	-	-	-	-	-	-	-	-
26	23.08.87	1,08	-	-	-	-	-	-	-	-
27	02.09.87	1,02	-	-	-	-	-	-	-	-
28	04.09.87	2,25	-	-	-	-	-	-	-	-
29	23.09.87	1,49	-	-	-	-	-	-	-	-
30	07.10.87	2,51	-	-	-	-	-	-	-	-
31	12.10.87	1,08	-	-	-	-	-	-	-	-
32	22.10.87	1,20	-	-	-	-	-	-	-	-
33	12.11.87	1,20	-	-	-	-	-	-	-	-
34	18.12.87	2,31	-	-	-	-	-	-	-	-
35	02.01.88	1,02	-	-	-	-	-	-	-	-
36	25.01.88	1,08	-	-	-	-	-	-	-	-
37	29.01.88	1,49	-	-	-	-	-	-	-	-
38	05.02.88	1,68	-	-	-	-	-	-	-	-
39	13.02.88	2,05	-	-	-	-	-	-	-	-
40	04.03.88	1,02	21,3	15,0	8,1	2,2	4,2	50,7	164,5	25,0
41	25.03.88	4,21	14,5	13,8	6,0	2,0	6,7	42,9	139,3	3,0
42	21.04.88	1,31	-	-	-	-	-	-	-	-
43	16.05.88	0,97	-	-	-	-	-	-	-	-
44	01.07.88	1,08	-	-	-	-	-	-	-	-
45	09.07.88	0,97	-	-	-	-	-	-	-	-
46	18.07.88	1,93	-	-	-	-	-	-	-	-
47	19.08.88	1,31	-	-	-	-	-	-	-	-
48	01.09.88	1,20	-	-	-	-	-	-	-	-
49	07.10.88	1,68	-	-	-	-	-	-	-	-
50	04.12.88	2,97	-	-	-	-	-	-	-	-
51	24.12.88	1,02	-	-	-	-	-	-	-	-
52	16.03.89	1,02	-	-	-	-	-	-	-	-
53	25.03.89	1,31	-	-	-	-	-	-	-	-
54	22.04.89	6,56	16,1	6,1	3,8	2,0	8,1	36,1	163,3	190,0
55	25.04.89	3,45	-	-	-	-	-	-	-	-
56	11.05.89	6,33	16,0	7,1	3,3	2,5	5,3	34,1	160,0	1493,0
57	30.05.89	1,56	-	-	-	-	-	-	-	-
58	23.06.89	3,51	-	-	-	-	-	-	-	-
59	27.06.89	1,02	-	-	-	-	-	-	-	-
60	08.07.89	1,26	-	-	-	-	-	-	-	-
61	23.07.89	1,43	-	-	-	-	-	-	-	-
62	24.07.89	6,11	23,9	4,8	3,6	2,8	-	35,0	90,0	1107,0
63	12.09.89	3,51	-	-	-	-	-	-	-	-
64	31.10.89	1,02	-	-	-	-	-	-	-	-
65	22.01.90	1,02	-	-	-	-	-	-	-	-
66	10.02.90	2,25	-	-	-	-	-	-	-	-
67	?.03.90	1,20	-	-	-	-	-	-	-	-
68	06.05.90	1,26	-	-	-	-	-	-	-	-
MITTELWERT			20,1	9,6	5,0	2,2	6,3	42,4	146,7	730,3
STANDARDABWEICHUNG			5,8	4,7	2,0	0,3	3,0	12,8	43,0	639,4
V %			28,7	48,9	39,4	13,6	47,0	30,1	29,3	87,6
n			8	8	8	8	7	8	8	9

Tab. 52 Analysen der Wasserproben - Probennehmer Taunus (I)

PROBEN Nr	DATUM	Q [l/s]	LC [mg/l]	SC [mg/l]	Ca^{++} [mg/l]	Mg^{++} [mg/l]	Na$^+$ [mg/l]	K$^+$ [mg/l]	Si [mg/l]	SUMME [mg/l]
1-1	11.05.89	2,53	67,7	33,0	8,0	3,5	4,1	1,5	4,5	21,7
3-1	12.05.89	2,38	56,7	19,1	7,6	3,3	4,1	1,4	4,6	21,0
5-1	24.05.89	1,25	76,7	5,2	8,1	3,4	4,0	1,4	4,7	21,6
7-1	25.05.89	1,15	46,7	8,9	7,9	3,5	4,4	1,4	4,7	21,8
11-1	27.05.89	1,15	56,7	8,0	8,1	3,5	4,0	1,4	4,8	21,8
13-1	28.05.89	1,15	70,0	8,4	8,0	3,5	4,1	1,4	4,8	21,8
15-1	30.05.89	1,15	50,0	4,2	7,9	3,5	3,8	1,4	4,4	21,0
22-1	02.06.89	1,06	43,3	4,5	8,5	3,6	4,0	1,4	4,2	21,7
24-1	03.06.89	1,10	53,3	3,6	8,6	3,5	4,8	1,8	4,9	23,5
26-1	04.06.89	1,01	60,0	2,6	9,5	3,6	4,0	1,6	4,8	23,5
28-1	05.06.89	0,97	40,0	4,6	8,3	3,4	4,4	1,5	4,8	22,3
30-1	07.06.89	1,41	46,8	14,1	8,4	3,3	3,9	1,6	4,5	21,6
36-1	11.06.89	0,97	33,3	3,6	8,8	3,4	3,9	1,6	4,6	22,2
38-1	12.06.89	0,92	43,3	3,9	8,5	3,6	4,0	1,8	4,5	22,4
40-1	13.06.89	0,88	63,3	7,2	7,9	3,4	4,0	1,6	4,8	21,6
46-1	16.06.89	0,76	50,0	5,1	6,9	3,3	4,4	1,4	4,7	20,5
49-1	18.06.89	0,76	60,0	7,5	7,1	3,4	4,5	1,6	4,7	21,4
52-1	19.06.89	0,76	53,3	10,5	6,8	3,1	4,5	1,5	4,8	20,7
59-1	22.06.89	0,88	53,3	9,2	6,8	3,3	4,5	2,1	4,0	20,6
3-2	23.06.89	0,97	43,3	4,6	7,9	4,0	4,4	1,5	4,4	22,2
4-2	23.06.89	0,76	43,3	4,7	7,6	3,8	4,5	1,6	4,3	21,8
6-2	24.06.89	0,69	40,0	7,6	8,3	3,9	4,6	1,8	4,2	22,7
10-2	26.06.89	0,65	46,7	6,8	8,5	4,0	3,6	1,5	4,1	21,7
13-2	28.06.89	0,58	40,0	6,1	7,8	3,9	4,3	1,5	4,1	21,5
16-2	30.06.89	0,65	40,0	4,6	8,5	4,0	4,3	1,6	4,1	22,5
17-2	30.06.89	0,58	40,0	5,6	8,5	4,0	4,5	1,8	4,3	23,1
18-2	01.07.89	0,58	46,7	6,5	8,3	4,0	3,9	1,5	4,1	21,8
21-2	02.07.89	0,58	40,0	4,5	8,4	3,9	4,4	1,5	4,3	22,4
24-2	04.07.89	0,58	30,0	1,5	10,1	4,0	3,9	1,6	4,1	23,7
31-2	25.07.89	0,76	46,7	23,3	8,1	3,9	3,6	1,6	4,4	21,6
32-2	26.07.89	0,43	46,7	2,3	7,8	3,8	3,5	1,5	4,6	21,1
35-2	28.07.89	0,33	36,7	5,5	8,4	3,9	3,6	1,6	4,3	21,9
38-2	29.07.89	0,33	33,3	0,6	8,3	3,9	3,6	1,6	4,4	21,8
44-2	01.08.89	0,36	43,3	7,4	9,0	4,0	3,6	1,6	4,4	22,6
47-2	03.08.89	0,38	53,3	1,5	8,1	4,0	4,8	1,6	4,5	23,0
50-2	05.08.89	0,33	33,3	1,0	7,9	3,9	3,5	1,4	4,5	21,2
53-2	06.08.89	0,36	43,3	6,1	8,8	4,0	3,9	1,6	4,3	22,6
56-2	08.08.89	0,41	36,7	4,3	8,6	4,0	4,4	1,6	4,5	23,1
57-2	08.08.89	0,92	23,3	14,0	7,9	3,6	3,8	1,8	3,7	20,7
58-2	09.08.89	0,41	26,7	1,4	8,5	4,0	4,0	1,6	4,4	22,5
3-3	10.08.89	0,38	76,7	2,9	8,8	4,1	4,9	1,9	3,8	23,5
6-3	12.08.89	0,38	73,3	3,1	8,6	4,1	3,9	1,6	3,6	21,8
10-3	14.08.89	0,36	80,0	1,0	9,4	4,1	3,9	1,5	4,0	22,9
14-3	16.08.89	0,41	76,7	9,9	8,9	4,0	3,9	1,6	3,8	22,2
17-3	23.08.89	0,31	73,3	3,6	8,6	4,0	3,8	1,6	3,9	21,9
22-3	01.09.89	0,31	63,3	6,2	8,8	4,1	3,8	1,6	3,8	22,1
25-3	02.09.89	0,31	73,3	4,5	9,0	4,1	4,0	1,6	3,8	22,6
30-3	04.09.89	0,29	63,3	1,3	9,0	4,3	4,0	1,5	3,8	22,6
36-3	08.09.89	0,27	60,0	3,4	9,3	4,4	3,9	1,6	4,0	23,1
40-3	10.09.89	0,27	56,7	2,0	9,1	4,3	4,0	1,5	4,0	22,9
46-3	13.09.89	0,27	80,0	3,1	9,3	4,3	3,9	1,6	4,0	23,0
47-3	14.09.89	0,36	66,7	2,0	8,9	4,3	4,1	1,8	3,9	22,9
2-4	03.10.89	0,29	23,3	3,4	5,3	3,9	4,8	1,1	5,0	20,0
5-4	05.10.89	0,29	30,0	5,3	5,2	3,9	4,6	1,0	4,7	19,4
9-4	07.10.89	0,36	46,7	4,3	5,3	3,9	4,5	1,2	5,0	19,9
15-4	10.10.89	0,29	43,3	9,2	5,2	3,9	4,7	1,1	4,7	19,6
23-4	14.10.89	0,49	36,7	9,2	5,3	4,0	5,0	1,2	5,0	20,4
24-4	15.10.89	0,36	50,0	11,6	5,2	3,9	6,3	1,1	5,2	21,7

Tab. 53 Analysen der Wasserproben - Probennehmer Taunus (II)

PROBEN Nr.	DATUM	Q [l/s]	LC [mg/l]	SC [mg/l]	Ca^{++} [mg/l]	Mg^{++} [mg/l]	Na^+ [mg/l]	K^+ [mg/l]	Si [mg/l]	SUMME [mg/l]
30-4	18.10.89	0,41	30,0	6,1	5,4	3,9	4,7	1,1	5,0	20,0
34-4	20.10.89	0,43	43,3	5,3	5,3	4,0	5,4	1,3	5,0	20,9
37-4	22.10.89	0,62	10,0	4,7	5,4	4,0	4,8	1,3	4,7	20,2
38-4	22.10.89	0,88	20,0	6,6	5,4	3,9	4,5	1,3	4,7	19,8
45-4	26.10.89	0,38	30,0	7,2	5,2	3,9	4,7	1,3	5,2	20,3
49-4	28.10.89	0,88	53,3	8,0	5,3	4,0	4,4	2,2	3,9	19,8
50-4	29.10.89	1,06	56,7	8,8	5,2	4,0	4,4	1,9	5,0	20,4
51-4	29.10.89	1,01	40,0	15,1	5,1	3,8	4,4	1,8	4,7	19,8
52-4	30.10.89	0,62	56,7	8,5	5,3	4,3	4,6	1,7	5,5	21,4
53-4	30.10.89	0,46	50,0	12,1	5,3	4,1	4,5	1,5	5,2	20,6
55-4	02.11.89	0,52	46,7	6,5	5,4	4,2	4,9	1,5	5,2	21,2
56-4	02.11.89	1,58	33,3	18,8	5,2	4,1	5,5	1,9	4,2	20,9
57-4	03.11.89	1,35	66,7	4,6	5,4	4,5	6,0	1,7	5,2	22,8
58-4	03.11.89	0,62	46,7	17,7	5,3	4,3	5,9	1,6	5,2	22,3
59-4	04.11.89	0,80	43,3	5,2	5,2	4,2	5,4	1,5	4,2	20,5
60-4	04.11.89	1,01	60,0	9,3	5,2	4,0	5,3	1,6	5,2	21,3
16-5	16.11.89	0,41	56,7	8,0	5,0	3,5	4,6	1,0	4,2	18,3
18-5	17.11.89	0,55	63,3	5,0	5,0	3,5	4,5	1,0	4,7	18,7
20-5	18.11.89	0,52	46,7	8,2	5,1	3,5	4,9	1,1	4,5	19,0
24-5	20.11.89	0,43	53,3	11,5	5,0	3,6	4,7	1,1	4,5	18,8
25-5	21.11.89	0,43	60,0	5,5	5,1	3,6	4,7	1,0	4,7	19,1
35-5	26.11.89	0,38	70,0	14,3	5,0	3,5	5,3	1,1	4,7	19,6
50-5	06.12.89	0,36	53,3	3,3	5,1	3,7	4,4	1,0	4,7	18,9
55-5	09.12.89	0,36	60,0	4,1	5,1	3,6	4,8	1,1	4,7	19,3
60-5	15.12.89	0,65	66,7	9,3	4,9	3,7	5,4	1,3	5,5	20,8
5-6	21.12.89	0,92	80,0	3,9	7,5	4,3	9,8	3,0	4,1	28,6
39-6	22.12.89	1,01	70,0	5,2	7,5	4,6	8,9	3,0	4,4	28,3
41-6	22.12.89	1,06	73,3	3,7	7,5	4,3	6,1	2,0	4,6	24,4
43-6	22.12.89	1,20	90,0	9,0	7,5	4,1	7,9	2,5	4,5	26,5
45-6	22.12.89	1,41	83,3	0,0	7,5	3,1	7,7	1,5	4,7	24,6
47-6	22.12.89	1,52	93,3	8,6	7,5	4,9	9,0	2,5	5,2	29,1
49-6	22.12.89	1,76	80,0	2,4	7,5	4,8	9,7	1,5	4,0	27,4
51-6	22.12.89	2,16	76,7	15,2	7,5	4,3	7,6	2,0	4,4	25,7
53-6	22.12.89	2,69	73,3	12,5	7,5	3,6	8,6	2,5	4,3	26,4
55-6	22.12.89	3,66	73,3	25,3	7,5	5,8	10,3	3,5	4,7	31,7
56-6	22.12.89	4,05	76,7	30,6	7,5	4,6	9,3	3,0	3,6	28,0
58-6	22.12.89	4,16	90,0	5,1	7,5	4,8	9,2	3,0	4,2	28,7
59-6	22.12.89	3,95	-	10,0	9,5	4,5	8,3	3,0	4,9	30,2
60-6	22.12.89	3,66	26,7	4,9	7,5	5,0	9,3	3,0	3,9	28,7
5-7	13.02.90	1,82	-	0,3	-	-	-	-	-	-
6-7	13.02.90	1,82	-	0,3	-	-	-	-	-	-
7-7	13.02.90	5,52	-	35,6	-	-	-	-	-	-
8-7	14.02.90	6,55	-	24,1	-	-	-	-	-	-
9-7	14.02.90	6,69	-	12,2	-	-	-	-	-	-
10-7	14.02.90	7,11	-	22,6	-	-	-	-	-	-
11-7	14.02.90	9,11	-	73,8	-	-	-	-	-	-
12-7	14.02.90	20,51	13,3	310,0	-	-	-	-	-	-
13-7	14.02.90	21,05	-	86,7	-	-	-	-	-	-
14-7	14.02.90	20,78	-	0,0	-	-	-	-	-	-
15-7	14.02.90	20,51	13,3	0,0	-	-	-	-	-	-
16-7	14.02.90	20,51	26,7	0,0	-	-	-	-	-	-
17-7	14.02.90	18,95	20,0	0,0	-	-	-	-	-	-
18-7	14.02.90	16,73	26,7	0,0	-	-	-	-	-	-
19-7	14.02.90	15,35	16,7	0,0	-	-	-	-	-	-
MITTELWERT (I+II)			51,5	7,3	7,2	3,9	5,0	1,6	4,5	22,3
STANDARDABWEICHUNG			18,7	5,9	1,5	0,4	1,6	0,5	0,4	2,6
V % (I+II)			36,3	80,5	20,9	10,9	32,9	30,3	9,9	11,8
n (I+II)			-	-	97	97	97	97	97	97

Tab. 54 Analysen der Wasserproben - Abfüllanlage Taunus
(Entnahmehöhe 2 cm)

PROBEN Nr.	DATUM	HQ [l/s]	Ca++ [mg/l]	Na+ [mg/l]	Mg++ [mg/l]	K+ [mg/l]	Si [mg/l]	SUMME [mg/l]	ADR [mg/l]	SC [mg/l]
1	22.02.89	1,36	4,6	2,3	2,5	0,6	3,2	13,2	66,7	14,0
2	02.03.89	1,89	4,6	2,5	2,8	0,6	4,3	14,8	110,0	2,6
3	08.03.89	2,32	4,4	2,5	3,6	2,0	3,7	16,2	56,7	8,0
4	16.03.89	4,36	4,9	2,6	3,6	1,0	4,1	16,2	110,0	10,0
5	26.03.89	2,18	5,5	2,8	3,4	1,5	4,0	17,1	66,7	3,1
6	12.04.89	2,29	5,1	2,8	4,3	2,4	4,1	18,6	63,3	2,6
7	22.04.89	11,33	4,3	2,3	4,0	3,0	3,5	17,0	63,3	80,5
8	26.04.89	5,00	5,5	3,0	2,9	1,0	4,7	17,1	60,0	31,3
9	08.05.89	2,50	5,0	2,8	3,5	0,8	4,8	16,8	106,7	65,1
10	23.07.89	6,28	8,9	2,3	3,1	3,1	2,1	19,5		3035,7
12	24.01.90	4,26	5,5	6,4	5,8	2,0	3,5	23,2	73,3	112,6
13	10.02.90	5,40	6,5	8,0	8,5	2,5	4,0	29,5	76,7	9,8
14	14.02.90	25,36	5,0	5,1	5,7	3,0	3,8	22,5	53,3	1876,5
15	27.02.90	4,87	6,0	7,5	7,4	2,0	4,0	26,9	66,7	55,0
16	13.03.90	2,53							80,0	10,5
17	30.06.90	2,53							70,0	107,6
MITTELWERT			5,4	3,8	4,3	1,8	3,8	19,2	74,9	339,0
STANDARDABWEICHUNG			1,1	2,0	1,7	0,9	0,6	4,5	18,3	826,8
V %			20,9	53,0	40,0	48,2	16,3	23,5	24,4	243,9
n			14	14	14	14	14	14	15	16

Tab. 55 Analysen der Wasserproben - Abfüllanlage Taunus
(Entnahmehöhe 4 cm)

PROBEN Nr.	DATUM	HQ [l/s]	Ca++ [mg/l]	Na+ [mg/l]	Mg++ [mg/l]	K+ [mg/l]	Si [mg/l]	SUMME [mg/l]	ADR [mg/l]	SC [mg/l]
1	22.02.89	1,36								
2	02.03.89	1,89								
3	08.03.89	2,32								
4	16.03.89	4,36								
5	26.03.89	2,18								
6	12.04.89	2,29								
7	22.04.89	11,33	5,0	2,6	3,0	1,3	3,9	15,7	40,0	55,9
8	26.04.89	5,00								
9	08.05.89	2,50								
10	23.07.89	6,28	10,8	3,4	2,6	1,9	2,4	21,1		1687,2
12	24.01.90	4,26								
13	10.02.90	5,40	6,0	8,5	8,5	2,5	3,5	29,0	60,0	0,0
14	14.02.90	25,36	5,0	6,3	9,1	2,5	3,5	26,4	53,3	146,5
15	27.02.90	4,87	6,5	7,5	7,3	2,5	3,8	27,6	53,3	20,5
16	13.03.90	2,53								
17	30.06.90	2,53							63,3	15,5
MITTELWERT			6,7	5,7	6,1	2,1	3,4	23,9	54,0	320,9
STANDARDABWEICHUNG			2,1	2,3	2,7	0,5	0,5	4,9	8,0	612,9
V %			32,0	40,5	44,9	23,5	14,9	20,4	14,8	191,0
n			5	5	5	5	5	5	5	6

Tab. 56 Analysen der Wasserproben - Abfüllanlage Taunus
(Entnahmehöhe 6 cm)

PROBEN Nr.	DATUM	HQ [l/s]	Ca^{++} [mg/l]	Na$^+$ [mg/l]	Mg^{++} [mg/l]	K$^+$ [mg/l]	Si [mg/l]	SUMME [mg/l]	ADR [mg/l]	SC [mg/l]
1	22.02.89	1,36								
2	02.03.89	1,89								
3	08.03.89	2,32								
4	16.03.89	4,36								
5	26.03.89	2,18								
6	12.04.89	2,29								
7	22.04.89	11,33	5,1	2,6	2,9	1,4	4,7	16,7	50,0	139,1
8	26.04.89	5,00								
9	08.05.89	2,50								
10	23.07.89	6,28								
12	24.01.90	4,26								
13	10.02.90	5,40								
14	14.02.90	25,36								
15	27.02.90	4,87								
16	13.03.90	2,53								
17	30.06.90	2,53								
MITTELWERT			5,1	2,6	2,9	1,4	4,7	16,7	50,0	139,1
STANDARDABWEICHUNG			0,0	0,0	0,0	0,0	0,0	0,0	0,0	0,0
V %			0,0	0,0	0,0	0,0	0,0	0,0	0,0	0,0
n			1	1	1	1	1	1	1	1

Tab. 57 Analysen der Wasserproben - Abfüllanlage Taunus
(Entnahmehöhe 8 cm)

PROBEN Nr.	DATUM	HQ [l/s]	Ca^{++} [mg/l]	Na$^+$ [mg/l]	Mg^{++} [mg/l]	K$^+$ [mg/l]	Si [mg/l]	SUMME [mg/l]	ADR [mg/l]	SC [mg/l]
1	22.02.89	1,36								
2	02.03.89	1,89								
3	08.03.89	2,32								
4	16.03.89	4,36								
5	26.03.89	2,18								
6	12.04.89	2,29								
7	22.04.89	11,33	5,6	3,1	3,3	1,0	4,7	17,7	56,7	0,5
8	26.04.89	5,00								
9	08.05.89	2,50								
10	23.07.89	6,28								
12	24.01.90	4,26								
13	10.02.90	5,40								
14	14.02.90	25,36								
15	27.02.90	4,87								
16	13.03.90	2,53								
17	30.06.90	2,53								
MITTELWERT			5,6	3,1	3,3	1,0	4,7	17,7	56,7	0,5
STANDARDABWEICHUNG			0,0	0,0	0,0	0,0	0,0	0,0	0,0	0,0
V %			0,0	0,0	0,0	0,0	0,0	0,0	0,0	0,0
n			1	1	1	1	1	1	1	1

Tab. 58 Saugspannungswerte - Taunus

DATUM	SGSP. 100 cm [hPa]	SGSP. 80 cm [hPa]	MITTW. 100-80 cm [hPa]	SGSP. 60 cm [hPa]	SGSP. 30 cm [hPa]
03.11.88	-552	-554	-553	-485	-224
09.11.88	-542	-553	-548	-535	-188
22.11.88	-541	-517	-529	-530	-179
29.11.88	-451	-302	-377	-150	-24
08.12.88	0	0	0	0	0
10.12.88	0	0	0	0	0
21.12.88	0	0	0	0	0
28.12.88	0	0	0	0	0
04.01.89	0	0	0	-3	-19
15.01.89	0	0	0	0	-1
25.01.89	0	0	0	-2	-24
22.02.89	0	0	0	0	-8
02.03.89	0	0	0	0	-7
08.03.89	0	0	0	0	0
16.03.89	0	0	0	-4	0
26.03.89	0	0	0	-3	-8
12.04.89	0	0	0	-10	-11
20.04.89	0	0	0	0	0
23.04.89	0	0	0	0	0
26.04.89	0	0	0	0	0
02.05.89	0	0	0	-15	-21
05.05.89	0	-7	-4	-17	-16
09.05.89	0	-17	-9	-30	-49
18.05.89	0	-15	-8	-23	-12
24.05.89	-20	-30	-25	-49	-111
06.06.89	-93	-104	-99	-85	-67
14.06.89	-150	-96	-123	-49	-40
19.06.89	-277	-215	-246	-182	-337
22.06.89	-34	0	-17	0	-16
29.06.89	-60	-55	-58	-67	-185
05.07.89	-208	-200	-204	-236	-416
12.07.89	-401	-389	-395	-321	-301
19.07.89	-588	-651	-620	-617	-693
24.07.89	-469	-79	-274	-69	-106
27.07.89	-15	-14	-15	-17	-37
03.08.89	-141	-137	-139	-142	-
09.08.89	-178	-85	-132	-135	-
16.08.89	-403	-404	-404	-289	-
23.08.89	-519	-619	-569	-525	-
31.08.89	-685	-684	-685	-599	-
13.09.89	-733	-755	-744	-747	-
08.10.89	-724	-695	-710	-298	-
15.10.89	-736	-739	-738	-510	-129
26.10.89	-681	-720	-701	-578	-84
08.11.89	0	0	0	0	-8
14.01.90	0	0	0	0	-10
18.01.90	0	0	0	-10	-6
31.01.90	0	0	0	0	-4
11.02.90	0	0	0	0	0
21.02.90	0	0	0	0	0
05.03.90	0	0	0	0	0
13.03.90	0	0	0	-3	-16
21.03.90	0	-1	-1	-21	-27
02.04.90	0	-15	-8	-26	-30
18.04.90	0	0	0	0	0
25.04.90	0	0	0	-3	-13
09.05.90	0	-3	-2	-10	-44
22.05.90	-65	-70	-68	-93	0
27.05.90	-139	-140	-140	-160	-236

Tab. 59 Daten der Eichmessungen (VENTURI- und THOMPSON-Wehr)

WS [cm]	Q-OD [l/s]	Q-TA u. B [l/s]	WS [cm]	Q-OD [l/s]	Q-TA u. B [l/s]	WS [cm]	Q-OD [l/s]	Q-TA u. B [l/s]
0,0	-	-	3,6	1,584	0,367	7,2	-	2,457
0,6	0,234	-	3,6	-	0,396	7,2	-	2,286
0,6	0,262	-	3,6	-	0,410	7,3	-	2,323
0,8	0,359	-	3,7	-	0,444	7,3	-	2,181
0,8	0,383	-	3,7	-	0,432	7,3	-	2,057
0,8	0,372	-	3,8	2,161	0,360	7,4	4,497	-
0,9	0,420	-	3,8	2,053	0,496	7,6	-	2,172
1,0	0,447	-	4,0	-	0,490	7,7	4,900	-
1,0	0,481	-	4,2	2,100	0,467	7,8	-	2,308
1,0	0,386	-	4,2	-	0,490	7,8	-	2,441
1,1	0,469	-	4,3	-	0,494	7,9	-	2,286
1,2	0,524	-	4,4	2,390	0,509	7,9	-	2,609
1,3	0,575	-	4,4	-	0,560	7,9	-	2,400
1,3	0,615	-	4,5	-	0,724	8,0	-	2,315
1,4	0,537	-	4,6	2,750	0,661	8,0	-	2,462
1,4	0,517	-	4,6	-	0,699	8,0	-	2,608
1,6	0,659	-	4,9	3,000	-	8,1	5,001	2,500
1,6	0,613	-	5,0	-	0,723	8,3	-	2,857
1,7	0,771	-	5,0	-	0,869	8,4	-	2,880
1,7	0,761	-	5,0	-	0,800	8,9	-	3,077
1,8	0,804	-	5,2	-	0,843	8,9	-	3,445
1,8	0,881	-	5,2	-	0,945	9,0	-	3,000
1,8	0,863	-	5,3	-	0,856	9,1	-	3,280
1,9	0,679	-	5,3	-	1,036	9,2	-	3,600
2,0	-	-	5,3	-	1,129	9,3	-	3,789
2,2	1,066	0,092	5,4	3,400	0,898	9,5	6,032	3,600
2,3	-	0,114	5,4	-	1,080	9,6	-	4,364
2,4	-	0,162	5,5	-	0,855	9,8	-	4,198
2,4	-	0,118	5,5	-	0,876	10,0	-	4,800
2,5	1,123	0,128	5,6	-	1,035	10,3	-	4,645
2,5	-	0,160	5,7	3,950	-	10,5	-	4,690
2,7	1,170	-	5,8	-	1,161	11,0	-	5,180
2,8	-	0,171	5,9	3,700	1,227	11,0	-	5,314
2,8	-	0,174	5,9	-	1,163	11,3	-	5,902
2,8	-	0,207	6,0	-	1,087	11,5	-	6,128
2,8	-	0,186	6,0	-	1,271	11,5	-	5,878
2,9	1,447	0,254	6,0	-	1,358	12,0	-	6,344
3,0	1,732	0,228	6,1	3,600	-	12,0	-	6,570
3,0	-	0,202	6,2	-	1,309	12,0	-	6,857
3,0	-	0,145	6,3	-	1,378	12,2	-	7,347
3,1	-	0,304	6,3	-	1,401	12,2	-	7,273
3,3	1,500	0,280	6,5	-	1,562	12,5	-	7,659
3,3	-	0,360	6,6	4,100	-	12,8	-	8,471
3,4	-	0,288	6,8	4,300	1,655	12,8	-	8,000
3,4	-	0,324	6,8	-	1,640	13,2	-	8,000
3,4	-	0,348	6,9	-	2,017	13,2	-	8,372
3,5	-	0,384	7,0	3,500	1,674	15,0	-	-
3,5	-	0,362	7,0	-	2,057			
3,6	1.569	0.295	7,1	-	1,900			

Tab. 60 Verlagerung des Scheelit-Tracers

ODENWALD BEWEGUNGSBETRAG [cm]					TAUNUS BEWEGUNGSBETRAG [cm]				
DATUM	U	fS	mS	gS	DATUM	U	fS	mS	gS
19.02.89	0	0	0	0	03.08.89	0	0	0	0
30.03.89	0	0	10	10	08.10.89	20	20	30	80
11.04.89	20	40	55	20	09.12.89	40	100	100	120
25.04.89	20	80	110	50					
15.06.89	40	100	120	80					
03.08.89	50	130	130	100					
23.11.89	50	130	140	120					
SUMME DER TAGE: 128					SUMME DER TAGE: 277				

Tab. 61 Analysen der Oberflächenabflüsse (Ao) - Taunus Parzelle 1

Nr.	MONAT	Ao [l]	Na$^+$ [mg/l]	K$^+$ [mg/l]	Mg^{++} [mg/l]	Ca^{++} [mg/l]	Si [mg/l]	IONEN FRACHT [g]	ADR FRACHT [g]	ABTRAG LÖSUNG [g/m^2]	SCHWEB FRACHT [g]	ABTRAG SCHWEB [g/m^2]	ABTRAG S+L [g/m^2]
T103	JUN.89	0,1	8,1	1,3	4,1	12,8	1,7	0,00	-	-	0,0010	0,00	0,000
T104	JUL.89	0,1	4,4	13,0	2,9	11,6	2,1	0,00	-	-	0,0029	0,00	0,000
T105	AUG.89	0,0	5,4	14,3	3,5	17,9	3,8	0,00	-	-	0,4082	0,02	0,025
T106	OKT.89	0,1	5,4	28,3	2,8	13,9	3,4	0,00	-	-	1,1744	0,07	0,071
T107	OKT.89	0,1	2,8	20,9	0,5	2,5	1,3	0,00	0,0043	0,00	1,2153	0,07	0,074
T108	NOV.89	0,7	2,6	25,0	0,2	1,1	-	-	0,0758	0,00	0,0011	0,00	0,005
T109	DEZ.89	1,5	1,5	15,0	0,1	0,7	-	-	0,1350	0,01	1,1474	0,07	0,078
T110	DEZ.89	1,2	2,4	8,8	0,6	1,6	-	-	0,0957	0,01	0,0013	0,00	0,006
T111	JAN.90	0,4	3,3	35,0	0,5	0,8	-	-	0,0853	0,01	0,0005	0,00	0,005
T112	JAN.90	0,6	2,2	15,0	0,2	0,8	1,5	0,01	0,0745	0,00	0,0068	0,00	0,005
T113	FEB.90	0,9	3,4	49,0	0,7	1,5	-	-	0,0986	0,01	0,0049	0,00	0,006
T114	FEB.90	3,3	1,5	9,5	0,3	0,0	-	-	0,0777	0,00	0,0155	0,00	0,006
T115	MÄR.90	0,8	4,6	17,5	3,4	9,0	-	-	0,0826	0,01	0,0642	0,00	0,009
T116	MAI.90	0,1	-	-	-	-	1,5	-	0,0238	0,00	0,0030	0,00	0,002
MITTELWERT		0,7	3,7	19,4	1,5	5,7	2,2	0,00	0,0753	0,00	0,289	0,02	0,02
STANDARDABW.		0,9	1,8	12,0	1,5	6,1	0,9	0,00	0,0352	0,00	0,48	0,03	0,03

Tab. 62 Analysen der Oberflächenabflüsse (Ao) - Taunus Parzelle 2

Nr.	MONAT	Ao [l]	Na$^+$ [mg/l]	K$^+$ [mg/l]	Mg^{++} [mg/l]	Ca^{++} [mg/l]	Si [mg/l]	IONEN FRACHT [g]	ADR FRACHT [g]	ABTRAG LÖSUNG [g/m^2]	SCHWEB FRACHT [g]	ABTRAG SCHWEB [g/m^2]	ABTRAG S+L [g/m^2]
T201	JUL.89	12,7	2,4	2,9	0,9	3,8	0,6	0,13			18,9200	1,26	1,261
T202	JUL.89	4,6	1,4	3,8	1,1	6,1	0,8	0,06			7,4300	0,50	0,495
T203	AUG.89	0,9	2,6	4,0	2,0	8,4	1,6	0,02			1,0090	0,07	0,067
T204	AUG.89	0,3	3,0	9,6	1,5	7,0	1,5	0,01	0,0242	0,00	0,0562	0,00	0,005
T205	OKT.89	1,4	2,3	6,8	1,8	9,1	1,0	0,03	0,1723	0,01	1,2775	0,09	0,097
T207	OKT.89	0,3	3,1	13,8	0,8	1,6	2,1	0,01	0,0350	0,00	0,0173	0,00	0,003
T208	NOV.89	1,9	1,7	12,5	0,3	0,8			0,1801	0,01	0,3071	0,02	0,032
T209	JAN.90	0,4	2,0	10,0	0,4	1,2	0,0	0,00	0,0357	0,00	0,3160	0,02	0,023
T210	FEB.90	0,1	3,6	11,5	1,0	2,0			0,0073	0,00	0,0342	0,00	0,003
T211	FEB.90	5,1	2,0	5,0	1,1	1,0	0,3	0,05	0,2720	0,02	0,0664	0,00	0,023
T212	MÄR.90	1,8	1,9	4,5	0,5	0,5	0,4	0,01	0,0525	0,00	0,0153	0,00	0,005
T213	MAI.90	0,3							0,0269	0,00	0,0152	0,00	0,003
MITTELWERT		2,5	2,35	7,66	1,03	3,77	0,92	0,03	0,090	0,01	2,46	0,16	0,17
STANDARDABW.		3,5	0,64	3,74	0,52	3,13	0,66	0,04	0,09	0,01	5,35	0,36	0,36

Tab. 63 Analysen der Oberflächenabflüsse (Ao) - Odenwald

Nr.	MONAT	Ao [l]	Na+ [mg/l]	K+ [mg/l]	Mg++ [mg/l]	Ca++ [mg/l]	Si [mg/l]	IONEN FRACHT [g]	ADR FRACHT [g]	ABTRAG LÖSUNG [g/m^2]	SCHWEB FRACHT [g]	ABTRAG SCHWEB [g/m^2]	ABTRAG S+L [g/m^2]
A 1/86	JAN.86	1,1	11,3	8,8	1,1	6,3	1,1	0,03	0,31	0,04	0,0344	0,004	0,044
A 1/87	DEZ.86	0,3	5,0	21,4	2,0	13,0	1,3	0,01	0,13	0,02	-	0,000	0,016
A 2/87	FEB.87	0,8	4,2	7,8	3,3	15,8	0,3	0,03	0,25	0,03	0,0717	0,009	0,040
A 3/87	MÄR.87	4,2	1,5	5,6	2,0	21,4	1,0	0,13	1,32	0,17	0,0140	0,002	0,167
A 4/87	MAI.87	1,0	12,5	2,3	6,3	27,5	12,6	0,06	0,61	0,08	0,0248	0,003	0,080
A 5/87	AUG.87	0,6	1,0	5,5	1,6	5,8	2,5	0,01	0,10	0,01	-	0,000	0,013
A 6/87	AUG.87	0,5	2,3	7,0	2,1	8,6	5,3	0,01	0,13	0,02	-	0,000	0,016
A 7/87	SEP.87	1,1	0,8	6,9	1,5	7,5	13,7	0,03	0,35	0,04	-	0,000	0,043
A 1/88	MÄR.88	3,2	10,0	5,0	6,0	20,0	4,1	0,14	1,44	0,18	0,0438	0,005	0,186
A 2/88	MÄR.88	1,6	3,8	4,9	1,4	6,9	0,8	0,03	0,28	0,04	0,0258	0,003	0,039
A 3/88	NOV.88	4,0	2,3	4,8	2,2	8,1	2,0	0,08	0,77	0,10	0,0089	0,001	0,098
A 1/89	JUL.89	4,5	1,6	14,4	2,0	10,9	2,4	0,14	1,41	0,18	0,0180	0,002	0,178
A 2/89	AUG.89	1,5	1,9	11,9	2,1	10,8	4,3	0,05	0,46	0,06	3,6529	0,457	0,515
A 3/89	AUG.89	10,7	1,6	11,5	1,9	8,9	1,3	0,27	2,69	0,34	4,9267	0,616	0,952
A 4/89	OKT.89	11,0	1,9	13,8	0,4	7,5	-	-	1,91	0,24	1,1984	0,150	0,388
A 5/89	DEZ.89	0,3	2,7	22,5	2,5	4,2	-	-	0,06	0,01	1,2465	0,156	0,164
A 6/89	DEZ.89	10,7	1,4	11,3	1,0	2,4	-	-	1,57	0,20	3,8559	0,482	0,678
A 1/90	JAN.90	0,4	3,2	20,0	4,3	10,0	-	-	0,13	0,02	0,0090	0,001	0,017
A 2/90	FEB.90	4,4	3,3	23,7	4,0	5,0	1,6	-	0,31	0,04	0,0120	0,002	0,040
A 3/90	FEB.90	0,8	7,3	40,0	6,0	9,0	-	-	0,17	0,02	0,0052	0,001	0,022
A 4/90	JUN.90	3,6	-	-	-	-	3,2	-	1,20	0,15	0,0189	0,002	0,152
MITTELWERT		3,2	4,0	12,4	2,7	10,5	3,6	0,07	0,74	0,09	0,89	0,09	0,18
STANDARDABW.		3.4	3.4	8.9	1.7	6.1	3.9	0.07	0.71	0.09	1.57	0.18	0.24

Tab. 64 Bodenfeuchtewerte und Oberflächenabflüsse Odenwald 1985-1986

DATUM	BOF 10 cm [Vol. %]	BOF 30 cm [Vol. %]	MITTW. =20 cm [Vol. %]	Ao Nr.	NB [mm]	Ao [l]	Ao [mm]	Ao [% v. NB]
01.12.85	24,60	20,20	22,40	2	21,6	2,5	0,6	2,9
08.12.85	37,20	26,20	31,70	-	-	-	-	-
15.01.86	33,90	27,10	30,5C	3	27,7	1,7	0,4	1,5
01.02.86	36,80	30,00	33,40	5	22,5	0,2	0,0	0,2
16.03.86	55,80	33,20	44,50	-	-	-	-	-
06.04.86	47,20	39,10	43,15	4	21,7	0,9	0,2	1,0
13.04.86	53,60	33,60	43,60	-	-	-	-	-
20.04.86	50,00	32,90	41,45	-	-	-	-	-
27.04.86	53,60	33,80	43,70	-	-	-	-	-
04.05.86	58,40	30,10	44,25	-	-	-	-	-
11.05.86	46,70	28,70	37,70	-	-	-	-	-
19.05.86	42,80	28,30	35,55	-	-	-	-	-
26.05.86	37,20	26,60	31,90	6	7,9	0,4	0,1	1,3
02.06.86	41,00	29,00	35,00	7	16,2	0,7	0,2	1,1
08.06.86	53,00	32,80	42,90	-	-	-	-	-
15.06.86	47,80	29,20	38,50	8	1,0	0,4	0,1	10,0
23.06.86	46,60	27,80	37,20	9	1,9	0,0	0,0	0,3
27.06.86	45,40	26,30	35,85	10	6,3	0,1	0,0	0,2
06.07.86	38,70	24,50	31,60	11	5,7	0,3	0,1	1,4
13.07.86	31,90	22,70	27,30	12	14,2	0,4	0,1	0,8
19.07.86	32,60	24,10	28,35	13	27,6	2,3	0,6	2,1
27.07.86	33,20	25,40	29,30	14	10,6	0,2	0,1	0,5
03.08.86	39,10	25,10	32,10	-	-	-	-	-
16.08.86	21,60	21,40	21,50	15	2,7	0,7	0,2	6,5
27.08.86	29,20	22,30	25,75	16	39,8	7,3	1,8	4,6
14.09.86	36,70	23,20	29,95	17	18,3	0,8	0,2	1,1
21.09.86	41,70	25,40	33,55	18	28,8	0,4	0,1	0,3
28.09.86	46,60	27,50	37,05	-	-	-	-	-
13.10.86	39,20	25,10	32,15	-	-	-	-	-
23.10.86	46,10	28,70	37,40	-	-	-	-	-
26.10.86	42,90	28,10	35,50	19	54,0	5,3	1,3	2,5
16.11.86	40,60	27,50	34,05	-	-	-	-	-
30.11.86	56,00	29,20	42,60	-	-	-	-	-

Tab. 65 Bodenfeuchtewerte und Oberflächenabflüsse - Odenwald 1988

Datum	SGSP. 100 cm (hPa)	SGSP. 80 cm (hPa)	MITTW. 100-80 (hPa)	BOF (Gew.%)	BOF (Vol.%)	SGSP. 60 cm (hPa)	SGSP. 40 cm (hPa)	MITTW. 60-40 (hPa)	BOF (Gew.%)	BOF (Vol.%)	SGSP. 20 cm (hPa)	BOF (Gew.%)	BOF (Vol.%)	Ao Nr.	NB (mm)	Ao [l]	Ao (mm)	Ao (% v. NB)
21.04.88	-48	-56	-52	21,04	25,25	-104	-79	-92	22,43	26,91	-107	27,83	33,40	-	-	-	-	-
06.05.88	-97	-97	-97	20,82	24,98	-162	-193	-178	21,14	25,37	-200	25,60	30,72	-	-	-	-	-
13.05.88	-104	-126	-115	20,73	24,87	-215	-253	-234	20,29	24,35	-46	29,30	35,16	-	-	-	-	-
20.05.88	0	-1	-1	21,30	25,56	-36	-40	-38	23,23	27,88	-54	29,10	34,92	52	15,5	1,0	0,3	1,6
10.06.88	-59	-68	-64	20,98	25,18	-128	-150	-139	21,72	26,06	-67	28,79	34,55	53	18,5	0,8	0,2	1,0
19.06.88	-118	-136	-127	20,67	24,80	-220	-260	-240	20,20	24,24	-80	28,48	34,18	54	2,9	0,1	0,0	0,9
02.07.88	-178	-205	-192	20,34	24,41	-313	-369	-341	18,69	22,42	-92	28,19	33,83	55	10,0	1,7	0,4	4,3
17.07.88	-207	-237	-222	20,19	24,23	-282	-374	-328	18,88	22,66	-72	28,67	34,41	56	18,5	1,8	0,5	2,4
22.07.88	-235	-268	-252	20,04	24,05	-250	-380	-315	19,08	22,89	-52	29,15	34,98	57	12,5	3,6	0,9	7,2
28.07.88	-250	-286	-268	19,96	23,95	-232	-354	-293	19,41	23,29	-56	29,06	34,87	-	-	-	-	-
08.08.88	-287	-334	-311	19,75	23,70	-181	-295	-238	20,23	24,28	-30	29,68	35,62	58	2,4	0,1	0,0	1,0
18.08.88	-343	-406	-375	19,43	23,31	-150	-261	-206	20,72	24,86	-30	29,68	36,08	-	-	-	-	-
26.08.88	-376	-433	-405	19,28	23,13	-118	-222	-170	21,25	25,50	-14	30,06	36,39	60	11,8	4,0	1,0	8,5
02.09.88	-399	-450	-425	19,18	23,01	-89	-201	-145	21,63	25,95	-3	30,33	35,73	61	10,0	4,4	1,1	11,0
09.09.88	-415	-477	-446	19,07	22,88	-98	-218	-158	21,43	25,72	-26	29,78	36,48	-	-	-	-	-
18.09.88	-446	-467	-457	19,02	22,82	-90	-190	-140	21,70	26,04	0	30,40	22,68	-	-	-	-	-
23.09.88	-517	-576	-547	18,57	22,28	-740	-630	-685	13,53	16,23	-479	18,90	21,76	62	6,3	0,3	0,1	1,2
28.09.88	-541	-597	-569	18,46	22,15	-723	-669	-696	13,36	16,03	-511	18,14	23,72	63	20,9	5,1	1,3	6,1
08.10.88	-561	-621	-591	18,35	22,01	-597	-619	-608	14,68	17,62	-443	19,77	25,45	64	6,8	0,3	0,1	1,1
14.10.88	-563	-577	-570	18,45	22,14	-549	-594	-572	15,23	18,27	-383	21,21	26,83	-	-	-	-	-
21.10.88	-490	-485	-488	18,86	22,64	-498	-510	-504	16,24	19,49	-335	22,36	28,47	65	4,3	0,3	0,1	1,7
30.10.88	-442	-478	-460	19,00	22,80	-379	-497	-438	17,23	20,68	-278	23,73	28,79	-	-	-	-	-
04.11.88	-420	-456	-438	19,11	22,93	-406	-480	-443	17,16	20,59	-267	23,99	30,60	-	-	-	-	-
11.11.88	-379	-420	-400	19,30	23,16	-353	-433	-393	17,91	21,49	-204	25,50	33,20	66	44,0	4,0	1,0	2,3
01.12.88	-317	-352	-335	19,63	23,55	-229	-315	-272	19,72	23,66	-114	27,66	34,92	67	32,2	6,3	1,6	4,9
06.12.88	-317	-345	-331	19,65	23,57	-225	-311	-268	19,78	23,74	-54	29,10	36,48	68	12,5	0,7	0,2	1,4
16.12.88	-283	-257	-270	19,95	23,94	-207	-69	-138	21,73	26,08	0	30,40	35,76	69	9,5	0,8	0,2	2,0
23.12.88	-251	-213	-232	20,14	24,17	-198	-59	-129	21,87	26,25	-25	29,80	35,07	70	8,5	0,5	0,1	1,5
30.12.88	-219	-169	-194	20,33	24,40	-188	-49	-119	22,02	26,43	-49	29,22						

Tab. 66 Bodenfeuchtewerte und Oberflächenabflüsse - Odenwald 1989

Datum	SGSP. 100 cm [hPa]	SGSP. 80 cm [hPa]	MITTW. 100-80 [hPa]	BOF [Gew.%]	BOF [Vol.%]	SGSP. 60 cm [hPa]	SGSP. 40 cm [hPa]	MITTW. 60-40 [hPa]	BOF [Gew.%]	BOF [Vol.%]	SGSP. 20 cm [hPa]	BOF [Gew.%]	BOF [Vol.%]	Ao Nr.	NB [mm]	Ao [l]	Ao [mm]	Ao [% v. NB]
06.01.89	-170	-117	-144	20,58	24,70	-168	-25	-97	22,35	26,82	0	30,40	36,48	71	15,0	2,4	0,6	4,0
13.01.89	-118	-69	-94	20,83	25,00	-114	-35	-75	22,68	27,22	-36	29,54	35,44	.	.	.	.	.
20.01.89	-80	-58	-69	20,96	25,15	-108	-50	-79	22,62	27,14	-60	28,96	34,75	.	.	.	.	.
27.01.89	-72	-59	-66	20,97	25,17	-104	-61	-83	22,56	27,08	-76	28,58	34,29	.	.	.	.	.
03.02.89	-66	-60	-63	20,99	25,18	-101	-62	-82	22,58	27,09	-78	28,53	34,23	.	.	.	.	.
09.02.89	-55	-46	-51	21,05	25,26	-91	-30	-61	22,89	27,47	-61	28,94	34,72	.	.	.	.	.
19.02.89	-53	-48	-51	21,05	25,26	-82	-2	-42	23,17	27,80	0	30,40	36,48	72	20,7	1,2	0,3	1,4
24.02.89	-43	-32	-38	21,11	25,34	-67	-33	-50	23,05	27,66	-42	29,39	35,27	.	.	.	.	.
03.03.89	-38	-30	-34	21,13	25,36	-55	-11	-33	23,31	27,97	0	30,40	36,48	73	15,1	0,2	0,1	0,3
10.03.89	-31	-23	-27	21,17	25,40	-68	-34	-51	23,04	27,64	-34	29,58	35,50	.	.	.	.	.
19.03.89	-9	-30	-20	21,20	25,44	-66	-17	-42	23,18	27,81	-29	29,70	35,64	74	14,7	0,5	0,1	0,9
24.03.89	-39	-43	-41	21,10	25,31	-86	-64	-75	22,68	27,21	-75	28,60	34,32	.	.	.	.	.
30.03.89	-56	-51	-54	21,03	25,24	-109	-83	-96	22,36	26,83	-106	27,86	33,43	75	9,0	0,4	0,1	1,1
11.04.89	-82	-83	-83	20,89	25,07	-127	-97	-112	22,12	26,54	-108	27,81	33,37	76	14,7	0,8	0,2	1,4
23.04.89	0	0	0	21,30	25,56	-12	0	-6	23,71	28,45	0	30,40	36,48	77	67,0	5,3	1,3	2,0
25.04.89	-3	-5	-4	21,28	25,54	-28	-20	-23	23,46	28,15	-22	29,87	35,85	.	.	.	.	.
07.05.89	-44	-52	-48	21,06	25,27	-90	-101	-96	22,37	26,84	-128	27,33	32,79	.	.	.	.	.
12.05.89	-61	-58	-60	21,00	25,20	-82	-30	-56	22,96	27,55	-18	29,97	35,96	78	23,7	5,5	1,4	5,8
20.05.89	-84	-83	-84	20,88	25,06	-131	-125	-128	21,88	26,26	-156	26,66	31,99	.	.	.	.	.
29.05.89	-125	-126	-126	20,67	24,81	-190	-220	-205	20,73	24,87	-308	23,01	27,61	.	.	.	.	.
12.06.89	-169	-172	-171	20,45	24,54	-249	-274	-262	19,88	23,85	-280	23,68	28,42	79	17,8	4,3	1,1	6,1
24.06.89	-212	-218	-215	20,23	24,27	-295	-359	-327	18,90	22,67	-495	18,52	22,22	80	12,9	5,0	1,3	9,7
30.06.89	-224	-223	-224	20,18	24,22	-338	-411	-375	18,18	21,82	-538	17,49	20,99	81	5,7	0,4	0,1	1,8
09.07.89	-253	-239	-246	20,07	24,08	-371	-464	-418	17,54	21,05	-535	17,56	21,07	82	20,8	4,5	1,1	5,4
14.07.89	-285	-288	-287	19,87	23,84	-406	-500	-453	17,01	20,41	-498	18,45	22,14	.	.	.	.	.
23.07.89	-343	-341	-342	19,59	23,51	-464	-506	-485	16,53	19,83	-643	14,97	17,96	83	4,5	2,0	0,5	11,1
24.07.89	-333	-322	-328	19,66	23,60	-437	-582	-510	16,16	19,39	-616	15,62	18,74	84	23,2	12,6	3,2	13,6
28.07.89	-338	-330	-334	19,63	23,56	-486	-593	-540	15,71	18,85	-538	17,49	20,99	85	11,6	1,4	0,4	3,0
03.08.89	-379	-390	-385	19,38	23,25	-528	-624	-576	15,16	18,19	-451	19,58	23,49	86	12,3	1,5	0,4	3,0
12.08.89	-385	-373	-379	19,41	23,29	-567	-582	-575	15,18	18,22	-287	23,51	28,21	.	.	.	.	.
18.08.89	-415	-442	-429	19,16	22,99	-630	-652	-641	14,19	17,02	-564	16,86	20,24	.	.	.	.	.
24.08.89	-488	-507	-498	18,81	22,58	-682	-674	-678	13,63	16,36	-678	14,13	16,95	87	15,8	10,7	2,7	16,9
14.09.89	-565	-639	-602	18,29	21,95	-676	-659	-668	13,79	16,55	-497	18,47	22,17	88	9,6	4,3	1,1	11,2
04.10.89	-618	-660	-639	18,11	21,73	-726	-639	-683	13,56	16,28	-538	17,75	21,30	89	24,4	3,0	0,8	3,1
12.10.89	-670	-680	-675	17,93	21,51	-774	-618	-696	13,36	16,03	-557	17,03	20,44	.	.	.	.	.
25.10.89	-572	-680	-626	18,17	21,80	-761	-643	-702	13,27	15,92	-497	18,47	22,17	.	.	.	.	.
09.11.89	-593	-606	-600	18,30	21,96	-733	-607	-670	13,75	16,50	-149	26,82	32,19	90	64,0	11,0	2,8	4,3
15.11.89	-531	-542	-537	18,62	22,34	-703	-399	-551	15,54	18,64	-133	27,21	32,65	91	24,5	2,1	0,5	2,1
17.11.89	-442	-393	-418	19,21	23,06	-471	-214	-343	18,66	22,40	-120	27,52	33,02	.	.	.	.	.
29.12.89	-353	-244	-299	19,81	23,77	-238	-28	-133	21,81	26,17	-6	30,26	36,31	92	56,3	11,0	2,8	4,9

Fortsetzung von Tab. 66

Datum	SGSP. 100 cm [hPa]	SGSP. 80 cm [hPa]	MITTW. 100-80 [hPa]	BOF [Gew.%]	BOF [Vol.%]	SGSP. 60 cm [hPa]	SGSP. 40 cm [hPa]	MITTW. 60-40 [hPa]	BOF [Gew.%]	BOF [Vol.%]	SGSP. 20 cm [hPa]	BOF [Gew.%]	BOF [Vol.%]	Ao Nr.	NB [mm]	Ao II	Ao [mm]	Ao [% v. NB]
11.01.90	-264	-172	-218	20,21	24,25	-186	-75	-131	21,84	26,21	-78	28,53	34,23	-	-	-	-	-
19.01.90	-216	-152	-184	20,38	24,46	-173	-75	-124	21,94	26,33	-65	28,84	34,61	-	-	-	-	-
25.01.90	-191	-137	-164	20,48	24,58	-164	-55	-110	22,16	26,59	-46	29,30	35,16	93	8,7	0,4	0,1	1,2
02.02.90	-166	-117	-142	20,59	24,71	-156	-68	-112	22,12	26,54	-77	28,55	34,26	-	-	-	-	-
18.02.90	-142	-114	-128	20,66	24,79	-120	-26	-73	22,71	27,25	-27	29,75	35,70	94	26,2	4,4	1,1	4,2
27.02.90	-118	-82	-100	20,80	24,96	-130	-25	-78	22,64	27,17	0	30,40	36,48	95	6,8	0,8	0,2	2,9
09.03.90	-103	-75	-89	20,86	25,03	-115	-45	-80	22,60	27,12	-79	28,50	34,20	-	-	-	-	-
14.03.90	-96	-65	-81	20,90	25,08	-123	-84	-104	22,25	26,70	-104	27,90	33,48	-	-	-	-	-
22.03.90	0	-122	-61	21,00	25,19	-187	-166	-177	21,15	25,38	-181	26,06	31,27	-	-	-	-	-
06.04.90	-166	-170	-168	20,46	24,55	-241	-210	-226	20,42	24,50	-173	26,25	31,50	-	-	-	-	-
16.04.90	-196	-196	-196	20,32	24,38	-262	-262	-262	19,87	23,84	-235	24,76	29,71	-	-	-	-	-
27.04.90	-233	-227	-230	20,15	24,18	-309	-300	-305	19,23	23,08	-316	22,82	27,38	-	-	-	-	-
13.05.90	-316	-277	-297	19,82	23,78	-357	-372	-365	18,33	22,00	-433	20,01	24,01	-	-	-	-	-
18.05.90	-346	-307	-327	19,67	23,60	-393	-410	-402	17,78	21,33	-518	17,97	21,56	-	-	-	-	-

307

FRANKFURTER GEOWISSENSCHAFTLICHE ARBEITEN

Herausgegeben vom Fachbereich Geowissenschaften

der

Johann Wolfgang Goethe-Universität Frankfurt am Main

Serie A: Geologie - Paläontologie

Bisher erschienen:

Band 1 MERKEL, D. (1982): Untersuchungen zur Bildung planarer Gefüge im Kohlengebirge an ausgewählten Beispielen. - 144 S., 53 Abb.; Frankfurt a. M.
DM 10,--

Band 2 WILLEMS, H. (1982): Stratigraphie und Tektonik im Bereich der Antiklinale von Boixols-Coll de Nargó - ein Beitrag zur Geologie der Decke von Montsech (zentrale Südpyrenäen, Nordost-Spanien). - 336 S., 90 Abb., 8 Tab., 19 Taf., 2 Beil.; Frankfurt a. M.
DM 30,--

Band 3 BRAUER, R. (1983): Das Präneogen im Raum Molaoi-Talanta/SE-Lakonien (Peloponnes, Griechenland). - 284 S., 122 Abb.; Frankfurt a. M.
DM 16,--

Band 4 GUNDLACH, T. (1987): Bruchhafte Verformung von Sedimenten während der Taphrogenese - Maßstabsmodelle und rechnergestützte Simulation mit Hilfe der FEM (Finite Element Method). - 131 S., 70 Abb., 4 Tab.; Frankfurt a. M.
DM 10,--

Band 5 KUHL, H.-P. (1987): Experimente zur Grabentektonik und ihr Vergleich mit natürlichen Gräben (mit einem historischen Beitrag). - 208 S., 88 Abb., 2 Tab.; Frankfurt a. M.
DM 13,--

Band 6 FLÖTTMANN, T. (1988): Strukturentwicklung, P-T-Pfade und Deformationsprozesse im zentralschwarzwälder Gneiskomplex. - 206 S., 47 Abb., 4 Tab.; Frankfurt a. M.
DM 21,--

Band 7 STOCK, P. (1989): Zur antithetischen Rotation der Schieferung in Scherbandgefügen - ein kinematisches Deformationsmodell mit Beispielen aus der südlichen Gurktaler Decke (Ostalpen). - 155 S., 39 Abb., 3 Tab.; Frankfurt a. M.
DM 13,--

Band 8 ZULAUF, G. (1990): Spät- bis postvariszische Deformationen und Spannungsfelder in der nördlichen Oberpfalz (Bayern) unter besonderer Berücksichtigung der KTB-Vorbohrung. - 285 S., 56 Abb.; Frankfurt a. M.
DM 20,--

Band 9   BREYER, R. (1991): Das Coniac der nördlichen Provence ('Provence rhodanienne') - Stratigraphie, Rudistenfazies und geodynamische Entwicklung. - 337 S., 112 Abb., 7 Tab.; Frankfurt a. M.
DM 25,90

Band 10   ELSNER, R. (1991): Geologische Untersuchungen im Grenzbereich Ostalpin-Penninikum am Tauern-Südostrand zwischen Katschberg und Spittal a. d. Drau (Kärnten, Österreich). - 239 S., 61 Abb.; Frankfurt a. M.
DM 24,90

Band 11   TSK IV (1992): 4. Symposium Tektonik - Strukturgeologie - Kristallingeologie. - 319 S., 105 Abb., 5 Tab.; Frankfurt a. M.
DM 14,90

Band 12   SCHMIDT, H. (1992): Mikrobohrspuren ausgewählter Faziesbereiche der tethyalen und germanischen Trias (Beschreibung, Vergleich und bathymetrische Interpretation). - 228 S., 45 Abb., 9 Tab., 11 Taf.; Frankfurt a. M.
DM 21,90

Bestellungen zu richten an:

Geologisch-Paläontologisches Institut der Johann Wolfgang Goethe-Universität, Postfach 11 19 32, D-60054 Frankfurt am Main

FRANKFURTER GEOWISSENSCHAFTLICHE ARBEITEN

Herausgegeben vom Fachbereich Geowissenschaften

der

Johann Wolfgang Goethe-Universität Frankfurt am Main

Serie B: Meteorologie und Geophysik

Bisher erschienen:

Band 1 BIRRONG, W. & SCHÖNWIESE, C.-D. (1987): Statistisch-klimatologische Untersuchungen botanischer Zeitreihen Europas. - 80 S., 26 Abb., 5 Tab.; Frankfurt a. M.
DM 7,--

Band 2 SCHÖNWIESE, C.-D. (1990): Grundlagen und neue Aspekte der Klimatologie. - 2. Aufl., 130 S., 55 Abb., 11 Tab.; Frankfurt a. M.
DM 10,--

Band 3 SCHÖNWIESE, C.-D. (1992): Das Problem menschlicher Eingriffe in das Globalklima ("Treibhauseffekt") in aktueller Übersicht. - 2. Aufl., 142 S., 65 Abb., 13 Tab.; Frankfurt a. M.
DM 8,--

Band 4 ZANG, A. (1991): Theoretische Aspekte der Mikrorißbildung in Gesteinen. - 209 S., 82 Abb., 9 Tab.; Frankfurt a. M.
DM 19,--

Bestellungen zu richten an:

Institut für Meteorologie und Geophysik der Johann Wolfgang Goethe-Universität, Postfach 11 19 32, D-60054 Frankfurt am Main

FRANKFURTER GEOWISSENSCHAFTLICHE ARBEITEN

Herausgegeben vom Fachbereich Geowissenschaften

der

Johann Wolfgang Goethe-Universität Frankfurt am Main

Serie C: Mineralogie

Bisher erschienen:

Band 1 SCHNEIDER, G. (1984): Zur Mineralogie und Lagerstättenbildung der Mangan- und Eisenerzvorkommen des Urucum-Distriktes (Mato Grosso do Sul, Brasilien). - 205 S., 99 Abb., 9 Tab.; Frankfurt a. M.
DM 12,--

Band 2 GESSLER, R. (1984): Schwefel-Isotopenfraktionierung in wäßrigen Systemen. - 141 S., 35 Abb.; Frankfurt a. M.
DM 9,50

Band 3 SCHRECK, P. C. (1984): Geochemische Klassifikation und Petrogenese der Manganerze des Urucum-Distriktes bei Corumbá (Mato Grosso do Sul, Brasilien). - 206 S., 29 Abb., 20 Tab.; Frankfurt a. M.
DM 13,50

Band 4 MARTENS, R. M. (1985): Kalorimetrische Untersuchung der kinetischen Parameter im Glastransformations-Bereich bei Gläsern im System Diopsid-Anorthit-Albit und bei einem NBS-710-Standardglas. - 177 S., 39 Abb.; Frankfurt a. M.
DM 15,--

Band 5 ZEREINI, F. (1985): Sedimentpetrographie und Chemismus der Gesteine in der Phosphoritstufe (Maastricht, Oberkreide) der Phosphat-Lagerstätte von Ruseifa/Jordanien mit besonderer Berücksichtigung ihrer Uranführung. - 116 S., 11 Abb., 5 Taf., 27 Tab., 36 Anl.; Frankfurt a. M.
DM 16,--

Band 6 ZEREINI, F. (1987): Geochemie und Petrographie der metamorphen Gesteine vom Vesleknatten (Tverrfjell/Mittelnorwegen) mit besonderer Berücksichtigung ihrer Erzminerale. - 197 S., 48 Abb., 9 Taf., 26 Tab., 27 Anl.; Frankfurt a. M.
DM 15,--

Band 7 TRILLER, E. (1987): Zur Geochemie und Spurenanalytik des Wolframs unter besonderer Berücksichtigung seines Verhaltens in einem südostnorwegischen Pegmatoid. - 173 S., 25 Abb., 2 Taf., 20 Tab.; Frankfurt a. M.
DM 12,--

Band 8 GÜNTER, C. (1988): Entwicklung und Vergleich zweier Multielementanalysenverfahren an Kohleaschen- und Bodenproben mittels Röntgenfluoreszenzanalyse. - 124 S., 38 Abb., 37 Tab., 1 Anl.; Frankfurt a. M.
DM 13,--

Band 9   SCHMITT, G. E. (1989): Mikroskopische und chemische Untersuchungen an Primärmineralen in Serpentiniten NE-Bayerns. - 130 S., 39 Abb., 11 Tab.; Frankfurt a. M.
DM 14,--

Band 10 PETSCHICK, R. (1989): Zur Wärmegeschichte im Kalkalpin Bayerns und Nordtirols (Inkohlung und Illit-Kristallinität). - 259 S., 75 Abb., 12 Tab., 3 Taf.; Frankfurt a. M.
DM 16,--

Band 11 RÖHR, C. (1990): Die Genese der Leptinite und Paragneise zwischen Nordrach und Gengenbach im mittleren Schwarzwald. - 159 S., 54 Abb., 15 Tab.; Frankfurt a. M.
DM 15,--

Band 12 YE, Y. (1992): Zur Geochemie und Petrographie der unterkarbonischen Schwarzschieferserie in Odershausen, Kellerwald, Deutschland. - 206 S., 58 Abb., 15 Tab., 5 Taf.; Frankfurt a. M.
DM 19,--

Band 13 KLEIN, S. (1993): Archäometallurgische Untersuchungen an frühmittelalterlichen Buntmetallfunden aus dem Raum Höxter/Corvey. - 203 S., 28 Abb., 14 Tab., 12 Taf., 13 Anl.; Frankfurt a. M.
DM 33,--

B e s t e l l u n g e n   z u   r i c h t e n   a n :

Institut für Geochemie, Petrologie und Lagerstättenkunde der Johann Wolfgang Goethe-Universität, Postfach 11 29 32, D-60054 Frankfurt am Main

FRANKFURTER GEOWISSENSCHAFTLICHE ARBEITEN

Herausgegeben vom Fachbereich Geowissenschaften

der

Johann Wolfgang Goethe-Universität Frankfurt am Main

Serie D: Physische Geographie

Bisher erschienen:

Band 1 BIBUS, E. (1980): Zur Relief-, Boden- und Sedimententwicklung am unteren Mittelrhein. - 296 S., 50 Abb., 8 Tab.; Frankfurt a. M.
DM 25,--

Band 2 SEMMEL, A. (1991): Landschaftsnutzung unter geowissenschaftlichen Aspekten in Mitteleuropa. - 3., verb. Aufl., 67 S., 11 Abb.; Frankfurt a. M.
DM 10,--

Band 3 SABEL, K. J. (1982): Ursachen und Auswirkungen bodengeographischer Grenzen in der Wetterau (Hessen). - 116 S., 19 Abb., 8 Tab., 6 Prof.; Frankfurt a. M.
DM 11,50 (vergriffen)

Band 4 FRIED, G. (1984): Gestein, Relief und Boden im Buntsandstein-Odenwald. - 201 S., 57 Abb., 11 Tab.; Frankfurt a. M.
DM 15,-- (vergriffen)

Band 5 VEIT, H. & VEIT, H. (1985): Relief, Gestein und Boden im Gebiet von "Conceiçao dos Correias" (S-Brasilien). - 98 S., 18 Abb., 10 Tab., 1 Kt.; Frankfurt a. M.
DM 17,--

Band 6 SEMMEL, A. (1989): Angewandte konventionelle Geomorphologie. Beispiele aus Mitteleuropa und Afrika. - 2. Aufl., 116 S., 57 Abb.; Frankfurt a. M.
DM 13,--

Band 7 SABEL, K.-J. & FISCHER, E. (1992): Boden- und vegetationsgeographische Untersuchungen im Westerwald. - 2. Aufl., 268 S., 19 Abb., 50 Tab.; Frankfurt a. M.
DM 18,--

Band 8 EMMERICH, K.-H. (1988): Relief, Böden und Vegetation in Zentral- und Nordwest-Brasilien unter besonderer Berücksichtigung der känozoischen Landschaftsentwicklung. - 218 S., 81 Abb., 9 Tab., 34 Bodenprofile; Frankfurt a. M.
DM 13,--

Band 9 HEINRICH, J. (1989): Geoökologische Ursachen luftbildtektonisch kartierter Gefügespuren (Photolineationen) im Festgestein. - 203 S., 51 Abb., 18 Tab.; Frankfurt a. M.
DM 13,--

Band 10 BÄR, W.-F. & FUCHS, F. & NAGEL, G. (Hrsg.) (1989): Beiträge zum Thema Relief, Boden und Gestein - Arno Semmel zum 60. Geburtstag gewidmet von seinen Schülern. - 256 S., 64 Abb., 7 Tab., 2 Phot.; Frankfurt a. M.
DM 16,--

Band 11 NIERSTE-KLAUSMANN, G. (1990): Gestein, Relief, Böden und Bodenerosion im Mittellauf des Oued Mina (Oran-Atlas, Algerien). - 163 S., 17 Abb., 13 Tab.; Frankfurt a. M.
DM 12,--

Band 12 GREINERT, U. (1992): Bodenerosion und ihre Abhängigkeit von Relief und Boden in den Campos Cerrados, Beispielsgebiet Bundesdistrikt Brasilia. - 259 S., 20 Abb., 15 Tab., 24 Fot., 1 Beil.; Frankfurt a. M.
DM 18,--

Band 13 FAUST, D. (1991): Die Böden der Monts Kabyè (N-Togo) - Eigenschaften, Genese und Aspekte ihrer agrarischen Nutzung. - 174 S., 33 Abb., 25 Tab., 1 Beil.; Frankfurt a. M.
DM 14,--

Band 14 BAUER, A. W. (1993): Bodenerosion in den Waldgebieten des östlichen Taunus in historischer und heutiger Zeit - Ausmaß, Ursachen und geoökologische Auswirkungen. - 194 S., 45 Abb.; Frankfurt a. M.
DM 14,--

Band 15 MOLDENHAUER, K.-M. (1993): Quantitative Untersuchungen zu aktuellen fluvial-morphodynamischen Prozessen in bewaldeten Kleineinzugsgebieten von Odenwald und Taunus. - 307 S., 108 Abb., 66 Tab.; Frankfurt a. M.
DM 18,--

Bestellungen zu richten an:

Institut für Physische Geographie der Johann Wolfgang Goethe-Universität, Postfach 11 19 32, D-60054 Frankfurt am Main